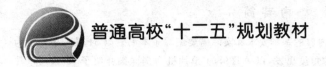
普通高校"十二五"规划教材

单片机原理与应用
（第 2 版）

靳孝峰　主编

北京航空航天大学出版社

内 容 简 介

依据高等院校单片机课程教学内容的基本要求和实际需要编写了本书。以 51 系列单片机为主要对象,从系统组成和工程实践的角度出发,以 AT89S51 单片机为例详细介绍了 51 系列单片机的结构、指令系统、汇编语言及 C 语言程序设计、系统扩展以及单片机各功能部件的组成,并对应用系统设计、开发、调试以及开发工具的使用作了较深入的讨论。主要内容包括单片机基础知识、单片机的基本结构及工作原理、单片机指令系统及汇编语言程序设计、定时/计数器原理及应用、中断系统及应用、单片机串行接口及应用、单片机与输入/输出外部设备接口、单片机系统扩展技术、单片机与 ADC 和 DAC 的接口技术、单片机 C 语言程序设计、单片机应用系统设计技术共 11 章内容。另外,书中提供了大量的例题和习题,并在书后给出了附录,便于学生自学。

本书适合普通高等院校本科和专科电子、电气、信息技术及自动化等专业作为"单片机原理与应用"的课程教材使用,也适合高职相关专业作为教材以及工程技术人员作为技术参考书使用。

图书在版编目(CIP)数据

单片机原理与应用 / 靳孝峰主编. — 2 版. — 北京：北京航空航天大学出版社,2012.9
ISBN 978-7-5124-0815-9

Ⅰ. ①单… Ⅱ. ①靳… Ⅲ. ①单片微型计算机-高等学校-教材 Ⅳ. ①TP368.1

中国版本图书馆 CIP 数据核字(2012)第 094306 号

版权所有,侵权必究。

单片机原理与应用(第 2 版)
靳孝峰　主编
责任编辑　杨　昕　刘　工　刘爱萍

*

北京航空航天大学出版社出版发行

北京市海淀区学院路 37 号(邮编 100191)　http://www.buaapress.com.cn
发行部电话:(010)82317024　传真:(010)82328026
读者信箱:emsbook@gmail.com　邮购电话:(010)82316936
涿州市新华印刷有限公司印装　各地书店经销

*

开本:710×1 000　1/16　印张:30.50　字数:650 千字
2012 年 9 月第 1 版　2012 年 9 月第 1 次印刷　印数:4 000 册
ISBN 978-7-5124-0815-9　定价:59.00 元

若本书有倒页、脱页、缺页等印装质量问题,请与本社发行部联系调换。联系电话:(010)82317024

第 2 版前言

本书第 1 版出版发行后,收到了许多高校教师的邮件或来电,对教材内容和特点给予了充分肯定,同时也提出了一些改进意见。为了使本书的特点更加鲜明,使用更加方便,决定对第 1 版进行修订。

第 2 版书中基本保留了第 1 版的特色和知识框架,增删、调整了部分内容,纠正了第 1 版中存在的错漏以及个别符号、图形、公式、表格等不规范的问题。

第 2 版教材在基本保持第 1 版理论体系的基础上,做了如下变化:

- 仍以 51 单片机为主进行讲解,但用 AT89S51 取代原来的 AT89C51,并适当介绍 52 子系列单片机;
- 仍以汇编为主,考虑到实际应用,加强了 C 语言程序设计的有关内容;
- 考虑到单片机产品的资源越来越丰富,压缩了扩展部分内容;
- 考虑到串行总线的应用日益广泛,增加了串行接口部分内容;
- 调整了一些例题,增加了一些单片机应用实例,并采用两种语言编程;
- 内容及章节顺序进行了较大调整,原 12 章内容合并为 11 章。

本书的修订得到了北京航空航天大学、吉林大学、郑州大学、焦作大学、河南城建学院、河南理工大学、中原工学院等兄弟院校的大力支持和热情帮助。此次修订工作由焦作大学靳孝峰教授主持完成,李鸿征、刘晓莉、王春霞、李莹、李卓担任副主编,负责协助主编工作。

第 1 章由宁蕴绯编写,第 2 章由张洛花编写,宁蕴绯、张洛花共同编写附录 D;第 3 章由李鸿征编写;第 4 章、第 5 章由卢永芳编写;第 6 章由李卓编写;第 7 章由李莹编写;第 8 章由郭艳红编写;第 9 章、附录 A、附录 B、附录 C 由张琦编写;第 10 章由刘晓莉编写;第 11 章由王春霞编写。

郑州大学宋家友、张德辉教授不辞辛苦地认真审阅了全部书稿,并提出了宝贵建议,从本书初版的编写到这次的修订,一直得到河南城建学院孙炳海教授、河南理工大学李泉溪教授的热情支持和悉心指导,中原工学院武超、王燕与河南城建学院刘海昌对书中所有程序和实训内容进行了验证，北京航空航天大学出版社的工作人员为本书的成功出版付出了艰辛的劳动。

编者在此向所有关心、支持和帮助过本书编写、修改、出版、发行工作的同志们致以衷心的感谢。同时对本书所用参考文献的作者表示诚挚的谢意。

修订后的教材中可能还有不完善之处，敬请读者批评指正，以便不断改进。有兴趣的读者可以发送邮件到 jxfeng369@163.com，与作者进一步交流，也可以发送邮件到 bhcbslx@sina.com，与本书策划编辑进行交流。

作　者

2012 年 4 月

本书还配有教学课件。需要用于教学的教师，请与北京航空航天大学出版社联系。

通信地址：北京海淀区学院路 37 号北京航空航天大学出版社教材推广部

邮　　编：100191

电　　话：010-82339483

传　　真：010-82328026

E-mail：bhkejian@126.com

第1版前言

单片机应用日益广泛,已成为现代电子系统中最重要的智能化核心部件。为了尽快推广单片机应用技术,为科技人员在单片机软件、硬件的开发与应用方面打下良好的基础,特编写此书作为教材和自学参考书。本书依据高等院校单片机技术课程教学内容的基本要求而编写,编写时充分考虑到单片机技术的飞速发展,加强了单片机技术新理论、新技术和新器件及其应用的介绍。本书既有严密完整的理论体系,又具有较强的实用性。本书的编写原则是知识面宽、知识点新、应用性强,利于理解和自学。

本书是高等院校规划教材之一。本教材参考教学学时为64~72学时,可以根据教学要求适当调整教学学时。本教材具有以下特点:

① 反映了单片机技术的新发展,在讲解常用机型时,适当介绍新机型的发展和应用;

② 以汇编语言为主进行讲解,考虑到C语言的应用越来越广泛,适当介绍了C语言的应用;

③ 内容编排上,顺序合理,逻辑性强,力求简明扼要、深入浅出、通俗易懂,可读性强,读者更易学习和掌握;

④ 教材正文与例题、习题紧密配合。例题是正文的补充,某些内容则有意让读者通过习题来掌握,以调节教学节律,利于理解深化。

在品种众多的单片机中,51系列单片机具有独特的优点,仍是单片机中的主流机型,因此,本书以51系列单片机作为主线来进行单片机介绍。在详细介绍51系列单片机的结构、工作原理、指令系统、接口电路、单片机各功能部件的组成及应用和开发等内容的基础上,伴以大量的典型电路及应用实例,主要侧重于介绍单片机的外部特性和单片机应用与开发的基本方法和技巧。

参加本书编写的人员均为长期从事单片机技术教学的一线教师,具有丰富的教学经验。本书以编者多年来从事单片机课程教学和应用系统开发的经验与体会为基础，并参阅大量的同类书籍编写而成。大量的实例简单易懂，适应性强，软、硬件齐全，使读者能够在软件和硬件相结合的基础上更加深入地掌握其技术，以达到举一反三的目的，为掌握51硬软件使用的技巧、单片机的开发和应用以及学习其他单片机打下坚实的基础。

本书由靳孝峰、张艳担任主编，负责制定编写要求和详细的内容编写目录，并对全书进行统稿和定稿。

本书由郑州大学张德辉副教授负责审阅，张德辉老师在百忙中认真细致地审阅了全部书稿，并提出了宝贵建议。本书的编写得到了北京航空航天大学、郑州大学、河南理工大学、焦作大学、中原工学院、黄淮学院、平顶山工学院、河南城建学院等兄弟院校的大力支持和热情帮助，北京航空航天大学出版社的工作人员为本书的成功出版付出了艰辛的劳动。编者在此对为本书成功出版作出贡献的所有工作人员表示衷心的感谢。同时对本书所用参考文献的作者表示诚挚的谢意。

书中的错漏和不妥之处在所难免，敬请读者批评指正，以便不断改进。

编　者
2009年5月

目 录

第1章 单片机基础知识 ... 1
1.1 单片机和单片机系统 ... 1
1.1.1 微处理器和微型计算机 ... 1
1.1.2 微型计算机系统 ... 2
1.1.3 单片机的基本概念及基本结构 ... 4
1.1.4 单片机的特点 ... 5
1.1.5 单片机应用系统 ... 6
1.2 计算机中的数据表示 ... 7
1.2.1 计算机中数值的表示 ... 7
1.2.2 计算机中非数值数据信息的表示 ... 10
1.3 单片机技术的发展和应用 ... 13
1.3.1 单片机的产生与发展过程 ... 13
1.3.2 单片机技术的发展方向 ... 16
1.3.3 单片机的应用领域 ... 19
1.4 单片机的分类 ... 21
1.4.1 4位单片机 ... 22
1.4.2 8位单片机 ... 23
1.4.3 16位单片机 ... 24
1.4.4 32位单片机 ... 25
1.4.5 模糊单片机 ... 25
1.5 典型单片机产品的基本特性 ... 26
1.5.1 Intel公司的MCS-51系列单片机 ... 26
1.5.2 Atmel公司的AT89系列单片机 ... 28
1.6 如何学好单片机 ... 33
1.6.1 学习51系列单片机的原因 ... 33
1.6.2 单片机系统的开发过程 ... 33
1.6.3 单片机的编程 ... 34
1.6.4 单片机的学习方法 ... 34
本章小结 ... 35
思考与练习 ... 36

第 2 章　AT89S51 单片机的基本结构及工作原理 …… 37
2.1　AT89S51 单片机的内部结构和信号引脚 …… 37
2.1.1　AT89S51 单片机内部组成 …… 37
2.1.2　AT89S51 单片机的 CPU 结构 …… 39
2.1.3　AT89S51 单片机的引脚及功能 …… 41
2.2　AT89S51 单片机的定时控制部件与时序 …… 43
2.2.1　振荡器和时钟电路 …… 43
2.2.2　CPU 的时序 …… 45
2.2.3　单片机的工作过程 …… 46
2.3　AT89S51 单片机的并行输入/输出端口 …… 48
2.3.1　I/O 端口的结构 …… 48
2.3.2　I/O 端口的功能 …… 49
2.3.3　I/O 端口的负载能力和接口要求 …… 52
2.4　AT89S51 单片机的存储器结构及寄存器 …… 53
2.4.1　AT89S51 单片机存储器的分类及配置 …… 53
2.4.2　程序存储器 …… 54
2.4.3　数据存储器 …… 55
2.4.4　特殊功能寄存器 SFR …… 57
2.5　AT89S51 单片机的工作方式 …… 62
2.5.1　单片机复位方式 …… 62
2.5.2　CHMOS 低功耗工作方式 …… 64
2.6　单片机的最小应用系统 …… 66
2.6.1　片内带程序存储器的最小应用系统 …… 67
2.6.2　片内无程序存储器的最小应用系统 …… 68
本章小结 …… 68
思考与练习 …… 69

第 3 章　单片机指令系统及汇编语言程序设计 …… 71
3.1　指令系统概述 …… 71
3.1.1　指令的表达形式及类型 …… 72
3.1.2　指令格式 …… 73
3.1.3　指令中常用的符号 …… 74
3.2　AT89S51 单片机的寻址方式 …… 75
3.2.1　立即寻址 …… 75
3.2.2　直接寻址 …… 76
3.2.3　寄存器寻址 …… 77
3.2.4　寄存器间接寻址 …… 78

3.2.5 变址寻址 ………………………………………………… 78
3.2.6 相对寻址 ………………………………………………… 79
3.2.7 位寻址 …………………………………………………… 80
3.3 常用指令系统及应用举例 …………………………………… 81
3.3.1 数据传送类指令 ………………………………………… 81
3.3.2 算术运算类指令 ………………………………………… 86
3.3.3 逻辑运算及移位类指令 ………………………………… 91
3.3.4 控制转移类指令 ………………………………………… 95
3.3.5 位(布尔)操作类指令 ………………………………… 102
3.4 汇编语言程序设计 …………………………………………… 105
3.4.1 计算机程序设计语言概述 ……………………………… 105
3.4.2 汇编伪指令 ……………………………………………… 106
3.4.3 汇编语言程序设计的方法与步骤 ……………………… 109
3.4.4 汇编语言程序设计 ……………………………………… 111
3.4.5 子程序 …………………………………………………… 123
本章小结 …………………………………………………………… 127
思考与练习 ………………………………………………………… 128

第4章 定时/计数器原理及应用 …………………………………… 132
4.1 定时/计数器的结构和工作原理 …………………………… 132
4.1.1 单片机定时/计数器的结构 …………………………… 132
4.1.2 定时/计数器的工作原理 ……………………………… 133
4.2 定时/计数器的控制和工作方式 …………………………… 134
4.2.1 定时/计数器的控制 …………………………………… 134
4.2.2 定时/计数器的初始化 ………………………………… 136
4.2.3 定时/计数器的工作方式 ……………………………… 138
4.3 定时/计数器的编程和应用 ………………………………… 143
本章小结 …………………………………………………………… 145
思考与练习 ………………………………………………………… 145

第5章 中断系统及应用 ……………………………………………… 147
5.1 中断系统概述 ………………………………………………… 147
5.1.1 中断和中断源 …………………………………………… 147
5.1.2 中断响应的过程 ………………………………………… 150
5.2 AT89S51单片机的中断系统 ………………………………… 151
5.2.1 中断源及中断系统构成 ………………………………… 152
5.2.2 单片机的中断标志与中断控制 ………………………… 153
5.2.3 单片机的中断管理 ……………………………………… 157

5.2.4　单片机的中断处理过程 ………………………………… 158
　5.3　单片机中断系统的应用 ………………………………………… 161
　　　5.3.1　外部中断的扩充方法 ……………………………………… 161
　　　5.3.2　中断系统的应用举例 ……………………………………… 165
　本章小结 …………………………………………………………………… 169
　思考与练习 ………………………………………………………………… 169

第6章　单片机串行接口及应用 …………………………………………… 171
　6.1　串行通信概述 …………………………………………………… 171
　　　6.1.1　通信的概念 ………………………………………………… 171
　　　6.1.2　串行通信的分类 …………………………………………… 172
　　　6.1.3　串行通信的制式 …………………………………………… 175
　　　6.1.4　信号的调制和解调 ………………………………………… 175
　　　6.1.5　串行通信的接口电路 ……………………………………… 176
　6.2　单片机的串行接口 ……………………………………………… 181
　　　6.2.1　串行接口的结构 …………………………………………… 182
　　　6.2.2　串行接口的工作方式 ……………………………………… 185
　　　6.2.3　各种方式波特率的设置 …………………………………… 191
　　　6.2.4　串行通信的编程 …………………………………………… 192
　6.3　单片机串行接口的应用 ………………………………………… 193
　　　6.3.1　方式0的I/O口扩展应用 ………………………………… 193
　　　6.3.2　串行接口在双机通信中的应用 …………………………… 194
　　　6.3.3　串行接口在多机通信中的应用 …………………………… 199
　　　6.3.4　单片机和PC机之间的通信 ……………………………… 201
　6.4　单片机串行总线技术 …………………………………………… 204
　　　6.4.1　I^2C 总线接口 ……………………………………………… 205
　　　6.4.2　SPI 总线接口 ……………………………………………… 211
　　　6.4.3　1-Wire 接口 ……………………………………………… 214
　　　6.4.4　Microwire 总线接口 ……………………………………… 215
　本章小结 …………………………………………………………………… 216
　思考与练习 ………………………………………………………………… 216

第7章　AT89S51 单片机与输入/输出外部设备接口 …………………… 218
　7.1　AT89S51 单片机与键盘接口 …………………………………… 218
　　　7.1.1　键盘工作原理 ……………………………………………… 218
　　　7.1.2　键盘扫描控制方式 ………………………………………… 222
　　　7.1.3　独立式键盘的结构及工作原理 …………………………… 224
　　　7.1.4　行列式键盘的结构及工作原理 …………………………… 226

7.2 AT89S51单片机与LED显示器接口 233
7.2.1 LED数码管接口技术 233
7.2.2 LED大屏幕显示器 240
7.3 AT89S51单片机与LCD显示器接口 247
7.3.1 LCD显示器的分类 247
7.3.2 典型液晶显示模块介绍 247
7.3.3 AT89S51单片机与LCD的接口及软件编程 253
7.4 键盘与显示器综合使用 256
7.4.1 利用串行接口实现的键盘/显示器接口 256
7.4.2 利用8255A和8155扩展实现的键盘/显示器接口 258
本章小结 262
思考与练习 264

第8章 51单片机系统扩展技术 265
8.1 51单片机系统扩展概述 265
8.1.1 51系列单片机的扩展规则及扩展方法 265
8.1.2 51系列单片机的系统总线及其结构 267
8.1.3 常用的扩展器件及半导体存储器 269
8.2 51单片机存储器的扩展技术 274
8.2.1 程序存储器的扩展 275
8.2.2 数据存储器的扩展 281
8.2.3 存储器综合扩展 285
8.3 51单片机 I/O 端口的扩展技术 287
8.3.1 I/O端口的扩展概述 287
8.3.2 简单的I/O口扩展 288
8.3.3 并行I/O口 8255A 的扩展 290
8.3.4 并行I/O口 RAM 8155 的扩展 298
本章小结 310
思考与练习 311

第9章 单片机与 ADC、DAC 的接口技术 312
9.1 A/D 转换器的接口技术 312
9.1.1 A/D转换器接口技术概述 312
9.1.2 ADC0809 与 AT89S51 的接口及应用 316
9.1.3 AD574 与 AT89S51 单片机的接口 320
9.1.4 MC14433 接口及应用 323
9.1.5 串行 A/D 转换器 MAX187 与 AT89S51 单片机的接口 328
9.2 D/A 转换器的接口技术 330

9.2.1　D/A 转换器接口技术概述 ·· 330
  9.2.2　DAC0832 的接口及应用 ··· 332
 本章小结 ··· 340
 思考与练习 ··· 341

第 10 章　单片机的 C 语言程序设计 ·· 342
 10.1　C51 的基础知识 ··· 342
  10.1.1　C51 的特点 ··· 342
  10.1.2　C51 的标识符 ·· 343
  10.1.3　C51 的关键字 ·· 343
 10.2　C51 的数据 ·· 345
  10.2.1　C51 的数据类型 ··· 345
  10.2.2　常量和变量 ··· 347
  10.2.3　C51 的存储器类型及存储模式 ·· 350
  10.2.4　特殊功能寄存器、并行接口及位变量的定义 ···················· 352
 10.3　运算符、函数及程序流程控制 ·· 354
  10.3.1　C51 的运算符 ·· 354
  10.3.2　C51 的函数 ··· 361
  10.3.3　C51 的流程控制语句 ·· 366
 10.4　C51 的构造数据类型 ··· 373
  10.4.1　数　组 ·· 373
  10.4.2　指　针 ·· 374
 10.5　C51 实例分析及混合编程 ··· 377
  10.5.1　C51 实例分析 ·· 377
  10.5.2　混合编程 ·· 380
 10.6　Keil C51 简介 ··· 383
  10.6.1　项目文件的建立和设置 ··· 384
  10.6.2　程序的调试和目标文件的获得 ·· 391
 本章小结 ··· 393
 思考与练习 ··· 393

第 11 章　单片机应用系统设计技术 ·· 394
 11.1　单片机应用系统设计的基本原则 ··· 394
 11.2　单片机应用系统设计的一般过程 ··· 395
  11.2.1　确定任务 ·· 396
  11.2.2　总体设计 ·· 396
  11.2.3　硬件设计 ·· 397
  11.2.4　软件设计 ·· 401

11.2.5 单片机应用系统的调试 …………………………………………… 403
11.2.6 程序固化 ………………………………………………………… 405
11.3 模块化软件设计 …………………………………………………………… 405
11.3.1 模块化结构的基本组成 ………………………………………… 405
11.3.2 各模块数据缓冲区的建立 ……………………………………… 406
11.3.3 模块化程序设计方法 …………………………………………… 408
11.3.4 系统监控程序设计 ……………………………………………… 408
11.4 单片机开发系统 …………………………………………………………… 410
11.4.1 单片机开发系统的类型和组成 ………………………………… 410
11.4.2 单片机开发系统的功能 ………………………………………… 411
11.4.3 开发软件简介 …………………………………………………… 415
11.5 单片机应用系统设计举例 ………………………………………………… 415
11.5.1 电子琴的设计 …………………………………………………… 416
11.5.2 数据采集与显示电路的设计 …………………………………… 429
11.6 单片机应用系统的抗干扰技术 …………………………………………… 439
11.6.1 干扰及其危害 …………………………………………………… 439
11.6.2 硬件抗干扰措施 ………………………………………………… 440
11.6.3 软件抗干扰措施 ………………………………………………… 444
本章小结 …………………………………………………………………………… 447
思考与练习 ………………………………………………………………………… 448
附录 A 微型计算机中的常用数制和码制 …………………………………… 449
附录 B 常用集成芯片型号 …………………………………………………… 454
附录 C MCS-51 指令表 ……………………………………………………… 458
附录 D 常用实验程序 ………………………………………………………… 462
参考文献 ………………………………………………………………………… 474

第1章
单片机基础知识

单片机伴随着微电子技术的发展而产生,它是一个将计算机各主要功能部件集成在一块半导体芯片上的完整的数字处理系统,习惯上称为单片微型计算机,简称单片机。随着单片机技术的发展,单片机早已突破了计算机的一般结构体系,但人们仍习惯称作单片机。单片机类型繁多,具有优良的特性,用途极为广泛。

1.1 单片机和单片机系统

电子数字计算机俗称电脑,是近代最重大的科学成就之一,是人类制造的用于信息处理的机器,它能按人的意志将信息进行存储、分类、整理、判断、计算、决策和处理等操作。自从1946年第一台电子计算机问世以来,电子数字计算机经历了电子管、晶体管、集成电路和大规模、超大规模集成电路等几个发展阶段,出现了各种档次、各种类型及各种用途的计算机。人们通常按照计算机的体积、性能和应用范围等条件,将计算机分为巨型机、大型机、中型机、小型机和微型机等。

1.1.1 微处理器和微型计算机

微电子技术和超大规模集成电路技术的发展,诞生了以微处理器为核心的微型计算机MC(Micro Computer)。

微处理器MPU(Micro Processing Unit)就是微型计算机的中央处理器CPU(Central Processing Unit),它采用了超大规模集成电路技术,将中央处理器中的各功能部件集成在同一块芯片上,这也是它和其他计算机的主要区别。它的微处理器包含计算机体系结构中的运算器和控制器,是构成微型计算机的核心部件。随着超大规模集成电路技术的发展和应用,微处理器中所集成的部件越来越多,除运算器、控制器外,还有协处理器、高速缓冲存储器、接口和控制部件等。

以微处理器为核心,再配上存储器、I/O接口和中断系统等构成的整体,称为微型计算机。微型计算机简称微机,它们可集中装在同一块或数块印制电路板上,一般不包括外设和软件。

微型计算机的发展是以微处理器的发展为特征的。微处理器自1970年问世以来,在短短几十年的时间里以极快的速度发展,初期每隔2～3年就要更新一代,现在则不到一年更新一次。但无论怎样更新,从工作原理和基本功能上看,微型计算机与大型、中型和小型计算机没有本质的区别。微型计算机具有运算速度快、计算精度高、程序控制、"记忆"能力、逻辑判断能力及可自动连续工作等基本特点。此外,微型计算机还具有体积小、质量轻、功耗低、结构灵活、可靠性高和价格便宜等突出特点。

个人计算机,简称PC(Personal Computer)机,是微型计算机中应用最为广泛的一种,也是近年来计算机领域中发展最快的一个分支。由于PC机在性能和价格方面适合个人用户购买和使用,目前,它已经深入到家庭和社会的各个领域。

1.1.2 微型计算机系统

微型计算机是计算机的一个重要分支。微型计算机系统MCS(Micro Computer System)是指以微型计算机为核心,配上外围设备、电源和软件等,构成能独立工作的完整计算机系统。微型计算机系统由硬件系统和软件系统两大部分组成。硬件系统由构成微机系统的实体和装置组成。软件系统是微机系统所使用的各种程序的总称。人们通过它对整机进行控制并与微机系统进行信息交换,使微机按照人的意图完成预定的任务。硬件系统和软件系统共同构成完整的微机系统,两者相辅相成,缺一不可。

1. 硬件系统

微型计算机硬件系统组成示意图如图1-1所示。微型计算机硬件系统通常包括中央处理器、存储器、输入/输出接口电路、总线以及外部设备等五大部分。其中,中央处理器CPU(Central Processing Unit)是微机的核心部件,它主要由运算器和控制器组成,完成计算机的运算和控制功能。CPU配上存放程序和数据的存储器、输入/输出I/O(Input/Output)接口电路以及外部设备即构成微机的硬件系统。

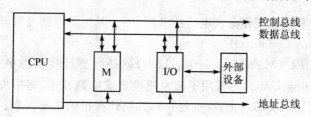

图1-1 微型计算机的基本组成

下面把组成微型计算机的5个基本部件作简单说明。

(1) 中央处理器CPU

CPU是计算机的核心部件,它主要由运算器和控制器组成,完成计算机的运算和控制功能。运算部分包括算术逻辑单元ALU(Arithmetic Logic Unit)、累加器

Acc(Accumulator)、状态寄存器 FR(Flag Register)和寄存器组 RS(Register Set)。主要完成对数据的算术运算和逻辑运算。

控制器(Controller)是整个计算机的指挥中心,它负责从内部存储器中取出指令并对指令进行分析、判断,并根据指令发出控制信号,使计算机的有关部件及设备有条不紊地协调工作,保证计算机能自动、连续地运行。控制部分应包括程序计数器 PC(Program Counter)、指令寄存器 IR(Instructional Register)、指令译码器 ID 以及控制信号发生电路等。微型计算机的 CPU 做在一个集成芯片上,被称为微处理器。

(2) 存储器

存储器(Memory)是具有记忆功能的部件,用来存储数据和程序。存储器根据其位置不同可分为两类:内存储器和外存储器。内存储器(简称内存)和 CPU 直接相连,用于存放当前要运行的程序和数据,也称主存储器(简称主存)。它的特点是存取速度快,基本上可与 CPU 处理速度相匹配,能存储的信息量较小。外存储器(简称外存)又称辅助存储器,主要用于保存暂时不用但又需长期保留的程序和数据。存放在外存的程序必须调入内存才能进行。外存的存取速度相对较慢,可保存的信息量大。

(3) 输入/输出接口(I/O 接口)

输入/输出(Input/Output)接口由大规模集成电路组成的 I/O 器件构成,用来连接主机和相应的 I/O 设备(如键盘、鼠标、显示器、打印机等),使得这些设备和主机之间传送的数据、信息在形式上和速度上都能匹配。不同的 I/O 设备必须配置与其相适应的 I/O 接口。

(4) 外部设备

通常把外存储器、输入设备和输出设备合在一起称之为计算机的外部设备,简称外设。输入设备用于将程序和数据输入到计算机中,如键盘、鼠标等,输出设备用于把计算机计算或处理的结果,以用户需要的形式显示或打印出来,如显示器、打印机等。

(5) 总 线

总线(BUS)实际上是一组导线,是各种信息线的集合,是计算机各部件之间传送信息的公共通道。图 1-1 中的有向线为微型机总线。微机中有内部总线和外部总线两类。内部总线是 CPU 内部之间的连线。外部总线是指 CPU 与其他部件之间的连线。外部总线有三种:数据总线 DB(Data Bus)、地址总线 AB(Address Bus)和控制总线 CB(Control Bus)。

数据总线用来传输数据,通常包括 CPU 与内存储器或输入/输出设备之间,内存储器与输入/输出设备或外存储器之间交换数据的双向传输线路。地址总线用来传送地址,它一般是从 CPU 送地址至内存储器、输入/输出设备,或从外存储器传送地址至内存储器等。控制总线用来传送控制信号、时序信号和状态信息等。

2. 软件系统

软件可分为系统软件和应用软件两大类。系统软件包括操作系统、实用程序和语言处理程序。用来对构成微型计算机的各部分硬件,如对 CPU、内存、各种外设进行管理和协调,使它们有条不紊、高效率地工作,系统软件支持应用软件的开发与运行。

应用软件是针对不同应用,实现用户要求的功能软件及有关的文件和资料。例如,Internet 网站上的 Web 页、各部门的 MIS 程序、CIMS 中的应用软件以及生产过程中的监测控制程序等。

1.1.3 单片机的基本概念及基本结构

单片机是单片微型计算机(Single Chip Microcomputer)的简称,是指集成在一块芯片上的计算机,它具有结构简单、控制功能强、可靠性高、体积小、价格低等优点,在许多行业都得到了广泛的应用。例如在航天航空、地质石油、冶金采矿、机械电子等许多领域,单片机都发挥着巨大作用。

1. 单片机的基本概念

单片机是一种特殊的计算机。它是在一块半导体芯片上集成了微型计算机的基本功能部件,包括 CPU、只读存储器 ROM(Read-only Memory)、随机存储器 RAM(Randon Access Memory)以及输入与输出接口电路等,人们习惯称这种芯片为单片微型计算机,简称单片机。随着微电子技术的发展和应用需要,在单片机芯片内集成了许多外围电路及外设接口,如定时/计数器、串行/通信控制器、A/D 转换器、D/A 转换器以及 PWM 等功能电路。单片机已不再是传统意义的计算机结构,目前国外已普遍称之为微控制器 MCU(Micro-controller Unit),并以此名称与微处理器相区别。1987 年以后,它又被一些大的半导体器件公司命名为嵌入式控制器(Embedded Controller),因采用嵌入技术,在一块芯片上除了集成 CPU 外,还嵌入了 RAM/ROM 或各种 I/O 功能。本书仍沿用单片机概念,但单片机的"机"应理解成微控制器而不是微计算机。单片机按用途可分为通用型和专用型两大类,通常所说的和本书所介绍的单片机是指通用型单片机。

2. 单片机的基本结构

目前单片机已有几十个系列,上千种产品。在众多产品中,20 世纪 80 年代 Intel 公司推出的 MCS-51 系列单片机用途最为广泛。8051 是早期最典型的产品,Intel 公司对该系列单片机采用技术开放的策略,很多公司相继推出以 8051 为基核的,具有优异性能的各具特色的单片机。

虽然单片机型号各异,但其基本组成部分相似。图 1-2 为单片机的典型结构框图。一般包括 CPU、只读存储器 ROM、随机存储器 RAM、定时/计数器、中断系统、时钟以及输入/输出接口电路等。这些部件制作在一块半导体芯片上,通过内部总线相互连接起来,可以实现计算机的基本功能。

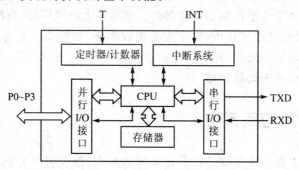

图 1-2 单片机典型结构示意图

1.1.4 单片机的特点

一块单片机芯片就是一台计算机。这种特殊的结构形式使得单片机的使用更加灵活方便,可以承担其他计算机无法完成的一些工作。单片机具有很多显著的优点,在各个领域中都得到了迅猛的发展。单片机的特点可以归纳为以下几个方面。

1. 具有优异的性能价格比

高性能、低价格是单片机最显著的特点。在单片机中,设计人员尽可能把应用所需要的各种功能部件都集成在一块芯片内,所以"单片机"成为名副其实。为了提高速度和执行效率,有些单片机采用了 RISC 流水线和 DSP 的设计技术,使单片机的性能明显优于同类型微处理器,单片机内存 RAM/ROM 的存储和寻址能力都有很大突破。另外,单片机用量大,范围广,通用性好,各生产公司都在提高性能的同时,进一步降低价格。

2. 集成度高、体积小、质量轻、可靠性高

设计人员把各功能部件制作在一块半导体芯片上,在单片机内部采用总线相互连接,大大提高了单片机的可靠性和抗干扰能力;另外,单片机体积小、质量轻,对于强磁场环境易于采取屏蔽措施,适合在恶劣环境下工作。

3. 控制功能强

单片机体积虽小,但"五脏俱全",它非常适用于专门的控制用途。为了满足工业控制要求,一般单片机的指令系统中有极丰富的转移指令、接口的逻辑操作以及位处理功能。单片机的逻辑控制功能及运行速度均高于同一档次的微型计算机。

4. 低电压、低功耗

单片机大量用于便携式产品和家用消费类产品,低电压、低功耗特性尤为重要。

许多单片机已可以在2.2 V下运行,有的已能在1.2 V或0.9 V下工作,一粒纽扣电池就可以使之长期工作。

单片机的独特优点使其得到了迅速推广及应用。目前,已成为测量控制应用系统中的优选机种和新电子产品的关键部件。世界各大电气厂商、测控技术企业、机电行业,竞相把单片机用于产品更新,作为实现数字化、智能化的核心部件。随着单片机性能的提高和功能的增强,现已广泛应用于家用电器、机电产品、办公自动化产品、机器人、儿童玩具、航天器等领域。

1.1.5 单片机应用系统

单片机实质上是一个集成芯片。在实际应用中,很少将单片机直接和被控对象进行电气连接。必须外加各种扩展接口电路、外部设备、被控对象等硬件以及软件,才能构成一个单片机应用系统。

单片机应用系统是以单片机为核心,配以输入、输出、显示、控制等外围电路和软件,能实现一种或多种功能的实用系统。单片机应用系统是由硬件和软件组成的,硬件是应用系统的基础,软件则在硬件的基础上对其资源进行合理调配和使用,从而完成应用系统所要求的任务,二者相互依赖,缺一不可。

单片机加上简单的外围器件和应用程序,构成的应用系统称为最小系统。这种采用"单片"形式构成的应用系统主要用于家用类产品和简单的仪器仪表中。随着单片机应用的深入和发展,特别是近年来较复杂的测控系统和高技术应用,单片机本体上集成的功能元件满足不了需求,为了使测控系统覆盖更宽的应用范围,一般不得不在单片机的基础上外扩存储器和I/O接口。因此,利用单片机构成一个完整的工业测控系统,必须考虑单片机的系统扩展和系统配置。

1. 系统扩展

系统扩展是指单片机内部的基本单元不能满足系统要求时,在片外扩展相应的电路或器件。不同类型的单片机,其扩展方法各有差异。有些类型的单片机,采用片内串行总线进行扩展,如I^2C、SPI等总线扩展,主要扩展存储器和I/O功能。还有些单片机,如Intel 8096系列,为了满足单片机的系统扩展要求,设置有可供外部扩展电路所使用的三总线(DB、AB、CB)结构。例如,51系列单片机由P0口构成8位数据总线,P2加P0口构成16位地址总线,以供外部分别扩展64 KB程序存储器与数据存储器。

2. 系统配置

系统配置是指为了满足系统功能要求而配置的各种接口电路。例如,为构成数据采集系统,必须配置传感器接口,依测量对象不同有小信号放大、A/D转换、脉冲整形放大、V/F转换、信号滤波等。为构成伺服系统必须配置伺服控制接口以及为满足对话的人机接口和用于构成多机或网络系统的相互通信接口等。系统配置与控制对象和操作要求有密切关系。

用单片机构成一个能满足对象测控功能要求的应用系统,在硬件系统设计上包括两个层次的任务:由单片机最小系统通过系统扩展构成能满足测控任务处理要求的计算机基本系统(或称平台系统);根据用户及对象的技术要求,通过系统配置,为单片机系统配置各种接口电路,以构成与对象相匹配的系统,则称之为单片机应用系统。图1-3是一个典型的单片机应用系统。

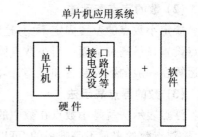

图1-3 典型的单片机应用系统

单片机应用系统的设计人员必须从硬件和软件两个角度来深入了解单片机,只有将二者有机结合起来,才能形成具有特定功能的应用系统或整机产品。

1.2 计算机中的数据表示

1.2.1 计算机中数值的表示

通常意义下的数字、文字、图画、声音和活动图像都可以认为是数据。计算机中的数据是以二进制编码形式出现的,在计算机内部把数据分为数值型数据和非数值型数据。

1. 数值的定点表示和浮点表示

数值型数据是指日常生活中接触到的数字类数据,主要用来表示数量的多少,可以比较大小。计算机中的数都是以二进制形式表示的,计算机中运算的数有整数也有小数,常用的表示方法有定点表示和浮点表示两种。

(1) 机器数和真值

计算机中运算的数有正数也有负数,数学中用正负号表示数的正负,而计算机不能识别正负号,因此应将正、负等符号数字化,以便运算时识别。通常,在数的前面加一位,用作符号位,符号位为 0 表示正数,为 1 表示负数。对于整数,最高位为符号位;对于纯小数,小数点前为符号位。连同符号位一起表示的数称为机器数,机器数的数值称为真值。可见,在机器中数的符号被数字化了,符号和数值都是二进制数码。

例如:用 8 位二进制数(一个字节)来表示 +1001 和 -1001。+1001 和 -1001 的机器数分别为 00001001 和 10001001,其中,最高位为符号位,后 7 位为数值位;

+0.1001 和 −0.1001 的机器数分别为 0.1001000 和 1.1001000，其中，小数点前为符号位，后 7 位为数值位。

(2) 数的定点表示法

规定小数点的位置固定不变，这时的机器数称为定点数。在定点数中，通常把小数点设置在最高位前面。当小数点固定在最高有效位的前面时，定点数为纯小数，定点运算在一般的数控装置和微型计算机中较常使用。

(3) 数的浮点表示法

浮点表示法就是小数点在数中的位置是浮动的，这时的机器数称为浮点数。很明显，浮点数的表示不是唯一的，可以用多种形式来表示同一数。在同样字长的情况下，浮点数能够表示的数的范围远比定点数大。当计算机中的数值范围很大时，就要采用浮点表示法。

一个二进制浮点数的表示形式为：$2^E \times F$，其中 E 称为阶码，F 叫做尾数。阶码 E 的位数取决于数值的表示范围，一般取一个字节，阶码通常为带符号的整数，而尾数 F 则根据计算所需要的精度，取 2～4 个字节，尾数为带符号的纯小数。阶码和尾数中，有一位专门用来表示数的符号，称为阶符和数符。浮点数就是用阶码和尾数表示的数，这种表示数的方法称为浮点表示法。机器中的定点数和浮点数常用原码和补码表示。

2. 机器数的原码、反码和补码

一个带符号的数在计算机中可以有原码、反码和补码三种表示方法。

(1) 机器数的原码

当正数的符号位用 0 表示，负数的符号位用 1 表示，数值部分用真值的绝对值来表示的二进制机器数称为原码。例如，+105 和 −105 在计算机中（设机器数的位数是 8）其原码可分别表示为：

$$[(+105)_{10}]_原 = 01101001B$$

$$[(-105)_{10}]_原 = 11101001B$$

0 的原码有两种形式，即 $[+0]_原 = 00000000B$，$[-0]_原 = 10000000B$，所以数 0 的原码不唯一。

$[+127]_原 = 01111111B$，$[-127]_原 = 11111111B$，8 位（一个字节）二进制原码能表示数值的范围为 −127～+127。

原码的优点是它与真值的转换非常方便，只要将真值中的符号位数字化即可得到原码。而且用原码作乘法运算也是非常方便的，这时乘积的数值就等于两个乘数的数值部分（不包括符号位）相乘，乘积的符号可以按"同号相乘为正、异号相乘为负"的原则来决定，这在逻辑上是很容易实现的。

但在使用原码作两数相加时，计算机必须对两个数的符号是否相同作出判断。当两数符号相同时，则进行加法运算，否则就要作减法运算。而且对于减法运算要比较出两个数的绝对值大小,然后从绝对值大的数中减去绝对值小的数而得其差值,差值的符号取决于绝对值大的数的符号。为了完成这些操作,计算机的结构,特别是控制电路随之复杂化,而且运算速度也变得较低。为此在单片机中一般不采用原码形式表示数。

(2) 机器数的反码和补码

正数的反码表示与原码相同,也就是说正数用符号位与数值凑到一起来表示。对于负数,用相应正数的原码各位取反来表示,包括将符号位取反,取反的含义就是将 0 变为 1,将 1 变为 0。例如:

$$(+31)_{10} \to [+31]_{原} = 00011111B \to [+31]_{反} = 00011111B$$
$$(+127)_{10} \to [+127]_{原} = 01111111B \to [+127]_{反} = 01111111B$$

若要写出$(-31)_{10}$、$(-127)_{10}$的反码,则可按下列步骤完成,即:

$$[+31]_{原} = 00011111B \to [-31]_{反} = 11100000B$$
$$[+127]_{原} = 01111111 \to [-127]_{反} = 10000000$$

一个字节所表示的反码数值的范围为 $-127 \sim +127$。对于正数,它相应的反码的符号位为 0,其余 7 位为数值;而当符号位为 1 时,则代表的是负数,其余 7 位并非为真实数值,而是数值的反码,为求其真值,则必须对反码再求反。例如$[X]_{反} = 10000000B$,由符号位确定它为负数,则应将反码的其余 7 位求反得 $1111111B = (127)_{10}$,即真值为$(-127)_{10}$。反码的作用是用来求补码。

在单片机中,符号数是用补码(对 2 的补码)来表示的。用补码法表示带符号数的规则是:正数的表示方法与原码法和反码法一样;负数的表示方法为该负数的反码加 1。数 0 的补码表示是唯一的。

例如,$(+4)_{10}$的补码表示为$(00000100)_2$,而$(-4)_{10}$用补码表示时,可先求其反码表示$(11111011)_2$,然后再在其最低位加 1,变为$(11111100)_2$,这就是$(-4)_{10}$的补码表示。即$[(-4)_{10}]_{补} = (11111100)_2$。

由补码求取反码非常简单。例如:$[X]_{补} = 11111111$,则$[X]_{反} = 11111110$,$[X]_{原} = 10000001$,即 $X = -1$。

【例 1-1】 写出 +127、-127、+0、-0 的原码、反码和补码。

$$[+127]_{原} = 01111111 \quad\quad [-127]_{原} = 11111111$$
$$[+127]_{反} = 01111111 \quad\quad [-127]_{反} = 10000000$$
$$[+127]_{补} = 01111111 \quad\quad [-127]_{补} = 10000001$$
$$[+0]_{原} = 00000000 \quad\quad [-0]_{原} = 10000000$$
$$[+0]_{反} = 00000000 \quad\quad [-0]_{反} = 11111111$$
$$[+0]_{补} = 00000000 \quad\quad [-0]_{补} = 00000000$$

可见,数 0 的补码表示是唯一的。

8 位二进制补码所能表示的数值范围是 $-128 \sim +127$。对于微型计算机,如果运算结果超过了它所能表示的数值范围,称为溢出。计算机中,设置有溢出判别电路。引入补码可以将减法运算变为加法运算,从而简化机器的控制线路,提高运算速度。在微处理器中,一般都不设置专门的减法电路。遇到两个数相减时,处理器就自动地将减数取补,而后将被减数和减数的补码相加来完成减法运算。

1.2.2 计算机中非数值数据信息的表示

非数值型数据中最常用的数据是字符型数据,它可以方便地表示文字信息,供人们直接阅读和理解。其他的非数值型数据主要用来表示图画、声音和活动图像等。计算机中的非数值数据信息也是以二进制形式表示的,这时的一个二进制组合不代表数值的大小,而是代表一个特定的信息。

1. 西文信息的表示

西文包括拉丁字母、数字、标点符号以及一些特殊符号,它们统称为字符。众所周知,人们在使用计算机时,一般通过键盘与计算机打交道。从键盘上输入的数据和命令是一个个英文字母、标点符号和某些特殊字符。而计算机只能处理二进制代码数字,这就要用二进制数字 0 和 1 对各种字符进行编码。输入的字符由计算机自动编码,以二进制形式存入计算机中。例如在键盘上输入字母 A,存入计算机的 A 的编码为 01000001,它不代表数字值,而是一个文字信息。

目前,国际上使用的字母、数字和符号的信息编码系统种类很多。经常采用的是美国国家信息交换标准代码 ASCII(American Standard Code for Information Interchange)。该标准制定于 1963 年,后来,国际标准化组织 ISO 和国际电报电话咨询委员会 CCITT 以它为基础制定了相应的国际标准。目前,微型计算机的字符编码都采用 ASCII 码。

ASCII 码是一种 8 位代码,一般用一个字节中的 7 位对字符进行编码,最高位是奇偶校验位,用以判别数码传送是否正确。用 7 位码来代表字符信息,共可表示 128 个字符。它包括 32 个起控制作用的通用控制符号,称为功能码;10 个十进制数码 0~9;52 个英文大、小写字母以及 34 个供书写程序和描述命令之用的专用符号 $、+、-、=等,称为信息码。ASCII 码如表 1-1 所列。

表 1-1 中第 010 到第 111 的 6 列中,共有 94 个可打印(或显示)的字符(不包括 SP 和 DEL),又称为图形字符。这些字符有确定的结构形状,可在显示器或打印机等输出设备上输出。它们在计算机键盘上能找到相应的键,按键后就可将对应字符的二进制编码送入计算机内。这些可打印字符的 ASCII 编码从 20H~7EH,其中数字 0~9 的 ASCII 编码分别为 30H~39H,英文大写字母 A~Z 的 ASCII 编码从 41H 开始依次编至 5AH。

表 1-1 中第 000 和第 001 列中共 32 个字符,称为控制字符,它们在传输、打印或显示输出时起控制或标志作用,不能被打印出来。这些字符的 ASCII 编码从 00H~

1FH,按照它们的功能含义可分成五类：

表 1-1　ASCII 码表

位 654→ ↓ 3210	000	001	010	011	100	101	110	111
0000	NUL	DLE	SP	0	·	P	、	p
0001	SOH	DC1	!	1	A	Q	a	q
0010	STX	DC2	"	2	B	R	b	r
0011	ETX	DC3	#	3	C	S	c	s
0100	EOT	DC4	$	4	D	T	d	t
0101	ENQ	NAK	%	5	E	U	e	u
0110	ACK	SYN	&	6	F	V	f	v
0111	EBL	ETB	'	7	G	W	g	w
1000	BS	CAN	(	8	H	X	h	x
1001	HT	EM	)	9	I	Y	i	y
1010	LF	SUB	*	:	J	Z	j	z
1011	VT	ESC	+	;	K	[	k	{
1100	FF	FS	,	<	L	\	l	|
1101	CR	GS	-	=	M	]	m	}
1110	SO	RS	.	>	N	ˆ	n	~
1111	SI	US	/	?	O	_	o	DEL

① 传输控制类字符。如 SOH(标题开始)、STX(正文开始)、ETX(正文结束)、EOT(传输结束,编码为 04H)、ENQ(询问)、ACK(认可)、DLE(数据链转义)、NAK(否认)、SYN(同步)、ETB(组传输结束)。

② 格式控制类字符。如 BS(退格)、HT(横向制表)、LF(换行,编码为 0AH)、VT(纵向制表)、FF(走纸控制)、CR(回车,编码为 0DH)。

③ 设备控制类字符。如 DC1(设备控制 1)、DC2(设备控制 2)、DC3(设备控制 3)、DC4(设备控制 4)。

④ 信息分隔类控制字符。如 US(单元分隔)、RS(记录分隔)、GS(群分隔)、FS(文件分隔)。

⑤ 其他控制字符。如 NUL(空白)、BEL(告警)、SO(移出)、SI(移入)、CAN(作废)、EM(媒体结束)、SUB(取代)、ESC(转义)。此外,在图形字符集的首尾还有两个字符也可归入控制字符,它们是 SP(空格字符)和 DEL(删除字符)。

ASCII 码的最高位用于奇偶校验。偶校验的含义是包括校验位在内的 8 位二进制码中"1"的个数为偶数。如字母 A 的编码(1000001B)加偶校验时为 01000001B。

而奇校验的含义是包括校验位在内所有"1"的个数为奇数。因此,具有奇数校验位 A 的 ASCII 码则是 11000001B。

1980 年,我国制定了《信息处理交换器的七位编码字符集》,即 GB 1988—80,其中规定,除用人民币符号"￥"代替美元符号"＄"外,其余含义都和 ASCII 码相同。

2. 中文信息的表示

计算机用编码的方式来处理和使用字符,中文的基本组成单位是汉字,汉字也是字符。西文字符集的字符总数不过几百个,在计算机内用一个 ASCII 码(即一个字节)来表示即可。

目前,汉字的总数超过 6 万字,且字形复杂,同音字多,异体字多,这就给汉字在计算机内部的表示与处理、传输与交换、输入与输出等带来了一系列的问题。为此,我国于 1981 年公布《国家标准信息交换用汉字编码基本字符集》即 GB 2312—80。国标规定,一个汉字用两个字节(256×256＝65 536 种状态)编码,同时用每个字节的最高位来区分是汉字编码还是 ASCII 字符码,这样每个字节只用低 7 位,这就是所谓双 7 位汉字编码(128×128＝16 384 种状态),称作该汉字的交换码(又称国标码)。其格式如图 1-4 所示。国标码中每个字节的定义域在 21H~7EH 之间。

b_7	b_6	b_5	b_4	b_3	b_2	b_1	b_0	b_7	b_6	b_5	b_4	b_3	b_2	b_1	b_0
○	×	×	×	×	×	×	×	○	×	×	×	×	×	×	×

图 1-4　汉字的交换码格式

目前,许多机器为了在内部能区分汉字与 ASCII 字符,把两个字节汉字国标码的每个字节的最高位置"1",这样就形成了汉字的另外一种编码,称作汉字机内码(内码)。若已知国标码,则机内码唯一确定。机内码的每个字节为原国标码每个字节加 80H。内码用于统一不同系统所使用的不同汉字输入码,花样繁多的各种不同汉字输出法进入系统后,一律转换为内码,使不同系统的汉字信息可以相互转换。

GB 2312—80 编码按汉字使用频度把汉字分为高频字(约 100 个)、常用字(约 3 000 个)、次常用字(约 4 000 个)、罕见字(约 8 000 个)和死字(约 4 500 个),并将高频字、常用字和次常用字归结为汉字字符集(6 763 个)。该字符集又分为两级,第一级汉字为 3 755 个,属常用字,按汉语拼音顺序排列;第二级汉字为 3 008 个,属非常用字,按部首排列。

汉字输入方法很多,如区位、拼音、五笔字型等数百种。一种好的汉字输入方法应具有易学习、易记忆、效率高(击键次数少)、重码少和容量大等特点。不同输入法有自己的编码方案,不同输入法所采用的汉字编码统称为输入码。输入码进入机器后,必须转为机内码。

汉字的输出是用汉字字形码(一种用点阵表示汉字字形的编码)把汉字按字形排列成点阵,常用点阵有 16×16、24×24、32×32 或更高。一个 16×16 点阵汉字要占用32字节,24×24点阵汉字要占用72字节等。由此可见,汉字字形点阵的信息量很大,占用存储空间也非常大。所有不同字体、字号的汉字字形构成字体。字体通常都存储在硬盘上,只有显示输出时,才去检索得到欲输出的字形。

3. 声音图像信息的表示

众所周知,计算机除了能处理汉字、数值、数据之外,还能处理声音、图形和图像等信息。能处理声音、图形和图像信息的计算机称为多媒体计算机。

在多媒体计算机中,各种媒体也采用二进制编码来表示。首先,声音、图像等各种模拟信息(如声音波形、图像的颜色等)经过采样、量化和编码,转换成数字信息,这一过程称为模/数转换,即 A/D 转换。由于数字化信息量非常大,为了节省存储空间,提高处理速度,往往要经过压缩后再存储到计算机中。经过计算机处理过的数字化信息,还要经过还原(解压缩)、数/模转换(把数字化信息转化为声音、图像等模拟信息)后再现原来的信息。例如,通过扬声器播放声音,通过显示器显示画面。

1.3 单片机技术的发展和应用

单片机是应工业测控系统数字化、智能化的迫切要求而提出的。超大规模集成电路的出现,通用 CPU 及其外围电路技术的发展成熟,为单片机的诞生和发展提供了可能。单片机的发展完全从工业测控对象、环境、接口特点出发,不断增强其控制功能,保证在工业测控环境中的可靠性。其接口界面也是按照能灵活、方便地构成工业测控用计算机系统而设计的。它的出现标志着计算机技术在工业领域中的应用开始走向完善与成熟。

1.3.1 单片机的产生与发展过程

单片机出现的历史并不长,但发展十分迅猛。它的产生与发展和微处理器的产生与发展大体同步。自 1971 年美国 Intel 公司首先推出 4 位微处理器以来,发展到目前为止,大致可分为单片机探索阶段、单片机完善阶段、MCU 形成阶段和 MCU 完善阶段。

1. 单片机探索阶段

探索阶段始于 1971 年,为单片机发展的初级阶段。该阶段的任务是探索计算机的单芯片集成。由于工控领域对计算机提出了嵌入式应用要求,即要实现单芯片形态的计算机,以满足构成大量中小型智能化测控系统的要求。

在这一阶段中,一些公司推出了性能各异的单片机,计算机单芯片集成探索成功,并正式命名为单片微型计算机(Single Chip Microcomputer)。

1976年Intel公司推出的MCS-48系列单片机是这个阶段的代表机,它采用将8位CPU、8位并行I/O接口、8位定时/计数器、RAM和ROM等集成于一块半导体芯片上的单片结构,虽然其寻址范围有限(不大于4 KB),也没有串行I/O,并且RAM、ROM容量小,中断系统也较简单,但功能可满足一般工业控制和智能化仪器、仪表等的需要。这一时代的单片机产品还有Motorola公司的6801系列和Zilog公司的Z80系列。人们习惯把这个阶段的单片机认为是第一代单片机。

2. 单片机完善阶段

计算机的单芯片集成探索,特别是专用CPU型单片机探索取得成功,肯定了单片机作为嵌入式系统应用的广阔前景。随后的任务是如何完善单片机的体系结构,如何充分体现嵌入式应用的特点。作为这一阶段的典型特征是Intel公司将1976年推出的MCS-48迅速向MCS-51系列的过渡。MCS-51是完全按照嵌入式应用而设计的单片机,在以下几个重要技术方面完善了单片机的体系结构。

① 面向对象、突出控制功能,满足嵌入式应用的专用CPU及CPU外围电路体系结构。具有多机通信功能的异步串行接口USART(Universal Synchronous Asynchronous Receiver Transmitter),具有多级中断处理,16位的定时/计数器,片内的RAM和ROM容量增大,有的片内还带有A/D转换接口。

② 规范的总线结构。外部总线规范为16位地址总线、8位数据总线以及相应的控制总线,寻址范围规范为16位和8位的寻址空间。

③ 设置位地址空间,提供位寻址及位操作功能。

④ 指令系统突出控制功能。有位操作指令、I/O管理指令及大量的转移指令。在指令系统中设置有大量的位操作指令,它和片内的位地址空间构成了单片机所特有的布尔操作系统,大大增强了单片机的位操作功能;I/O管理指令及大量的转移指令增强了指令系统的控制功能。

⑤ 特殊功能寄存器(SFR)的集中管理模式。片内设置了特殊功能寄存器,建立了计算机外围功能电路的SFR集中管理模式,这种集中管理模式在增添外围功能单元后给使用管理带来很大方便。

单片机的完善,特别是MCS-51系列对单片机体系结构的完善,奠定了它在单片机领域的经典地位。人们习惯把这个阶段的单片机认为是第二代单片机。这一代单片机结束了单片机集成的探索,预示着微控制器阶段的到来。

3. 微控制器形成阶段

单片机完善阶段标志了作为单片机形态、嵌入式应用的计算机体系结构的完善。但作为面向测控对象的单片机,不仅要求有完善的计算机体系结构,还要求有许多面向测控对象的接口电路,如ADC、DAC、高速I/O口等;保证程序可靠运行的WDT(程序监视定时器);保证高速数据传输的DMA(直接存储器存取)等。这些为满足测控要求的外围电路,大多数已超出了一般计算机的体系结构。为了满足测控系

第1章 单片机基础知识

的嵌入式应用要求,这一阶段单片机的主要技术发展方向是在片内增强了满足测控对象要求的电路,从而形成了不同于 Single Chip Microcomputer 特点的微控制器。

这一阶段的代表机型为 8051 系列,是许多半导体厂家以 MCS-51 系列中 8051 为基核发展起来的满足各种嵌入式应用的各种型号的单片机。时至今日,许多半导体厂家以 MCS-51 中的 8051 为核,派生出许多新一代的 51 单片机系列,具有旺盛的生命力。除此以外,还有许多知名的其他单片机系列。

这一阶段微控制器技术发展的主要方面有:

① 外围功能集成。满足模拟量输入的 ADC,满足伺服驱动的 PWM,满足高速 I/O 口以及保证程序可靠运行的程序监视定时器 WDT。

② 出现了为满足串行外围扩展要求的串行扩展总线及接口,如 SPI、I^2C BUS、Microwire、1-Wire 等。

③ 出现了为满足分布式系统、突出控制功能的现场总线接口,如 CAN BUS(Controller Area Network BUS)等。

④ 在程序存储器方面则迅速引进 OTP(One Time Programmable)供应状态,为单片机应用创造了良好的条件,随后 Flash ROM 的推广,为最终取消外部程序存储器扩展奠定了良好的基础。

这一阶段推出了高性能单片机。例如,高性能 8 位单片机普遍带有串行口,有多级中断处理系统,多个 16 位定时/计数器。片内 RAM、ROM 的容量加大,且寻址范围可达 64 KB,很多单片机片内还带有 A/D 转换接口。

4. 微控制器完善阶段

当前的单片机时代,其显著特点是百花齐放、技术创新,以满足日益增长的广泛需求。

① 推出了适合不同领域要求的各种单片机系列。例如,出现了集成度更高的 16 位单片机和 32 位单片机。

② 专用型单片机得到了大力发展。早期单片机以通用为主,随市场的扩大,单片机设计生产周期的缩短和成本的下降,推动了专用单片机的发展。专用单片机具有成本低,资源有效利用,系统外围电路少,可靠性高等特点,是未来单片机发展的一个重要方向。

③ 单片机的综合品质,如成本、性能、体系结构、开发环境、供应状态都有了长足的进步。

8 位单片机从 1976 年公布至今,其技术已有了巨大的发展,目前乃至将来仍是单片机的主流机型。

在现阶段和将来,单片机在集成度、功能、速度、可靠性、应用领域等方面将继续向更高水平发展。

1.3.2 单片机技术的发展方向

当前单片机的几个重要技术特点已展示了单片机的发展方向。从半导体集成技术以及微电子技术的发展,也可以预见未来单片机技术的发展趋势。从单片机的结构和功能上看,单片机技术的发展趋势将向着微型化、低功耗、高速化、集成资源更多、性能更加优良等几个方面发展。

1. 主流机型发展趋势

现在虽然单片机的品种繁多、各具特色,但以 8051 为核心的单片机仍占主流,兼容其结构和指令系统的有 Philips 公司的产品和 Atmel 公司的产品,而 Microchip 公司的 PIC 精简指令集(RISC)也有着强劲的发展势头。此外 Motorola 公司的产品、日本几大公司的专用单片机等也占据了一定的市场份额。在一定的时期内,这种情形将延续下去,即不会出现某个单片机一统天下的垄断局面,而是多个品种依存互补、相辅相成、共同发展,呈现主流机型与多品种长期共存的现象。

在未来较长一段时期内,8 位单片机仍是主流机型,许多厂家还会不断改进与完善 8 位机,使 8 位机不断保持其活力;在满足高速数字处理方面,32 位机会发挥重要作用;16 位机空间有可能被 8 位机、32 位机挤占。据有关资料表明,单片机未来将可能淘汰 16 位机,8 位单片机与 32 位机共存。

2. 微型化和高速化趋势

集成工艺的发展,芯片集成度的提高为微型化提供了可能。随着贴片工艺的出现,单片机也大量采用了各种符合贴片工艺的封装,大大减小了芯片的体积,为嵌入式系统提供了空间,使得由单片机构成的系统正朝微型化方向发展。

随着单片机技术的发展,单片机的工作速度越来越高。早期 AT89S51 典型时钟频率为 12 MHz,目前已有超过 100 MHz 的 32 位单片机出现。例如,西门子公司的 C500 系列(与 MCS-51 兼容)的时钟频率为 36 MHz,EMC 公司的 EM78 系列的时钟频率高达 40 MHz。

3. CMOS 低功耗发展趋势

CMOS 工艺很早就已出现,它具有十分优异的性能,只是运行速度慢,长期被冷落。HCMOS 工艺出现后,HCMOS 器件得到了飞速的发展。如今,数字逻辑电路、外围器件都已普遍 CMOS 化。

单片 CMOS 化给单片机技术发展带来广阔天地。最显著的变革是有极宽的工作电压范围、本质低功耗和低功耗管理技术的飞速发展。

采用 CMOS 工艺后,单片机具有极佳的本质低功耗和功耗管理功能。全面低功耗技术包括:

第1章 单片机基础知识

① 单片机低功耗运行方式,即休闲方式(IDle)、掉电方式(Power Down)。休闲方式时,CPU 处于暂停状态,CPU 功耗只有正常运行模式的 20% 左右;掉电方式时,CPU 各单元电路均处于停止状态,功耗只有正常运行模式的 1% 左右,工作电流仅为数十 μA,甚至小到 1 μA。改善了电源管理功能,中断可唤醒掉电状态下的 CPU。

② 双时钟技术。配置有高速(主时钟)和低速(子时钟)两个时钟系统。在不需要高速运行时,转入子时钟控制,以节省功耗。

③ 高速时钟下的分频或低速时钟下的倍频控制运行技术。虽然只设置一个时钟,但可根据指令运行速度要求,通过分频、倍频来控制总线速度,以降低功耗。

④ 外围电路的电源管理。对集成在片内的外围电路实行供电管理。在该外围电路不运行时,关闭其电源。

⑤ 低电压节能技术。CMOS 电路的功耗与电源有关,降低供电电压能大幅度降低器件功耗。单片机的低电压技术除了不断降低单片机电源电压外,有些单片机内部还有不同的电压供给,在可以使用低电压的局部电路中,采用低压供电。

现在新的单片机的功耗越来越低,特别是很多单片机都设置了多种工作方式,包括等待、暂停、睡眠、空闲、节电等工作方式。扩大电源电压范围以及在较低电压下仍然能工作是当今单片机发展的目标之一。目前,一般单片机都可在 3.3～5.5 V 的条件下工作,一些厂家甚至生产出可以在 2～2.6 V 条件下工作的单片机。低功耗是便携式系统重要的追求目标,是绿色电子的发展方向。低功耗的许多技术措施会带来许多可靠性效益,也是低功耗技术发展的推动力。因此,低功耗应是一切电子系统追求的目标。MCS-51 系列的 8031 推出时的功耗达 630 mW,而现在的单片机功耗普遍都在 100 mW 左右,有的只有几十甚至几 mW。

4. RISC 体系结构的大发展

早期单片机大多是复杂指令集 CISC(Complex Instruction Set Computer)结构体系,即所谓冯·诺伊曼结构。采用 CISC 结构的单片机数据线和指令线分时复用,其指令丰富,功能较强,但取指令和取数据不能同时进行,速度受限,价格亦高。由于指令复杂,指令代码、周期数不统一,指令运行很难实现流水线操作,大大阻碍了运行速度的提高。例如,传统的 MCS-51 系列单片机,时钟频率为 12 MHz 时,单周期指令速度仅 1 MIPS。虽然单片机对运行速度的要求远不如通用计算机系统或数字信号处理(DSP)对指令运行速度的要求,但速度的提高会带来许多好处,能拓宽单片机应用领域。

采用精简指令集 RISC(Reduced Instruction Set Computer)体系结构的单片机,数据线和指令线分离,即所谓哈佛结构。这使得取指令和取数据可以同时进行,由于一般指令线宽于数据线,使其指令较同类 CISC 单片机指令包含更多的处理信息,执行效率更高,速度亦更快。同时,精简指令后绝大部分成为单字节指令,程序存储器的空间利用率大大提高,有利于实现超小型化。目前在一些 RISC 结构的单片机已实现了一个时钟周期执行一条指令。与传统的 MCS-51 系列单片机相比,在相同的 12 MHz 外部时钟下,单周期指令运行速度可达 12 MIPS。

RISC 一方面可获得很高的指令运行速度;另一方面,在相同的运行速度下,可大大降低时钟频率,有利于获得良好的电磁兼容效果。

Intel 公司的 8051 系列、Motorola 公司的 M68HC 系列、Atmel 公司的 AT89 系列、荷兰 Philips 公司的 PCF80C51 系列等单片机多采用 CISC 结构;Microchip 公司的 PIC 系列、Zilog 公司的 Z86 系列、Atmel 公司的 AT90S 系列、韩国三星公司的 KS57C 系列 4 位单片机等多采用 RISC 结构。

5. ISP 及基于 ISP 的开发环境

程序存储器的供应状态主要是片内带掩膜 ROM、片内带 EPROM 以及 ROM Less 几种形式。掩膜 ROM 用户不能更改存储内容;EPROM 型的芯片成本高;ROM Less 型的单片机片中无 ROM,需片外配 EPROM,系统电路结构复杂。

目前,Flash ROM 的发展,使片内带 E^2PROM 的单片机出现,推动了在系统可编程 ISP(In System Programmable)技术的发展。在 ISP 技术基础上,首先实现了目标程序的串行下载,促使模拟仿真开发方式的重新兴起;在单时钟、单指令运行的 RISC 结构单片机中,可实现 PC 机通过串行电缆对目标系统的仿真调试。基于上述仿真技术,使远程调试、对原有系统方便地更新软件、修改软件和对软件进行远程诊断成为现实。

现在很多单片机的存储器都采用 Flash ROM 和 Flash RAM,可以在线电擦写,并且断电后数据不丢失。系统开发阶段使用十分方便,在小批量用户系统中广泛应用。

6. 单片机中的软件嵌入

目前,大多数单片机只提供了程序空间,没有任何驻机软件。目标系统中的所有软件都是系统开发人员开发的应用系统。随着单片机程序空间的扩大,会有许多空余空间,在这些空间可嵌入一些工具软件,这些软件可大大提高产品开发效率,提高单片机性能。单片机中嵌入软件的类型主要有:

① 实时多任务操作系统 RTOS(Real Time Operating System)。在 RTOS 支持下,可实现按任务分配规范化设计应用程序。

② 平台软件。可将通用子程序及函数库嵌入,以供应用程序调用。

③ 虚拟外设软件包。用于构成软件模拟外围电路的软件包,可用来设定虚拟外围功能电路。

④ 用于系统诊断、管理的软件等。

7. 推行串行扩展

目前,外围器件接口技术发展的一个重要方面是串行接口的发展。采用串行接口可大大减少引脚数量,简化系统结构。采用串行接口虽然较之并行接口数据传输速度慢,但由于串行传输速度的不断提高,加之单片机面向的对象有限制速度的要求,使单片机应用系统的串行扩展技术有了很大发展。随着外围电路串行接口的发展,单片机串行扩展接口(移位寄存器接口、SPI、I^2C BUS、Microwire、1-Wire)设置的普遍化、高速化,在采用 Flash ROM 时不需外部并行扩展 EPROM,所以单片机的并行接口技术已日渐衰弱。目前,许多原有带并行总线的单片机系列,推出了许多删去并行总线的非总线单片机。

8. 集成资源更加丰富,性能更加优异

单片机的另外一个名称就是嵌入式微控制器,原因在于它可以嵌入到任何微型或小型仪器或设备中。单片机内部集成的部件越来越多,包括定时器、比较器、ADC、DAC、串行通信接口以及 LCD 控制器等常用电路。内置定时复位监控电路及电源电压监控电路,提高了应用系统的可靠性。有的单片机为构成网络或形成局部网,内部还集成有局部网络控制模块,甚至将网络协议固化在其内部,这就使得此类单片机十分容易构成网络。特别是在控制系统较为复杂时,构成一个控制网络十分有用。目前,将单片机嵌入式系统和 Internet 连接起来已是一种趋势。

9. 强化了电磁兼容性

在单片机输入引脚增加了施密特触发器和噪声滤波电路,提高了系统本身的抗干扰能力。适当增大输出信号边沿过渡时间,减少了芯片本身电磁辐射量,如 P89LPC932、P87LPC76x、P89C6xx2 系列电磁辐射很小。

10. 封装形式多样化

封装材料有陶瓷、塑料等;封装形式有双列、四列、方形点阵封装、扁平封装等。此外,还有无引线封装及"超薄、微型"封装,这两种封装,体积小、成本低,将成为封装的主流形式。

11. 大力发展专用型单片机

专用单片机是专门针对某一类产品系统要求而设计的,使用专用单片机可最大限度地简化系统结构,提高资源利用效率。在大批量使用时有可观的经济效益和可靠性效益。如用于电机控制的单片机 80C196KR/KT(为 16 位单片机),该芯片上具有控制马达的三相波形发生器 WFG。

1.3.3 单片机的应用领域

单片机是应工业测控需要而产生的。由于单片机具有体积小、质量轻、结构紧凑、可靠性高、价格便宜、功耗低、控制功能强及运算速度快等特点,因而在国民经济建设、军事及家用电器等各个领域均得到了广泛的应用。按照单片机的特点,其应用可分为单机应用与多机应用。

1. 单机应用

在一个应用系统中，只使用1片单片机称为单机应用，这是目前应用最多的一种方式。单机应用的领域主要有以下几个方面。

(1) 智能仪器仪表中的应用

单片机构成的智能仪器仪表，集测量、处理、控制功能于一体，具有各种智能化功能，如存储、数据处理、查找、判断、联网和语音等功能。智能仪器仪表具有数字化、智能化、多功能化、精度高以及硬件结构简单等优点。通过用单片机软件编程技术，使长期以来测量仪表中的误差修正、线性化处理等难题迎刃而解。它具有很好的性能价格比，代表了仪器仪表的发展趋势。目前各种传感器、变送器、控制仪表已普遍采用单片机应用系统。

(2) 机电一体化的应用

机电一体化是机械工业的发展方向。机电一体化产品是指集机械技术、微电子技术、计算机技术于一体，具有智能化特征的电子产品。单片机与传统机械产品相结合，使传统机械产品结构简化，控制智能化，构成新一代机电一体化产品。目前，利用单片机构成的智能产品已广泛应用于家用电器、医疗设备、汽车、办公设备、数控机床、纺织机械、工业设备等行业。单片机控制器的引入，不仅使产品的功能大大增强，性能得到提高，而且获得了良好的使用效果。

(3) 在实时过程控制中的应用

单片机广泛用于各种实时过程控制系统中，如工业过程控制和过程监测、航空航天、尖端武器、机器人系统等各种实时控制系统，它们都是用单片机作为控制器。用单片机实时进行数据处理和控制，能使系统保持最佳工作状态，具有工作稳定、可靠、抗干扰能力强等优点。目前单片机在各种工业测控系统、数据采集系统中被广泛采用，如炉温恒温控制系统、电镀生产自动控制系统等。

(4) 智能接口中的应用

计算机系统，特别是较大型的工业测控系统中，除通用外部设备（如打印机、键盘、磁盘、CRT）外，还有许多外部通信、采集、多路分配管理、驱动控制等接口。这些外部设备与接口如果完全由主机进行管理，势必造成主机负担过重，降低运行速度，接口的管理水平也不可能提高。如果用单片机进行接口的控制与管理，单片机与主机可并行工作，大大提高了系统的运行速度。同时，由于单片机可对接口信息进行加工处理，可以大量减少接口界面的通信密度，极大地提高接口控制管理水平。在一些通用计算机外部设备上已实现了单片机的键盘管理，打印机、绘图仪控制，硬盘驱动控制等。

(5) 日常生活中的应用

目前，国内外各种家用电器普遍采用单片机代替传统的控制电路。如洗衣机、电冰箱、空调机、微波炉、电视机、音响以及许多高级电子玩具都配有单片机，从而提高了自动化程度，增强了功能。当前家电领域的主要发展趋势是模糊控制，单片机是形成模糊控制的最佳选择。众多模糊控制家电产品的出现将使人们的日常生活更加方便舒服，丰富多彩。

（6）办公自动化领域中的应用

在现代办公室中，办公自动化设备多采用单片机。如计算机中的键盘和磁盘驱动器以及打印机、绘图仪、复印机、传真机和电话机。

2. 多机应用

多机应用是单片机在高科技领域中应用的主要模式。由于单片机具有高可靠性、高控制功能及高运行速度等特点，未来高科技工程系统采用单片机的多机系统将成为主要的发展方向。单片机的多机应用系统可分为功能集散系统、并行多机处理及局部网络系统。

（1）功能集散系统

多功能集散系统是为了满足工程系统多种外围功能的要求而设置的多机系统。所谓功能集散是指工程系统中可以在任意环节上设置单片机功能子系统，它体现了多机系统的功能分布。由计算机作为主机，许多单片机系统作为下位机。单片机采集控制信息上传给计算机，计算机处理数据后发出控制命令，单片机接收控制命令并执行。

（2）并行多机控制系统

并行多机控制系统主要为满足工程应用系统的快速性要求，以便构成大型实时工程应用系统。如快速并行数据采集、处理系统，实时图像处理系统等。

（3）局部网络系统

网络系统的出现，使单片机应用进入了一个新的水平。目前用单片机构成的网络系统主要是分布式测控系统。单片机主要用于系统中的通信控制，以及构成各种测控用子站系统。

1.4 单片机的分类

单片机是最有前途的微控制器，应用极为广泛。自20世纪70年代初研制成功发展至今，单片机产品已超过50个系列、上千个品种。当前正处于更新换代、百花齐放的时期，新的系列和专用系列正在不断出现。尽管其各具特色，名称各异，但作为集CPU、RAM、ROM、I/O接口、定时/计数器、中断系统为一体的单片机，其原理大同小异。

目前单片机尚无分类标准，通常根据应用领域、总线类型、应用模式以及位数多少简单区分。

(1) 按应用领域分类

按应用领域可分为家电类、工控类、通信类、个人信息终端(PDA)类、军工类等。不同领域对单片机功能亦有不同的要求。例如，在小家电中要求小型价廉、程序容量不大；PDA 则要求大容量存储、大屏幕 LCD 显示、极低功耗等。

(2) 按通用性分类

按通用性可分为通用型和专用型两大类。早期大多数都是通用型单片机。通过不同的外围扩展来满足不同的应用对象要求。随着应用领域的不断扩大，在一些大批量应用的领域中，为了降低成本、简化系统结构、提高性能，出现了专门为某一些应用而设计的单片机，如用于计费电表、电子记事簿、频率合成调谐器、录音机芯控制器以及打印机控制器的单片机等。

(3) 按总线结构分类

按总线结构可分为总线型与非总线型。总线型单片机是指配置有完整并行或串行总线的单片机，如 80C51 单片机为并行总线，80C552 单片机具有串行总线。非总线型单片机的特点是省去了并行总线，外部封装引脚减少，芯片成本下降，故又称为廉价型单片机。非总线型单片机无法扩展外部并行接口器件，所以扩展外围器件时应选择串行扩展方式。

(4) 按运行位数分类

单片机的位数是指单片机一次能处理的数据宽度，有 4 位、8 位、16 位和 32 位单片机(32 位以上，多称为"32 位微处理器")等。

下面针对位数多少和功能对单片机的产品性能进行简单介绍。

1.4.1 4 位单片机

4 位单片机由于价格低和出现早而得到了广泛的应用，现在的 4 位单片机普遍采用了新工艺、新技术，在结构和功能上有了很大的发展。目前，4 位单片机具有以下新的功能：

(1) 增强片内 I/O 功能

4 位单片机把应用系统所需的 LED、LCD、VFD(HP)显示驱动都集成在单片机之中。使应用控制器尽可能为"单片"形式。这是目前 8 位和 16 位单片机还无法胜任的。

(2) 增强单片机的性能

新型的 4 位单片机采用 1.5 μm CMOS 工艺，使指令执行速度可小于 1 μs，片内 ROM 为 32~64 KB，片内 RAM 为 1K×4~4K×4 位。这些 4 位单片机的性能已不低于 8 位单片机。

(3) 增强低压低功耗的功能

4位单片机在2.2 V低电压时,有的也能正常工作,其功耗比一般8位单片机要低,甚至在μA级电流时也能运行。

4位单片机主要有NEC公司生产的μPD75x、μPD7500系列和美国国家半导体公司的COP400系列,其余大都为日本富士通、日立、东芝和夏普生产的4位单片机。为了进一步提高4位单片机的性能价格比,NEC公司推出了类似于RISC结构的新型4位单片机μPDl7K系列。该类单片机结构更加合理,指令和数据宽度都为16位(有的采用16引脚DIP封装,但其指令速度仍可达2 μs),可以作为超小型控制器之用。

虽然有8位单片机的不断侵入,4位单片机在家用消费类领域中的应用仍有较大的优势。

1.4.2　8位单片机

8位单片机的品种类型繁多,是目前应用最为广泛的单片机。由于8位单片机在性能价格比上占有优势,而且采用新技术的增强型8位单片机不断涌现,因此在未来相当长的时间内,8位单片机仍将是主流机型。

生产8位单片机的厂家很多,品种也较多,主要有8051、6800、Z80三大派系。8051派系的生产厂家有Intel、Atmel、Philips、Simens等;6800派系的生产厂家有Motorola、HITACHI、MITSUBISH、Rockwell等;Z80派系的生产厂家有Zilog、NEC、HI－TACHI、SS－THOMSON等。目前,这三大派系产品仍在不断衍生,各种功能强大的新产品不断涌现。

8051系列单片机以其良好的开放式结构、种类众多的支持芯片、较为丰富的软件资源以及开发系统,在我国应用较为广泛。今天的8051系列产品同早期的8051产品有很大的不同,片内程序存储器已由128 B RAM扩大到今天的2 KB RAM,片内数据存储器已由2 KB ROM扩大到今天的32 KB EPROM或E^2PROM、Flash ROM。外部单元也增加很多,如多达9个的8位I/O口、A/D转换器、PWM、多个中断、定时/计数器阵列,甚至还有能完成32位除法和16位乘法计算的数学单元。运算速度大幅度提高,时钟频率由原来的12 MHz发展到超过40 MHz。

在所有的8位单片机系列中,8051派系的软件资源最为丰富,除汇编语言以外,另有C、PL/M、VB等高级语言,这对其推广应用具有巨大的推动作用。其中Intel公司的MCS－51系列、Atmel公司的AT89系列是8位单片机的主流产品。

Motorola公司是世界上著名的集成电路制造厂家之一,其6800系列单片机以价格低、功耗低、功能强、品种多等特色,广泛应用于家用电器、仪器仪表和各种控制设备。MC68HC05系列单片机设计思想是突出"单片"这一概念,一般以单片方式工作,内部RAM一般为32 B~1 KB,内部ROM为0.5~32 KB,同时其内部还有定时器系统、串行口、ADC、PWM 输出、LCD 驱动器、VFD 驱动、I/O 口、振荡电路等,大部分不以并行总线方式扩展 I/O 和存储器,这些特色使 6800 系列成为真正的单片机。如 MC68HC05 系列有不同的型号,ROM、RAM 容量大小不一,I/O 功能各有特色,引脚封装也有多种形式,为了方便开发样机和批量生产,另有内含 EPROM 和一次编程的 ROM,可适应不同场合的实际需要而选择合适的型号。

Zilog 公司基于 Z80 新推出的代表性产品 Z8 系列,集中了各家单片机的优点。其功能强,派生种类多,在外部设备、仪器仪表(如复印机、打印机)、家电产品等领域均有其相应的机型。如用于家电及汽车产品中的 Z86C08,用于电视遥控器的 Z8DTC 等。

Z86 系列在硬件结构和功能上有以下特点:存储空间有三个独特结构,即程序存储器、数据存储器、CPU 寄存器文档;具有电压自检功能及极宽的工作电压范围(2.3~5.5 V);具有"停止"及"睡眠"两种低功耗运行模式;具有不同数目的 I/O 及模拟信号比较器等。

在软件方面,Z8 系列的指令相当丰富。特别是 Z8671 单片机,芯片上固化有 Tiny BASIC 程序,方便了用户的软件开发。

1.4.3 16 位单片机

16 位单片机由于进入市场较晚,其市场占有率大大低于 4 位和 8 位单片机,目前的产量还不大。为了提高竞争力,16 位单片机采用了增强性能和品种多样化等措施。

(1) 增强了单片机的运算能力

16 位的单片机都有健全的乘除指令,片内的 RAM/EPROM 进一步扩大。对 C、PL/M、FORTH 等高级语言的执行提供了强大的支持。

(2) 增加了数据处理和传送能力

16 位单片机一般都增加了 DMA 传送,快速输入/输出等功能,因而在数据控制类的应用中有较强的优势。

(3) 提高了单片机的性能

高性能的 16 位单片机指令执行时间仅为 100~200 ns,有的则完全采用 RISC 结构(如 RTX2000)。

生产 16 位单片机的企业有很多,16 位单片机系列主要有:Intel 的 MCS-96;Motorola 的 M68HCl6;NS 的 HPCxxxx;NEC 的 78KⅢ;THOMSON 的 68HC200;Philips 的 90C100、93C100、68070 等。目前较常使用的 16 位单片机是 Intel 公司的 8096。由于增强型 8 位单片机的不断涌现、32 位单片机的迅速发展,16 位单片机的前景不容乐观,预计有可能被 8 位和 32 位单片机共同取代。

1.4.4 32位单片机

在精确制导、军用机器人、智能机器人、光驱、激光打印机、航空航天等高科技方面,8位和16位单片机的精度和速度等均无法满足要求。为了满足现代科学技术的需要,在20世纪80年代末开始推出32位单片机,它完全是嵌入式微控制器。这类单片机一般采用32位RISC作为核,尽可能嵌入各种存储器、I/O和运算等电路和部件,其特点主要有以下几个方面。

(1) 具有几兆字节以上的寻址能力

如用于存储一幅1 024×1 024像素的黑白图像就需要1 MB的存储器,若是彩色(2^4=16色)图像则至少需要4 MB存储器。32位单片机的地址线为24~32位,故寻址能力为16~400 MB。

(2) 具有高速指令执行速度

在激光打印机中,每英寸(行或列)至少有300点,即每页85万位信息,数据大于1 MB。若每分钟打印30页,就要求至少要有M(IPS)级的指令执行速度。如Intel公司的80960KB在20 MHz时钟频率下,指令速度为7.5 MIPS,这样就可以达到53.3 Mbit/s的数据传送速率,完全满足激光打印机的需要。

(3) 具有快速数据运算能力

32位单片机为了增强数据运算能力,有的已嵌入浮点运算部件,使数据运算能力大大增强。如80960KB内有IEEE-754标准的80位浮点运算部件。

(4) 直接支持高级语言和实时多任务执行的固件

32位单片机都具有高级语言的固件,一般都选用FORTH和C语言。同时,为了提高控制系统的可靠性,还嵌入了实时多任务操作系统的执行固件,较多地采用了Hunter & Ready公司的VRTX32位单片机(嵌入式控制器)。

在32位单片机中,除了MC68332和美国国家半导体公司的NS32CG-160仍采用CISC外,其余的都采用了RISC结构。采用RISC技术的32位单片机除了保持原有的Load/Store系统结构、流水线、多寄存器和快速缓存Cache结构外,同时增加了实时响应中断处理和多种输入/输出功能。另外适当减少了一些面向数据处理的功能以缩小体积和降低成本。

1.4.5 模糊单片机

模糊单片机是单片机和模糊控制相结合的产物。亦称模糊微控制器(fuzzy micro-controller)。

一些传统计算机难以实现的控制问题对于模糊单片机来说是轻而易举的。模糊单片机在人工智能领域有极大的应用前景。美国Neuralogix公司作为首家推出模糊单片机的生产厂家,主要产品有 NLX230 FUZZY Micro-controller,NLX110 FUZZY Pattern Comparator,NIX13 Data Correlator。目前,模糊单片机应用比较普及,技术比较成熟的国家当属日本。其松下、三洋、东芝、夏普等公司纷纷推出采用模糊单片机控制的家电产品。如能识别衣物种类、脏污程度、自动选择洗涤时间、强度的洗衣机;能识别食物种类、保鲜程度而自动选择冷藏温度、时间的冰箱;能识别食物种类、选择加热温度、时间的微波炉;根据对象的周围环境,选择光圈、速度的照像机、摄相机等。模糊单片机使传统的家电产品走向智能化。随着模糊单片机技术的进一步成熟,性能进一步完善,相信模糊单片机将会应用于更广泛的测控领域。

1.5 典型单片机产品的基本特性

目前各生产公司已经开发出上千个单片机品种,这些单片机性能各异,应用领域也有所不同。但从应用和普及情况来看,无论世界范围,还是在我国,Intel 公司的 MCS-51 系列和 Atmel 公司的 AT89 系列 8 位单片机都是最为常用的产品,下面主要介绍这两个系列产品的类型和特点。

1.5.1 Intel 公司的 MCS-51 系列单片机

Intel 公司的 MCS-51 系列单片机以其良好的开放式结构,种类众多的支持芯片,很好的性价比,较为丰富的软件资源以及开发系统,在我国得到了极为广泛的应用。

1. Intel 系列单片机的特点

Intel 公司已经开发生产了 8 位、16 位和 32 位等各种系列单片机,MCS-51 系列产品是其中一种高性能的 8 位单片机,具有 8 位 CPU。

Intel 系列单片机的特点如下:

① 片内 ROM 从无到有,从 ROM/EPROM 发展到 E^2PROM,现在已有 32 KB 的 EPROM/E^2PROM 产品。

② 片内 RAM 由 128 B 增至 2 KB,由易失性 RAM 发展到非易失性 RAM,现在已有 2 KB 的非易失性 RAM 的单片机产品。

③ 集成资源更加丰富,寻址范围越来越大,功能更加强大。例如,定时/计数器、中断源都有所增加,一些产品中集成了比较器、ADC 等。

④ 传统 Intel 产品多采用 CISC 结构,现在有不少新产品采用 RISC 结构。

2. MCS-51 系列单片机的主要类型

MCS-51 系列单片机共有十几种芯片,包括 51 与 52 两个子系列。51 子系列中

第1章 单片机基础知识

主要有 8031(80C31)、8051(80C51)、8751(87C51) 三种类型。而 52 子系列主要有 8032(80C32)、8052(80C52)、8752(87C52) 三种类型,各子系列配置如表 1-2 所列。其中 8051 是最早最典型的产品,该系列的其他单片机都是在 8051 的基础上进行功能的增、减后改变而来的,所以人们习惯于用 8051 来称呼 MCS-51 系列单片机。8031 是前些年在我国最流行的单片机,片内没有内置的 ROM(程序存储器),现在已很少使用。

表 1-2 中列出了 MCS-51 系列单片机的几种芯片型号以及它们的性能指标,不同的芯片型号在性能上略有差异。

表 1-2 MCS-51 系列单片机分类表

系列	片内存储器				定时/计数器	并行 I/O	串行 I/O	中断源	制造工艺
	无 ROM	片内 ROM	片内 EPROM	片内 RAM					
MCS-51 子系列	8031	8051 4 KB	8751 4 KB	128 B	2×16 位	4×8 位	1	5	HMOS
	80C31	80C51 4 KB	87C51 4 KB	128 B	2×16 位	4×8 位	1	5	CHMOS
MCS-52 子系列	8032	8052 8 KB	8752 8 KB	256 B	3×16 位	4×8 位	1	6	HMOS
	80C32	80C52 8 KB	87C52 8 KB	256 B	3×16 位	4×8 位	1	7	CHMOS

MCS-51 系列的 51 子系列与 52 子系列以芯片型号的最末位数字作为标志。其中 51 系列是基本型,52 系列则属增强型。从表 1-2 所列内容可以看出 51 系列和 52 系列的不同。

① 片内 ROM 从 4 KB 增至 8 KB。

② 片内 RAM 由 128 B 增至 256 B。

③ 定时/计数器增加了一个。

④ 中断源从 5 个增加到 6 个或 7 个,它可以接收外部中断申请,定时/计数器中断申请和串行接口中断申请。

⑤ 寻址范围从 64 KB 增加到 2×64 KB。

在 52 子系列的一些产品中,片内 ROM 以掩膜方式集成有高级语言解释程序,这意味着单片机可以使用高级语言。例如,80C52、87C52、83C52 片内固化有 BASIC 解释程序。现在 51 与 52 两个子系列都派生出了多种有特殊结构和用途的新型号单片机。

3. 单片机芯片半导体工艺

MCS-51 系列单片机有两种半导体工艺生产方式。一种是 HMOS 工艺,即高速度、高密度、短沟道 MOS 工艺；另一种是 CHMOS 工艺，即互补金属氧化物的 MOS 工艺。表 1-2 中，芯片型号中带有字母的"C"的，为 CHMOS 芯片，其余均为 HMOS 芯片。

8051 单片机与 80C51 单片机从外形看是完全一样的，其指令系统、引脚信号、总线等完全兼容。它们之间的主要差别如下：

① CHMOS 是 CMOS 和 HMOS 的结合，除保持 HMOS 高速度和高密度的特点外，还具有 CMOS 低功耗的特点。例如 8051 芯片的功耗为 630 mW，而 80C51 的功耗只有 120 mW；在便携式、手提式或野外作业仪器设备上，低功耗是非常有意义的，因此在这些产品中必须使用 CHMOS 工艺的单片机芯片。

② 80C51 在功能上增加了待机和掉电保护两种工作方式，以保证单片机在掉电情况下能以最低的消耗电流维持。

③ 许多 CHMOS 芯片还具有程序存储器保密机制，以防止应用程序泄密或被复制。

4. 单片机片内 ROM 配置形式

MCS-51 系列单片机片内程序存储器主要有三种配置形式，即掩膜 ROM、EPROM 和无 ROM。这三种配置形式对应三种不同的单片机芯片，它们各有特点，也各有其适应场合，在使用时，应根据需要进行选择。一般情况下，片内掩膜型 ROM 适应于定型大批量应用产品的生产；片内带 EPROM 适合于研制产品样机；片内无 ROM 的单片机必须外接 EPROM 才能工作，外接 EPROM 的方式是用于研制新产品。最近 Intel 公司已推出多种片内带 E^2PROM 的单片机，可在线写入程序，并可用高级语言编程。另外，其结构配置也复杂了许多。随着集成技术的提高，80C51 系列片内程序存储器的容量越来越大，目前已有 64 KB 的芯片了。

1.5.2 Atmel 公司的 AT89 系列单片机

AT89 系列单片机是美国 Atmel 公司以 80C31 为核，结合特有的 Flash 技术，开发生产的 8 位高性能单片机，优越的性能价格比使其成为颇受欢迎的 8 位单片机，目前在嵌入式控制领域中被广泛应用。

对于用户来说，AT89 系列单片机具有以下明显的优点：

① 片内程序存储器采用 Flash 存储器，使程序的擦写更加方便，大大缩短系统的开发周期。同时，在系统工作过程中，能有效地保存一些数据信息，即使外界电源损坏也不会影响信息的保存。

② 具有丰富的外围接口和专用的控制器，可用于特殊用途，例如，电压比较、USB 控制、MP3 解码及 CAN 控制等。

③ 采用 CMOS 工艺，静态时钟方式，可以节省电能，这对于降低便携式产品的

功耗十分有用。

④ AT89 系列单片机类型齐全，提供了更小尺寸的芯片（AT89C2051/1051），使整个硬件电路的体积更小，应用更加方便。

⑤ AT89 系列单片机与工业标准 MCS-51 系列单片机的指令组和引脚是兼容的，因而可替代 MCS-51 系列单片机使用，在后面讲解中，习惯把它归入 MCS-51 系列单片机。

1. AT89 系列单片机的基本特征

AT89 系列单片机内部 Flash 存储器的容量为 1～32 KB，常用型号分别为 AT89C51、AT89LV51、AT89C52、AT89LV52、AT89C55、AT89LV55、AT89C2051、AT89C1051 和 AT89S51。其中，AT89LV51、AT89LV52、AT89LV55 分别是 AT89C51、AT89C52、AT89C55 的低电压产品，最低电压可以低至 2.7 V；而 AT89C2051 和 AT89C1051 则是低档型低电压产品，它们的引脚只有 20 个，最低电压也为 2.7 V。AT89 系列单片机型号中，AT 表示 Atmel 公司，9 表示内部有 Flash 存储器，C 表示为 CHMOS 芯片，LV 表示低电压产品，89S 中的 S 表示含有串行下载的 Flash 存储器，后面数字表示具体型号。AT89 系列单片机可分为标准型、低档型和高档型三种。

(1) 标准型 AT89 系列单片机的基本特征

标准型 AT89 系列单片机主要有 AT89C51、AT89C52、AT89S51、AT89S52 等型号，其基本特征如下：

- 8051 的内核；
- 片内有装程序的闪存，装数据的 RAM；
- 提供丰富的 I/O 口，32 条 I/O 连接线；
- 提供定时器、计数器、外中断、串行通信等资源；
- 工作电源的电压为 (5 ± 0.2)V；
- 振荡器最高频率为 24 MHz。

(2) 高档型 AT89 系列单片机的基本特征

高档型 AT89 系列单片机主要有 AT89C51RC、AT89S8252、AT89S53、AT89C55WD 等型号，其基本特征为"标准型 AT89＋资源升级"。上述资源升级如下：

- 芯片内 Flash 程序存储器增加到 32 KB；
- 芯片内的数据存储器增加到 512 B；
- 数据指针增加到 2 个。

(3) 低档型 AT89 系列单片机的基本特征

低档型 AT89 系列单片机主要有 AT89C1051、AT89C2051、AT89C1051U 等型号，其基本特征为：比标准型 AT89 资源少，比标准型 AT89 体积小。

2. AT89 系列单片机的常见封装形式

AT89 系列单片机的常见封装形式有如下几种,其他型号单片机也多采用这些封装形式。

① PDIP(Plastic Dual Inline Package)——塑封双列直插式封装,如图 1-5 所示。

② PQFP(Plastic Quad Flat Package)——塑封方形贴片式封装,如图 1-6 所示。

图 1-5 塑封双列直插式封装

图 1-6 塑封方形贴片式封装

③ TQFP(Thin Plastic Gull Wing Quad Flat Pack)——塑封超薄方形贴片式封装,如图 1-7 所示。

④ PLCC(Plastic J-Leaded Chip Carrie)——塑封方形引脚插入式封装,如图 1-8 所示。

图 1-7 塑封超薄方形贴片式封装

图 1-8 塑封方形引脚插入式封装

3. 典型 AT89 系列单片机介绍

AT89 系列单片机在结构上基本相同,只是在个别模块和功能上有些区别,下面以 AT89C51、AT89C2051、AT89S51、AT89S52 单片机为代表对 AT89 系列单片机作简单阐述。

(1) AT89C51 单片机

AT89C51 单片机有 40 个引脚,从正面看,器件一端有一个半圆缺口,这是正方向的标志。IC 芯片的引脚序号是依半圆缺口为参考点定位的,缺口左下边标记为"△"、"○"或"∪"标记的为引脚 1。实际应用中这些引脚用于外围器件连接,实现控制信息的接收以及控制命令的输出。AT89S51是目前较为常用的一款单片机,它采用静态CMOS工艺制造,带有4 KB的Flash存储器,最高工作频率为24 MHz。其封装形式有PDIP/DIP、PQFP/TQFP和PLCC/LCC,用户可以根据不同的场合进行选择。AT89C51的资源如下:

- 4 KB的内部Flash程序存储器,可实现3个级别的程序存储器保护功能;
- 128 B的内部数据存储器;
- 32个可编程I/O引脚;
- 2个16位定时/计数器;
- 6个中断源,2个优先级别;
- 1个可编程的串行通信口。

(2) AT89C2051单片机

AT89C2051/1051是Atmel公司AT89C系列的新成员。AT89C2051内部带2 KB可编程闪速存储器,AT89C1051内部带1 KB可编程闪速存储器,64 B的内部数据存储器,其余基本相同。AT89C2051/1051因功耗低、体积小、良好的性能价格比备受青睐,在家电产品、工业控制、计算机产品、医疗器械、汽车工业等应用方面成为用户降低成本的首选器件。此外,AT89C2051单片机还有很多独特的结构和功能,例如具有LED驱动电路、电压比较器等。AT89C2051有两种可编程的电源管理模式:空闲模式,该模式下CPU停止工作,但是RAM、计数/定时器、串行接口和中断系统仍然工作;断电模式,该模式下保存了RAM的内容,但是冻结了其他部分的内容,直至被再次重启。AT89C2051有DIP20和SOIC20两种封装形式,其技术参数如下:

- 与AT89S51兼容;
- 内部带2 KB可编程闪速存储器,两级程序存储器锁定;
- 128 B的内部数据存储器;
- 15个可编程I/O引脚,可以直接驱动LED;
- 6个中断源,2个优先级别;
- 全静态工作频率为0~24 Hz;
- 1个可编程全双工的串行口;
- 片内精确的模拟比较器;
- 片内振荡器和时钟电路;
- 工作电压范围为2.7~6 V;
- 低功耗的休眠和掉电模式。

(3) AT89S51单片机

AT89S51单片机是Atmel公司推出的一款在系统可编程(ISP,In System Programmed)单片机。通过相应的ISP软件,方便用户对该单片机Flash程序存储器中的代码进行修改。AT89S51和AT89C51的引脚完全兼容,其技术参数如下:

- 4 KB在系统可编程Flash程序存储器,3级安全保护;
- 128 B的内部数据存储器;
- 32个可编程I/O引脚;
- 2个16位定时/计数器;
- 5个中断源,可以在断电模式下响应中断;
- 1个全双工的串行通信口;
- 最高工作频率为33 MHz;
- 工作电压为4.0~5.5 V;
- 双数据指针使程序运行得更快。

(4) AT89C52与AT89S52

AT89C52与AT89C51相似,只是存储器容量及其他资源有所增加;AT89S52与AT89S51相似,只是存储器容量及其他资源有所增加。

AT89系列单片机型号很多,表1-3所列为部分Atmel单片机的升级替代及推荐产品。

表1-3 部分Atmel单片机的升级替代及推荐产品

序号	早期产品	产品描述	替代或推荐产品
1	AT89C51①	4 KB Flash的80C31系列单片机	AT89S51
2	AT89C52①	4 KB Flash的80C32系列单片机	AT89S52
3	AT89LV51①	2.7 V工作电压,4 KB Flash的8031系列单片机	AT89LS51
4	AT89LV52①	2.7 V工作电压,4 KB Flash的8032系列单片机	AT89LS52
5	AT89LV53②	低电压,可直接下载12 KB Flash单片机	AT89S8253
6	AT89LS8252②	低电压,可直接下载8 KB Flash,2 KB E^2PROM单片机	AT89S8253
7	AT89S53②	在线编程,12 KB Flash单片机	AT89S8253
8	AT89S8252②	在线编程,12 KB Flash,2 KB E^2PROM单片机	AT89S8253
9	T89C51RB2①	16 KB Flash高性能单片机	AT89C51RB2
10	T89C51RC2①	32 KB Flash高性能单片机	AT89C51RC2
11	T89C51RD2①	64 KB Flash高性能单片机	AT89C51RD2

注: ① 不推荐在新的产品设计中应用,可用替代产品。
② 新产品设计中建议采用推荐产品。

除了以上最常用的两大系列单片机外,还有很多公司的系列单片机,也以其独特的优点,而在应用领域占有一席之地。主要有Microchip公司的PIC系列单片机,IT公司的MSP430系列单片机,Atmel公司的AVR系列单片机。PIC系列单片机、EM-78系列单片机,多采用RISC结构,一次性的编程技术;MSP430系列单片机的快闪微控制器功耗最低;AVR系列单片机吸收了PIC系列和MCS-51系列单片机的优点,充分发挥了 Flash 存储器的特长,是一款性价比极高的单片机。各系列单片机均有标准型、低档型和高档型三种,详细内容请参阅相关书籍。

1.6 如何学好单片机

1.6.1 学习 51 系列单片机的原因

51 系列单片机中的 AT89 系列单片机和 Intel 公司的 MCS-51 单片机目前应用还较为广泛,考虑到 51 系列单片机的通用结构特点和应用情况,本书以 AT89S51 为例重点介绍 51 系列单片机的结构、工作原理及应用。

现今的单片机种类层出不穷,功能也越来越强,51 系列单片机是 8 位的 CPU,处理速度不太高、功能较简单,目前还要学的原因有以下几方面:

① 8 位的 51 单片机能够满足大部分控制系统的功能需求,特别是许多厂家在不断改进与完善 8 位机,为 8 位的 51 单片机注入了活力。

② 51 单片机有价格优势和丰富的开发资源,8 位的 51 单片机在以后很长的一段时间内仍将是一个主流。

③ 51 系列单片机是一个通用的单片机,其内部的结构及工作原理与其他的单片机都是相通的。如果熟悉 51 单片机的结构和编程,以后学习或应用其他的单片机,只需要一个了解及熟悉的过程。

1.6.2 单片机系统的开发过程

通常开发一个单片机系统可按以下步骤进行。

① 明确系统设计任务,完成单片机及其外围电路的选型工作。
② 设计系统原理图和 PCB 板,经仔细检查无误后制作 PCB 板。
③ 完成器件的安装焊接。
④ 根据硬件设计和系统要求编写应用程序。
⑤ 在线调试软硬件。
⑥ 使用编程器烧写单片机应用程序,独立运行单片机系统。

做单片机实验时需要的硬件工具及软件开发环境如下。

① 计算机和单片机:软件编程需要在计算机上完成,目前 PC 机都可胜任,51 系列兼容的单片机,如 AT89C51、AT89S51 等。

② 直流电源:单片机需要 5 V 电源。USB 口能够提供电压 5 V、电流 500 mA 的电源,可以将 USB 连线改装成单片机电源。

③ 单片机实验板:包含基本的实验电路。

④ 仿真器和编程器：编程器将计算机编好的程序写到单片机，仿真器对单片机系统进行仿真。

⑤ 其他工具：数字万用表、焊接工具（电烙铁、焊锡）、剪线钳、尖嘴钳等。

⑥ 软件：汇编语言或 C 语言。本书以汇编语言为准讲解，考虑到 C 语言的应用越来越广泛，适当加强了 C 语言的应用。

1.6.3　单片机的编程

单片机的内部硬件资源包括 CPU、存储器、I/O 口、定时器、中断、串口几个部分。单片机的 CPU、存储器与编程开发无关。单片机程序开发就是对 I/O 口、定时器、中断、串口几个部分进行编程。

本书使用汇编语言或 C 语言开发，是在汇编或 C 语言的基础上对上述功能部件进行开发。汇编语言需要对单片机型号及指令要有一定了解，C 语言通用性和移植性好。单片机编程并不复杂，但需要灵活应用。

1.6.4　单片机的学习方法

很多单片机初学者问怎样才能学好单片机？这里依据自己多年的经验简单介绍一下。

(1) 单片机的选型

现在使用比较多的是 51 系列单片机，内部结构简单，用的人较多，资料也比较全，非常适合初学者学习，所以建议将 51 单片机作为入门级的芯片，例如可选择 AT89S51 等芯片。以后可以学习 PIC 系列、AVR 系列的单片机。

(2) 重视理论和实践的结合

单片机系统属于软硬件结合的系统，需要连接许多外围器件（传感器、液晶、电动机等）。如果只看教材，使用单片机的仿真软件来学习单片机，是不可能学好单片机的。只有把硬件设备摆出来，亲自焊接外围器件，亲自编程操作这些硬件，才会有深刻的体会，才能理解单片机的功能。

学习单片机，动手实践尤其重要，学习单片机需要实际的开发板。关于实践器材，有两种方法可以选择：

① 购买一块单片机的学习板，不要求那种价格高、功能特别全的。对于初学者来说，建议有流水灯、数码管、独立键盘、矩阵键盘、ADC 和 DAC、液晶、蜂鸣器、I^2C 总线、温度传感器等器件。如果上面提到的这些功能都能熟练应用，可以说对单片机的操作已经入门了，剩下的就是练习设计外围电路，不断地积累经验。

② 自己购买元器件及编程器，焊接简单的最小系统板。对于初学者来说，如果焊接成功，对硬件就会有一定了解。

第1章 单片机基础知识

有了单片机学习板之后就要多练习,按照教材指定的顺序进行练习。

(3) 兼顾软件和硬件的学习

学习单片机要兼顾软件和硬件,既要熟悉单片机的结构和指令系统,又要有一定的编程技巧。对于不同专业其软件和硬件的要求有所不同,电子、电气等专业,硬件和软件同样重要;对于信息及计算机类专业,本人认为软件是学好单片机的基础。因为这些专业一般都采用C语言编程,对单片机的结构及指令可以不做过多的理解,另外单片机的硬件是固定,如驱动三相电机、温度传感器、变频器、液晶显示、串行通信等。这些硬件如何与单片机连接以及单片机如何发出控制信号操作硬件,互联网上都能找到详细的资料,按照上面连接即可。

而如何编程组织这些硬件的工作过程是由工程现场决定的。如何组织程序,并使硬件按照要求进行工作,这是单片机工程技术人员的大部分工作。具体的软件知识需要以下几个方面:

① 系统分析,即分析系统控制的总体功能。

② 控制思路,即设计如何使用单片机中断、定时器、串口通信等单片机资源来操作外围器件。

③ 绘制流程图,根据控制思路绘制出主流程图、中断流程图。

④ 编辑汇编语言或C语言代码。

学习单片机开发是很枯燥的,需要有信心、恒心,需要能坚持到底的精神。另外,还要多动手,自己独立设计、装配、调试电路、编写程序,只有如此才能学好单片机,成为单片机开发高手。

本章小结

计算机可以分为两大类:通用计算机和嵌入式计算机,单片机属于嵌入式计算机类。本章介绍了有关单片机的基础知识、发展历史、应用领域以及发展趋势,并对当前8位单片机的主流机型,占有较大市场份额的MCS-51系列单片机及其兼容的单片机(统称为51系列单片机)进行简要概述,对目前流行的51单片机的代表性机型,美国Atmel公司的AT89C5x/AT89S5x系列单片机及代表性产品AT89S51进行了详细介绍,同时还介绍了目前使用较为广泛的其他类型的单片机产品。此外,本章还介绍了包括单片机在内的嵌入式处理器的其他成员,如数字信号处理器(DSP)、嵌入式微处理器等,以使读者对其初步了解。

思考与练习

1. 什么是微型计算机？它有哪些主要特点？

2. 什么叫单片机？单片机由哪些基本部件组成？它与微处理器、微型计算机、微型计算机系统有何区别？

3. 微型计算机中常用的数制有几种？计算机内部采用哪种数制？十六进制数能被计算机直接执行吗？为什么要用十六进制数？

4. 在 8 位二进制计算机数中，正负数如何表示？什么叫机器数？机器数的表示方法有几种？

5. 什么是原码、反码和补码？

6. 写出下列各十进制数的原码、反码和补码。
(1) +28　　　(2) +69　　　(3) -125　　　(4) -54

7. 单片机的发展分为哪几个阶段？各阶段的特点是什么？

8. AT89 系列单片机分为几类？各类的主要技术特点是什么？都有哪些型号？

9. AT89 系列单片机如何进行分类？与 Intel MCS-51 单片机有何不同？

10. 何谓最小系统？何谓单片机系统的扩展与配制？

第 2 章

AT89S51 单片机的基本结构及工作原理

51系列单片机的典型产品主要在有无ROM、存储器容量、定时/计数器和中断源数目以及制造工艺等方面有所区别。例如,8051内部有4 KB ROM,8751内部有4 KB EPROM,8031片内无ROM,AT89S51内部有4 KB的Flash ROM,除此之外,它们的内部结构及引脚完全相同。本章以AT89S51为例介绍单片机的硬件结构、性能、工作原理,重点介绍CPU、定时控制部件、时序、输入/输出接口、RAM、ROM等功能部件的结构、特性、应用以及最小应用系统的组成等。

2.1 AT89S51 单片机的内部结构和信号引脚

2.1.1 AT89S51 单片机内部组成

AT89S51单片机内部由8位CPU,4 KB的程序存储器Flash ROM,256 B的数据存储器RAM,2个16位的定时/计数器T0和T1,时钟电路,4个8位的I/O端口(P0~P3),可编程串行接口,扩展总线控制电路以及中断控制电路等功能部件组成。其中时钟电路与外时钟组成了定时控制部件。图2-1为AT89S51系列单片机的功能框图。各组成部分简单介绍如下。

1. 中央处理器(CPU)

中央处理器是单片机的核心,完成运算和控制功能。AT89S51的CPU能处理8位二进制数和代码。

2. 内部数据存储器(内部 RAM)

AT89S51芯片中RAM有256 B的存储单元,地址范围为00H~FFH(256 B),是一个多用途、多功能数据存储器,有数据存储、通用工作寄存器、堆栈、位地址等空间。

RAM有128 B的存储单元被专用寄存器占用,供用户使用的只有前128 B的存

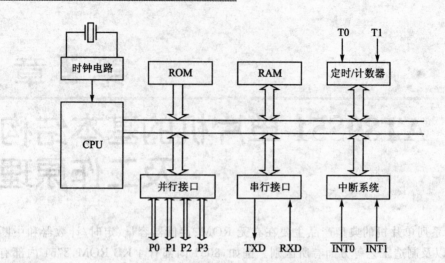

图 2-1 AT89S51 系列单片机功能框图

储单元,用于读/写数据。因此,通常所说的内部数据存储器就是指前 128 B 的存储单元,简称内部 RAM。

3. 内部程序存储器(内部 ROM)

AT89S51 单片机内部共有 4 KB 的 Flash ROM(AT89S51 系列为 4 KB,52 系列为 8 KB),用于存放程序、原始数据或表格,因此,称为程序存储器,简称内部 ROM。地址范围为 0000H~FFFFH(64 KB)。

4. 定时/计数器

AT89S51 单片机内部共有 2 个 16 位的定时/计数器,即定时器 0 和定时器 1,以实现定时或计数功能,并以其定时和计数结果对单片机进行控制。

5. 并行 I/O 端口

AT89S51 单片机内部共有 4 个 8 位的 I/O 端口(P0~P3),P0 口为三态双向口,能带 8 个 TTL 门电路,P1、P2 和 P3 口为准双向口,负载能力为 4 个 TTL 门电路。每一条 I/O 线都能独立地用作输入或输出,以实现数据的并行输入/输出。

6. 串行接口

AT89S51 有一个全双工的串行接口,以实现单片机和其他设备之间的串行数据传送。该串行口功能较强,既可作为全双工异步通信收发器使用,也可作为同步移位器使用。

7. 中断控制系统

AT89S51 单片机的中断功能较强,以满足控制应用的需要。AT89S51 单片机内部共有 5 个中断源,即外中断 2 个,定时/计数中断 2 个,串行中断 1 个。全部中断分为高级和低级两个优先级别。

8. 时钟电路

AT89S51 单片机内部设置有时钟电路。它与外时钟组成了定时控制部件,为单片机产生时序脉冲序列。石英晶体和微调电容需外接。AT89S51 系统所允许的晶振频率一般为 6 MHz 和 12 MHz。

9. 总　　线

AT89S51 单片机内部采用内部扩展总线结构。以上所有组成部分都是通过总线连接起来,从而构成一个完整的单片机。系统的地址信号、数据信号和控制信号都是通过总线传送的,总线结构减少了单片机的连线和引脚,提高了集成度和可靠性。AT89S51 虽然只是一个集成芯片,但它已经包括计算机应该具有的基本部件,已是一个微型计算机系统了。

2.1.2　AT89S51 单片机的 CPU 结构

图 2-2 为 AT89S51 单片机内部结构图。单片机内部最核心的部分是一个 8 位高性能微处理器 CPU,它是单片机的心脏和头脑。CPU 的主要功能是读入并分析

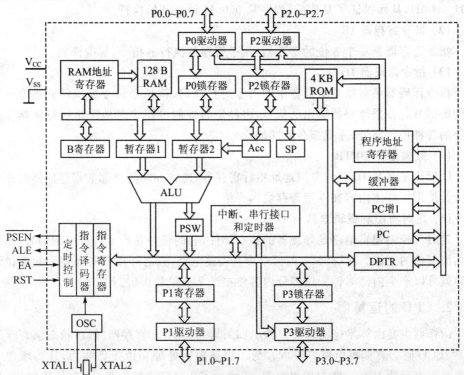

图 2-2　AT89S51 单片机内部结构图

每条指令,根据各指令的功能产生各种控制信号,控制存储器、输入/输出端口的数据传送、数据的算术运算、逻辑运算以及位操作处理等。CPU从功能上可分为控制器和运算器两部分。下面分别介绍这两部分的组成及功能。

1. CPU 的控制器

控制器由程序计数器 PC、指令寄存器 IR、指令译码器 ID、数据指针 DPTR、堆栈指针 SP、缓冲器以及定时与控制逻辑电路等组成。主要功能是对来自存储器中的指令进行译码,通过定时控制电路,在规定的时刻发出各种操作所需的全部内部和外部控制信号,协调各功能元件的工作,完成指令所规定的功能。控制器各功能部件简述如下。

(1) 程序计数器 PC(Program Counter)

PC 是一个 16 位的专用寄存器,用来存放下一条指令的地址,它具有自动加 1 的功能。当 CPU 要取指令时,PC 的内容首先送至地址总线上,然后再从存储器中取出指令,从该地址的存储单元中取指令后,PC 内容则自动加 1,指向下一条指令的地址,以保证程序按顺序执行。

在执行转移、子程序调用指令和中断响应时例外,PC 的内容不再加 1,而是由指令或中断响应过程自动给 PC 置入新的地址。单片机复位时,PC 自动清零,即装入地址 0000H,从而保证了复位后,程序从 0000H 地址开始执行。

(2) 指令寄存器 IR

指令寄存器是一个 8 位的寄存器,用于暂存待执行的指令,等待译码。

(3) 指令译码器 ID

指令译码器是对指令寄存器中的指令进行译码,将指令转变为执行此指令所需要的电信号。根据译码器输出的信号,再经定时控制电路定时地产生执行该指令所需要的各种控制信号,完成指令的功能。

(4) 数据指针 DPTR

DPTR 是一个 16 位的专用地址指针寄存器,通常在访问外部数据存储器时作地址指针使用。具体内容在专用寄存器内介绍。

(5) 定时与控制逻辑电路

定时与控制逻辑电路是处理器的核心部件,它的任务是产生各种控制信号,协调各功能部件的工作。AT89S51 内部设置有振荡电路,只需外接石英晶体和频率微调电容就可以产生内部时钟。这部分内容将在 2.2 节单独讲解。

2. CPU 的运算器

运算器主要由算术逻辑运算部件 ALU、累加器 Acc、暂存器、程序状态字寄存器 PSW、BCD 码运算调整电路等组成。为了提高数据处理和位操作能力,片内增加了一个通用寄存器 B 和一些专用寄存器,还增加了位处理逻辑电路(布尔处理机)的功能。运算器的任务是完成算术运算和逻辑运算,位变量处理和数据传送操作等。

第 2 章　AT89S51 单片机的基本结构及工作原理

算术逻辑部件 ALU 由加法器和其他逻辑电路等组成。AT89S51 的 ALU 功能极强，可以用于对数据进行加、减、乘、除以及 BCD 加法的十进制调整等算术运算，还能对 8 位变量进行逻辑与、或、异或、循环、求补、清零等逻辑运算，并具有数据传送、程序转移等功能。累加器 Acc 简称累加器 A，为一个 8 位寄存器，它是 CPU 中使用最频繁的寄存器。进入 ALU 作算术和逻辑运算的操作数多来自于 A，运算结果也常送回 A 保存。寄存器 B 是为 ALU 进行乘除法设置的。ALU 运算的两个操作数，一个由 Acc 通过暂存器 2 输入，另一个由暂存器 1 输入，运算结果的状态送 PSW。

程序状态字寄存器 PSW(8 位)是一个标志寄存器，它保存指令执行结果的特征信息，以供程序查询和判别。详细内容将在 2.4 节讲解。

布尔处理机是具有位处理逻辑功能的电路，专门用于位操作。位处理是一般微机不具备的，是 AT89S51 单片机 ALU 所特有的一种功能。单片机指令系统中的布尔指令集(17 条位操作指令)、存储器中的位地址空间以及借用程序状态标志寄存器 PSW 中的进位标志 CY 作为位操作"累加器"，构成了单片机内的布尔处理机。

2.1.3　AT89S51 单片机的引脚及功能

HMOS 型的 AT89S51 单片机采用 40 引脚的双列直插封装(DIP)形式，CHMOS 型的 AT89S51 除采用 DIP 封装外，还采用方形的封装形式，但有 44 个引脚，其中 4 个引脚是不使用的。AT89S51 封装引脚图如图 2-3 所示。

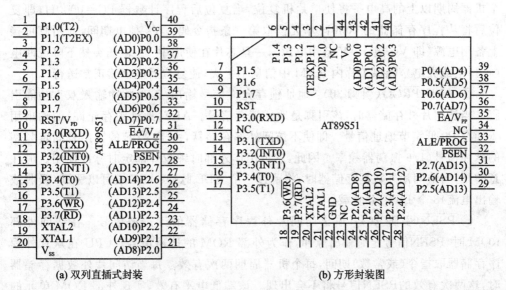

图 2-3　AT89S51 封装引脚分配图

AT89S51单片机是高性能单片机,因受到引脚数目的限制,所以有不少引脚具有第二功能。下面针对双列直插封装形式分别说明40条引脚的功能。单片机引脚按功能可分为4类:电源、时钟、控制和I/O,各引脚功能如下。

1. 电源引脚 V_{CC} 和 V_{SS}

① V_{CC}(引脚40):主电源+5 V,正常操作和对 EPROM 编程及验证时均接+5 V 电源。

② V_{SS}(引脚20):电源的接地端。

2. XTAL1 和 XTAL2

接外部晶振的两个引脚。当使用内部时钟时,这两个引脚端外接石英晶体和微调电容。当使用外部时钟时,用于外接外部时钟源。在单片机内部,XTAL1(引脚19)是一个反相放大器的输入端,这个放大器构成了片内振荡器,XTAL2(引脚18)接片内振荡器的反相放大器的输出端。

当采用外部时钟时,对于 HMOS 单片机,XTAL1 引脚接地,XTAL2 作为外部振荡信号的输入端;对于 CHMOS 单片机,XTAL1 引脚作为外部振荡信号的输入端,XTAL2 悬空不接。

3. 控制信号引脚 RST/V_{PD}、ALE/$\overline{PROG}$、$\overline{PSEN}$和$\overline{EA}$/V_{PP}

① RST/V_{PD}(引脚9):单片机复位/备用电源引脚,具有单片机复位和备用电源引入双重功能。刚接上电源时,其内部各寄存器处于随机状态,在引脚上输入持续两个机器周期以上的高电平将使单片机复位,当复位后程序计数器 PC=0000H,即复位后将从程序存储器的 0000H 单元读取第一条指令码。V_{CC}掉电期间,此引脚可接上备用电源(即 V_{PD}接+5 V 备用电源),一旦芯片在使用中 V_{CC}电压突然下降或断电(称掉电或失电),能保护片内 RAM 中信息不丢失,使复位后能继续正常送行。

② ALE/$\overline{PROG}$(引脚30):地址锁存允许信号输出/编程脉冲输入双重功能引脚。当访问片外存储器时,该引脚是地址锁存信号。ALE(地址锁存允许)的输出用于锁存 P0 低字节地址信号。即使不访问外部存储器,由于 ALE 的输出是固定频率的脉冲信号(1/6 振荡器频率),因此,它可用作外部时钟或外部定时脉冲使用。应注意的是,当访问片外数据存储器时,将跳过一个 ALE 脉冲;ALE 端可以驱动(吸收或输出电流)8 个 LSTTL 负载。

③ $\overline{PSEN}$(引脚29):输出访问片外程序存储器的读选通信号。在访问外部 ROM 时,$\overline{PSEN}$信号定时输出脉冲,作为外部 ROM 的选通信号。CPU 在从片外程序存储器取指令(或常数)期间,每个机器周期两次有效。每当访问片外数据存储器时,这两次有效$\overline{PSEN}$信号将不会出现。该端低电平有效,实现外部 ROM 单元的读操作,同样可驱动 8 个 LSTTL 负载。

④ $\overline{EA}$/V_{PP}(引脚31):片内、外程序存储器选择/片内固化编程电压输入双重功

能引脚。当$\overline{EA}$端输入高电平时,CPU 可先访问片内程序存储器 4 KB 的地址范围,超出 4 KB 地址时,将自动转向执行片外程序存储器。当$\overline{EA}$端输入低电平时,不论片内是否有程序存储器,CPU 只能访问片外程序存储器。例如 8031 无片内程序存储器,必须使用片外扩展程序存储器,所以该引脚应接地。

4. 输入/输出引脚 P0~P3

AT89S51 有 32 条 I/O 端口,构成 4 个 8 位双向端口。P0~P3 为 8 位双向口线,P0.0~P0.7 对应 39~32 引脚;P1.0~P1.7 对应 1~8 引脚;P2.0~P2.7 对应 21~28 引脚;P3.0~P3.7 对应 10~17 引脚,P3 具有双重功能,详细内容将在 2.3 节介绍。

AT89S51 单片机的各种芯片,其引脚的第一功能信号是相同的,引脚的第二功能信号有所区别。对于 9、10、31 三个引脚,由于第一功能信号和第二功能信号是单片机在不同工作方式下的信号,因此,不会发生使用上的矛盾。但是 P3 的情况则有所不同,它的第二功能信号都是单片机的重要控制信号。因此,在实际使用时,都是先按需要选用第二功能信号,剩下的才以第一功能信号作数据的输入/输出使用。P0~P3 引脚说明:

① 单片机如要扩展,则要通过总线扩展;P0、P2 和部分 P3 构成总线。
② 单片机如不扩展,单机使用,则 P0~P3 均可作 I/O 口。
③ 如串行通信,用 P3.0、P3.1。

2.2　AT89S51 单片机的定时控制部件与时序

单片机内各部件之间有条不紊的协调工作,其控制信号是在一种基本节拍的指挥下按一定时间顺序发出的,这些控制信号在时间上的相互关系就是 CPU 时序。而产生这种基本节拍的电路就是振荡器和时钟电路。

2.2.1　振荡器和时钟电路

时钟电路用于产生单片机工作所需要的时钟信号,时序所研究的是指令执行中各信号之间的相互关系。单片机本身如同一个复杂的同步时序逻辑电路,为了保证同步工作方式的实现,电路应在唯一的时钟信号控制下严格地按时序进行工作。有内部和外部两种时钟产生方式。

1. 单片机的内部时钟方式

单片机的生产工艺不同,时钟的产生方式也有所不同。AT89S51 单片机内部有一个用于构成振荡器的高增益反相放大器,引脚 XTAL1 和 XTAL2 分别是此反相放大器的输入和输出端。只需在放大器两个引脚上外接一个晶体(或陶瓷振荡器)和电容组成的并联谐振电路作为反馈元件时,便构成一个稳定的自激振荡器。

CHMOS 型 AT89S51 的内部时钟方式如图 2-4(a)所示。其发出的时钟脉冲直接送入片内定时控制部件。这里要注意的是时钟电路产生的振荡脉冲经过触发器进行二分频后,才成为单片机的时钟脉冲信号。

电容器 C_1、C_2 对频率有微调作用,当外接晶振时,电容器 C_1 和 C_2 通常选择电容值 10~30 pF;当外接陶瓷谐振器时,电容器 C_1 和 C_2 的典型值约为 (40 ± 10) pF。在设计印刷电路板时,晶体或陶瓷谐振器和电容应尽可能安装在单片机芯片附近,以减少寄生电容,保证振荡器稳定和可靠工作。为了提高温度稳定性,应采用 NPO 电容。振荡频率范围一般是 1.2~12 MHz,有的可达 40 MHz 以上。晶体振荡频率越高,则系统的时钟频率越高,单片机运行速度也就越快。AT89S51 单片机在通常情况下,使用的振荡频率为 6 MHz 或 12 MHz。

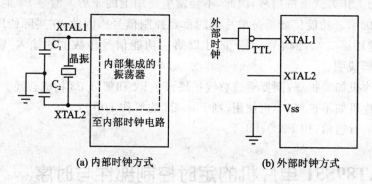

图 2-4 AT89S51 单片机时钟产生方式

2. 单片机的外部时钟方式

在由多片单片机组成的系统中,为了各单片机之间时钟信号的同步,应当引入唯一的公用外部脉冲信号作为各单片机的振荡脉冲。此时,时钟脉冲完全由外部电路产生。此方式是利用外部振荡脉冲接入 XTAL1 或 XTAL2。

CHMOS 型 AT89S51 单片机的外部时钟信号由 XTAL1 引脚输入,电路如图 2-4(b)所示,此时,外部信号接至 XTAL1 端,输入给内部时钟电路,而 XTAL2 不用(即悬空)。振荡器的工作可编程控制,系统可进入低功耗运行。

3. 对外部时钟信号的要求

外部振荡器信号通过一个二分频的触发器而成为内部时钟信号,故对外部信号的占空比没有什么要求,但最小的高电平和低电平持续时间应符合产品技术的要求(皆为 20 ns),一般为频率低于单片机最大额定频率 12 MHz 的方波。这种方式适用于多块芯片同时工作时的同步方式。

时钟发生器就是上述二分频触发器,它向芯片提供了一个 2 节拍的时钟信号。

在每个时钟的前半周期,节拍 1 信号有效;后半周期内,节拍 2 信号有效。

2.2.2 CPU 的时序

CPU 执行指令的一系列动作都是在定时控制部件控制下按照一定的时序一拍一拍进行的。指令字节数不同,操作数的寻址方式也不相同,故执行不同指令所需的时间差异也较大,工作时序也有区别。为了便于说明,通常按指令的执行过程将时序化为几种周期,即振荡周期、状态周期、机器周期和指令周期。

1. 振荡周期

振荡周期是单片机中最基本的时间单位,是由单片机片内或片外振荡器所产生的信号周期(晶振周期或外加振荡源周期,其值为 $1/f_{osc}$)。在一个时钟周期内,CPU 仅完成一个最基本的动作。AT89S51 系列单片机中,把一个振荡周期定义为一个节拍 P。

2. 状态周期

状态周期是振荡周期经二分频后得到的,是振荡周期的 2 倍。它是单片机的时钟信号的周期,状态周期用 S 来表示,又称为时钟周期。状态周期由两个节拍 P_1、P_2 组成,其前半周期对应的节拍是 P_1,其后半周期对应的节拍是 P_2,即 2 个振荡周期为一个状态周期。

3. 机器周期

计算机把执行一条指令过程划分为若干个阶段,每一阶段完成一项规定操作,完成某一个规定操作所需的时间称为一个机器周期。例如:取指令、存储器读、存储器写等。一般情况下,一个机器周期由若干个状态周期组成。AT89S51 系列单片机采用定时控制方式,有固定的机器周期,规定一个机器周期为 6 个状态周期(12 个振荡周期)组成,依次表示为 $S_1 \sim S_6$。每一状态周期的两个节拍用 P_1、P_2 表示,则一个机器周期的 12 个节拍就可用 S_1P_1、S_1P_2、S_2P_1、…、S_6P_1、S_6P_2 来表示。在一个机器周期内,CPU 可以完成一个独立的操作。

4. 指令周期

指令周期是 CPU 执行一条指令所需要的时间,一般由 1~4 个机器周期组成。不同的指令,所需要的机器周期数也不相同。指令的运算速度与指令所需要的机器周期有关,机器周期数越少的指令执行速度越快。AT89S51 指令系统中,有单周期指令、双周期指令和四周期指令,四周期指令只有乘法和除法指令两条,其余均为单周期和双周期指令。

若外接晶振频率为 $f_{osc} = 12$ MHz,则 4 个基本周期的具体数值为:

① 振荡周期 $= 1/12$ μs。

② 时钟周期=1/6 μs。

③ 机器周期=1 μs。

④ 指令周期=1~4 μs。

5. AT89S51 单片机的时序

AT89S51 单片机的每个机器周期包含 6 个状态周期 S，每个状态 S 包含 2 个振荡周期，即分为 2 个节拍，对应于 2 个节拍时钟有效时间。因此一个机器周期包含 12 个振荡周期，依次表示为 S_1P_1、S_1P_2、S_2P_1、S_2P_2、S_3P_1、S_3P_2…S_6P_1、S_6P_2，每个节拍持续一个振荡周期，每个状态周期持续 2 个振荡周期。若采用 12 MHz 的晶振频率，则每个机器周期为 1/12 个振荡周期，等于 1 μs。

单片机执行任何一条指令时都可以分为取指令阶段和执行指令阶段，图 2-5 列举了几种指的取指令时序。由于用户看不到内部时序信号，故可以通过观察 XTAL2 和 ALE 引脚的信号，分析 CPU 取指时序。通常，每个机器周期中，ALE 出现两次有效高电平，第一次出现在 S_1P_2 和 S_2P_1 期间，第二次出现在 S_4P_2 和 S_5P_1 期间。ALE 信号每出现一次，CPU 就进行一次取指操作，但由于每种指令的字节数和机器周期数不同，因此取指令操作也随之不同，但差异不大。

单周期指令的执行始于 S_1P_2，这时操作码被锁存到指令寄存器内。若是双字节则在同一机器周期的 S_4P_2 读第二字节。若是单字节指令，则在 S_4P_2 仍有读出操作，但被读入的字节无效，且程序计数器 PC 并不加 1。

图 2-5(a)和(b)分别给出了单字节单周期(INC A)和双字节单周期指令(ADD A,♯data)的时序，都能在 S_6P_2 结束时完成操作。

图 2-5(c)给出了单字节双周期指令的时序，两个机器周期内进行 4 次读操作码操作。因为是单字节指令，后三次读操作都是无效的。例如，"INC DPTR"。

图 2-5(d)给出了访问片外 RAM 指令"MOVX A,@DPTR"的时序，它是一条单字节双周期指令。在第一个机器周期 S_5P_1 开始送出片外 RAM 地址后，进行读/写数据。读/写期间在 ALE 端不输出有效信号，所以第二机器周期即外部 RAM 已被寻址和选通后，也不产生取指令操作。

从时序上讲，算术逻辑操作一般发生在节拍 P_1 期间，内部寄存器对寄存器的传送操作发生在节拍 P_2 期间。

2.2.3 单片机的工作过程

单片机的工作过程实际上是执行程序的过程，而执行程序的过程又归纳为执行一有序指令的过程，执行指令又是一个取指令、分析指令和执行指令的周而复始的过程。

单片机中的程序一般事先都已固化在片内 ROM 或 EPROM 中，也有的固化在

第 2 章　AT89S51 单片机的基本结构及工作原理

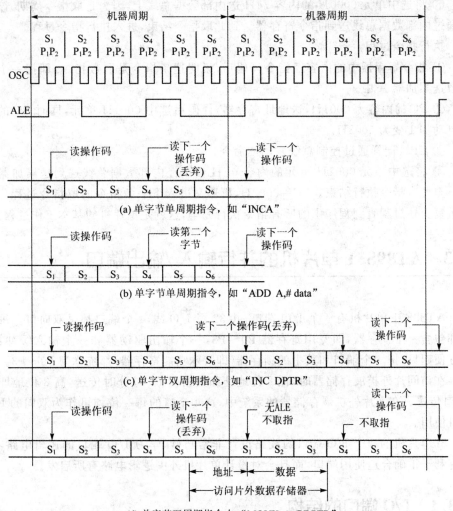

图 2-5　51 单片机取指令执行时序

片外 EPROM 中,因而开机即可执行指令。

下面以"MOV A,♯0FH"指令的执行过程来说明单片机的工作过程,此指令的机器码为 74H,0FH,并已存在 0000H 开始的单元中。

单片机开机时,PC=0000H,即从 0000H 开始执行程序。首先进入取指令过程:
① PC 中的 0000H 送到片内地址寄存器。
② PC 的内容自动加 1 变为 0001H,指向下一个指令字节。
③ 地址寄存器中的内容 0000H 通过地址总线送到片内存储器,经存储器中地址译码器选中 0000H 单元。
④ CPU 通过控制总线发出读命令。

⑤ 将选中单元 0000H 的内容 74H 送内部数据总线上,因为是取指令周期,该内容通过内部数据总线送到指令寄存器。到此取指令结束,进入执行指令过程。

执行指令过程:

① 指令寄存器中的内容经指令译码后,说明这条指令是取数指令,即把一个立即数送累加器 A 中。

② PC 的内容为 0001H,送地址寄存器,译码后选中 0001H 单元,同时 PC 的内容自动加 1 变为 0002H。

③ CPU 同样通过控制总线发出读命令。

④ 将选中单元 0001H 单元的内容 0FH 读出经内部数据总线送到送累加器 A 中。至此本指令执行结束。PC=0002H,机器又进入下一条指令的取指令过程。一直重复上述过程直到程序中的所有指令执行完毕,这就是单片机的基本工作过程。

2.3　AT89S51 单片机的并行输入/输出端口

AT89S51 单片机有 4 个 I/O 端口,共 32 根 I/O 线,4 个端口都是双向口。每个口都包含一个锁存器,即专用寄存器 P0~P3,一个输出驱动器和一个输入缓冲器。为方便起见,把 4 个端口和其中的锁存器(即特殊功能寄存器)都统称为 P0~P3。

在访问片外扩展存储器时,低 8 位地址和数据由 P0 口分时传送,高 8 位地址由 P2 口传送。在无片外扩展存储器的系统中,这 4 个口的每一位均可作为双向的 I/O 端口使用。

51 单片机的 4 个 I/O 端口的线路设计非常巧妙,学习 I/O 端口的逻辑电路,不但有利于正确合理使用端口,而且会对设计单片机外围逻辑电路有所启发。

2.3.1　I/O 端口的结构

1. P0 口结构

P0 口是一个 8 位漏极开路型准双向 I/O 端口。图 2-6(a)是 P0 口某位的结构图,它由 1 个输出锁存器、2 个三态数据输入缓冲器、1 个输出驱动电路和 1 个输出控制电路组成。输出驱动电路由一对 FET(场效应管)组成,其工作状态受输出控制电路的控制;输出控制电路由一个与门电路,1 个反相器和 1 个多路开关 MUX 组成。

2. P1 口结构

P1 是一个带内部上拉电阻的 8 位准双向 I/O 口,其位结构如图 2-6(b)所示。P1 口在结构上与 P0 口的区别是:没有多路开关 MUX 和控制电路部分;输出驱动电路部分与 P0 也不相同,只有一个 FET 场效应管,同时内部带上拉电阻,此电阻与电源相连。上拉电阻是一个作为电阻性元件使用的场效应管FET,称负载场效应管。

3. P2口结构

图2-6(c)是P2口的某位结构图。P2口的位结构中上拉电阻的结构与P1口相同,但比P1口多了一个输出转换多路控制部分。

4. P3口结构

P3口的位结构如图2-6(d)所示。它是一个多功能的端口。P3口的输出驱动电路部分及内部上拉电阻结构与P1口相同,比P1口多了一个第二功能控制电路(由一个与非门和一个输入缓冲器组成)。

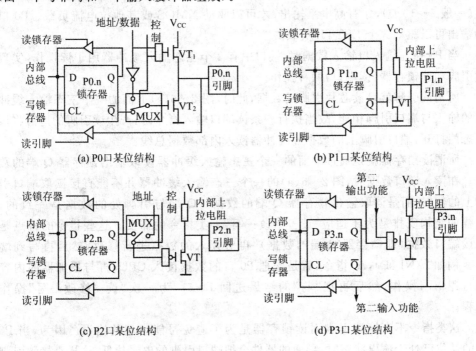

图2-6 各端口的位结构

2.3.2 I/O端口的功能

1. P0口功能

P0口可作为一般I/O口用,但当应用系统采用外部总线结构时,它分时作低8位地址线和8位双向数据总线用。其工作状态由CPU发出的控制信号决定。当P0口作I/O端口使用时,CPU内部发出控制电平"0"信号,当P0口作地址/数据总线使用时,CPU内部发出控制电平"1"信号。

(1) P0 口作一般 I/O 端口使用

P0 口作一般 I/O 端口使用时，CPU 内部发出控制电平"0"信号封锁与门，使输出上拉场效管 VT_1 截止，同时把图 2-6(a)中所示的多路开关拨到下方，将输出锁存器 $\overline{Q}$ 端与输出场效应管 VT_2 的栅极接通。此时，P0 口即作一般 I/O 端口使用。

当 P0 口作输出口输出数据时，内部数据总线上的信息由写脉冲锁存至输出锁存器，并通过 MUX、下拉场效应管 VT_2 输出到 P0 口引脚。当输入 D=0 时，Q=0，VT_2 导通，P0 口的引脚输出 0；当输入 D=1 时，Q=1，VT_2 截止，P0 口的引脚输出 1。由此可见，内部数据总线与 P0 口是同相位的。

应注意的是，作为输出口时，由于输出级为漏极开路电路，引脚上应外接上拉电阻（一般 5～10 Ω），才有高电平输出，才可以驱动 NMOS 或其他拉电流负载。P0 口的输出可以驱动 8 个 LSTTL 负载。

当 P0 口作输入口输入数据时，端口中有 2 个三态输入缓冲器用于读操作，实现读引脚和读锁存器（读端口）两种操作。

所谓读引脚就是读芯片引脚的数据，此时，图 2-6(a)下面的一个三态输入缓冲器的输入与端口引脚相连，故当执行一条读端口输入指令时，产生读引脚的选通将该三态门打开，端口引脚上的数据经缓冲器读入内部数据总线。

所谓读锁存器就是通过上面的一个三态输入缓冲器读取输出锁存器 Q 端的数据。在读入端口数据时，图 2-6(a)的一个三态输入缓冲器并不能直接读取端口引脚上的数据，而是读取输出锁存器 Q 端的数据。Q 端与引脚处的数据是一致的。这样的结构安排是为了适应"读—修改—写"一类指令的需要。这些指令的特点是先读端口数据（即锁存器 Q 端的数据），再对读入的数据进行修改，然后再写到端口。例如"ANL P0,A"指令，就是先把 P0 口的数据读入 CPU，再与累加器的内容进行逻辑与操作，然后再把"与"的结果送回 P0 口，为一次"读—修改—写"操作过程。

这类指令不直接读引脚而读锁存器是为了避免可能出现的错误。因为，当 P0 口的某位已处于输出状态时，导通的器件会把端口引脚的电平拉低，这样直接读引脚就会把本来的 1 误读为 0。但若从锁存器端读，就能避免此类错误，得到正确的数据。为了改变该端口的内容，避免干扰信号的影响，可采用这些指令，类似这类把 P0 口作为目的操作数的指令还有，它们将在第 3 章中论述。

应注意的是，作为输入口时，如果下拉场效管 VT_2 导通会将输入的高电平拉为低电平造成误读，所以在进行输入操作前，应先向端口输出锁存器写入"1"，以避免锁存器 0 状态时，对引脚读入的干扰。

(2) P0 口作地址/数据总线使用

在扩展系统中，P0 端口分时作为地址/数据总线使用，此时可分为两种情况：一种是以 P0 口引脚输出地址/数据信息。这时 CPU 内部发出高电平的控制信号，打开与门，同时使多路开关 MUX 把 CPU 内部地址/数据总线反相后与输出驱动场效应管 VT₂ 的栅极接通。VT₁ 和 VT₂ 两个 FET 管处于反相,共同构成了推拉式的输出电路,其负载能力大大增强。另一种情况由 P0 口输入数据,此时输入的数据则直接从引脚通过下面一个三态输入缓冲器进入内部总线。实际应用中,P0 口绝大多数情况下,都是作为单片机系统的地址/数据总线使用,比一般 I/O 端口使用简单。

2. P1 口功能

P1 口可作通用双向 I/O 口用,每 1 位均可独立作为 I/O 口。当 P1 口输出高电平时,能向外部提供拉电流负载,因此不必再外接上拉电阻。当端口用作输入时,和 P0 口一样,为了避免误读,必须先向对应的输出锁存器写入"1",使 FET 截止。然后再读端口引脚。由于片内输入电阻较大,约 20～40 kΩ,所以不会对输入的数据产生影响。

在 AT89S52 中,P1.0 和 P1.1 是多功能位。除作一般双向 I/O 口外,P1.0 还可以作为定时/计数器 2 的外部输入端,这时此引脚用 T2 来表示;P1.1 还可作为定时/计数器 2 的外部控制输入,以 T2EX 来表示。

3. P2 口功能

当多路开关 MUX 倒向锁存器输出 Q 端时,构成了一个准双向 I/O 口,此时 P2 口作通用 I/O 使用。P2 引脚的数据与内部总线相同,MUX 与 Q 端连通,P2.n＝D。

当系统扩展片外程序存储器时,多路开关 MUX 在 CPU 的控制下,倒向内部地址线一端时,P2 口仅可用于输出高 8 位地址。

P2 口使用时的注意事项:

① 在不接外部存储器或片外存储器容量小于 256 B 的系统中,可以使用"MOVX @Ri"类指令访问片外存储器,仅由 P0 口输出低 8 位地址,而 P2 口引脚上的内容在整个访问期间不会变化,此时 P2 口仍可作通用 I/O 口用。

② 当应用系统扩展有大于 256 B 而小于 64 KB 的外部存储器,且 P2 用于输出高 8 位地址时,由于访问外部存储器的操作是连续不断的,P2 要不断输出高 8 位地址,故此时 P2 不能再作通用 I/O 口使用。

③ 在外部扩充的存储器容量大于 256 B 而小于 64 KB 时,可以采用软件方法利用 P1~P3 中的某几位口线输出高 8 位地址,而保留 P2 口中的部分或全部口线作通用 I/O 口用。

4. P3 口功能

P3 口是一个多功能口。当"第二输出功能"端保持高电平时,与非门打开,P3 口作为通用 I/O 使用。输出数据时,锁存器输出的信号可以通过与非门经 VT 输出到 P3 口的引脚。输入时,引脚上的数据将通过两个相串的三态缓冲器在读引脚选通信号控制下进入内部数据总线。这就是第一功能,此功能同 P1 口,每 1 位均可独立作为 I/O 口。

P3 口除了作通用 I/O 使用外,它的各位还具有第二功能,第二功能详见表 2-1。当 P3 口某一位用于第二功能作输出时,该位的锁存器应置"1",打开与非门,第二功能端上的内容通过"与非门"和 VT 送至端口引脚。当作第二功能输入时,端口引脚的第二功能信号通过第一个缓冲器送到第二输入功能线上。

表 2-1 P3 口各位线与第二功能表

端口口线(引脚)	第二功能	端口口线(引脚)	第二功能
P3.0(10)	RXD(串行口输入)	P3.4(14)	T0(定时器 0 的外部输入)
P3.1(11)	TXD(串行口输出)	P3.5(15)	T1(定时器 1 的外部输入)
P3.2(12)	$\overline{INT0}$(外部中断 0 输入)	P3.6(16)	$\overline{WR}$(片外数据存储器写选通)
P3.3(13)	$\overline{INT1}$(外部中断 1 输入)	P3.7(17)	$\overline{RD}$(片外数据存储器读选通)

使用时应注意的是,无论 P3 口作通用输入口还是作第二功能输入口用,相应位的输出锁存器和第二输出功能端都应置"1",使 VT 截止。另外,每 1 位具有的两个功能不能同时使用。

2.3.3　I/O 端口的负载能力和接口要求

综上所述,P0 口的输出级与 P1～P3 口的输出级在结构上是不相同的,因此它们的负载能力和接口要求也不相同。

① P0 口的每一位输出可驱动 8 个 LSTTL 负载。P0 口既可作通用 I/O 使用,也可作地址/数据总线使用。当把它作通用 I/O 口输出时,输出级是开漏电路,当它驱动 NMOS 或其他拉电流负载时,需要外接上拉电阻才有高电平输出。当作地址/数据总线时,无需外接上拉电阻,此时不能作通用 I/O 口使用。

② P1～P3 口的输出极均接有内部上拉电阻,它们每一位的输出均可以驱动 4 个 LSTTL 负载。对 HMOS 型的单片机,当 P1 和 P3 口作输入时,任何 TTL 或 NMOS 电路都能以正常的方法驱动这些口。

无论是 HMOS 型还是 CHMOS 型的单片机,它们的 P1～P3 口的输入端都可以被集电极开路或漏极开路电路所驱动,而无需再外接上拉电阻。

CHMOS 端口只能提供几 mA 的输出电流,当作为输出口去驱动负载时,应考虑电平和电流的匹配,使用时应注意。

③ P0～P3 口都是准双向 I/O 口。作输入时,必须先向相应端口的锁存器写入"1",使下拉场效应管截止,呈高阻态。当系统复位时,P0～P3 端口锁存器全为"1"。

2.4 AT89S51 单片机的存储器结构及寄存器

2.4.1 AT89S51 单片机存储器的分类及配置

多数单片机系统,包括 AT89S51 系列单片机,其存储器分类及配置与一般微机的存储器配置方法大不相同。一般微机通常只有一个逻辑空间,程序存储器和数据存储器共用存储空间,可以随意安排 ROM 或 RAM,访问存储器时,同一地址对应唯一的存储单元,可以是 ROM 也可以是 RAM,并用同类指令访问。单片机的芯片有 RAM 和 ROM 两类存储器,ROM 是程序存储器,RAM 是数据存储器。AT89S51 单片机的存储器配置在物理结构上有 4 个相互独立的存储空间,即片内 ROM、片外 ROM(8031 和 8032 没有片内 ROM)、片内 RAM、片外 RAM。AT89S51 系列单片机的地址总线的宽度是 16 位,因此 RAM 和 ROM 存储器的最大访问空间分别为 64 KB。从用户使用的角度,按寻址空间分布分类,51 系列单片机的存储器由程序存储器、内部数据存储器、外部数据存储器三部分组成。程序存储器,片内外统一编址,包括 4 KB 片内程序存储器 0000H~0FFFH 和外部扩展程序存储器 0000H~FFFFH,共 64 KB。内部数据存储器,包括内部 RAM 存储器(00H~7FH)和 21 个特殊功能寄存器(或专用功能寄存器),共 256 B;外部数据存储器 0000H~0FFFH,共 64 KB。在编程访问三个不同的逻辑空间时,应采用不同形式的指令(具体内容将在后面讲解),以产生不同的存储器空间的选通信号。

AT89S51 单片机存储器空间结构如图 2-7 所示。本节主要叙述程序存储器和数据存储器的配置特点。

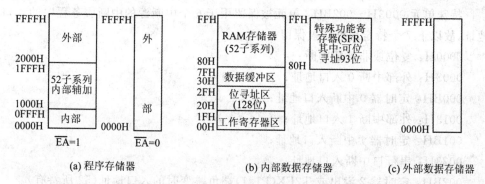

图 2-7 51 存储器空间分布图

数据存储器地址空间与程序存储器地址空间重叠,但不会造成混乱。因为访问外部程序存储器时,用 $\overline{PSEN}$ 信号选通,而访问外部数据存储器时,由读信号和写信号选通。

数据存储器中片内数据存储器（内部 RAM）和 外部数据存储器（外部 RAM）地址空间重叠，也不会造成混乱。因为片内数据存储器通过 MOV 指令读/写，此时外部数据存储器读选通信号和写选通信号无效，而外部数据存储器通过 MOVX 指令访问，并由读或写信号选通。

2.4.2 程序存储器

AT89S51 的程序存储器（Program Memory）用于存放编好的应用程序、表格和常数。由于采用 16 位的地址总线，因而其可扩展的地址空间为 64 KB，且这 64 KB 地址是连续、统一的。

不同型号的机型，片内的程序存储器结构和空间也不同。如，8051 片内有 4 KB 的 ROM，地址为 0000H～0FFFH；8751 片内有 4 KB 的 EPROM；8031 片内无程序存储器；AT89S51 有 4 KB 的 Flash ROM。

51 子系列单片机的片外最多能扩展 64 KB。片内外的 ROM 是统一编址的，如果 $\overline{EA}$ 端保持高电平，则 8051 的程序计数器 PC 将首先指向 0000H～0FFFH 范围的地址（即前 4 KB 地址），即首先执行片内 ROM 中的程序；当 PC 在 1000H～FFFFH 地址范围时，CPU 自动执行片外程序存储器中的程序。当 $\overline{EA}$ 保持低电平时，只能寻址外部程序存储器，片外存储器应从 0000H 开始编址。

程序存储器的某些单元已被保留作为特定的程序入口地址（中断服务程序入口地址），这些单元具有特殊功能。

特殊单元 0000H～0002H：由于系统复位后的 PC 内容为 0000H，故系统从 0000H 单元开始取指令，执行程序。它是系统的启动地址。如果程序不从 0000H 单元开始，应在这三个单元中存放一条无条件转移指令，以便直接去执行指定的程序。

特殊单元 0003H～002BH：单元被保留用于 6 个中断源的中断服务程序的入口地址，故以下 7 个特定地址应被保留。

0000H：复位或非屏蔽中断；

0003H：外部中断 0 入口地址；

000BH：定时器 0 中断入口地址；

0013H：外部中断 1 入口地址；

001BH：定时器 1 中断入口地址；

0023H：串行口中断入口地址；

002BH：定时器 2 溢出或 T2EX(P1.1)端负跳变时的入口地址（52 所特有）。

在使用时，中断服务程序和主程序一般应放置在 0030H 以后。而在这些中断入口处都应安放一条绝对跳转指令，使程序跳转到用户安排的中断服务程序的起始地址，或者从 0000H 启动地址跳转到用户设计的初始化程序入口处。中断服务程序由中断源启动调用。有关中断结构将在第 5 章介绍。

2.4.3 数据存储器

AT89S51 单片机的数据存储器用于存放运算中间结果、数据暂存和缓冲、标志位、待调试的程序等。数据存储器在物理上和逻辑上都分为两个地址空间：一个是片内 256 B 的 RAM，另一个是片外最大可扩充 64 KB 字节的 RAM。访问片内 RAM 使用 MOV 指令，访问片外 RAM 使用 MOVX 指令。外部数据存储器一般由静态 RAM 芯片组成。扩展存储器容量的大小，由用户根据需要而定，但 AT89S51 单片机访问外部数据存储器可用 1 个特殊功能寄存器——数据指针寄存器 DPTR 进行寻址。由于 DPTR 为 16 位，可寻址的范围可达 64 KB，所以扩展外部数据存储器的最大容量是 64 KB。本节仅介绍片内数据存储器，对于片外数据存储器将在第 8 章中介绍。

片内数据存储器由片内 RAM 和特殊功能寄存器组成。AT89S51 片内数据存储器的结构如图 2-8 所示。在物理上又可分为两个不同的区：00H～7FH（0～127）单元组成低 128 B 的片内 RAM 区，80H～FFH（128～256）单元组成高 128 B 的特殊功能寄存器（SFR）区。这两个空间是相连的，从用户角度而言，低 128 单元才是真正的数据存储器。52 系列的片内 RAM 容量为 256 B（00H～FFH），但其高 128 B RAM 的地址（80H～FFH）与特殊功能寄存器重叠，因此只能按字节寻址，并且只能通过寄存器间接寻址方式读/写，一般作为用户内部数据存储区。

1. 低 128 B 的片内 RAM 区

低 128 B 是真正的 RAM 存储器，按其用途划分为寄存器区、位寻址区和用户 RAM 区三个区域，结构如图 2-8 所示。

(1) 寄存器区

在 AT89S51 片内低 128 B RAM 中，共有 4 组寄存器，每组由 8 个单元组成通用寄存器 R0～R7。寄存器常用于存放操作数和中间结果等。由于它们的功能及使用不做预先规定，因此称为通用寄存器或工作寄存器。4 组寄存器占据内部 RAM 的 00H～1FH 共 32 个单元地址。

在任何一个时刻，CPU 只能使用其中的一组寄存器，正在使用的寄存器称为当前寄存器。到底是哪一组，由程序状态寄存器 PSW 中 RS1 和 RS0 位的状态组合决定。通用寄存器为 CPU 提供了就近存储数据的便利，有利于提高单片机的运算速度。此外，使用通用寄存器还能提高程序编制的灵活性，因此，在单片机的应用编程中应充分利用这些寄存器，以简化程序设计，提高程序运行速度。

工作区的设置与工作寄存器的地址见表 2-2。每组寄存器均可选为 CPU 当前工作寄存器，通过程序状态字寄存器 PSW 中 RS1 和 RS0 位的设置来改变 CPU 当前使用的工作寄存器。这样设置的目的是为了在程序中便于保护现场。

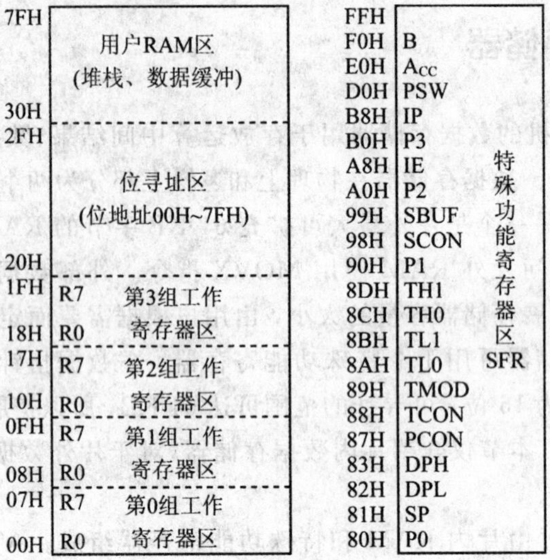

```
7FH ┌─────────────────┐      FFH ┌─────┬──────┐
    │                 │      F0H │  B  │      │
    │    用户RAM区    │      E0H │ Acc │      │
    │  (堆栈、数据缓冲)│      D0H │ PSW │      │
30H │                 │      B8H │ IP  │      │
2FH ├─────────────────┤      B0H │ P3  │      │
    │                 │      A8H │ IE  │ 特   │
    │    位寻址区     │      A0H │ P2  │ 殊   │
    │ (位地址00H~7FH) │      99H │SBUF │ 功   │
20H │                 │      98H │SCON │ 能   │
1FH ├─ R7 ─ 第3组工作 ┤      90H │ P1  │ 寄   │
    │                 │      8DH │ TH1 │ 存   │
18H │  R0   寄存器区  │      8CH │ TH0 │ 器   │
17H ├─ R7 ─ 第2组工作 ┤      8BH │ TL1 │ 区   │
    │                 │      8AH │ TL0 │ SFR  │
10H │  R0   寄存器区  │      89H │TMOD │      │
0FH ├─ R7 ─ 第1组工作 ┤      88H │TCON │      │
    │                 │      87H │PCON │      │
08H │  R0   寄存器区  │      83H │ DPH │      │
07H ├─ R7 ─ 第0组工作 ┤      82H │ DPL │      │
    │                 │      81H │ SP  │      │
00H │  R0   寄存器区  │      80H │ P0  │      │
    └─────────────────┘          └─────┴──────┘
```

图 2-8 片内数据存储器的结构

例如：主程序中使用第 0 区，即片内 RAM 的 00H~07H 这 8 个单元作为当前工作寄存器 R0~R7；当主程序中要调用某个子程序时，在子程序中通过位操作指令"SETB RSi"将 RS1 RS0 置为 01，则子程序中就可以使用第 1 组 08H~0FH 这 8 个单元作为当前工作寄存器 R0~R7。第 0 组 R0~R7 的内容保持不变。

表 2-2 工作寄存器地址表

区 号	RS1(PSW.4)	RS0(PSW.3)	R0	R1	R2	R3	R4	R5	R6	R7
0	0	0	00H	01H	02H	03H	04H	05H	06H	07H
1	0	1	08H	09H	0AH	0BH	0CH	0DH	0EH	0FH
2	1	0	10H	11H	12H	13H	14H	15H	16H	17H
3	1	1	18H	19H	1AH	1BH	1CH	1DH	1EH	1FH

单片机上电或复位后，RS1=0H、RS0=0H，CPU 默认选中的是第 0 区的 8 个单元为当前工作寄存器。若程序中并不需要 4 组，那么其余没有选中的单元也可作一般的数据缓冲器使用，根据需要用户可以利用传送指令或位操作指令来改变其状态。

(2) 位寻址区与位地址

低 128 B 中的 20H~2FH 单元共 16 个字节，既可以作为一般 RAM 单元使用，进行字节操作，也可以用位寻址方式访问这 16 个字节的每个位，因此，该区称为位寻址区。位寻址区有 16 个 RAM 单元，共计 128 位，每个位均有对应的地址(简称为位地址)，这 128 个位的地址范围为 00H~7FH。这些位单元可以构成布尔处理机的存储器空间，这种位寻址能力是 MCS-51 的一个重要特点。位寻址区与位地址分布见表 2-3。

第 2 章　AT89S51 单片机的基本结构及工作原理

表 2-3　位寻址区与位地址分布

字节地址	D7	D6	D5	D4	D3	D2	D1	D0
2FH	7FH	7EH	7DH	7CH	7BH	7AH	79H	78H
2EH	77H	76H	75H	74H	73H	72H	71H	70H
2DH	6FH	6EH	6DH	6CH	6BH	6AH	69H	68H
2CH	67H	66H	65H	64H	63H	62H	61H	60H
2BH	5FH	5EH	5DH	5CH	5BH	5AH	59H	58H
2AH	57H	56H	55H	54H	53H	52H	51H	50H
29H	4FH	4EH	4DH	4CH	4BH	4AH	49H	48H
28H	47H	46H	45H	44H	43H	42H	41H	40H
27H	3FH	3EH	3DH	3CH	3BH	3AH	39H	38H
26H	37H	36H	35H	34H	33H	32H	31H	30H
25H	2FH	2EH	2DH	2CH	2BH	2AH	29H	28H
24H	27H	26H	25H	24H	23H	22H	21H	20H
23H	1FH	1EH	1DH	1CH	1BH	1AH	19H	18H
22H	17H	16H	15H	14H	13H	12H	11H	10H
21H	0FH	0EH	0DH	0CH	0BH	0AH	09H	08H
20H	07H	06H	05H	0H	03H	02H	01H	00H

(3) 用户 RAM 区

低 128 B 单元中,通用寄存器占去了 32 个单元,位寻址区占去 16 个单元,剩下的 80 个单元就是供用户使用的 RAM 区,其单元地址为 30H～7FH。对用户 RAM 区的使用没有任何规定或限制,但在一般应用中常作为堆栈或数据缓冲。

2. 高 128 B 的特殊功能寄存器(SFR)区

高 128 B 是供给特殊寄存器使用的,其单元地址范围为 80H～FFH。因这些寄存器的功能已做专门规定,故称之为专用寄存器(SFR,Special Function Register),也可称为特殊功能寄存器。专用寄存器的特点将在 2.4.4 小节介绍。

2.4.4　特殊功能寄存器 SFR

特殊功能寄存器专用于控制、管理单片机内算术逻辑部件、并行 I/O 口锁存器、串行口数据缓冲器、定时/计数器、中断系统等功能模块的工作。AT89S51 中共有 21 个特殊功能寄存器 SFR,其中有 11 个特殊功能寄存器具有位寻址能力。SFR 离散地分布在 80H～FFH 之间,特殊功能寄存器地址分布以及对应的位地址如

表2-4所列。

表2-4 MCS-51特殊功能寄存器地址表

SFR	MSB			位地址/位定义				LSB	字节地址
B	F7H	F6H	F5H	F4H	F3H	F2H	F1H	F0H	F0H
Acc	E7H	E6H	E5H	E4H	E3H	E2H	E1H	E0H	E0H
PSW	D7H	D6H	D5H	D4H	D3H	D2H	D1H	D0H	D0H
	Cy	Ac	F0	RS1	RS0	OV	F1	P	
IP	BFH	BEH	BDH	BCH	BBH	BAH	B9H	B8H	B8H
	/	/	/	PS	PT1	PX1	PT0	PX0	
P3	B7H	B6H	B5H	B4H	B3H	B2H	B1H	B0H	B0H
	P3.7	P3.6	P3.5	P3.4	P3.3	P3.2	P3.1	P3.0	
IE	AFH	AEH	ADH	ACH	ABH	AAH	A9H	A8H	A8H
	EA	/	/	ES	ET1	EX1	ET0	EX0	
P2	A7H	A6H	A5H	A4H	A3H	A2H	A1H	A0H	A0H
	P2.7	P2.6	P2.5	P2.4	P2.3	P2.2	P2.1	P2.0	
SBUF									(99H)
SCON	9FH	9EH	9DH	9CH	9BH	9AH	99H	98H	98H
	SM0	SM1	SM2	REN	TB8	RB8	TI	RI	
P1	97H	96H	95H	94H	93H	92H	91H	90H	90H
	P1.7	P1.6	P1.5	P1.4	P1.3	P1.2	P1.1	P1.0	
TH1									(8DH)
TH0									(8CH)
TL1									(8BH)
TL0									(8AH)
TMOD	GATE	C/$\overline{T}$	M1	M0	GATE	C/$\overline{T}$	M1	M0	(89H)
TCON	8FH	8EH	8DH	8CH	8BH	8AH	89H	88H	88H
	TF1	TR1	TF0	TR0	IE1	IT1	IE0	IT0	
PCON	SMOD	/	/	/	GF1	GF0	PD	IDL	(87H)
DPH									(83H)
DPL									(82H)
SP									(81H)
P0	87H	86H	85H	84H	83H	82H	81H	80H	80H
	P0.7	P0.6	P0.5	P0.4	P0.3	P0.2	P0.1	P0.0	

第2章 AT89S51单片机的基本结构及工作原理

由表2-4可以看出,特殊功能寄存器并未占满80H～FFH整个地址空间,对空闲地址的操作是无意义的。若访问到空闲地址,则读出的是不确定随机数,写入的数据将丢失。因为,这些存储单元没有相应的物理存储器存放写入的数据。也就是说这些空闲地址,用户是不能使用的。

特殊功能寄存器只能使用直接寻址方式,书写时既可以使用寄存器符号,也可以使用寄存器单元地址。

表2-4中,凡字节地址不带括号的寄存器都是可进行位寻址的寄存器,带括号的是不可进行位寻址的寄存器。全部特殊功能寄存器可寻址的共有83位,这些位都具有专门的定义和用途。这样,加上位寻址区的128位,在AT89S51内部RAM中共有128+83=211个可寻址位。

CPU中的程序计数器PC不占有RAM单元,没有地址,它在物理结构上是独立的,因此是不可寻址的寄存器,不属于特殊功能寄存器。用户无法对它进行读/写,但可以通过转移、调用、返回等指令改变其内容,以实现程序的转移。现把部分特殊功能寄存器介绍如下。

1. 累加器 Acc

Acc(Accumulator)是一个8位的寄存器,简称A。它通过暂存器与ALU相连,它是CPU工作中使用最频繁的寄存器,用来存一个操作数或中间结果。在一般指令中用"A"表示,在位操作和栈操作指令中用"Acc"表示。51单片机中,只有一个累加器,大部分单操作数指令的操作数取自累加器,许多双操作数指令的一个操作数也取自累加器。在变址寻址方式中累加器被作为变址寄存器使用。

2. B 寄存器

B寄存器是一个8位的寄存器,主要用于乘除运算。在乘除法指令中用于暂存数据。一般用来存放一个操作数,有时也用来存放运算后的一部分结果。乘法指令的两个操作数分别取自累加器A和寄存器B,其中B为乘数,乘法结果的高8位存放于寄存器B中。除法指令中,被除数取自A,除数取自B,除法的结果商存放于A,余数存放于B中。在其他指令中,B可以作为RAM中的一个单元来使用。

3. 数据指针 DPTR

DPTR是一个16位的专用地址指针寄存器。编程时DPTR既可以作16位寄存器使用,也可以拆成2个独立的8位寄存器,即DPH(高8位字节)和DPL(低8位字节),分别占据83H和82H两个地址。DPTR通常在访问外部数据存储器时作地址指针使用,用于存放外部数据存储器的存储单元地址。由于外部数据存储器的寻址范围为64 KB,故把DPTR设计为16位,通过DPTR寄存器间接寻址方式可以访问0000H～FFFFH全部64 KB的外部数据存储器空间。

因此,AT89S51单片机可以外接64 KB的数据存储器和I/O端口,对它们的寻址可以使用 DPTR 来间接寻址。

4. 堆栈指针 SP

堆栈是 RAM 中一个特殊的存储区,用来暂存数据和地址,它是按先进后出、后进先出的原则存取数据的。堆栈共有两种操作:进栈和出栈。

为了正确存取堆栈区的数据,需要一个寄存器来指示最后进入堆栈的数据所在存储单元的地址,堆栈指针就是为此而设计的。由于 AT89S51 单片机的堆栈设置在内部 RAM 中,堆栈指针 SP(Stack Pointer)是一个 8 位专用寄存器,它指示出堆栈顶部数据在片内 RAM 中的位置即地址,可以把它看成一个地址指针,它总是指向堆栈顶端的存储单元。

AT89S51 单片机的堆栈是向上生成的,即进栈时,SP 的内容是增加的,出栈时,SP 的内容是减少的。系统复位后,SP 初始化为 07H,使得堆栈实际上从 08H 单元开始。由于 08H~1FH 单元分属于工作寄存器 1~3 区,若程序中要用到这些区,则最好把 SP 值改为 1FH 或更大的值。一般在内部 RAM 的 30H~7FH 单元中开辟堆栈。SP 的内容一经确定,堆栈的位置也就跟着确定了,由于可初始化为不同值,因此堆栈位置是浮动的。

5. 程序状态字寄存器 PSW

PSW(Program Status Word)是一个 8 位的特殊功能寄存器,用于存放程序运行中的各种状态信息,它可以进行位寻址。PSW 中一些位的状态是根据程序运行结果,由硬件自动设置的,而另外一些位则使用软件方法设定。PSW 的位状态可以用专门指令进行测试,也可以用指令读出。一些条件转移指令将根据 PSW 有些位的状态,进行程序转移。PSW 各位的定义如下:

D7(PSW.7)	D6(PSW.6)	D5(PSW.5)	D4(PSW.4)	D3(PSW.3)	D2(PSW.2)	D1(PSW.1)	D0(PSW.0)
Cy	Ac	F0	RS1	RS0	OV	F1	P

① Cy(PSW.7)进位标志。Cy 是 PSW 中最常见的标志位。其功能有两个:一是存放算术运算的进位标志,在进行加法或减法运算时,如果操作结果最高位有进位或借位,Cy 由硬件置"1",否则清"0";二是在进行位操作时,Cy 又可以被认为是位累加器,它的作用相当 CPU 中的累加器 A。

② Ac(PSW.6)辅助进位标志。在进行加法或减法运算时,如果低 4 位数向高位有进位或借位,硬件会自动将 Ac 置"1",否则清"0"。在进行十进制调整指令时,将借助 Ac 状态进行判断。Ac 位可用于 BCD 码调整时的判断位。

③ F0(PSW.5)用户标志位。它可作为用户自行定义的状态标记位,由用户根据需要用软件方法置位或复位,用以控制程序的转向。

④ RS1、RS0(PSW.4、PSW.3)工作寄存器区选择位。

该两位通过软件置"0"或"1"来选择当前工作寄存器区。被选中的寄存器即为当前通用寄存器组,但单片机上电或复位后,RS1 RS0=00。通用寄存器共有4组,其对应关系如表2-2所列。

RS1 RS0=00,选中第0组,片内RAM地址00H~07H;
RS1 RS0=01,选中第1组,片内RAM地址08H~0FH;
RS1 RS0=10,选中第2组,片内RAM地址10H~17H;
RS1 RS0=11,选中第3组,片内RAM地址18H~1FH。

⑤ OV(PSW.2)溢出标志位。当进行算术运算时,如果产生溢出,则由硬件将OV位置"1",否则清"0"。

当执行有符号数的加法指令或减法指令时,溢出标志OV的逻辑表达式为
$$OV=Cy_6 \oplus Cy_7$$
式中:Cy_6表示D6位是否有向D7位进位或借位,有为1,否则为0;Cy_7表示D7位是否有向Cy位进位或借位,有为1,否则为0。

因此,溢出标志位在硬件上可以通过一个异或门获得。

可以利用OV判断有符号数的加法、减法运算结果是否溢出。若有符号数字长为8位,最高位(D7)用于表示正负号,数据有效位为7位,能表示-128~+127之间的数,超出此范围即产生溢出。OV=1表示运算结果超出了目的寄存器A所表示的带符号数的范围(-128~+127),即产生了溢出,表示运算结果是错误的;否则,OV=0无溢出产生,表示运算正确。

例如,两个有符号数+84H、+69H,采用ADD指令相加后的结果如下:

```
      0 1 0 1 0 1 0 0 (+84H)
 +    0 1 1 0 1 0 0 1 (+69H)
    ─────────────────────
    Cy=0  1 0 1 1 1 1 0 1
```

$Cy_6=1$、$Cy_7=0$,则$OV=Cy_6 \oplus Cy_7=1 \oplus 0=1$,结果为负数,产生了正溢出,运算结果错误。

当执行无符号数乘法指令MUL时,其结果也会影响溢出标志位。当累加器A和B寄存器中的两个乘数的积超过255时,OV=1,否则为0。有溢出时积的高8位在B中,低8位在A中。因此,可以利用OV判断积是否超出255。当OV=0时,积没有超出255,B中无高位积,意味着只要从A中取得乘积即可,否则要从B/A寄存器对中取得乘积。

除法指令DIV也会影响溢出标志。当除数为0时,OV=1,除法不能进行;否则OV=0,除数不为0,除法照常进行。

⑥ F1(PSW.1)用户标志位。作用同F0。

⑦ P(PSW.0)奇偶标志位。该位始终跟踪累加器A内容的奇偶性,每个指令周期由硬件来置位或清零用以表示累加器A中"1"的个数的奇偶性。如果A中有奇数个1,则P置"1",否则置"0"。凡是改变累加器A中内容的指令均会影响P标志位。

此标志位对串行通信中的数据传输有重要的意义,在串行通信中常采用奇偶校验的办法来校验数据传输的可靠性。

6. I/O 端口的特殊功能寄存器

P0～P3 口寄存器实际上就是 P0～P3(引脚)专用的锁存器。AT89S51 系列单片机没有专门的端口操作指令,均采用统一的 MOV 指令,使用方便。

7. 串行数据缓冲器 SBUF

SBUF 用于存放待发送或已接收的数据,它实际上由两个独立的寄存器组成,一个是发送缓冲器,另一个是接收缓冲器,这两个寄存器共用一个地址 99H。

8. 定时/计数器

AT89S51 系列中有 2 个 16 位定时/计数器 T0 和 T1。52 系列则增加了一个 16 位定时/计数器 T2,它们各由 2 个独立的 8 位寄存器组成,共为 6 个独立的寄存器。即 T0 对应 TH0、TL0,T1 对应 TH1、TL1,T2 对应 TH2、TL2。只能对这些寄存器独立寻址,而不能作为一个 16 位寄存器来寻址。表 2-4 中的中断优先级控制寄存器 IP、中断允许寄存器 IE、定时/计数方式控制寄存器 TMOD、定时器控制寄存器 TCOM、串行口控制寄存器 SCON 和电源控制寄存器 PCON 等寄存器将在以后的章节中介绍。

2.5 AT89S51 单片机的工作方式

AT89S51 单片机有复位、程序执行、掉电操作、低功耗等工作方式。其中,低功耗为 CHMOS 单片机所特有。

2.5.1 单片机复位方式

单片机在开机时,或在工作中因干扰而使程序失控,或工作中程序处于某种死循环状态等情况下都需要复位。复位是通过某种方式使 CPU 和系统中其他部件都处于一个确定的初始状态,并从这个状态开始工作。

无论是 HMOS 型还是 CHMOS 型的单片机,在振荡器正在运行的情况下,复位是依靠在 RST/V_{PD} 或 RST 引脚上施加持续 2 个机器周期(即 24 个振荡周期)的高电平来实现的。若使用频率为 6 MHz 的晶振,则复位信号持续时间应超过 4 μs 才能完成复位操作。在 RST 引脚出现高电平后的第二个周期执行内部复位,以后每个周期重复一次,直至 RST 端变低。

复位后,程序计数器 PC 的内容为 0000H,片内 RAM 中内容不变。其他特殊功

第 2 章 AT89S51 单片机的基本结构及工作原理

能寄存器的复位状态如表 2-5 所列(表中 X 为随机数)。

表 2-5 复位后内部各专用寄存器状态

寄存器	内容	寄存器	内容	寄存器	内容
PC	0000H	IP	XX000000	TH1	00H
Acc	00H	IE	0X000000	TL1	00H
B	00H	TMOD	00H	TH2	00H
PSW	00H	TCON	00H	TL2	00H
SP	07H	T2CON	00H	SCON	00H
DPTR	0000H	TH0	00H	SBUF	不定
P0~P3	FFH	TL0	00H	PCON	0XXX0000

单片机复位时,不产生 ALE 和 $\overline{PSEN}$ 信号,即 ALE=1 和 $\overline{PSEN}$=1。这表明单片机复位期间不会有任何取指操作。片内 RAM 不受复位的影响。

SP 值为 07H,表明堆栈底部在 07H,一般需要重新设置 SP 值。P0~P3 口值为 FFH。P0~P3 口用作输入口时,必须先写入 1。单片机在复位后,已使 P0~P3 口每一端线为 1,为这些端线作输入口做好了准备。

复位后 PC 指向 0000H,使单片机从起始地址 0000H 开始执行程序。所以当单片机运行出现故障时,可按复位键重新启动。

AT89S51 单片机的复位靠外部电路实现,信号由 RESET(RST)引脚输入,高电平有效,在振荡器工作时,只要保持 RST 引脚高电平 2 个机器周期,单片机即复位。AT89S51 单片机通常采用上电自动复位、按键复位、程序运行监视复位等方式,复位电路有以下几种。

(1) 上电复位电路和按键复位电路

上电复位是利用电容充电来实现的,由于电容两端的电压不能突变,上电瞬间 RST 端的电位与 V_{CC} 相同,随着充电的进行,RST 的电位下降,最后被嵌位在 0 V,只要保证加在 RST 引脚上的高电平持续时间大于 2 个机器周期,便能正常复位,如图 2-9(a)所示。

按键复位电路如图 2-9(b)所示,若要复位,只需将按钮按下,此时电源 V_{CC} 经电阻器 R_1、R_2 分压,在 RST 端产生一个复位高电平。当振荡频率选用 6 MHz 时,图 2-9(b)中的电容器 C 取 22 μF,R_2 取 1 kΩ,R_1 取 200 Ω 左右。此外,该电路还具有上电复位功能。

设计复位电路时应注意:

① 要保证加在 RST 引脚上的高电平持续 2 个机器周期以上,才能使单片机有效复位。

② 在实际的应用系统中,有些外围芯片也需要复位。如果这些复位端的复位电平要求与单片机复位一致,则可以与之相连。

③ 在图 2-9 的简单复位电路中,干扰易串入复位端,在大多数情况下不会造成单片机的错误复位,但会引起内部某些寄存器错误复位。这时,可在 RST 引脚上接一个去耦电容。

④ 在应用系统中,为了保证复位电路可靠地工作,常将 RC 电路先接施密特电路,然后再接入单片机复位端和外围电路复位端。这样,当系统有多个复位端时,能保证可靠地同步复位,且具有抗干扰作用。

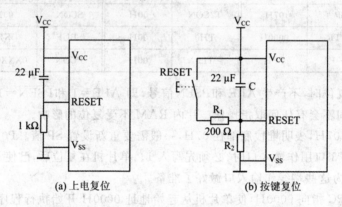

图 2-9 AT89S51 上电复位电路和按键复位电路

(2) 程序运行监视复位

程序运行监视复位通常是由各种类型的程序监视定时器 WDT(Watchdog Timer)俗称"看门狗"实现。WDT 可保证程序非正常运行(如程序"飞逸"、"死机")时,能及时进入复位状态,恢复程序正常运行。WDT 通常有以下几种实现方法供用户选择:

① 单片机内部带有 WDT 功能单元。

② 选择 μP 监视控制器件,这些器件中大多有 WDT 电路,如 Max705 芯片。

③ 在单片机外部设置 WDT 电路。

2.5.2 CHMOS 低功耗工作方式

单片机在正常运行时,片内 RAM 由 V_{CC} 供电。AT89 系列单片机提供了两种通过软件编程来实现的低功耗运行方式,即空闲(或称待机)方式和掉电(或称停机)方式。

低功耗方式可以使单片机在供电困难的环境中功耗最小,仅在需要正常工作时才正常运行。单片机正常工作时消耗 10~20 mA 电流,空闲方式工作时消耗电流一般为 1.7~5 mA;掉电方式可使功耗降到最小,电流一般为 5~50 μA。可见在省电方式下单片机耗能很小。待机方式和掉电保护方式所涉及的硬件如图 2-10 所示。

第 2 章 AT89S51 单片机的基本结构及工作原理

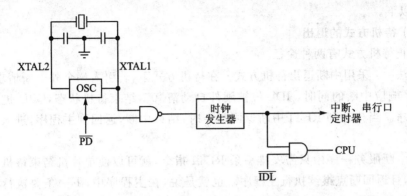

图 2-10 空闲和掉电方式内部电路图

1. 电源控制寄存器 PCON (87H)

在 CHMOS 型单片机中,待机方式和掉电方式都是由电源控制寄存器(PCON)的有关位来控制的。PCON 是一个逐位定义的 8 位专用寄存器,其格式如下:

PCON (87H)	D7	D6	D5	D4	D3	D2	D1	D0
	SMOD	—	—	—	GF1	GF0	PD	IDL

SMOD:波特率倍增位,在串行通信时使用。
D6~D4:保留位。
GF1:通用标志位 1,由软件置位和复位。
GF0:通用标志位 0,由软件置位和复位。
PD:掉电方式位,当 PD=1,则进入掉电方式。
IDL:待机方式位,当 IDL=1,则进入待机方式。

要想使单片机进入待机或掉电方式,只要执行一条能使 IDL 或 PD 位为 1 的指令即可。如果 PD 和 IDL 同时为 1,则进入掉电方式。复位时,PCON 中有定义的位均为 0(HMOS 型单片机中仅有 D7 位)。PCON 为不可寻址的 SFR,对其操作通常采用逻辑操作指令实现置位与复位。下面说明两种低功耗方式的操作过程。

2. 待机方式

(1) 待机方式的进入

如果向 PCON 中写入一个字节,将 IDL 位置"1",单片机即进入待机方式。这时振荡器仍然运行,并向中断逻辑、串行口和定时/计数器电路提供时钟,但向 CPU 提供时钟的电路被阻断,因此 CPU 停止工作,而中断功能继续存在。CPU 内部的全部状态(包括 SP、PC、PSW、Acc 以及全部通用寄存器)在待机期间都被保留在原状态。

通常 CPU 耗电量占芯片耗电量的 80%~90%,CPU 停止工作会大大降低功耗。在待机方式下(V_{CC} 仍为 +5 V),AT89S51 消耗的电流可由正常的 16 mA 降为

3 mA 以下。

(2) 待机方式的退出

终止待机方式有两种途径。

方法一：采用中断退出待机方式。在待机方式下，若引入一个外中断请求信号，在 CPU 响应中断的同时，IDL 位被硬件自动清"0"，结束待机状态，CPU 进入中断服务程序。当执行到 RETI 中断返回指令时，结束中断，返回到主程序，进入正常工作方式。

在中断服务程序中只需安排一条 RETI 指令，就可以使单片机结束待机恢复正常工作，且返回断点继续执行主程序。也就是说，在主程序中，下一条要执行的指令将是原先使 IDL 置位指令后面的那条指令。

方法二：靠硬件复位，需要在 RST/V_{PD} 引脚上加入正脉冲。因为时钟振荡器仍在工作，硬件复位需要保持 RST 引脚上的高电平在 2 个机器周期以上才能完成复位操作，退出待机方式进入正常工作方式。

3. 掉电保护方式

(1) 掉电保护方式的进入

用一条指令使 PCON 寄存器的 PD 位置"1"，就可控制单片机进入掉电保护方式。当单片机检测到电源故障时，首先进行信息保护，然后把 PCON.1 位置"1"，即可进入掉电保护方式。该方式下，片内振荡器停止工作，此时使单片机一切工作都停止，只有片内 RAM 及专用寄存器中的内容被保存。端口的输出值由各自的端口锁存器保存。此时 ALE 和 $\overline{PSEN}$ 引脚输出为低电平。

(2) 掉电保护方式的退出

退出掉电保护的唯一方法是硬件复位，即当 V_{CC} 恢复正常后，硬件复位信号起作用，维持 10 ms，即可使单片机退出掉电保护方式。复位操作将重新确定所有特殊功能寄存器的内容，但不改变片内 RAM 的内容。

在掉电方式下，电源电压 V_{CC} 可以降至 2 V，耗电低于 50 μA，以最小的功耗保存片内 RAM 的信息。

必须注意的是，在进入掉电方式之前，V_{CC} 不能降低；同样在中止掉电方式前，应使 V_{CC} 恢复到正常电压值。复位不但能终止掉电方式，也能使振荡器重新工作。在 V_{CC} 未恢复到正常值之前不应该复位；复位信号在 V_{CC} 恢复后应保持一段时间，以便使振荡器重新启动，并达到稳态，通常小于 10 ms 的时间。

2.6 单片机的最小应用系统

在单片机应用系统中，硬件系统设计上包括两个层次的任务：第一，单片机最小系统;第二,根据控制系统的要求,为单片机系统配置各种外围接口电路。

单片机的最小系统是能够让单片机运行的最基本电路。单片机加上适当的外围器件和应用程序,即构成最小应用系统。这种系统成本低廉、结构简单,常构成一些简单的控制系统。

单片机的最小系统电路,一般包括电源、复位电路、时钟电路,对于片内无程序存储器的单片机,除了要配置时钟电路和复位电路,还必须在片外扩展程序存储器。使用单片机内部程序存储器,$\overline{EA}$引脚接到正电源端;使用外部程序存储器,$\overline{EA}$引脚接到地端。

2.6.1 片内带程序存储器的最小应用系统

8051、8751、AT89S51 是片内有 ROM/EPROM/Flash ROM 的单片机。用 8051、8751、AT89S51 单片机构成最小应用系统时,只要将单片机接上配有晶振的时钟电路和复位电路以及扩展的简单 I/O 口即可,如图 2-11 所示。用这种芯片构成的最小系统简单、可靠,许多实际应用系统就是用这种成本低和体积小的单片结构实现了高性能的控制。

图 2-11 是 AT89S51 单片机的最小系统电路。必须有电源、振荡电路、复位电路才能正常工作。单片机使用 5 V 电源,其中正极接 40 引脚,地接 20 引脚。$\overline{EA}$引脚接到电源正端,以使用单片机内部程序存储器。

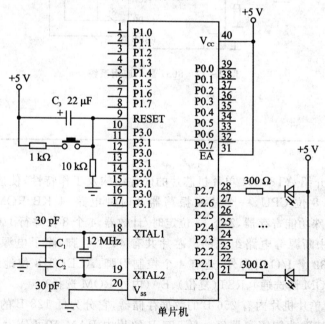

图 2-11 AT89S51 单片机的最小系统电路

2.6.2 片内无程序存储器的最小应用系统

片内无程序存储器的芯片构成最小系统时,除了要配置时钟电路和复位电路,还必须在片外扩展程序存储器。8031 是片内无程序存储器的芯片,因此,其最小应用系统必须外接扩展 EPROM 或 E²PROM 作为程序存储器用。由于一般用作程序存储器的 EPROM 芯片不能锁存地址,故扩展时还应加 1 个锁存器用,构成一个 3 片最小系统,如图 2-12 所示。该系统包括 8031 单片机、地址锁存器、EPROM 以及时钟电路和复位电路。8031 芯片本身的 $\overline{EA}$ 必须接地,表明只能选择外部存储器外,并执行其中的程序;图 2-12 中程序存储器为 4 KB EPROM,要求地址线 12 根(AB0～AB11),它由 P0 和 P2.0～P2.3 组成,此时 P0 和 P2 不能再作为通用 I/O 接口使用;地址锁存器为 74LS373,ALE 引脚接地址锁存器的锁存控制信号,用于锁存低 8 位地址,程序存储器的取指信号为 $\overline{PSEN}$;由于外程序存储器芯片 EPROM 只有一片,故其片选线 $\overline{CE}$ 直接接地(未画出)。有关 EPROM 扩展详见第 8 章。

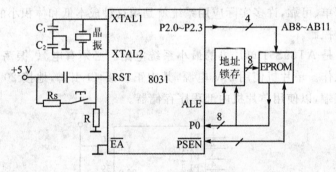

图 2-12 8031 最小应用系统

本章小结

本章通过介绍 AT89S51 单片机芯片的硬件结构及工作特性,使读者知道 51 单片机是由一个 8 位 CPU,一个片内振荡器及时钟电路,4 KB ROM,128 B 片内 RAM,21 个特殊功能寄存器,2 个 16 位定时/计数器,4 个 8 位并行 I/O 口,1 个串行 I/O 口和 5 个中断源等电路组成的。芯片共有 40 个引脚,除了电源、地、2 个时钟 I/O 引脚以及 32 个 I/O 引脚外,还有 4 个控制引脚:ALE(低 8 位地址锁存允许)、$\overline{PSEN}$(片外 ROM 读选通)、RST(复位)、$\overline{EA}$(内外 ROM 选择)。

AT89S51 单片机片内有 256 B 的数据存储器,它分为低 128 B 的片内 RAM 区和高 128 B 的特殊功能寄存器区。低 128 B 的片内 RAM 又可分为工作寄存器区(00H～1FH)、位寻址区(20H～2FH)和数据缓冲器(30H～7FH)。累加器 A、程序

第2章 AT89S51 单片机的基本结构及工作原理

状态字寄存器 PSW、堆栈指针 SP、数据存储器地址指针 DPTR、程序存储器地址指针 PC，均有着特殊的用途和功能。

AT89S51 单片机有 4 个 8 位的并行 I/O 口，它们在结构和特性上基本相同。当需要片外扩展 RAM 和 ROM 时，P0 口分时传送低 8 位地址和 8 位数据，P2 口传送高 8 位地址，P3 口常用于第二功能，通常情况下只有 P1 口用作一般的输入/输出引脚。

思考与练习

1. AT89S51 系列单片机在片内集成了哪些主要逻辑功能部件？各个逻辑部件的最主要功能是什么？

2. 程序计数器 PC 作为不可寻址寄存器，它有哪些特点？数据地址指针 DPTR 有哪些特点？

3. AT89S51 单片机的时钟周期与振荡周期之间有什么关系？一个机器周期的时序如何划分？当主频为 12 MHz 时，一个机器周期等于多少微秒（μs）？执行一条最长的指令需多少微秒（μs）？

4. AT89S51 单片机的 P0~P3 四个 I/O 端口在结构上有何异同？使用时应注意的事项？

5. AT89S51 的 I/O 口有什么特点？什么是口锁存器的"读—改—写"操作？什么是读引脚操作？

6. 什么是准双向口？使用准双向口时，要注意什么？

7. AT89S51 系列单片机有哪些信号需要芯片引脚以第二功能的方式提供？

8. AT89S51 单片机的 $\overline{EA}$、$\overline{PSEN}$、$\overline{WR}$、$\overline{RD}$、ALE 有何功能？

9. AT89S51 单片机的存储器在结构上有何特点？在物理上和逻辑上各有哪几种地址空间？访问片内 RAM 和片外 RAM 的指令格式有何区别？

10. AT89S51 单片机的程序存储器和数据存储器共处同一地址空间为什么不会发生总线冲突？

11. AT89S51 片内数据存储器 80H~FFH 分别为哪两个物理空间？如何来区别这两个物理空间？

12. AT89S51 单片机片内 256 B 的数据存储器可分为几个区？分别有什么用？

13. AT89S51 设有 4 个通用工作寄存器组，如何选用？如何实现工作寄存器现场保护？

14. 开机复位后，CPU 使用的是哪组工作寄存器？它们的地址是什么？CPU 如何确定和改变当前工作寄存器组？

15. 位地址 7CH 与字节地址 7CH 如何区别？位地址 7CH 具体在片内 RAM 中

什么位置?

16. 堆栈有哪些功能?堆栈指针(SP)的作用是什么?在程序设计时,为什么还要对 SP 重新赋值?

17. 为什么说 AT89S51 具有很强的布尔(位)处理功能?共有多少单元可以位寻址?采用布尔处理有哪些优点?

18. AT89S51 的 SFR 占用了什么空间?其寻址方式如何?

19. 内部数据存储器中有几个具有特殊功能的单元?分别有什么用?

20. 程序状态字寄存器 PSW 的作用是什么?常用状态有哪些位?作用是什么?

21. 51 单片机有几种复位方法?应注意的事项是什么?

22. 程序运行监视复位(WDT)的工作原理是什么?

23. 何谓掉电操作方式?并叙述其工作原理。

24. 电源监测复位有何用处?

25. AT89S51 单片机有几种低功耗方式?如何实现?

26. 最小系统设计包括哪些内容?说明 AT89S51 单片机最小系统的构建方法。

27. AT89S51 单片机复位后,各寄存器的状态如何?

28. 举例说明单片机在工业控制系统中低功耗工作方式的意义及方法。

第 3 章
单片机指令系统及汇编语言程序设计

指令是 CPU 控制计算机进行某种操作的命令,指令系统是指计算机所能执行的所有指令的集合,因此,计算机的功能是由其指令系统来实现的,它是表征计算机性能的重要指标。一般而言,指令系统越丰富,计算机的功能就越强大。

程序是指按照控制功能的要求编写的一系列指令的有序集合。要想使单片机系统真正发挥作用,需要硬件电路和软件程序的完美结合。因此,学习和使用单片机的一个重要环节就是理解和掌握它的指令系统,并在此基础上掌握单片机语言程序设计的方法。

本章内容包括指令的分类和指令的格式、AT89S51 的寻址方式、常用指令和伪指令以及汇编语言程序设计。

3.1 指令系统概述

一台单片机能正常工作,仅有硬件系统是不够的,还必须有相应的软件系统,这样才能充分发挥其运算和控制功能。

单片机的功能是将从外界接收到的信息,在 CPU 中进行加工、处理,然后再将结果送往外界,要完成这一系列操作,必须有一套具有特定功能的指令(instruction)。指令是 CPU 用于控制功能部件完成某一指定动作的指示和命令。一台微机所具有的所有指令的集合,就构成了指令系统(instruction set)。不同的机型有不同的指令系统,指令系统越丰富,说明 CPU 的功能越强。例如,Z80 的 CPU 中没有乘法和除法指令,要进行乘法和除法运算,必须用软件来实现,因此执行速度相对较慢,而 AT89S51 单片机提供了乘法和除法指令,实现这两种运算要快得多。

3.1.1 指令的表达形式及类型

1. 指令的表达形式

单片机指令有两种表达形式:机器码指令和汇编语言指令。

(1) 机器码指令

用一组"0"和"1"二进制编码来表示一条指令,又称二进制代码指令,它是唯一能被计算机直接识别和执行的指令格式。但由于这种机器代码不够直观,难以记忆和使用,因此编程人员通常不直接使用它来编写程序。例如,二进制代码指令00101000用十六进制表示为28H,所要完成的操作是将寄存器R0的内容和累加器A的内容相加,和送入A。这是一条单字节的机器码指令。

(2) 汇编语言指令

汇编语言指令是一种符号指令,由助记符、符号和数字等来表示指令,它与机器语言指令具有一一对应的关系。这种表达形式比较直观,易于理解和记忆,易于编程和阅读。编程人员主要使用汇编语言指令编写程序。

但汇编语言指令不能被计算机硬件直接识别和执行,必须通过汇编程序把它翻译成机器码指令才能被计算机执行。

2. 指令的类型

51系列单片机的指令系统具有优化字节效率,执行速度快,功能齐全等特点。根据指令的助记符和操作数的寻址方式相结合,51单片机共有111条指令,同一指令还可以派生出多条指令。按照不同的分类标准可以将其分成不同的种类。

(1) 按照所占字节数分类

按照指令对应的二进制代码在ROM中所占的字节数不同,AT89S51系列单片机的指令可以分为三类:单字节指令(49条)、双字节指令(45条)和三字节指令(17条)。编程时,应尽量使用单字节指令,以节约ROM空间,并减少程序的跑飞。

(2) 按照执行时间分类

按照指令的执行时间不同,AT89S51系列单片机的指令可以分为三类:单周期指令(64条)、双周期指令(45条)和四周期指令(2条),这里的周期指的是机器周期。编程时,应尽量使用单周期指令,以加快程序的执行速度。

(3) 按照指令功能分类

按照指令的功能不同,AT89S51系列单片机的指令可以分为五类:数据传送类指令(29条,分为片内RAM、片外RAM、程序存储器的传送指令、交换及堆栈操作指令)、算术运算类指令(24条,分为加、带进位加、减、乘、除、加1、减1指令)、逻辑运算及移位类指令(24条,分为逻辑与、或、异或、移位指令)、控制转移类指令(17条,分为无条件转移与调用、条件转移、空操作指令)和位操作类指令(17条,分为位数据传送、位与、位或、位转移指令)。

3.1.2 指令格式

指令的编码规则称为指令格式,用户只有按照格式编写指令,单片机才能识别并准确操作。

1. 汇编语言指令格式

AT89S51 系列单片机汇编语言的指令格式为

［标号：］ ＜操作码助记符＞ ［操作数］ ［;注释］

标号:是用户定义的,用来表示该指令在 ROM 中存放的起始地址的符号。标号通常出现在程序分支、转移的场合,用于转移和调用指令的目标地址。并不是每条指令都必须有标号。标号可以由 1～8 个字符组成,第一个字符必须是英文字母,其余的字符可以是字母、数字或其他特定的符号。标号与操作码助记符之间必须用冒号":"分隔。

操作码助记符:即指令的助记符,它体现了指令所能完成的操作。它是一条指令中必不可少的部分,对应了机器码指令的第一字节。如 MOV 表示数据传送操作,SUBB 表示减法操作等。

操作数:即指令的操作对象。操作数可以是一个具体的数据或者存放数据的地址等。不同功能的指令,操作数的个数和作用也不同。根据功能的不同,操作数可以分为目标操作数(表示操作结果存放的单元地址)和源操作数(指出操作数的来源),一般来说,目标操作数在前,源操作数在后。在 AT89S51 单片机的指令中,允许出现 0～3 个操作数,操作数之间必须用逗号","分隔,操作数与操作码助记符之间必须用空格分隔。

操作数一般有以下几种形式,没有操作数项,操作数隐含在操作码中,如 RET 指令;只有一个操作数,如"CPL A"指令;有两个操作数,如"ADD A,♯00H"指令;有三个操作数,如"CJNE A,40H,LOOP"指令。

注释:是用户为了方便阅读而添加的文字说明,是对指令的解释说明,用以提高程序的可读性,注释前必须加";"。

2. 机器码指令格式

机器码指令包括操作码和操作数两个基本部分。不同指令翻译成机器码后字节数也不一定相同。按照机器码个数,指令可以分为以下三种,如图 3-1 所示。

单字节指令:只有 1 个字节的操作码,无操作数,在程序存储器中只占 1 个存储单元。如指令 RET 其机器码为 22H。这种指令只有机器码,是一种特殊的无操作数的指令。如指令"MOV A,R1",操作数有两个(A 和 R1),但机器码为 E9H,也是

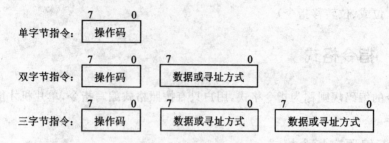

图 3-1 机器码指令格式

单字节指令,操作数的信息被隐含在机器码中。在汇编语言指令中,以下几种操作数的信息会被隐含在操作码中,累加器 A,工作寄存器 R0～R7,寄存器 DPTR。

双字节指令:包括 2 个字节,第 1 个字节为操作码,第 2 个字节为操作数,在程序存储器中要占 2 个存储单元。如指令"ADD A,30H",机器码为 25H,30H。

三字节指令:这类指令中,第 1 个字节为操作码,第 2 和第 3 字节均为操作数。在程序存储器中要占 3 个存储单元。如指令"MOV 20H,30H",机器码为 85H,20H,30H。

3.1.3 指令中常用的符号

在 AT89S51 系列单片机的指令中,经常会用到下面的符号,其意义如下:

Rn:当前选中的工作寄存器组中的寄存器 R0～R7 其中之一,n=0～7。当前工作寄存器的选定是由 PSW 的 RS1 和 RS0 位决定的。

Ri:当前选中的工作寄存器组中的可以作为地址指针的寄存器(间接寻址寄存器)R0 或 R1,i=0 或 1。

#data8:表示包含在指令中的 8 位立即数,即 00H～FFH。

#data16:表示包含在指令中的 16 位立即数,即 0000H～FFFFH。

direct:内部 RAM 的 8 位二进制地址,在指令中表示直接寻址方式。表示 8 位内部数据存储器单元的地址。它可以是内部 RAM 的 0～127 单元地址或专用寄存器的地址(SFR 的单元地址或符号 128～255),如 I/O 端口、控制寄存器、状态寄存器等的地址,寻址范围 256 个单元。对于 SFR 可直接用其名称来代替其直接地址。

addr16:16 位二进制目标地址,只在 LCALL 和 LJMP 指令中使用。目标地址范围是 64 KB 的程序存储器地址空间。

addr11:11 位二进制目标地址,只在 ACALL 和 AJMP 指令中使用。

rel:补码形式表示的带符号 8 位二进制地址偏移量,在相对转移指令中使用。偏移量(字节数)从该指令后面的第一条指令的第一个字节起计算,在 -128～+127 范围内取值。

bit:位地址,表示内部 RAM 或专用寄存器中的直接寻址位,在指令中表示位寻址方式。

DPTR：数据指针，可用作 16 位的地址寄存器。

@：间接寻址寄存器前缀，如@Ri、@A+PC、@A+DPTR，表示寄存器。

C：进位标志位，只在位操作类指令中出现。

A：累加器 Acc。常用 Acc 表示其地址，用 A 表示其名称。

B：专用寄存器，用于 MUL 和 DIV 指令中。

A B：累加器 Acc 和专用寄存器 B 组成的寄存器对，通常在乘除法指令中出现。

/：取反运算符，出现在位操作类指令中的位地址前，表示先对该位状态取反后再参与响应操作，但不影响该位的值。

(X)：表示 X 中的内容。另外在注释间接寻址指令时，表示由间址寄存器 X 指出的地址单元。只出现在指令注释中。

((X))：注释间接寻址指令时，表示以 X 寄存器或 X 地址单元中的内容为地址的存储单元内容。

$：本条指令的起始地址，只能作为源操作数使用。

←：指令操作流程标志，将箭头右边的内容送入箭头左边的单元，只出现在指令注释中。

↔：将箭头两边的内容互换，只出现在指令注释中。

指令中还经常用到大家熟悉的算术运算和逻辑运算等算术符号。

3.2 AT89S51 单片机的寻址方式

指令中操作数的表示方式灵活多样，有些指令直接给出操作数，但更多的指令只以各种方式给出操作数的地址。寻址方式就是通过地址信息寻找操作数的方式，只有掌握了各种寻址方式，才能根据需要写出正确的指令并进行程序的调试。寻址方式越多，说明计算机的数据处理功能越强，程序设计越灵活。

AT89S51 系列单片机提供了 7 种寻址方式：立即寻址、直接寻址、寄存器寻址、寄存器间接寻址、变址寻址、相对寻址和位寻址。

3.2.1 立即寻址

立即寻址是指在指令中直接给出操作数，通常把出现在指令中的操作数称为立即数。为了与直接地址相区分，立即数前面必须加"#"标志，以区别立即数和直接地址。立即数是一个 8 位或 16 位二进制常数，存放在 ROM 中紧邻该指令操作码的下一个或两个字节内，不占用 RAM 单元。例如：

MOV A,#20H ;A←20H

其中,源操作数采用了立即寻址方式,20H 就是立即数。该指令的功能是将 20H 这个数本身送入累加器 A。该指令的立即寻址示意图如图 3-2 所示。图中,假设 ROM 的 60H 单元中存放的是该指令"MOV A,#20H"的操作码 74H,则 61H 单元中存放的就是立即数 20H。

例如:

MOV DPTR,#1000H

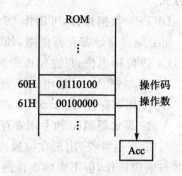

图 3-2 立即寻址示意图

将 16 位的立即数"1000H"传送到数据指针 DPTR 中,立即数的高 8 位"10H"装入 DPH,低 8 位"00H"装入 DPL 中。

注意:

① 由于立即数是一个常数,所以只能作为源操作数,目标操作数不能采用立即寻址方式。

② 立即数可以用二进制表示,也可以用十进制或十六进制表示,这里要强调一点,当用十六进制表示立即数时,如果高位数字是"A~F"时,则高位前面加"0",请务必记住,否则程序再编译时会出错。

③ 立即寻址所对应的寻址空间为 ROM 空间。

3.2.2 直接寻址

直接寻址是指指令中直接给出操作数所在存储单元地址的寻址方式。在这种方式中,指令的操作数部分直接是操作数的地址。AT89S51 单片机中,对于专用寄存器,直接地址是访问专用寄存器的唯一方法,也可以用专用寄存器的名称表示。

例如:

MOV A,20H ;A←(20H)

其中,源操作数采用了直接寻址方式,20H 就是直接地址。该指令的功能是内部 RAM 中地址为 20H 的单元中的内容送给累加器 A。直接寻址的示意图如图 3-3 所示。

在 AT89S51 单片机中,直接寻址方式只能使用 8 位二进制地址,可以直接寻址的寻址空间有以下几种。

① 内部 RAM 低 128 B 单元(00H~7FH)。例如:

MOV 20H,#20H ;20H←20H

该指令中的目标操作数采用了直接寻址方式,该指令的功能是把 20H 这个立即数送给内部 RAM 低 128 B 中的 20H 单元。

② 内部 RAM 高 128 B 中的特殊功能寄存器,对于特殊功能寄存器,其直接地址还可以用特殊功能寄存器的符号名称表示。例如:

　　MOV　A,P1 ;A←(P1)
　　MOV　A,90H ;A←(90H)

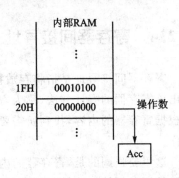

图 3-3　直接寻址示意图

这两条指令中的源操作数均采用了直接寻址方式,且访问了同一个内部 RAM 单元,P1 就是内部 RAM 单元中地址为 90H 的单元的符号名称。它们的功能是把 P1(90H)的内容送给累加器 A。

值得注意的是,直接寻址是访问特殊功能寄存器的唯一方式。
③ 片内 RAM 的位地址空间。

3.2.3　寄存器寻址

寄存器寻址就是以寄存器的内容作为操作数。采用寄存器寻址方式的指令都是单字节指令,指令中以符号名称表示寄存器。

AT89S51 系列单片机中,能采用寄存器寻址的寄存器有当前工作寄存器组的 R0~R7、累加器 A、AB 寄存器对、数据指针 DPTR 和进位 Cy 等。其中,R0~R7 由操作码低三位的 8 种组合表示,Acc、B、DPTR、Cy 则隐含在操作码之中。这种寻址方式中被寻址的寄存器中的内容就是操作数。

寄存器寻址的指令中以寄存器的符号来表示寄存器,例如:

　　MOV　A,R0 ;(A)←(R0)

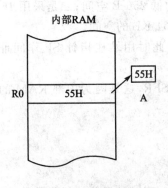

图 3-4　寄存器寻址

该指令功能是将 R0 中的数传送至 A 中,如 R0 内容为 55H,则执行该指令后 A 的内容也为 55H,如图 3-4 所示。在该条指令中,操作数是由寻址 R0 和 A 寄存器得到的,故属于寄存器寻址。

例如:"INC　R1",该指令中 R1 中的内容就是操作数,将 R1 中的数加 1 后再传送至 R1 中。

要注意的是,工作寄存器的选择是通过程序状态字寄存器来控制的,在这条指令前,应通过 PSW 设定工作寄存器组。

由于寄存器在 CPU 内部,所以采用寄存器寻址可以获得较高的运算速度。

3.2.4 寄存器间接寻址

寄存器间接寻址是指将存放操作数的内存单元的地址放在寄存器中,指令中只给出该寄存器的寻址方法,称为寄存器间接寻址,简称寄存器间址。执行指令时,首先根据寄存器的内容,找到所需要的操作数地址,再由该地址找到操作数并完成相应操作。

这里要强调的是,寄存器的内容不是操作数本身,而是操作数地址。间接寻址寄存器前面必须加上符号"@"指明。

在 AT89S51 指令系统中,用于寄存器间接寻址的寄存器只有 R0、R1 和 DPTR,称为寄存器间接寻址寄存器。例如:

MOV A,@R1 ;A←((R1))

该指令的功能是当前工作寄存器组中的 R1 的内容作为操作数的地址,把内部 RAM 中该地址单元中的内容送给累加器 A,其寻址示意图如图 3-5 所示。图中,假设 R1 中的内容为 30H,内部 RAM 中 30H 单元的内容为 7FH,所以最后累加器 A 的内容为 7FH。

对于 R0、DPTR 有同样的寻址方式。

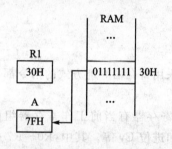

图 3-5 寄存器间接寻址

采用寄存器间接寻址方式可以访问内部 RAM 和外部 RAM。

访问内部 RAM 的低 128 B 单元时,采用 R0、R1 作为间址寄存器。

访问外部 RAM 有两种方式:一是采用 R0、R1 作为间址寄存器,提供低 8 位地址,由 P2 口提供高 8 位地址,访问外部 RAM 单元的低 256 B 空间;二是采用 16 位数据指针 DPTR 作为间址寄存器访问外部 RAM 的 64 KB 的空间。

在执行堆栈操作时,也可采用寄存器间接寻址,此时用堆栈指针 SP 作间址寄存器。

寄存器间接寻址方式不能访问特殊功能寄存器 SFR,这是因为内部 RAM 的高 128 B 地址与 SFR 的地址是重叠的。

3.2.5 变址寻址

变址寻址是指将基址寄存器与变址寄存器的内容相加,结果作为操作数的地址,这种间接寻址称为基址加变址寻址,简称变址寻址。在 AT89S51 系列单片机中,基址寄存器有两个,分别为数据指针 DPTR 和程序计数器 PC,用来存放基地址;变址寄存器只有一个累加器 A,用来存放地址偏移量。两者的内容之和为 16 位操作数的地址,改变 A 中的内容即可改变操作数的地址。该类寻址方式主要用于查表操作。

变址寻址方式只能对程序存储器 ROM 中的数据进行寻址,在 AT89S51 系列单片机的指令中,只有两条指令中的源操作数用到了变址寻址方式,即

  MOVC A,@A+DPTR
  MOVC A,@A+PC

变址寻址虽然形式复杂,但是变址寻址的指令都是单字节指令。

变址寻址方式用于对程序存储器中的数据进行寻址,寻址范围为 64 KB,由于程序存储器是只读存储器,所以变址寻址只有读操作而无写操作。例如:

  MOVC A,@A+DPTR ;A←((A)+(DPTR))

该指令中源操作数采用了变址寻址方式,其前缀"@"表示后面的两个寄存器内容之和为操作数的地址。该指令的功能是把 RAM 单元 A 和 DPTR 中的内容相加得到的数据作为访问 ROM 单元的地址,将这个 ROM 单元中的内容送给 RAM 中的累加器 A。该指令的寻址示意如图 3-6 所示。

图中,假设 DPTR 的内容为 1030H,累加器 A 的内容为 0FH,ROM 单元 103FH 的内容为 09H,所以,执行该指令后,累加器 A 的内容为 09H。

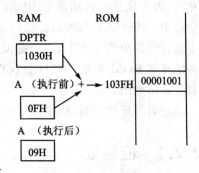

图 3-6 变址寻址示意图

值得注意的是,如果采用 PC 作为基址寄存器,则基地址为 PC 当前值,也就是该指令的下一条指令在 ROM 中的首地址,即 PC 当前值等于该指令首地址加上该指令所占的字节数。

3.2.6 相对寻址

相对寻址是指程序计数器 PC 的当前内容与指令中的操作数相加,其结果作为跳转指令的转移地址(也称目的地址)。它用于访问程序存储器,该类寻址方式主要用于跳转指令。

PC 中的当前值称为基地址,即

    PC 当前值=源地址+转移指令字节数

例如:"JZ rel"是一条累加器 A 为零就转移的双字节指令。若该指令地址(源地址)为 0010H,则执行该指令时的当前 PC 值即为 0012H。

偏移量 rel 是有符号的单字节数,以补码表示,其相对值的范围是$-128\sim+127$(即 00H~FFH),负数表示从当前地址向上转移,正数表示从当前地址向下转移。所以,相对转移指令满足条件后,转移的地址(一般称为目标地址)应为:

目标地址＝当前 PC 值＋rel＝源地址＋转移指令字节数＋rel

相对寻址是专门用来修改程序计数器 PC 的值,从而实现控制程序走向的目的,即将 PC 当前值和相对偏移量 rel 相加后的 16 位数据送给程序计数器 PC。此种寻址方式一般用于相对跳转指令,使用时应注意指令的字节数。例如:

  SJMP 30H

这条指令中只出现了源操作数,且源操作数采用了相对寻址方式。假设这条指令存放的首地址是 ROM 的 1000H 单元,因为该指令占用两个 ROM 字节,所以 PC 当前值为 1002H。执行完该指令后,PC 的值为 1032H,也就是说,程序将跳转到 ROM 单元 1032H 处执行。相对寻址示意图如图 3-7 所示。

相对寻址的空间:程序存储器。

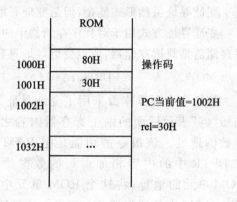

图 3-7 相对寻址示意图

3.2.7 位寻址

位寻址就是指在指令中直接给出位地址,是按位进行的寻址操作。当把某一位作为操作数时,这个操作数的地址称为位地址。位寻址方式中,操作数是内部 RAM 单元中某一位的信息,位寻址指令中可以直接使用位地址。

位寻址方式只出现在位操作类指令中。位处理是 AT89S51 系列单片机的特色之一,操作数不仅可以按字节为单位进行操作,也可以通过位操作类指令对可以位寻址的位单独进行各种操作。

位寻址的位地址与直接寻址的字节地址形式完全一样,主要由操作码来区分,使用时需予以注意。例如:

  MOV C,30H   ;C←(位地址 20H)

指令中的 30H 是位地址,而"MOV A,30H"指令中的 30H 是字节地址。

该指令的目标操作数和源操作数均为位寻址方式,其功能是把位地址 30H 的内容(0 或者 1)送给进位标志 CY 中。

值得注意的是,当指令中有一个操作数为位寻址方式时,另一个操作数一定也是位寻址方式。因此,上例中的 30H 不是直接寻址。

AT89S51 系列单片机内部有两个区域可以进行位寻址:一是位寻址区 20H～2FH 单元的 128 位;二是字节地址能位寻址的特殊功能寄存器的各位。

① 内部 RAM 的位寻址区,地址范围是 20H～2FH,共 16 个 RAM 单元,位地址为 00H～7FH。对这 128 位的寻址使用直接位地址表示,位寻址区中的位有位地址

第3章　单片机指令系统及汇编语言程序设计

和单元地址加位两种表示方法。

② 字节地址能位寻址的特殊功能寄存器的各位。特殊功能寄存器 SFR 中有 11 个寄存器可以位寻址,并且位操作指令可对地址空间的每一位进行传送及逻辑操作。

综上所述,在 AT89S51 系列单片机的存储空间中,指令究竟对哪个存储器空间进行操作是由指令操作码和寻址方式确定的。

3.3　常用指令系统及应用举例

前面已经提到,AT89S51 系列单片机共有 111 条指令,按照功能不同可以分为五类,下面将逐类进行介绍。

3.3.1　数据传送类指令

数据传送类指令的一般功能是把源操作数传送给目标操作数,指令执行后,源操作数的值不变,目标操作数被源操作数代替。

数据传送类指令是最常用、最基本的一类指令,主要用于数据的传送、保存及数据交换等场合,这类指令的特点是:指令的执行一般不影响程序状态字 PSW 中各标志位的状态,但修改了累加器 A 的内容,数据传送指令执行后会影响奇偶标志位 P 的状态。

在 AT89S51 系列单片机的指令系统中共有各类数据传送指令 29 条。按照其功能不同又可以分为五类。

1. 内部 RAM 数据传送指令

内部 RAM 数据传送指令共 16 条,它们的操作码助记符都是"MOV",按其目标操作数不同可以分为五组。

(1) 以累加器 A 为目标操作数的数据传送指令

这组指令一共有 4 条,其中源操作数的寻址方式可以是立即寻址、直接寻址、寄存器寻址或寄存器间接寻址,其功能是将源操作数送给累加器 A,指令的执行仅影响奇偶标志位 P 的状态。指令格式如下:

```
MOV   A, #data    ;A←data8
MOV   A, direct   ;A←(direct)
MOV   A, Rn       ;A←(Rn)
MOV   A, @Ri      ;A←((Ri))
```

(2) 以直接地址单元为目标操作数的数据传送指令

这组指令一共有 5 条,其中源操作数的寻址方式可以是寄存器寻址、立即寻址、直接寻址和寄存器间接寻址,其功能是将源操作数所指定的内容送入由直接地址 direct 所指定的片内 RAM 单元。指令格式如下:

```
MOV    direct, A              ;direct←(A)
MOV    direct, #data8         ;direct←data8
MOV    direct1, direct2       ;direct1←(direct2)
MOV    direct, Rn             ;direct←(Rn)
MOV    direct, @Ri            ;direct←((Ri))
```

其中第一条和第四条指令中的源操作数分别为 A 和 Rn,其源操作数的寻址方式均为寄存器寻址,但其指令操作码编码方式不同,因而将其视为两条指令。

(3) 以工作寄存器 Rn 为目标操作数的数据传送指令

这组指令一共有 3 条,其源操作数的寻址方式可以是立即寻址、直接寻址和寄存器寻址,其功能是将源操作数送给当前工作寄存器组 R0~R7 中的某一个寄存器中。指令格式如下:

```
MOV    Rn, A                  ;Rn←(A)
MOV    Rn, direct             ;Rn←(direct)
MOV    Rn, #data8             ;Rn←data8
```

值得注意的是,这组指令中,源操作数采用寄存器寻址时只能以累加器 A 的内容作为源操作数,即"MOV Rn, Rn"为非法指令。

(4) 以间址寄存器 @Ri 为目标操作数的数据传送指令

这组指令一共有 3 条,其中源操作数的寻址方式可以是寄存器寻址、立即寻址和直接寻址,其功能是把源操作数送入以 R0 或 R1 为地址指针的片内 RAM 单元中。指令格式如下:

```
MOV    @Ri, A                 ;(Ri)←(A)
MOV    @Ri, #data8            ;(Ri)←data8
MOV    @Ri, direct            ;(Ri)←(direct)
```

值得注意的是,这组指令中,源操作数采用寄存器寻址时只能以累加器 A 的内容作为源操作数,即"MOV @Ri, Rn"为非法指令。

(5) 以 DPTR 为目标操作数的数据传送指令

这组指令只有一条,源操作数的寻址方式为立即寻址,其功能是把一个 16 位立即数送入 DPTR,其中立即数的高 8 位送给 DPH,低 8 位送给 DPL。指令格式如下:

```
MOV    DPTR, #data16          ;DPTR←data16
```

这条指令通常作为访问外部 64 KB RAM 或访问 ROM 的第一步,即用该指令先将 16 位外部 RAM 地址或 16 位 ROM 地址送给 DPTR,再以 DPTR 为间址寄存器访问相应的 RAM 或 ROM 单元。

【例 3-1】 试分析以下指令连续运行后的结果。

```
MOV    30H, #03H    ;(30H)=03H
MOV    R0, #30H     ;(R0)=30H
MOV    A, @R0       ;(A)=((R0))=03H
```

2. 外部 RAM 读/写指令

这类指令一共有 4 条,用于单片机与外部 RAM 或 I/O 口之间的数据传送。对

第3章 单片机指令系统及汇编语言程序设计

片外 RAM 的访问只能采用寄存器间接寻址的方式,且只能通过累加器 A 来传送数据。这类指令的操作码助记符均为"MOVX"。指令格式如下：

```
MOVX    A, @Ri       ;A←((Ri))
MOVX    A, @DPTR     ;A←((DPTR))
MOVX    @Ri, A       ;(Ri)←(A)
MOVX    @DPTR, A     ;(DPTR)←(A)
```

其中,前两条指令为读外部 RAM 指令,其功能是将间址寄存器所指定的外部 RAM 单元的内容送给内部 RAM 的累加器 A 中,在执行这两条读指令时,$\overline{RD}$ 信号会自动有效。

后两条指令为写外部 RAM 指令,其功能是将内部 RAM 累加器 A 中的内容送给间址寄存器所指定的外部 RAM 单元,在执行这两条读指令时,$\overline{WR}$ 信号会自动有效。

在使用时应注意,这 4 条指令的寻址范围不同：

① DPTR 是 16 位地址指针,以 DPTR 为间址寄存器可以寻址片外 64 KB 的 RAM 单元。

② Ri 是 8 位地址指针,以 Ri 为间址寄存器只能寻址片外 256 B 的 RAM 单元。

【例 3-2】 编程实现将片外 RAM 的 3000H 单元的内容和片内 RAM 的 30H 单元的内容互换,并将其互换后的内容送入片外 RAM 的 40H 单元。

程序如下：

```
MOV     DPTR, #3000H  ;令数据指针 DPTR 指向片外 3000H 单元
MOVX    A, @DPTR      ;将片外 RAM 的 3000H 单元的内容读入累加器 A 中
MOV     31H, A        ;将片外 RAM 的 3000H 单元的内容暂存在片内 RAM 的 31H 单元
MOV     A, 30H        ;将片内 RAM 的 30H 单元的内容送给累加器 A
MOVX    @DPTR, A      ;将片内 RAM 的 30H 单元的内容送给片外 RAM 的 3000H 单元
MOV     30H, 31H      ;将片内 RAM 的 31H 单元中暂存的片外 RAM 的 3000H 单元的内容送
                      ;给片内 RAM 的 30H 单元
MOV     R0, #40H      ;令数据指针 R0 指向片外 RAM 的 40H 单元
MOVX    @R0, A        ;将累加器 A 的内容(互换后片外 RAM 的 3000H 单元的内容)送给片外
                      ;RAM 的 40H 单元
```

3. 读 ROM 指令

对于 ROM 只能进行读操作,AT89S51 系列单片机提供了 2 条读 ROM 指令,也称为查表指令,因为这类指令主要用来读取存放在 ROM 中的数据表格的内容。读 ROM 指令中,源操作数必须采用变址寻址方式,将相应的 ROM 单元的内容先读入累加器 A 中。这类指令的操作码助记符为"MOVC"。指令格式如下：

```
MOVC    A, @A+DPTR    ;A←((A)+(DPTR))
MOVC    A, @A+PC      ;A←((A)+(PC))
```

这两条指令都是单字节指令。

第一条指令以 DPTR 作为基址寄存器,可以访问 ROM 的 64 KB 空间的任一单

元,也就是说表格可以放在 ROM 空间的任何位置。这是因为 DPTR 可以用 "MOV DPTR,#data16"指令进行直接赋值。

第二条指令以 PC 作为基址寄存器,虽然 PC 也能提供 16 位基地址,但由于其不能进行直接赋值操作,且偏移地址(累加器 A 的值)为 8 位无符号二进制数,因此,该指令只能寻访 PC 当前值(该指令的首地址加 1)后的 256 B 的 ROM 空间,故又称为近程查表指令。也就是说,表格只能放在 PC 当前值后的 256 B 的 ROM 单元中。

值得注意的是,上述两条指令虽然功能完全相同,但在使用第二条指令进行查表时,必须在 MOVC 指令之前用一条加法指令进行地址调整,否则,会出现查表错误。

【例 3-3】 设从外部 ROM 的 2000H 单元开始连续存放了 0~9 的字节型平方值 0,1,4,9,…,81,要求根据累加器 A 中的值(0~9)查找其对应的平方值,并将结果存入内部 RAM 的 50H 单元中。

① 用 DPTR 作基址寄存器。

```
MOV    DPTR,#2000H      ;地址指针指向表首地址
MOVC   A,@A+DPTR        ;根据 A 的内容取其平方值送给 A
MOV    50H,A            ;保存结果
```

② 用 PC 作基址寄存器。

```
        ADD    A,#data8        ;用加法指令进行地址调整
        MOVC   A,@A+PC         ;查表取值送给累加器 A
        MOV    50H,A           ;保存结果
2000H:  DB     0,1,4,9,…,81
```

执行以 PC 作为基址寄存器的查表指令时,PC 已经指向下一条指令的首地址,这显然不是要查找的表格首地址,如果直接查表必然会导致错误,因此必须进行地址调整。但是 PC 的值不能随意改变,所以只能通过修改相对偏移地址(累加器 A 的值)进行调整,故要在 MOVC 指令前先对累加器 A 进行加法操作。其中,#data8 的值就是 MOVC 指令的下一条指令的首地址和表格首地址之间的差值。在例 3-3 中,若假设查表指令"MOVC A,@A+PC"存放在 ROM 的 1FF3H 单元,则地址调整时的#data8 的值应该为 0DH(2000H-1FF3H)。

4. 数据交换指令

数据交换指令共有 5 条,用来实现累加器 A 和内部 RAM 单元之间的字节或半字节交换。

(1) 整字节交换指令

整字节交换指令有 3 条,用来实现累加器 A 和内部 RAM 单元之间的整字节数据交换。该组指令的目标操作数均为累加器 A,源操作数可以是寄存器寻址(Rn)、直接寻址和寄存器间接寻址(@Ri),操作码助记符为"XCH"。指令格式如下:

```
XCH   A,Rn        ;(A)↔(Rn)
XCH   A,direct    ;(A)↔(direct)
```

第3章 单片机指令系统及汇编语言程序设计

```
XCH    A,@Ri        ;(A)↔((Ri))
```

(2) 半字节交换指令

半字节交换指令只有一条,用来实现累加器 A 和内部 RAM 单元之间的低半字节的数据交换,而各自的高半字节保持不变。该指令的源操作数只能采用寄存器间接寻址方式(@Ri),操作码助记符为"XCHD"。指令格式如下:

```
XCHD   A,@Ri        ;(A)3~0↔((Ri))3~0
```

(3) 累加器 A 高、低半字节交换指令

该指令用来实现累加器 A 高、低半字节的数据互换,操作码助记符为"SWAP"。指令格式如下:

```
SWAP   A            ;(A)3~0↔(A)7~4
```

【例 3-4】 编程实现外部 RAM 2000H 单元的数据与内部 RAM 60H 单元的数据互换。

程序如下:

```
MOV    DPTR,#2000H    ;地址指针指向 2000H 单元
MOVX   A,@DPTR        ;把外部 RAM 2000H 单元的数据读入累加器 A
XCH    A,60H          ;内部 RAM 60H 单元的数据与累加器 A 的数据互换
MOVX   @DPTR,A        ;内部 RAM 60H 单元的数据送入外部 RAM 2000H 单元
```

【例 3-5】 分析下列指令连续执行的结果。

```
MOV    A,#0FH       ;(A)=0FH
MOV    R0,#30H      ;(R0)=30H
MOV    @R0,A        ;(A)=0FH,(R0)=30H,(30H)=0FH
MOV    60H,#0A5H    ;(60H)=0A5H
XCH    A,60H        ;(A)=0A5H,(60H)=0FH
XCHD   A,@R0        ;(A)=0AFH,(30H)=05H
SWAP   A            ;(A)=0FAH
```

5. 堆栈操作指令

堆栈操作指令用来实现对数据或断点地址的保护,包括压栈和出栈两条指令。指令格式如下:

```
PUSH   direct    ;
POP    direct    ;
```

第一条指令是压栈(或称入栈、进栈)指令。在执行时,先将堆栈指针 SP 的内容加 1,使其指向堆栈中的栈顶空单元,再将指令中直接地址单元的内容送入该栈顶空单元。也就是说,压栈指令"先修改指针(SP 的内容加 1),再压入数据"。

第二条指令是出栈(或称弹出)指令。在执行时,先将堆栈指针 SP 指向的栈顶单元内容送入指令中的直接地址单元,再将堆栈指针 SP 的内容减 1,使其指向新的栈顶单元。也就是说,出栈指令"先压入数据,再修改指针(SP 的内容减 1)"。值得

注意的是,堆栈操作指令中出现的操作数只能采用直接寻址方式。

注意:

① 使用堆栈时,一般需重新设定 SP 的初始值。系统复位或上电时 SP 的值为 07H,而 07H~1FH 正好也是 CPU 的工作寄存器区,故不能被占用。一般 SP 的值可以设置在 1FH 或更大一些的片内 RAM 单元。设 SP 初值时应保证堆栈有一定的深度。SP 的值越小,堆栈的深度越深。

② 堆栈是用户自己设定的内部 RAM 中的一块专用存储区,使用时一定先设堆栈指针,堆栈指针缺省为 SP=07H。

③ 堆栈遵循后进先出的原则安排数据。

④ 堆栈操作必须是字节操作,且只能直接寻址。将累加器 A 入栈、出栈指令可以写成

　　　PUSH(POP) ACC　　或 PUSH(POP) 0E0H

而不能写成

　　　PUSH(POP) A

⑤ 堆栈通常用于临时保护数据及子程序调用时保护现场和恢复现场。

【例 3-6】 分析下面指令连续执行后的结果。

```
MOV  SP,#30H     ;堆栈指针初始化,使其指向内部 RAM 的 30H 单元,(SP)=30H
PUSH ACC         ;将累加器 A 的内容压栈,(SP)=31H,(31H)=(A)
PUSH 50H         ;将内部 RAM 50H 单元的内容压栈,(SP)=32H,
POP  ACC         ;将栈顶单元内容送给累加器 A,(A)=(32H)=(50H),(SP)=31H
POP  50H         ;将栈顶单元内容送给内部 RAM 50H 单元,(50H)=(31H)=(A),(SP)=30H
```

通过分析,不难发现,用堆栈操作指令同样能实现两个 RAM 存储单元的内容互换。

3.3.2 算术运算类指令

算术运算类指令共有 24 条,用来完成加、减、乘、除等各种基本的算术运算。算术运算类指令的共同特点是:第一,都是针对单字节数的运算,如果需要进行多字节运算,需要编写相应的程序来实现;第二,指令的执行一般都会影响状态标志位(CY、AC、P 和 OV)。

1. 加法指令

加法指令共有 13 条,按其功能不同和对标志位的影响不同又可以分为三类:不带进位的加法指令、带进位的加法指令和加 1 指令。

(1) 不带进位的加法指令

这类指令的功能是把源操作数的内容和累加器 A 的内容相加,结果仍然存入累加器 A 中。源操作数可以采用立即寻址、直接寻址、寄存器寻址或寄存器间接寻址,

操作码助记符为"ADD"。指令格式如下：

```
ADD   A, #data8      ;A←(A)+data8
ADD   A, direct      ;A←(A)+(direct)
ADD   A, Rn          ;A←(A)+(Rn)
ADD   A, @Ri         ;A←(A)+((Ri))
```

这类指令对程序状态字 PSW 中各标志位的影响如下：

① 进位标志位 CY：在加法运算中，如果 D7 位向上有进位，则 CY=1；否则，CY=0。

② 辅助进位标志位 AC：在加法运算中，如果 D3 位向 D4 位有进位，则 AC=1；否则，AC=0。

③ 奇偶标志位 P：当累加器 A 中有奇数个"1"时，P=1；否则，P=0。

④ 溢出标志位 OV：在加法运算中，如果 D7、D6 位只有一个向上进位时，OV=1；否则，OV=0。

【例 3-7】 分析下面的指令按顺序执行后累加器 A 的内容和标志位 CY、AC、P、OV 的状态。

```
MOV   R1, #30H      ;(R1) = 30H
MOV   @R1, #56H     ;(30H) = 96H
MOV   A, #0A8H      ;(A) = 0A8H
ADD   A, 30H        ;(A) = 0A8H + 96H = 03EH
```

具体操作如下面加法算式所示。

$$
\begin{array}{r}
10101000 \\
+\ 10010110 \\
\hline
1\ \ 00111110
\end{array}
$$

因此，指令执行后，(A)=3EH,(CY)=1,(AC)=0,(P)=1,(OV)=1。

CPU 在每次运算后，都会按规则自动设置标志位 CY、AC、OV、P。编程人员应该能够根据这些标志了解当前运算结果的状态，以确定程序的走向。

(2) 带进位的加法指令

这类指令的功能是把源操作数的内容和累加器 A 的内容相加，再在末位加上进位标志位 CY 的值，并将结果存放在累加器 A 中。源操作数可以采用立即寻址、直接寻址、寄存器寻址或寄存器间接寻址，操作码助记符为"ADDC"。运算结果对 PSW 中标志位的影响和 ADD 指令相同。指令格式如下：

```
ADDC   A, #data8     ;A←(A)+data8+(CY)
ADDC   A, direct     ;A←(A)+(direct)+(CY)
ADDC   A, Rn         ;A←(A)+(Rn)+(CY)
ADDC   A, @Ri        ;A←(A)+((Ri))+(CY)
```

值得注意的是，这里所加的 CY 的值是在该指令执行之前已经存在的进位标志位的值。

【例 3-8】 设(A)=87H,(CY)=1,(R5)=6CH,试分析执行"ADDC A,R5"指令后结果如何?

具体操作如下面加法算式所示。

$$
\begin{array}{r}
10000111 \\
01101100 \\
+\qquad\qquad 1 \\
\hline
11110100
\end{array}
$$

执行结果为:(A)=F4H,(CY)=0,(AC)=1,(P)=1,(OV)=0。

(3) 自加 1 指令

这组指令共有 5 条,其功能是将指令中出现的操作数的内容加 1 再存入所在的单元,因此指令中出现的操作数既是源操作数又是目标操作数。操作数可以采用寄存器寻址、直接寻址或寄存器间接寻址,操作码助记符为"INC"。指令格式如下:

```
INC   A              ;A←(A)+1
INC   direct         ;direct←(direct)+1
INC   Rn             ;Rn←(Rn)+1
INC   @Ri            ;(Ri)←((Ri))+1
INC   DPTR           ;DPTR←(DPTR)+1
```

自加 1 指令通常用来修改循环指针和地址指针,本组指令除"INC A"会影响奇偶标志位 P 的值外,其余的指令均不影响 PSW 中标志位的值。

2. 减法指令

减法指令共有 8 条,按其对标志位的影响不同又可以分为两类:带借位的减法指令和减 1 指令。

(1) 带借位的减法指令

这类指令的功能是用累加器 A 的内容减去源操作数的值和进位标志位 CY 的值,并将结果存入累加器 A 中。源操作数可以采用立即寻址、直接寻址、寄存器寻址或寄存器间接寻址,操作码助记符为"SUBB"。指令格式如下:

```
SUBB   A, #data8     ;A←(A)-data8-(CY)
SUBB   A, direct     ;A←(A)-(direct)-(CY)
SUBB   A, Rn         ;A←(A)-(Rn)-(CY)
SUBB   A, @Ri        ;A←(A)-((Ri))-(CY)
```

这类指令对程序状态字 PSW 中各标志位的影响如下:

① 借位标志位 CY:在减法运算中,如果 D7 位需向上借位,则 CY=1;否则,CY=0。

② 辅助借位标志位 AC:在减法运算中,如果 D3 位需向 D4 位借位,则 AC=1;否则,AC=0。

③ 奇偶标志位 P:当累加器 A 中有奇数个"1"时,P=1;否则,P=0。

④ 溢出标志位 OV:在减法运算中,如果 D7、D6 位只有一个向上借位时,OV=

第3章 单片机指令系统及汇编语言程序设计

1;否则,OV=0。

值得注意的是,减法运算只有带借位的减法指令,而没有不带借位的减法指令,若要执行不带借位的减法,应先将 CY 清 0,再执行 SUBB 指令。另外,计算机在实际运算中,减法是用补码相加实现的。

【例 3-9】 设(A)=C2H,(R6)=70H,(CY)=1,试分析执行指令"SUBB A,R6"后的结果如何?

```
常规减法：                    补码相加：
    11000010
    01110000                     11000010
                                 10010000  (-70H 的补码)
  -          1                 + 11111111  (-1 的补码)
    01010001                  1 01010001
```

由上述分析可知,两种算法的结果是一样的:(A)=AT89S51H,(CY)=0,(AC)=0,(P)=0,(OV)=1。

(2) 自减 1 指令

这组指令共有 4 条,其功能是将指令中出现的操作数的内容减 1 再存入所在的单元,因此指令中出现的操作数既是源操作数又是目标操作数。操作数可以采用寄存器寻址、直接寻址或寄存器间接寻址,操作码助记符为"DEC"。指令格式如下:

```
DEC   A          ;A←(A)-1
DEC   direct     ;direct←(direct)-1
DEC   Rn         ;Rn←(Rn)-1
DEC   @Ri        ;(Ri)←((Ri))-1
```

本组指令除"DEC A"会影响奇偶标志位 P 的值外,其余的指令均不影响 PSW 中标志位的值。

需要注意的是,没有数据指针 DPTR 的自减 1 指令。

3. 乘、除法指令

(1) 乘法指令

乘法指令的功能是把累加器 A 和寄存器 B 中的两个 8 位无符号数相乘,16 位乘积的高 8 位存入寄存器 B 中,低 8 位存入累加器 A 中,操作码助记符为"MUL"。指令格式如下:

```
MUL   AB         ;BA←(A)×(B)
```

乘法指令对标志位的影响如下:

① 对溢出标志位 OV 的影响:若乘积小于 FFH(即寄存器 B 的内容为 0),则 OV=0;否则,OV=1。

② 对进位标志位 CY 的影响:CY 恒为零,即 CY≡0。

③ 对奇偶标志位 P 的影响:P 的值由累加器 A 中"1"的奇偶个数决定。

【例 3-10】 编程实现 30H×76H,并分析其运算结果。

由于乘法指令只能实现累加器 A 和寄存器 B 的内容相乘,所以,必须先把乘数和被乘数分别送给 A、B,再使用乘法指令。程序如下:

```
MOV A,#30H
MOV B,#76H
MUL AB
```

运算结果为:(A)=20H,(B)=16H,(CY)=0,(OV)=1,(P)=1。

(2) 除法指令

除法指令的功能是用累加器 A 中的 8 位无符号数除以寄存器 B 中的 8 位无符号数,并把商存入累加器 A,把余数存入寄存器 B,操作码助记符为"DIV"。指令格式如下:

```
DIV AB ;BA←(A)÷(B)
```

值得注意的是,由于除法不满足交换率,除数必须送入寄存器 B 中,被除数必须送入累加器 A 中。

除法指令对标志位的影响如下:

① 对溢出标志位 OV 的影响:若除数为 0,则 OV=1,表示除法无意义;否则,OV=0,表示除法正常进行。

② 对进位标志位 CY 的影响:CY 恒为零,即 CY≡0。

③ 对奇偶标志位 P 的影响:P 的值由累加器 A 中"1"的奇偶个数决定。

【例 3-11】 编程实现 76H÷30H,并分析其运算结果。

由于除法指令只能实现累加器 A 和寄存器 B 的内容相除,所以,必须先把被除数和除数分别送给 A、B,再使用除法指令。程序如下:

```
MOV A,#76H
MOV B,#30H
MUL AB
```

运算结果为:(A)=02H,(B)=16H,(CY)=0,(OV)=0,(P)=1。

在使用乘、除法指令时需要注意,由于两者都是对无符号数的运算,在进行有符号乘除运算时,需要编写相应的程序实现。

4. 十进制调整指令

十进制调整指令的功能是把 A 中刚进行的两个 BCD 码相加的二进制结果修正为 BCD 码形式。指令格式如下:

```
DA A
```

在单片机中没有专门的 BCD 码加法指令,进行 BCD 码加法运算时要采用二进制加法指令"ADD"或"ADDC",但二进制加法的运算规则"逢二进一"与 BCD 码"逢十进一"不同,因此,用"ADD"或"ADDC"指令进行 BCD 加法运算时,可能会出现错误。例如:

```
            (a) 2+5=7              (b) 5+8=13             (c) 9+9=18
              00000010               00000101               00001001
            + 00000101             + 00001000             + 00001001
            ──────────             ──────────             ──────────
              00000111               00001101               00010010
```

在上述运算中,(a)的结果是正确的,因为两数之和 9 没有超出 BCD 的十进制表示范围 0~9;(b)和(c)的结果都是错误的,因为两数之和 14、18 超出了 BCD 码的十进制表示范围。此时,需要对结果进行修正,这就是十进制调整问题。

"DA A"指令就是用来对 BCD 码的加法运算结果自动进行调整的,这个过程是在 CPU 内部自动进行的,要紧跟在加法指令"ADD"或"ADDC"后使用。

【例 3-12】 试编程实现 BCD 加法 87+56,并将结果存入 30H(低 8 位)和 31H(进位)单元中。

程序如下:

```
MOV   A, #87H      ;将 87 的 BCD 码送入 A
ADD   A, #56H      ;实现 87 和 56 BCD 码的二进制相加,结果存入 A,
                   ;(A) = DDH,(CY) = 0,(AC) = 0,(P) = 0,(OV) = 0
DA    A            ;对结果进行十进制调整,并将调整结果存入 A,
                   ;(A) = 43H,(CY) = 1,(AC) = 1,(P) = 1,(OV) = 0
MOV   30H, A       ;将调整后的 BCD 码(十位和个位的 BCD 码)存入 30H,
                   ;(30H) = 43H
MOV   A, #00H      ;将 A 清零
ADDC  A, #00H      ;加进位(百位的 BCD 码)
                   ;(A) = 01H,(CY) = 0,(AC) = 0,(P) = 1,(OV) = 0
DA    A            ;十进制调整,(A) = 01H,(CY) = 0,(AC) = 0,(P) = 1,(OV) = 0
MOV   31H, A       ;将进位存入 31H,(31H) = 01H
```

3.3.3 逻辑运算及移位类指令

逻辑运算及移位类指令共 24 条,包括与、或、异或、清零、求反、左右移位等操作指令。其中逻辑指令有"与"、"或"、"异或"、累加器 A 清零和求反 20 条,移位指令 4 条。

这些指令执行时一般不影响程序状态字寄存器 PSW,仅当目的操作数为 A 时,对奇偶标志位 P 有影响,带进位的移位指令影响 CY 位。逻辑运算指令用到的助记符有 ANL、ORL、XRL、RL、RLC、RR、RRC、CLR 和 CPL 共 9 种。

1. 逻辑运算指令

逻辑运算指令的特点是按位进行。逻辑运算指令包括逻辑与指令、逻辑或指令、逻辑异或指令和累加器 A 清零和求反指令,分别用来实现对某些位的基本逻辑运算。

(1) 逻辑与指令

这组指令的功能是把目标操作数和源操作数按位相"与",结果存入目标操作数所在的单元。这组指令共 6 条,其中,以累加器 A 为目标操作数的指令 4 条,以直接地址单元为目标操作数的指令 2 条,操作码助记符为"ANL"。指令格式如下:

```
ANL   A, #data8        ;A←(A)∧data8
ANL   A, direct        ;A←(A)∧(direct)
ANL   A, Rn            ;A←(A)∧(Rn)
ANL   A, @Ri           ;A←(A)∧((Ri))
ANL   direct, #data8   ;direct←(direct)∧data8
ANL   direct, A        ;direct←(direct)∧(A)
```

因为,任何数和"0"相"与"的结果都为"0",所以,逻辑与指令通常用来屏蔽某些位,即将某些位清零。方法是,将要屏蔽的位和"0"相"与",要保留的位和"1"相"与"。

(2) 逻辑或指令

这组指令的功能是把目标操作数和源操作数按位相"或",结果存入目标操作数所在的单元。这组指令共 6 条,其中,以累加器 A 为目标操作数的指令 4 条,以直接地址单元为目标操作数的指令 2 条,操作码助记符为"ORL"。指令格式如下:

```
ORL   A, #data8        ;A←(A)∨data8
ORL   A, direct        ;A←(A)∨(direct)
ORL   A, Rn            ;A←(A)∨(Rn)
ORL   A, @Ri           ;A←(A)∨((Ri))
ORL   direct, #data8   ;direct←(direct)∨data8
ORL   direct, A        ;direct←(direct)∨(A)
```

因为,任何数和"1"相"或"的结果都为"1",所以,逻辑或指令通常用来屏蔽将某些位置1。方法是,将要置1的位和"1"相"或",要保留的位和"0"相"或"。

(3) 逻辑异或指令

这组指令的功能是把目标操作数和源操作数按位"异或",结果存入目标操作数所在的单元。这组指令共 6 条,其中,以累加器 A 为目标操作数的指令 4 条,以直接地址单元为目标操作数的指令 2 条,操作码助记符为"XRL"。指令格式如下:

```
XRL   A, #data8        ;A←(A)⊕data8
XRL   A, direct        ;A←(A)⊕(direct)
XRL   A, Rn            ;A←(A)⊕(Rn)
XRL   A, @Ri           ;A←(A)⊕((Ri))
XRL   direct, #data8   ;direct←(direct)⊕data8
XRL   direct, A        ;direct←(direct)⊕(A)
```

因为,任何数和"0"相"异或"的结果都是使原状态保持不变,和"1"相"异或"的结果都是将原状态的取反,所以,逻辑异或指令通常用来将某些位取反。方法是,将要取反的位和"1"相"异或",而要保留的位和"0"相"异或"。

【例 3-13】 试编程实现将 A 的第 0、3、4 位取反,第 1、2 位置"1",第 5 位清"0",结果存入 30H 单元。

编程如下：

```
XRL  A,#19H   ;将A的第0、3、4位取反
ORL  A,#06H   ;将A的第1、2位置"1"
ANL  A,#0DFH  ;将A的第5位清"0"
MOV  30H,A    ;存结果
```

（4）累加器A的清零和取反指令

清零指令格式如下：

```
CLR A  ;A←00H
```

取反指令格式如下：

```
CPL A  ;A←(Ā)
```

值得注意的是，以上所有的逻辑运算指令虽然都是按位进行的，但是每次都同时修改相关单元的所有8位的状态，且对CY、AC和OV的值均无影响，只有累加器A的改变会影响P的值。

2. 循环移位指令

AT89S51移位指令共有4种，可以分为带进位的循环指令和不带进位的循环指令，都是对累加器A进行操作。这组移位指令只能对操作数移一位，若要移多位，则要通过编写程序完成。循环移位指令的操作可以用图3-8来表示。

（1）带进位的循环指令

带进位的循环指令的功能是将累加器A的内容和进位标志CY一起循环左移或右移一位，结果存入A中，执行后影响PSW中的CY和P。指令格式如下：

```
RLC A   ;带进位的循环左移,CY←A7,Ai+1←Ai,A0←CY
RRC A   ;带进位的循环右移,CY←A0,Ai←Ai+1,A7←CY
```

"RLC A"的指令功能是将累加器A的内容和进位标志一起左循环移位。如图3-8(a)所示，累加器A的最高位移入进位位CY，同时其他各位依次左移，CY位移入累加器A的最低位。

"RRC A"的指令功能是将累加器A的内容和进位标志一起右循环移位。如图3-8(b)所示，累加器A的最低位移入进位位CY，同时其他各位依次右移，CY位移入累加器A的最高位。

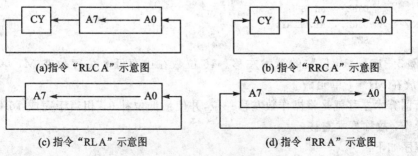

图3-8 循环移位指令示意图

（2）不带进位的循环指令

不带进位的循环指令的功能是将累加器 A 的内容循环左移或右移一位,结果存入 A 中,执行后不影响 PSW 中的标志位。指令格式如下：

```
RL    A        ;带进位的循环左移,A0←A7,Ai+1←Ai
RR    A        ;带进位的循环右移,A7←A0,Ai←Ai+1
```

"RL A"的指令功能是将累加器 A 的内容左循环移位。如图 3-8(c)所示,累加器 A 的最高位移入最低位,同时其他各位依次左移。

"RR A"的指令功能是将累加器 A 的内容右循环移位。如图 3-8(d)所示,累加器 A 的最低位移入最高位,同时其他各位依次右移。

在实际应用中需要注意以下几点：

① 在一定条件下,循环左移指令相当于乘以 2 操作,循环右移指令相当于除以 2 操作。

② 所有的移位只能对累积器 A 进行,且每次只能移一位,如果想实现移 N 位,需要将循环移位指令执行 N 次。

③ 执行带进位的循环移位指令之前,必须给 CY 置位或清 0。

【例 3-14】 编制一个循环闪烁灯的程序。有 8 个发光二极管(共阳),每次其中某个灯闪烁点亮 20 次后,转移到下一个灯闪烁 20 次,循环不止。

程序如下：

```
        ORG     0000H
MAIN:   MOV     A,#0FEH         ;灯亮初值
MAIN1:  LCALL   FLASH           ;调闪亮 20 次子程序
        RR      A               ;右移一位
        SJMP    MAIN1           ;循环
FLASH:  MOV     R2,#20          ;20 次计数初值设置
FLASH1: MOV     P1,A            ;点亮
        LCALL   DELAY           ;延时
        MOV     P1,#0FFH        ;熄灭
        LCALL   DELAY           ;延时
        DJNZ    R2,FLASH1       ;循环控制 20 次
        RET
DELAY:  MOV     R5,#00H
DELAY1: MOV     R6,#00H
        DJNZ    R6,$
        DJNZ    R5,DELAY1
        RET
```

【例 3-15】 16 位数的算术左移。16 位数在内存低 8 位存放在 M1 单元,高 8 位存放在 M1+1 单元。

所谓算术左移就是将操作数左移一位,并使最低位补 0,相当于完成 16 位数的乘 2 操作,故称算术左移。

程序如下：

```
CLR    C              ;进位 CY 清零
MOV    R1,#M1         ;操作数地址 M1 送 R1
MOV    A,@R1          ;16 位数低 8 位送 A
RLC    A              ;低 8 位左移,最低位补 0
MOV    @R1,A          ;低 8 位左移后,回送 M1 存放
INC    R1             ;指向 16 位高 8 位地址 M1+1
MOV    A,@R1          ;高 8 位送 A
RLC    A              ;高 8 位带低 8 位进位左移
MOV    @R1,A          ;高 8 位左移后回送 M1+1 存放
RET
```

3.3.4 控制转移类指令

通常情况下,程序的执行是按指令的排列顺序进行的,但有时需要改变程序的执行顺序,控制转移类指令就是让用户根据需要控制程序转移的。

单片机是按照程序计数器 PC 的指引来执行程序的,因此,控制转移类指令都是以修改程序计数器 PC 为目的的,也就是说这类指令的目标操作数是 PC。

控制转移类指令共 17 条(不包括按布尔变量控制程序转移指令),包括无条件转移指令(4 条)、条件转移指令(8 条)、子程序调用及返回指令(4 条)和空操作指令(1 条)。这类指令一般不影响标志位的状态。有了丰富的控制转移类指令,就能很方便地实现程序的向前、向后跳转,并根据条件分支运行、循环运行、调用子程序等,在编程上相当灵活方便。这类指令用到的助记符共有 10 种:AJMP、LJMP、SJMP、JMP、ACALL、LCALL、JZ、JNZ、CJNE、DJNZ。

1. 无条件转移指令

无条件转移指令是指当程序执行到这条指令时,程序将无条件地转移到指令指向的地址单元取指运行。指令执行后均不影响标志位。根据其转移范围不同可以分为长转移(3 字节)、绝对转移(2 字节,又称短转移)、相对转移(2 字节)和间接转移(1 字节)四种。

(1) 长转移指令

该指令的功能是把指令中给出的 16 位地址 addr16 送给程序计数器 PC,使程序转移至指令中给出的 16 位目标地址处执行。16 位地址可以寻址 64 KB,因此,可以在 64 KB 程序存储器的任何地方用这条指令将程序转移到 64 KB 程序存储器的另一位置,故称为"长转移指令"。指令格式如下:

```
LJMP    addr16    ;PC←(PC)+3,PC←addr16
```

在程序设计中,通常把目标地址 addr16 用符号地址来表示,如果 addr16 以 16 位数值形式出现,那么一定不能在前面加"♯"号。

(2) 绝对转移(短转移)指令

该指令中的目标地址由两部分组成,指令中给出的 11 位地址提供 PC 的低 11

位,而 PC 的高 5 位由执行该指令时的 PC 当前值的高 5 位提供。因此,执行该指令时,先求取 PC 当前值((PC)+2),再把((PC)+2)15~11 和 addr11 组成的 16 位目标地址送给 PC,使程序转移至目标地址处执行。指令格式如下:

  AJMP addr11 ;PC←(PC)+2,(PC)10~0←addr11,(PC)15~11 保持不变

  通过分析不难发现,PC 当前值由该指令在 ROM 中的位置决定,而 11 位目标地址则可以根据需要设置。11 位地址只能寻址 2 KB 的 ROM 空间,因此,目标地址必须出现在 PC 当前值所在的 2 KB 程序存储器中。

  在程序设计中,通常用符号地址来表示 11 位目标地址,要特别注意目标地址是否超出该指令的转移范围。

  使用"AJMP addr11"编程时必须注意:转移的目的地址必须与该转移指令后面的第一条指令的首地址同在一页内,即二者地址的高 5 位相同,否则,不能正常转移。

  【例 3-16】 如果绝对转移指令(AJMP)在 ROM 中的首地址为 0100H,试分析其能转移到的目标地址的范围。

  因为 AJMP 的首地址为 0100H,而该指令占用 2 个 ROM 单元,所以,PC 当前值为 0100H+2=0102H,其高 5 位为 00000。而低 11 位的状态可以是 11 个 0 到 11 个 1 之间的任何一个组合,所以,它能转移到的目标地址范围为 0000H~07FFH。

  (3) 相对转移指令

  该指令中的目标地址由 PC 当前值和指令中给出的 8 位有符号相对偏移量 rel 相加得到,并将其送给 PC 实现程序转移的功能。指令格式如下:

  SJMP rel ;PC←(PC)+2,PC←(PC)+rel

  相对偏移量 rel 是一个 8 位有符号数的补码,本指令的转移范围是 PC 当前值为基准的-128~+127 个 ROM 单元。当 rel 为负数时,表示程序往前跳;否则,程序则往后跳。

  在程序设计中,相对偏移量 rel 通常用符号地址表示,要特别注意目标地址是否超出该指令的转移范围。rel 的计算应从转移指令后面的第一条指令的首地址算起。

  (4) 间接转移指令(散转指令)

  该指令是无条件间接转移(又称散转)指令。该指令的源操作数采用以 DPTR 为基址寄存器的变址寻址方式,其功能是把累加器 A 中的内容和 DPTR 的内容相加后的数作为目标地址送给 PC,用它可实现分支转移。该指令一般用于散转程序中。指令格式如下:

  JMP @A+DPTR ;PC←(A)+(DPTR)

  该指令可以使程序转向以 DPTR 为基址的后 256 B 内的任意位置。使用时要先构造一个多分支转移指令表,又称为散转表,再把其表首地址送给 DPTR,根据累加器 A 的不同值来控制程序转向不同的分支,因此,该指令又称为散转指令。

  【例 3-17】 设累加器 A 中为用户从键盘输入的键值 0~15,键处理程序分别

存放在 KEY0～KEY15 处,试编写程序,根据用户输入的键值转入相应的键处理程序。

程序如下:

```
        MOV   DPTR, #KTAB    ;将转移指令表首地址送给 DPTR
        RL    A              ;偏移量调整,键值×2,因为转移指令表中的转移
                             ;指令 AJMP 占用 2 个字节
        JMP   @A+DPTR        ;实现由键值控制的转移
KTAB:   AJMP  KEY0           ;转移指令表(散转表)
        AJMP  KEY1
        ……
        AJMP  KEY15
KEY0:   ……                   ;0 号键处理程序
        ⋮
KEY1:   ……                   ;1 号键处理程序
        ⋮
KEY15:  ……                   ;15 号键处理程序
        ⋮
```

值得注意的是,在执行散转指令前一定要对偏移量进行调整,调整的方法要根据转移指令表中的转移指令所占的字节数进行。本例中,若转移指令表中为长转移指令 LJMP,则要用"键值×3"进行偏移量调整。

2. 条件转移指令

条件转移指令是指当某种条件满足时,才进行转移;否则,程序顺序执行。条件转移的条件可以是上一条指令或者更前一条指令的执行结果(常体现在标志位上),也可以是条件转移指令本身包含的某种运算结果。

这类指令的共同特点是:

① 转移范围相同。所有的条件转移指令的转移范围都是以 PC 当前值为基准的 256 B(−128～+127)范围内,因此,都属于相对转移指令。

② 目标地址的计算方法相同,即目标地址=PC 当前值+rel。其中,rel 为 8 位有符号二进制数。

按照转移条件的不同,条件转移指令可以分为累加器 A 判零转移指令、比较不等转移指令、减 1 不为 0 转移指令三组。

(1) 累加器 A 判零转移指令

这组指令共有 2 条,是以累加器 A 的内容是否为 0 作为转移判断条件的,占用 2 个 ROM 单元。指令格式如下:

```
JZ   rel    ;若(A)=0,则转移至目标地址,即(PC)←(PC)+2+rel
            ;若(A)≠0,则顺序执行指令,即(PC)←(PC)+2
JNZ  rel    ;若(A)≠0,则转移至目标地址,即(PC)←(PC)+2+rel
            ;若(A)=0,则顺序执行指令,即(PC)←(PC)+2
```

值得注意的是,指令当中并没有出现累加器 A。

【例 3-18】 将外部数据 RAM 的一个数据块传送到内部数据 RAM，两者的首址分别为 DATA1 和 DATA2，遇到传送的数据为零时停止。

外部 RAM 向内部 RAM 的数据传送一定要以累加器 A 作为过渡，利用判零条件转移正好可以判别是否要继续传送或者终止。

程序如下：

```
        MOV    R0, #DATA1      ;外部数据块首址送 R0
        MOV    R1, #DATA2      ;内部数据块首址送 R1
LOOP:   MOVX   A, @R0          ;取外部 RAM 数据送入 A
HERE:   JZ     HERE            ;数据为零则终止传送
        MOV    @R1, A          ;数据传送至内部 RAM 单元
        INC    R0              ;修改地址指针,指向下一数据地址
        INC    R1
        SJMP   LOOP            ;循环取数
```

(2) 比较不等转移指令

这组指令共有 4 条，占用 3 个 ROM 单元，操作码助记符"CJNE"，其一般格式为：

CJNE 目的操作数,源操作数,rel

这组指令是先对两个规定的操作数进行比较,根据比较的结果来决定是否转移到目的地址。若不相等,则程序转移到目标地址；否则,顺序执行程序。4 条比较转移指令格式如下：

```
CJNE    A, #data8, rel      ;若(A)=data8,则(PC)←(PC)+3,(CY)=0
                            ;若(A)>data8,则(PC)←(PC)+3+rel,(CY)=0
                            ;若(A)<data8,则(PC)←(PC)+3+rel,(CY)=1
CJNE    Rn, #data8, rel     ;若(Rn)=data8,则(PC)←(PC)+3,(CY)=0
                            ;若(Rn)>data8,则(PC)←(PC)+3+rel,(CY)=0
                            ;若(Rn)<data8,则(PC)←(PC)+3+rel,(CY)=1
CJNE    @Ri, #data8, rel    ;若((Ri))=data8,则(PC)←(PC)+3,(CY)=0
                            ;若((Ri))>data8,则(PC)←(PC)+3+rel,(CY)=0
                            ;若((Ri))<data8,则(PC)←(PC)+3+rel,(CY)=1
CJNE    A, direct, rel      ;若(A)=(direct),则(PC)←(PC)+3,(CY)=0
                            ;若(A)>(direct),则(PC)←(PC)+3+rel,(CY)=0
                            ;若(A)<(direct),则(PC)←(PC)+3+rel,(CY)=1
```

值得注意的是,这组指令都有 3 个操作数,它们都是源操作数,但是出现的顺序和寻址方式不同,书写时一定不能随意打乱顺序！

综述,这组指令的功能是通过比较前两个操作数的值是否相等,来决定程序的走向。若两者不等,则转移到目标地址；否则,程序顺序执行。比较的方法是用第一个操作数的值减去第二个操作数的值,结果不存入任何一个操作数所在的单元,但结果影响标志位 CY 的状态。若第一操作数大于等于第二操作数,(CY)=0；否则,(CY)=1。

第3章 单片机指令系统及汇编语言程序设计

(3) 减1不为0转移指令

这组指令有2条,其功能是先将第一操作数的内容减1,并将结果保存在第一操作数所在的单元,再根据其结果是否为0来决定程序的走向。若结果不为零,则转移至目标地址;否则,顺序执行,操作码助记符为"DJNZ"。2条指令格式如下:

```
DJNZ    Rn, rel       ;Rn←(Rn)-1,
                      ;若(Rn)≠0,则转移到目标地址,PC←(PC)+2+rel
                      ;若(Rn)=0,则顺序执行,PC←(PC)+2
DJNZ    direct, rel   ;direct←(direct)-1,
                      ;若(direct)≠0,则转移到目标地址,PC←(PC)+3+rel
                      ;若(direct)=0,则顺序执行,PC←(PC)+3
```

值得注意的是,两条指令占用的 ROM 字节数不同。第一条指令为双字节指令,第二条指令为三字节指令,两条指令都不影响 PSW 中的标志位。

这组指令十分重要,常用于循环程序的次数控制。在应用中,当需要多次重复执行某段程序时,可以将工作寄存器或片内 RAM 中的地址单元作为一个计数器,每执行一次该段程序,计数器内容减1。当计数器内容减1不为0时,继续执行该段程序,直至减至0时退出。使用时,应首先将计数器预置初值,然后再执行该段程序和减1判0指令。

【例 3-19】 编程实现将内部 RAM 以 40H 为首地址的 20 个单元的数据求平均值,结果存放在 30H(商)、31H(余数)单元,假设 20 个数据的和不大于 255。

对一组连续存放的数据进行操作时,一般都采用间接寻址方式。程序如下:

```
        MOV     R0, #40H      ;数据块首地址送入间址寄存器 R0
        MOV     R7, #20       ;给计数指针 R7 赋初值
        CLR     A             ;将累加器 A 清零,为求和作准备
LOP:    ADD     A, @R0        ;加一个数
        INC     R0            ;间址寄存器 R0 内容加1,指向下一个地址单元
        DJNZ    R7, LOP       ;计数器减1不为零继续循环
        MOV     B, #20        ;将除数 20 送给 B
        DIV     AB            ;求平均值
        MOV     30H, A        ;存结果
        MOV     31H, B
        SJMP    $             ;结束
```

3. 子程序调用及返回指令

在程序设计中,经常会出现这样的情况:在程序不同的几个地方需要进行功能完全相同的处理,如延时、显示等具有一定功能的程序,在一个系统中常常被多次使用。如果重复书写相同的程序段,必然会使程序变得冗长而杂乱。这时,可以把这些具有相同功能的程序段编写成子程序,在主程序需要的地方进行调用。这样不但减少了编程的工作量,也使得整个程序结构显得更加简洁、清晰,同时也增强了程序的可移植性。

用来完成某种特定功能的程序单元称为子程序,它是实现主程序功能的必不可

少的部分。调用子程序的程序称为主程序,它和子程序之间的调用关系如图3-9所示。

如果在某个子程序执行的过程中又调用了其他子程序,称为子程序的嵌套,如图3-10所示。

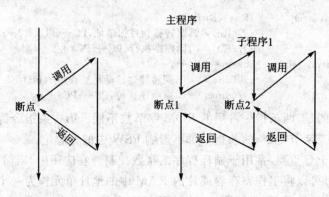

图3-9 子程序调用示意图　　图3-10 子程序嵌套示意图

从图3-9中可以看出,调用子程序时要中断正在执行的主程序,转移到子程序的入口地址去执行子程序,子程序执行完毕后,再返回到主程序中被中断的位置继续执行主程序。为了保证正确返回,每次调用子程序时,CPU都会自动地把主程序中的断点地址(PC当前值)保存到堆栈中,因此,在主程序中调用指令前一定要对堆栈指针SP的初始值重新设置,以保证其跳出工作寄存器组区。

调用指令在主程序中使用,返回指令则是子程序的结束指令,调用指令和返回指令构成了子程序调用的完整过程。

(1) 子程序调用指令

在AT89S51单片机中,提供了两条子程序调用指令,长调用指令和短调用指令(又称为绝对调用指令)。

长调用指令格式如下:

```
 LCALL   addr16           ;PC←(PC)+3
                          ;SP←(SP)+1,(SP)←(PC)_{7~0}
                          ;SP←(SP)+1,(SP)←(PC)_{15~8}
                          ;PC←addr16
```

LCALL指令的目标地址是16位。可在64 KB程序存储器区域范围内调用任何一个子程序。

由于该指令为三字节指令,所以执行该指令时首先把(PC)+3→(PC),以获得下一条指令地址,并把此时PC内容压入堆栈(先压入低字节,后压入高字节)作为返回地址,堆栈指针SP加2指向栈顶,然后把目的地址addr16装入PC。执行该指令不影响标志位。

绝对调用指令格式如下:

```
ACALL   addr11 ;PC←(PC)+2
                ;SP←(SP)+1,(SP)←(PC)_{7~0}
                ;SP←(SP)+1,(SP)←(PC)_{15~8}
                ;(PC)_{10~0}←addr11,(PC)_{15~11}不变
```

ACALL 指令的目标地址是 11 位。在调用子程序时,该指令与 AJMP 指令类似,要求调用子程序的入口地址与 ACALL 指令后面指令的第一个字节在同一个 2 KB 页面的程序存储器区域中。由于该指令为双字节指令,所以执行该指令时 (PC)+2→(PC)以获得下一条指令的地址,并把该地址压入堆栈作为返回地址。该指令可寻址 2 KB,只能与 PC 在同一 2 KB 范围内调用子程序。执行该指令不影响标志位。

这两条指令在执行的过程中都分为三步:第一步,求取 PC 当前值得到断点地址;第二步,将断点地址的低 8 位和高 8 位依次压入堆栈保存;第三步,转向子程序的入口地址执行子程序。

使用时需要注意以下几点:

① 使用 LCALL 指令时,可以将被调用的子程序放到 64 KB 程序存储器的任何地方;使用 ACALL 指令时,必须将被调用的子程序放在程序存储器中 PC 当前值所在的 2 KB 区域内。

② 程序设计中,addr16 和 addr11 通常以子程序名的形式出现。

③ 正确设置堆栈指针 SP。

(2) 返回指令

返回指令包括子程序返回指令和中断返回指令,指令格式如下:

```
RET     ;(PC)15~8←((SP)),SP←(SP)-1
        ;(PC)7~0←((SP)),SP←(SP)-1
RETI    ;(PC)15~8←((SP)),SP←(SP)-1
        ;(PC)7~0←((SP)),SP←(SP)-1
        ;同时清除中断响应时被置位的优先级状态触发器
```

RET 指令是子程序返回指令,放在子程序的末尾,其功能是从堆栈中自动取出断点地址送入 PC,使程序返回到主程序断点处继续执行。

RETI 指令是中断返回指令,放在中断服务子程序的末尾。其功能是从堆栈中自动取出断点地址送入 PC,使程序返回到主程序断点处继续执行。同时,清除中断响应时被置位的优先级状态触发器,以恢复中断逻辑接受新的中断请求。

使用时应注意:RET 和 RETI 不能互换使用! PSW 不能自动地恢复到中断前的状态。

4. 空操作指令

空操作指令是一条单字节单周期指令。它控制 CPU 不做任何操作,仅仅是消耗这条指令执行所需要的一个机器周期的时间,只是使 PC 加 1,然后继续执行下一条指令。不影响任何标志,故称为空操作指令。但由于执行一次该指令需要一个机

器周期,所以常在程序中加上几条 NOP 指令用于设计延时程序,拼凑精确延时时间或产生程序等待等。

空操作指令的格式如下:

NOP   ;PC←(PC)+1

NOP 指令常用来实现等待或延时。在实际中,经常用来设计软件陷阱,以提高软件的抗干扰性。

3.3.5 位(布尔)操作类指令

前面讲的指令全都是用字节来介绍的,字节的移动、加减法、逻辑运算、移位等。用字节来处理一些数学问题,比如控制空调的温度、电视机的音量等,非常直观,可以直接用数值来表示,可是如果用它来控制一个开关的打开或者闭合,一个灯的亮或者灭,就显得不直接了。在工业控制中有很多场合需要处理这类单个的开关输出,比如一个继电器的吸合或者释放,一个指示灯的亮或者灭,用字节来处理就显得有些麻烦了,所以在 AT89S51 系列单片机中就特意引入了一个位处理机制。

位操作又称布尔操作。在 AT89S51 系列单片机的硬件结构中有一个布尔处理器,它以进位标志位 CY 作为累加器,以位寻址区中的各位作为存储器,再配合专门进行布尔操作的指令集(位操作类指令),完成以位为单位的各种操作。

位操作类指令共有 17 条,分为 4 种类型。用来实现对某一位的数据传送、状态修改、逻辑运算和由某一位状态控制的程序转移等操作。为了便于书写,在位操作类指令中,CY 可用 C 表示。

在布尔处理器中,位的传送和位逻辑运算是通过 CY 标志位来完成的,CY 的作用相当于一般 CPU 中的累加器。被操作的位可以是片内 RAM 中 20H~2FH 单元的 128 位和专用寄存器中的可寻址位。

1. 位变量数据传送指令(2 条)

这组指令的功能是在以 bit 表示的位和位累加器 CY 之间进行数据传送,而不影响其他标志位,操作码助记符为"MOV"。

位传送指令格式如下:

MOV bit,CY   ;bit←(CY)
MOV CY,bit   ;CY←(bit)

注意:两个可寻址位(bit)之间不能直接传送数据,若要实现这种传送,必须以 CY 为中介。进位位 C 也称为位累加器。

【例 3-20】 将 40H 位的内容送给 30H 位。

传送必须通过 CY 进行,因此,要注意保护 CY 的原值。程序如下:

MOV 20H,C   ;将 CY 的原值转存入 20H 位

```
MOV  C,40H      ;将 40H 位的值送给 CY
MOV  30H,C      ;将 CY 的值送给 30H 位
MOV  C,20H      ;恢复 CY 的原值
```

2. 位置位、清零指令(4 条)

置位指令格式如下：

```
SETB  bit
SETB  C
```

清零指令格式如下：

```
CLR   bit
CLR   C
```

上述指令的执行不影响其他标志位的状态。

3. 位变量逻辑运算指令(6 条)

位逻辑运算指令分为逻辑与、逻辑或和逻辑非三种，共 6 条指令。

(1) 位逻辑与

指令格式如下：

```
ANL  C,bit      ;CY←(CY)∧(bit)
ANL  C,/bit     ;CY←(CY)∧(¬bit)
```

第 1 条 CY 位与指定的位地址的值相与结果送回 CY；第 2 条先将指定的位地址的值取出后取反再和 CY 相与，结果送回 C。但需注意，指定的位地址中的值本身并不发生变化。

(2) 位逻辑或

指令格式如下：

```
ORL  C,bit      ;CY←(CY)∨(bit)
ORL  C,/bit     ;CY←(CY)∨(¬bit)
```

(3) 位逻辑取反

指令格式如下：

```
CPL  C          ;CY←(¬CY)
CPL  bit        ;bit←(¬bit)
```

这组指令可以用来对各种组合逻辑电路进行模拟。

【例 3-21】 试编程实现 P1.0＝ACC.5×$\overline{ACC.2}$＋B.7 逻辑表达式的功能。

两个一位二进制相乘就是逻辑与，两个一位二进制相加就是逻辑或。编程如下：

```
MOV  C,ACC.2
ORL  C,B.7
CPL  C
ANL  C,ACC.5
MOV  P1.0,C
```

4. 位变量控制转移指令

位控制转移类指令都是条件转移指令,因此,它们的转移目标地址的求取方法是一致的:目标地址=(PC 当前值)+rel。根据其判断依据不同分为两组。

(1) 以 CY 为判断依据的转移指令(2 条)

```
JC    rel        ;(CY)=1 时,转移,即 PC←(PC)+2+rel
                 ;(CY)=0 时,顺序执行,即 PC←(PC)+2
JNC   rel        ;(CY)=0 时,转移,即 PC←(PC)+2+rel
                 ;(CY)=1 时,顺序执行,即 PC←(PC)+2
```

这两条指令均为双字节指令。

注意:

① 以上指令执行结果不影响程序状态字寄存器 PSW。

② Rel 的计算通式为

Rel=目的地址-(转移指令的起始地址+指令的字节数)

(2) 以 bit 为判断依据的转移指令(3 条)

```
JB    bit,rel    ;(bit)=1 时,转移,即 PC←(PC)+3+rel
                 ;(bit)=0 时,顺序执行,即 PC←(PC)+3
JNB   bit,rel    ;(bit)=0 时,转移,即 PC←(PC)+3+rel
                 ;(bit)=1 时,顺序执行,即 PC←(PC)+3
JBC   bit,rel    ;(bit)=1 时,转移,即 PC←(PC)+3+rel,同时 bit←0
                 ;(bit)=0 时,顺序执行,即 PC←(PC)+3
```

这组指令均为三字节指令。

注意:

① 以上指令执行结果不影响程序状态字寄存器 PSW。

② 要特别注意 JB 和 JBC 的区别,两者的转移条件相同,所不同的是 JBC 在转移的同时将该位清零,相当于两条指令的功能,JB 只转移不清 0 寻址位。

【例 3-22】 试编程实现在 AT89S51 的 P1.7 位输出周期为 6 个机器周期的方波。

编程如下:

```
        SETB  P1.7
L1:     NOP
        NOP
L2:     JBC   P1.7,L1
        SETB  P1.7
        NOP
        NOP
        SJMP  L2
```

5. 汇编语言中位地址的表达方式

汇编语言中位地址的表达方式有以下几种:

(1) 直接位地址表达方式

直接位地址表达方式直接用位地址表示。如位地址 07H 为 20H 单元的 D7 位，D6H 为 PSW 的 D6 位，即 AC 标志位。

(2) 点操作符方式

点操作符方式采用在字节地址或在 8 位寄存器名称后面缀上相应位来表示。字节或 8 位寄存器名称与位之间用"."隔开。如 PSW.4、P1.0、20H.0、1FH.7 等。

(3) 位名称方式

位名称方式，如 RS1、RS0、E0(Acc.0)。

(4) 用户定义名方式

如用伪指令 bit，USR_FLG bit F0 经定义后，允许指令中用 USR_FLG 代替 F0。

3.4 汇编语言程序设计

3.4.1 计算机程序设计语言概述

程序设计语言是指计算机所能理解的语言，现在的程序设计语言和设计软件繁多。从语言结构及其与计算机之间的关系来看，程序设计语言一般可以分为机器语言(machine language)、汇编语言(assembly language)和高级语言(high-level language)三类。

1. 机器语言

机器语言就是用二进制代码"0"和"1"表示指令和数据的程序设计语言，是唯一能被计算机直接识别和执行的计算机语言。计算机就是按照机器语言的指令来完成各种功能操作的，它具有程序简捷、占用存储空间小、执行速度快、控制功能强等特点。

机器语言随计算机系统各异，可读性极差，程序的设计、输入、修改和调试都很麻烦，一般只在简单的开发装置中使用。因此，几乎没有人直接使用机器语言来编写程序。

2. 汇编语言

汇编语言是一种用助记符来表示的面向机器的程序设计语言，它与机器语言一一对应。汇编语言是面向机器的程序设计语言，与具体的计算机硬件有着密切的关系，不同的 CPU 所使用的汇编语言一般是不同的。用汇编语言编写的程序，称为汇编语言源程序或汇编源程序。AT89S51 系列单片机是用 AT89S51 系列单片机的指令系统来编程的，其汇编语言的语句格式，也就是单片机的指令格式。

在汇编语言中，由于用助记符代替了二进制操作码，因此，汇编语言具有程序结构简单、执行速度快、程序易优化、编译后占用存储空间小、控制功能强等特点，这使得用汇编语言编写的程序直观易懂，给程序的编写、阅读和修改带来了很大的方便。

汇编语言是单片机应用系统开发中最常用的一种程序设计语言。

在用汇编语言编写程序时,必须熟悉机器的指令系统、寻址方式、寄存器设置和使用方法,而编出的程序也只适用于某一系列的计算机。因此,可读性差,可移植性差,不能直接移植到不同类型的计算机系统上。计算机的CPU并不能直接识别汇编语言,所以用汇编语言编写的源程序必须经过编译,将其翻译成机器语言程序后才能被执行。

汇编语言和机器语言一样是面向硬件的,非常适合于实时控制的场合,它仍是一种低级语言。

3. 高级语言

高级语言采用一种接近人的自然语言和习惯的数学表达式的方法来描述算法、过程和对象,具有语句直观、易学、易懂的特点,如C、VB、Java等,特别适合不熟悉单片机指令系统的用户。

由于高级语言与硬件相对独立,所以采用高级语言编写程序时,不需要设计人员对计算机的硬件结构及指令有太多了解,编写出的高级语言程序也具有通用性强、便于移植和推广的优点。但高级语言程序在执行前必须进行编译,且在编译过程中产生的目标程序大,占用内存多,因而运行速度较慢,不利于实时控制。

3.4.2 汇编伪指令

汇编语言程序在执行之前必须被翻译成用机器代码表示的目标程序,这个翻译过程称为"汇编",能够实现汇编功能的软件称为汇编软件。

汇编语言程序由汇编语句构成,汇编语句按其作用不同可以分为两大类:指令和伪指令。指令有和机器语言一一对应的机器代码,占用ROM空间,用来使CPU执行某种操作;伪指令没有对应的机器代码,也不能使CPU执行任何操作,不产生目标程序,只是用来给汇编软件提供某种汇编信息,从而实现对汇编过程的控制,如指定程序段或数据存放的起始地址等。

不同版本的汇编语言,伪指令的符号和含义可能有所不同,但是基本用法是相似的。下面简单介绍51汇编程序中常用的几类伪指令语句。

1. 汇编起始伪指令 ORG

格式:[标号:] ORG 16位地址

功能:规定ORG下面的指令所生成的目标程序在ROM空间中的起始地址。

它放在一段源程序(主程序、子程序)或数据块的前面,说明紧跟在其后的程序段或数据块的起始地址就是指令中的16位地址(4位十六进制数)。

```
        ORG    0100H
BEGIN:  MOV    R0,#20H
          ⋮
```

第3章 单片机指令系统及汇编语言程序设计

该伪指令规定从其后的第一条指令"MOV R0,♯20H"开始的程序所生成的目标代码从地址 0100H 的 ROM 单元开始存放,即标号 BEGIN 的值为 0100H。当然,也可以将标号放在 ORG 伪指令前,这对 ROM 地址单元的分配没有影响。

在使用 ORG 伪指令时应注意以下几点:

① 在一个汇编语言源程序中,可以根据需要多次使用 ORG 伪指令,以规定不同的程序段的起始地址,但 16 位地址值应该遵循从小到大的顺序排列,且不允许出现地址重叠。

② 若在程序的开头省略 ORG 指令,则从 0000H 单元开始存放目标程序。

2. 汇编结束伪指令 END

格式:〔标号:〕 END

功能:结束汇编。

应该注意的是,END 伪指令是汇编语言源程序结束的标志,汇编软件遇到 END 后就自动结束汇编。在 END 以后所写的指令,汇编程序都不予以处理。因此,在一个源程序中只能使用一次 END 伪指令,且必须将其放在整个程序的末尾。

3. 字节数据定义伪指令 DB

格式:〔标号:〕 DB 8位字节数据表

功能:从标号指定的 ROM 地址单元开始,按顺序依次存入字节数据表中的字节数据。数据表可以是一个或多个字节数据、字符串或表达式,字节数据之间用","分隔(一个字符用 ASCII 码表示,就相当于一个字节)。

在使用 DB 伪指令时应注意以下几点:

① 表格中如果出现负数,以其补码形式存入;表格中用单引号括起来的字符以其 ASCII 码的形式存入。

② DB 和数据表格中的第一个数据之间用空格分隔,且换行时,DB 不能省略。

```
        ORG   0200H
TAB:    DB    20,20H,-3,-1
        DB    'A','0'
```

汇编后,其机器代码在 ROM 中的存放形式为:(0200H)=14H,(0201H)=20H,(0202H)=FDH,(0203H)=FFH,(0204H)=41H,(0205H)=30H。

4. 字数据定义伪指令 DW

格式:〔标号:〕 DW 16位字节数据表

功能:从标号指定的 ROM 地址单元开始,按顺序依次存入字数据表中的字数据。多个数据之间用","分隔。DW 伪指令与 DB 的功能类似,所不同的是 DB 用于定义一个字节(8位二进制数),而 DW 则用于定义一个字(即2字节,16位二进制数)。

在使用 DW 伪指令时应注意以下几点:

① 表格中如果出现负数，以其补码形式存入；表格中用单引号括起来的字符以其 ASCII 码的形式存入。

② DW 和数据表格中的第一个数据之间用空格分隔，且换行时，DW 不能省略。

③ 存入 16 位数据时，先存入高 8 位，再存入低 8 位。

```
ORG  0200H
TAB: DW  20, -3,
     DW  'A','0'
```

汇编后，其机器代码在 ROM 中的存放形式为：(0200H)＝00H，(0201H)＝14H，(0202H)＝FFH，(0203H)＝FDH，(0204H)＝00H，(0205H)＝41H，(0206H)＝00H，(0207H)＝30H。

5. 赋值伪指令 EQU

格式：符号名 EQU 表达式

功能：将表达式的值赋给一个指定的符号，只能定义单字节数据。

在使用 EQU 伪指令时，应注意以下几点：

① EQU 伪指令中的符号名必须先赋值后使用，因此常将 EQU 伪指令放在源程序的开头。

② 表达式可以是立即数、数据地址或位地址，可以是 8 位的也可以是 16 位的。当 EQU 指令中的表达式为立即数时，前面一定不能加"♯"；而赋值后的符号名在指令中作为立即数出现时，必须在前面加"♯"。

③ 赋值以后，这个符号就可以作为一个数据或地址来使用，且其符号值在整个程序中都有效。用 EQU 语句给一个标号赋值以后，在整个源程序中该标号的值是固定的，不能更改。

```
P10   EQU   P1.0        ;P10 与 P1.0 等值
AC    EQU   30H         ;AC 与立即数 30H 等值
TAB   EQU   1000H       ;TAB 与立即数 1000H 等值
SETB  P1.0              ;将 P1.0 置位
MOV   A,♯AC             ;将 8 位立即数 30H 送给累加器 A
MOV   DPTR,♯TAB         ;将 16 位立即数 1000H 送给数据指针 DPTR
```

6. 位地址符号定义伪指令 BIT

格式：符号名 BIT 位地址

功能：将位地址赋予特定位的符号，经赋值后就可用指令中 BIT 左面的标号来代替 BIT 右边所指出的位。

值得注意的是，BIT 伪指令中的符号可以先使用后定义。

```
CLR   C
CLR   P10
ORL   C,/P10
P10   BIT   P1.0
```

程序段执行后,CY 的状态为"1"。

7. 数据地址定义伪指令 DATA

格式:符号名　　DATA　　表达式

功能:将数据地址或代码地址赋给指定的符号。

DATA 与 EQU 的功能相似,但 DATA 可以先使用后定义。DATA 伪指令用来定义数据地址,且可以用来定义 16 位地址。因此,EQU 一般放在程序的开始,而 DATA 可放在程序的任何地方。

```
    MOV    A,#1FH
    MOV    DPTR,#TAB
    MOVX   @DPTR,A
TAB  DATA  1000H
```

程序段执行后,将 A 的内容 1FH 送进了外部 RAM 1000H 单元。

8. 存储空间定义伪指令 DS

格式:[标号:]　　DS　　表达式

功能:从标号指定的地址单元开始,在 ROM 中保留若干个存储单元作为备用的存储空间,保留的存储单元数量由表达式指定。

```
         ORG 2000H
BUFFER:  DS 50H
```

汇编后,从 2000H 单元开始保留 80 个存储单元作为备用。

值得注意的是,DB、DW 和 DS 伪指令都是只能对 ROM 进行定义。

3.4.3　汇编语言程序设计的方法与步骤

根据实际功能需要,采用汇编语言编写程序的过程称为汇编语言程序设计。对于一个单片机应用系统,在硬件调试通过后就可以着手进行程序设计。在进行程序设计时,要按照实际问题的要求和单片机的特点,决定所采用的计算方法、计算公式和步骤,也就是通常所说的算法,有了合适的算法常常可以起到事半功倍的效果。然后根据单片机的指令系统,按照尽可能节省数据存放单元、缩短程序长度和加快运算时间三个原则来编制程序。设计程序大致可以分为以下几个步骤:

(1) 分析问题

分析问题的主要目的是根据实际系统的要求明确软件需要实现的具体功能,如测量数据、显示等,进一步设计任务书。

(2) 建立数学模型并确定算法

根据实际情况,建立输入、输出变量之间的数学关系,即数学模型。进而结合数据模型和指令系统的特点,确定合适的计算公式和计算方法。数学模型的正确性和算法的合理性关系到系统性能的好坏。

(3) 画出程序流程图

根据所选择的算法,结合系统的整体功能,制定出运算的步骤和顺序,并画出程序的流程图,以方便程序的编写、阅读和修改。

程序流程图也称为程序框图,所谓流程图就是用各种符号、图形、箭头把程序的流向及过程用图形表示出来。它可以使程序清晰,结构合理,便于调试。绘制流程图是单片机程序编写前最重要的工作,通常的程序就是根据流程图的指向采用适当的指令来编写的。图 3-11 是绘制流程图的常用工具。

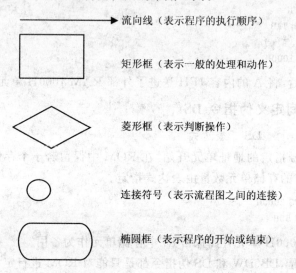

图 3-11 流程图工具

绘制流程图时,首先画出简单的功能流程图(粗框图),再对功能流程图进行扩充和具体化,即对存储器、标志位等单元做具体的分配和说明,把功能图上的每一个粗框图转化为具体的存储器或地址单元从而绘制出详细的程序流程图,即细框图。

(4) 分配内存工作区及有关端口地址

分配内存工作区,要根据程序区、数据区、暂存区、堆栈区等预计所占空间大小,对片内外存储区进行合理分配并确定每个区域的首地址,便于编程使用。

(5) 编写源程序

根据程序流程图编写汇编语言源程序,再经过"手工汇编"或"机器汇编"的方式编译生成机器代码。"手工汇编"是指编程人员通过查找指令表的方式完成汇编,手工汇编虽然简单易行,但出错率高。"机器汇编"是指通过编译软件由计算机自动完成汇编。实际中,通常采用机器汇编方式。

(6) 程序的调试与修改

单片机没有自开发功能,因此需要利用仿真器或仿真软件进行仿真调试,排除程序中的错误,直到程序正确为止。

(7) 软件的整体运行与测试

程序调试通过后下载到单片机,将整个硬件系统完整连接,进行总体测试。

3.4.4 汇编语言程序设计

汇编语言程序有三种基本结构形式,即顺序程序结构、分支(选择)程序结构和循环程序结构。下面详细介绍各种程序结构及其编程方法。

1. 顺序程序设计

顺序结构如图 3-12 所示,虚框内 A 框和 B 框分别代表不同的操作,而且是 A、B 顺序执行。顺序结构程序是一种最简单、最常用、最基本的程序。它的程序流程图呈直线型,无分支。顺序程序虽然易于编写,但要注意正确的选择指令,提高程序的执行效率。

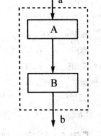

图 3-12 顺序结构

【例 3-23】 试编程实现两个无符号双字节数相加的程序。

设被加数的高、低字节分别存放在内部 RAM 的 41H、40H 单元,加数的高、低字节分别存放在内部 RAM 的 AT89S51H、50H 单元,将它们的和的高低字节依次存放在内部 RAM 的 62H、61H 和 60H 单元。

双字节无符号数相加,应该先从低字节相加开始,并注意将其进位与高字节本位和相加,而高字节相加后的进位也应该作为最终和的最高位保存。

由于本题较简单,故省略了程序流图,读者可自行画出。程序如下:

```
ORG     0000H
LJMP    0050H
ORG     0050H
MOV     A, 40H
ADD     A, 50H
MOV     60H, A          ;低字节相加后结果存入 60H
MOV     A, 41H
ADDC    A, AT89S51H
MOV     61H, A          ;高字节相加后结果存入 61H
MOV     A, #00H
ADDC    A, #00H         ;求取高字节相加后的进位
MOV     62H, A          ;将高字节相加后的进位存入 62H
SJMP    $
END
```

【例 3-24】 设有两个无符号数 X、Y 分别存放在内部 RAM 的 50H、AT89S51H 单元,试编程计算 $3X-20Y$,并把结果的高低字节分别存入 53H 和 52H 单元。

在该程序中,可以采用 EQU 伪指令来定义 X、Y,程序如下:

```
        ORG     0000H
        LJMP    0050H
        ORG     0050H
X       EQU     50H
Y       EQU     AT89S51H
        MOV     A, Y
        MOV     B, #20
        MUL     AB              ;计算 20Y
        MOV     60H, A          ;将 20Y 结果的低 8 位存入 60H
        MOV     61H, B          ;将 20Y 结果的高 8 位存入 61H
        MOV     A, X
        MOV     B, #3
        MUL     AB              ;计算 3X
        SUBB    A, 60H          ;由于乘法运算时 CY 恒为零,所以低字节可以直接相减
        MOV     52H, A          ;低字节的差存入 52H
        MOV     A, B
        SUBB    A, 61H
        MOV     53H, A          ;高字节的差存入 53H
        SJMP    $
        END
```

【例 3-25】 试编程,将 30H 单元中的 8 位无符号二进制数转换成三位 BCD 码,并存入 40H(十位、个位)和 41H(百位)单元。

8 位无符号二进制数对应的十进制数范围 0~255,若先将其除以 100,则其余数就是个位的 BCD 码,将其商作为被除数再除以 10,新的商就是百位的 BCD 码,而余数就是十位的 BCD 码。程序如下:

```
        ORG     0000H
        LJMP    BEGIN
        ORG     0030H
BEGIN:  MOV     A, 30H          ;取数
        MOV     B, #0AH         ;除数 10 送入 B 中
        DIV     AB              ;除以 10,个位 BCD 码在 B 中
        MOV     40H, B          ;个位存入 40H
        MOV     B, #0AH         ;除数 10 送入 B 中
        DIV     AB              ;除以 10,百位在 A 中,十位在 B 中
        MOV     41H, A          ;百位存入 41H
        MOV     A, B            ;十位送入 A 中
        SWAP    A               ;将十位的 BCD 码移至高 4 位
        ORL     A, 40H          ;和原来 40H 中的个位 BCD 码合并
        MOV     40H, A          ;十位和个位的 BCD 码合并后存入 40H
        SJMP    $
        END
```

另外一种算法是:先将 8 位无符号二进制数除以 100,则其商就是百位的 BCD 码,余数作为被除数再除以 10,其商就是十位的 BCD 码,而余数就是个位的 BCD 码。读者可以自行编写该算法对应的程序。

2. 分支程序设计

在很多实际问题中,都需要根据不同的情况进行不同的处理,这时就必须对某一个变量所处的状态进行判断,根据判断结果来决定程序的流向。这就是分支(选择)结构程序设计。

当分支较少时,可以用条件转移指令来实现,如图 3 - 13(a);当分支较多时,采用散转指令会使程序结构更加简洁、清晰,如图 3 - 13(b)。该结构中包含一个判断框,根据给定条件是否成立而选择执行何种操作。条件可以是累加器是否为零、两数是否相等,以及测试状态标志或位状态等。

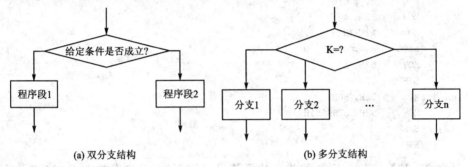

图 3 - 13 分支程序的结构

注意:执行一条判断指令,只可以形成两路分支,如果要形成多路分支,就必须进行多次判断,也就是多条指令连续判断。每一个分支的程序都必须单独编写,并且在每个分支开始的首地址处要有标号,以方便程序的转移。

分支程序设计的关键是如何判断分支条件,在 AT89S51 单片机指令系统中,有 JZ(JNZ)、CJNE、JC(JNC)及 JB(JNB)等丰富的控制转移指令,它们是分支结构程序设计的基础,可以完成各种各样的条件判断、分支。因此,分支程序设计的关键,就在于如何正确而巧妙地使用这些有限的条件转移指令。

【例 3 - 26】 试编写实现对一个存放在 50H(低字节)、AT89S51H(高字节)的 16 位有符号数求补码的程序,结果保存在 53H(高字节)和 52H(低字节)。

由于正数的补码和其原码相同,负数的补码为其反码末尾加 1,因此,求取补码要先判断该数的正负,再分情况进行不同的处理,其程序流程图如图 3 - 14 所示。

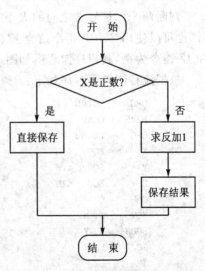

图 3 - 14 程序流程图

根据程序流程图编写程序如下：

```
        ORG    0000H
        LJMP   BUMA
        ORG    0040H
BUMA:   MOV    A, AT89S51H
        JNB    ACC.7, L1
        XRL    A, #7FH
        MOV    53H, A
        MOV    A, 50H
        CPL    A
        ADD    A, #01H
        MOV    52H, A
        MOV    A, 53H
        ADDC   A, #00H
        MOV    53H, A
        SJMP   L2
L1:     MOV    52H, 50H
        MOV    53H, AT89S51H
L2:     SJMP   $
        END
```

【例 3-27】 已知 X、Y 均为 8 位无符号二进制数，分别存放在 RAM 的 40H，41H 单元，试编程实现如下函数：

$$z = \begin{cases} 1 & X > Y \\ 0 & X = Y \\ -1 & X < Y \end{cases}$$

判断两个无符号数之间的大小关系，可以使用 CJNE 指令再结合 JC 或 JNC 进行，也可以使用 SUBB 指令结合 JZ、JNZ 和 JC、JNC 进行。在这里以使用 SUBB、JC 和 JZ 指令为例，其程序流程图如图 3-15 所示。

根据流程图编写程序如下：

```
        ORG    0000H
        LJMP   COMP
        ORG    0040H
COMP:   X      EQU    40H
        Y      EQU    41H
        Z      EQU    42H
        CLR    C
        MOV    A, X
        SUBB   A, Y
        JC     L1
        JZ     L2
        MOV    Z, #1
        AJMP   L3
L1:     MOV    Z, #0FFH
```

第3章 单片机指令系统及汇编语言程序设计

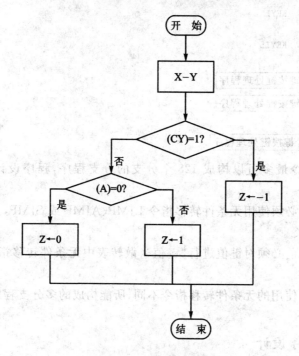

图 3-15 程序流程图

```
        AJMP    L3
L2:     MOV     Z,#0
L3:     SJMP    $
        END
```

当然,这并非是唯一正确的程序,其他方法请读者自行编写。

【例 3-28】 某单片机应用系统的 P1 口外接 16 个按键,经键盘扫描程序得到的键值(00H~0FH)存放在 RAM 的 60H 单元,16 个键的键盘处理程序的入口地址分别为 KEY0~KEY15,试编程实现根据键盘输入转向相应的按键处理程序。

在进行此类题目设计时,应该先在 ROM 中创建一个指向按键处理程序的由无条件转移指令指组成的散转表,再将散转表的首地址装入 DPTR,将键值码送入 A 中,利用查表的方法转向相应的按键处理程序,从而实现散转。程序如下:

```
        ORG     0000H
        LJMP    START
        ORG     007FH
START:  MOV     A,60H           ;取键值
        MOV     DPTR,#TAB       ;将散转表首地址送入 DPTR
        RL      A
        ADD     A,60H           ;由于散转表中使用了 LJMP 指令,需要对键值乘 3 调整
        JMP     @A+DPTR         ;根据键值查表,实现散转
        ⋮
TAB:    LJMP    KEY0            ;LJMP 指令组成的指向真正的按键处理程序的散转表
```

```
        LJMP    KEY1
         ⋮
        LJMP    KEY15
         ⋮
KEY0：  0号键按键处理程序
KEY1：  1号键按键处理程序
         ⋮
KEY15： 15号键按键处理程序
```

使用散转指令最多可以构成128个分支的分支程序，程序设计时应注意以下几点：

① 散转表中必须使用无条件转移指令 LJMP、AJMP 或 SJMP，且只能使用同一种无条件转移指令。

② 在散转之前必须对键值进行"键值×散转表中无条件转移指令所占字节数"的修正。

③ 散转表中使用的无条件转移指令不同，所能构成的多分支程序的最大分支数也不同。

3. 循环程序设计

在很多实际问题中，需要多次重复同一种操作，如果多次重复写某一段特定功能的程序段，势必会占用大量的 ROM 空间。这时，可以采用循环程序结构来缩短程序，这样不但减少了程序占用的 ROM 空间，也使得整个程序看起来更加简洁、清晰。

(1) 循环程序的典型结构

循环程序在一定的条件下反复执行某一部分的操作，其结构框图如图 3-16 所示。

循环程序有两种基本结构，即一种是先执行循环体一次，再判断条件，条件不成立再执行循环体，如图 3-16(a)所示。这种结构适用于循环次数已知的情况，它的特点是一进入循环，先执行循环体，再根据循环次数判断是否结束循环。另一种是先判断条件，条件不成立则执行循环体，如图 3-16(b)所示。这种结构适用于循环次数未知的情况，它的特点是将循环判出部分放在循环程序的入口处，先判断是否符合结束循环的条件，若符合结束循环的条件，则直接退出循环；否则，执行循环体。

循环程序结构一般包括以下几部分：

① 循环初始化。即设置循环过程中有关工作单元的初始值，如初始化循环次数、地址指针及相关单元的清零等。

② 循环体。循环体是需要重复执行的操作，因此，应注意尽量简化程序，以缩短执行时间。

③ 循环修改。每循环一次，必须修改相关单元的内容，如修改循环次数、数据及地址指针等。

第3章 单片机指令系统及汇编语言程序设计

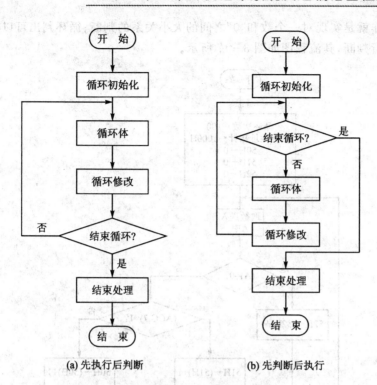

(a) 先执行后判断　　　　(b) 先判断后执行

图3-16　循环程序流程图

④ 循环判出。根据循环结束条件,判断是否结束循环。

(2) 循环嵌套与多重循环

构成循环程序的方法和形式是多种多样的,若循环体中不再包含循环程序,则称为单循环程序;若在一个循环体中又包含了其他的循环程序,则称该循环为循环嵌套。循环嵌套是实现延时程序的常用方法。使用多重循环时,必须注意以下几点:

① 循环嵌套必须层次分明,只允许外重循环程序嵌套内重循环程序,不允许产生内外层循环交叉,也不允许从循环程序外部跳入循环程序内部。

② 外循环可以一层层向内循环进入,结束时由里往外一层层退出。

③ 内循环可以直接转入外循环,实现一个循环由多个条件控制的循环结构方式。

若在编写程序时违反上述要求,则计算机在执行时必然出错。

【例3-29】 编写一个数据统计程序。假设从外部RAM的1000H开始,连续存放100个8位有符号二进制数,编程统计其中正数、负数和零的个数,并分别保存在内部RAM的50H、AT89S51H和52H单元。

要统计100个数中零、正数和负数的个数,需要判断一个数和"0"之间的大小关系,这个相同的操作要重复100次。由于已知循环次数,因此,采用先执行后判断的循环程序结构。其中,循环初始化包括对循环次数初始化和循环地址指针初始化;循环体的操作就是实现对一个数和"0"之间的大小关系的判断;循环判出可以直接对循环次数进行判断,其流程图如图3-17所示。

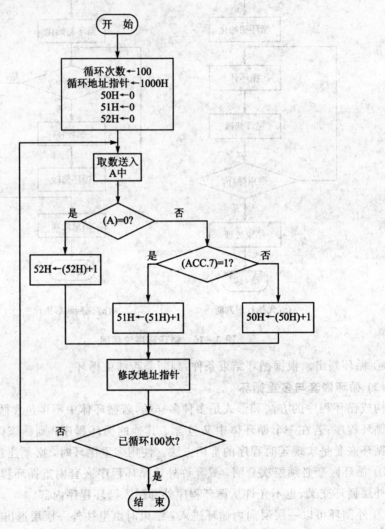

图3-17 程序流程图

程序如下:

```
            ORG    0000H
            AJMP   TONGJI
            ORG    0050H
    TONGJI: MOV    R0,#100         ;循环次数初始化为100
            MOV    DPTR,#1000H     ;循环地址指针初始化为1000H
            MOV    50H,#00H
            MOV    AT89S51H,#00H
            MOV    52H,#00H
```

```
LOP:    MOVX    A, @DPTR
        JZ      L1              ;A 的内容为零转到 L1
        JB      ACC.7, L2       ;符号位为 1 转到 L2
        INC     50H
        SJMP    L3
L1:     INC     52H
        SJMP    L3
L2:     INC     AT89S51H
L3:     INC     DPTR            ;地址指针加 1
        DJNZ    R0, LOP         ;循环次数减 1 不为零转到 LOP
        SJMP    $
        END
```

【例 3 - 30】 编写一个数据块传送程序。假设以外部 RAM 的 2000H 单元为首,存放着一个以"$"为结束符的数据块,其长度未知,试编程将其转存至 3000H 为首的外部 RAM 区域。

由于两个外部数据块间的数据传送必须经过累加器 A,先将要传送的内容读入 A 中并与"$"的 ASCII 码相比较,若不等,则传送;若相等则停止传送。因为要实现片外 RAM 到片外 RAM 的数据传送,而源数据块地址和目标数据块地址的低 8 位始终相同,这时,可以采用堆栈实现高 8 位地址 DPH 在 20H 和 30H 之间切换。另外,由于循环次数未知,所以采用先判断后执行的循环程序结构,其流程图如图 3 - 18 所示。

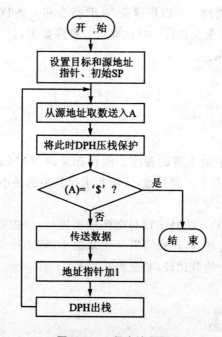

图 3 - 18 程序流程图

程序如下：

```
            ORG    0000H
            SJMP   MAIN
            ORG    0070H
MAIN:       MOV    DPTR, #2000H
            MOV    SP, #60H
L2:         PUSH   DPH
            MOVX   A, @DPTR
            CJNE   A, #24H, L1
;与 $ 的 ASCII 码比较,不等则转移到 L1
            SJMP   LE
L1:         MOV    DPH, #30H
            MOVX   @DPTR, A
            INC    DPTR
            POP    DPH
            SJMP   L2
LE:         SJMP   $
            END
```

【例 3-31】 编写一个延时软件。假设 CPU 的时钟晶振为 12 MHz,编写一个延时程序实现 1 ms 的延时。

软件延时程序的主体是 NOP 和 DJNZ 指令,其中 NOP 为单周期指令,DJNZ 为 2 个周期指令。当 CPU 晶振频率为 12 MHz 时,若一个机器周期为 1 μs,则 1 ms 的延时就是 1 000 个机器周期。可以用两条 NOP 指令和一条 DJNZ 指令构成一个 4 个机器周期的延时体,将其重复执行 250 次即可。程序如下：

```
DEL_1MS:    MOV    R0, #250
LOP:        NOP
            NOP
            DJNZ   R0, LOP
            SJMP   $
            END
```

【例 3-32】 编写求最小值的程序。假设在片内 RAM 的 30H 单元为首的 10 个单元中,连续存放了 10 个无符号数,试编程求出其中的最小值,并且将其保存在片内 RAM 的 40H 单元中。

寻找最小值最基本的方法是比较和交换依次进行,即先取第一个数和第二个数比较,并以第一个数为基准,若比较结果是比基准小,则不做交换继续和后面的数比较；否则交换后再和后面的数比较,其流程图如图 3-19 所示。

程序如下：

```
            ORG    0000H
            AJMP   MINSHU
            ORG    0050H
MINSHU:     MOV    R0, #30H
```

第3章 单片机指令系统及汇编语言程序设计

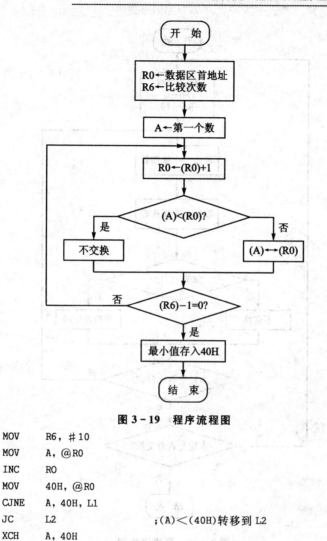

图 3-19 程序流程图

```
        MOV     R6,#10
        MOV     A,@R0
LOP:    INC     R0
        MOV     40H,@R0
        CJNE    A,40H,L1
L1:     JC      L2              ;(A)<(40H)转移到L2
        XCH     A,40H
L2:     DJNZ    R6,LOP
        SJMP    $
        END
```

【例3-33】 编写一个排序程序。假设在片内 RAM 30H 为首的 20 个单元中存放着一组无符号数,试编程将其降序排列。

数据排序常用冒泡法。执行时从前向后将相邻的两个数比较并按要求排序,对于降序排列,将相邻两个数比较后按照大数在前小数在后的顺序排序。第一次冒泡(相邻数比较排序),会把最小的数换到最后;第二次冒泡会把次小的数换到倒数第二的位置,依此类推实现降序排列。当整个冒泡过程没有数据交换位置时,说明排序完毕。

编程中,将 PSW 中的第 5 位 F0 作为冒泡过程有无数据交换的标志,当(F0)=0 时,表示无交换,排序完毕;(F0)=1,表示有交换。其流程图如图 3-20 所示。

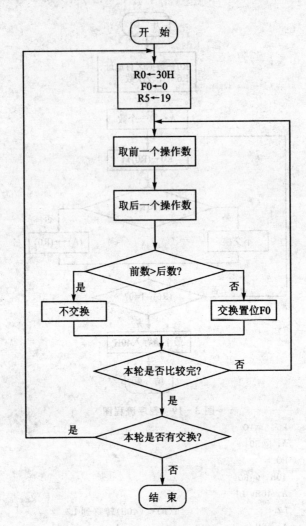

图 3-20　程序流程图

程序如下：

```
              ORG    0000H
              LJMP   PAIXU
              ORG    0100H
    PAIXU:    MOV    R0, #30H      ;地址指针初始化
              MOV    R5, #19       ;各次冒泡比较次数初始化
              CLR    F0            ;清零交换标志位
    LOOP:     MOV    A, @R0        ;取前数送入A
              MOV    20H, A        ;将前数暂存于20H
              INC    R0            ;修改地址指针准备取后数
              MOV    A, @R0        ;取后数送入A
              CJNE   A, 20H, L1    ;前数和后数比较
    L1:       JC     L2            ;后数小于前数转移
```

```
        MOV    @R0,20H        ;后数大于前数,互换
        DEC    R0
        MOV    @R0,A
        INC    R0
        SETB   F0             ;置位交换标志位
L2:     DJNZ   R5,LOOP        ;本轮未比较完,进行下一次比较
        JB     F0,PAIXU       ;有交换标志,进行新一轮冒泡
        SJMP   $
        END
```

【例 3-34】 设计 100 ms 延时程序。

计算机执行一条指令需要一定的时间,由一些指令组成一段程序,并反复循环执行,利用计算机执行程序所用的时间来实现延时,这种程序称为延时程序。如当系统使用 12 MHz 晶振时,一个机器周期为 1 μs,执行一条双字节双周期 DJNZ 指令的时间为 2 μs,因此,执行该指令 50 000 次,就可以达到延时 100 ms 的目的。对于 50 000 次循环可采用外循环、内循环嵌套的多重循环结构。其程序流程如图 3-21 所示。程序如下:

```
        ORG    1000H
        MOV    R6,#0C8H       ;外循环 200 次
LOOP1:  MOV    R7,#0F8H       ;内循环 248 次
        NOP                   ;时间补偿
LOOP2:  DJNZ   R7,LOOP2       ;延时 2 μs × 248 = 496 μs
        DJNZ   R6,LOOP1       ;延时 500 μs × 200 = 100 ms
        RET
```

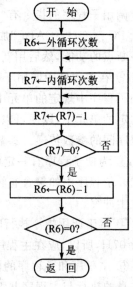

图 3-21 程序流程图

3.4.5 子程序

在实际问题中,需要在程序的不同地方重复同一种操作,例如,求各种函数和加减乘除运算、代码转换以及延时程序等。如果重复写这些指令,会使得整个程序显得拖沓冗长,也会占用大量的内存空间。这时,可以采用子程序结构,即将能够完成某种特定功能的程序写成独立的程序段——子程序,然后根据需要在主程序的不同地方对其进行调用,以简化程序结构。

在程序设计中恰当地使用子程序有如下优点:

① 不必重复书写同样的程序,提高编程效率。

② 编程的逻辑结构简单,便于阅读。

③ 缩短了源程序和目标程序的长度,节省了程序存储器空间。

④ 使程序模块化、通用化,便于交流、共享资源。

⑤ 便于按某种功能调试。

通常人们将一些常用的标准子程序驻留在 ROM 或外部存储器中,构成子程序库。丰富的子程序库对用户十分方便,对某些子程序的调用就像使用一条指令一样的方便。

在设计子程序时,应遵循以下几点要求:

① 为了方便主程序的调用,在子程序的开始位置必须有相应的地址标号,称之为子程序名;在子程序的末尾必须有相应的调用返回指令 RET,使其在子程序运行完毕时能够自动回到主程序的相应断点处。子程序一般紧接着主程序存放。

调用子程序的指令有"ACALL"和"LCALL",执行调用指令时,先将程序地址指针 PC 改变("ACALL"加 2,"LCALL"加 3),然后 PC 值压入堆栈,即具有保护主程序断点的功能,然后用新的地址值代替。

② 在主程序中调用子程序时,应在调用指令之前首先将子程序中用到的参数存入到子程序中规定的单元中。同样,子程序在运行结束前也要将相应的运行结果存入约定的单元中,以便可以在主程序中从相应单元获得所需的结果,这就是主程序和子程序间的参数传递。参数传递不能为立即数,应该采用存储单元地址或寄存器。

③ 为使子程序有一定的通用性,子程序中的操作对象应尽量使用地址或寄存器形式。子程序中如果含有转移指令,应尽量采用相对转移指令,以免和主程序中的地址发生冲突。

④ 由于调用指令执行时会自动将 PC 当前值压入堆栈,而堆栈指针 SP 的复位值为 07H,所以,应在主程序中对 SP 重新赋值。

⑤ 主程序和子程序的概念是相对的,一个子程序除了末尾有一条 RET 指令外,其本身的执行与主程序并无差异,因此在子程序中完全可以引用其他子程序,这种情况称为子程序嵌套。

【例 3 - 35】 假设单片机 P1 口外接 8 个共阳极发光二极管,如图 3 - 22 所示。试编程实现 8 个二极管按规律亮灭:从 P1.0 开始,每次只有两个发光二极管亮 200 ms,即 P1.0P1.1→P1.1P1.2→…→P1.6P1.7,设晶振频率为 12 MHz。

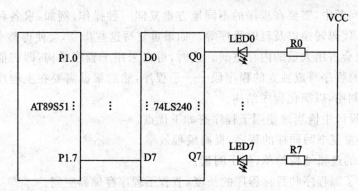

图 3 - 22　LED 电路连接图

由于发光二极管采用共阳极连接,所以当相应口线输出"0"时,二极管点亮;输出"1"时,二极管灭。因此,可以采用子程序结构,编写延时 0.2 s 的子程序 DELAY,而主程序只负责对 P1 口写相应的控制字。

主程序:实现对 P1 口的 8 个发光二极管点亮顺序的控制。

子程序:延时 0.2 s。

子程序名:DELAY,无输入输出参数。

主程序:

```
            ORG     0000H
            LJMP    START
            ORG     0030H
START:      MOV     SP,#60H
            MOV     A,#03H      ;控制发光二极管点亮的控制字送给A
LOP:        MOV     P1,A
            LCALL   DELAY       ;调用延时子程序
            RL      A           ;控制字右移一位
            SJMP    LOP
```

子程序:

```
            ORG     0100H
DELAY:      MOV     R6,#200     ;延时 200 ms 子程序
L2:         MOV     R5,#200
L1:         NOP
            NOP
            NOP
            DJNZ    R5,L1       ;200×5 μs = 1 000 μs
            DJNZ    R6,L2       ;1 ms×200 = 0.2 s
            RET                 ;返回主程序
            END
```

【例 3-36】 假设累加器 A 中存放着两个 8421BCD 码,试编程将其转换为相应的格雷码,结果保存在内部 RAM 的 40H 单元。

将 8421BCD 码转换成格雷码有两种方法。一种方法是,将其对应的格雷码建立一个表格再查表;另一种方法是,按照两种 BCD 之间的数序关系换算。显然,采用查表的方法更快,程序也更简洁。

子程序:查表实现 8421BCD 码向格雷码的转换。

子程序名:CHABIAO。

子程序入口参数:将要转换的 8421BCD 码扩展成 8 位后放入 A 中。

子程序出口参数:转换后的格雷码存入 A 中。

```
            ORG     0000H
            AJMP    MAIN
            ORG     0050H
MAIN:       MOV     SP,#60H
```

```
            MOV     30H, A              ;将A的内容转存在30H单元
            ANL     A, #0FH             ;A中的低4位8421BCD码扩展后放入A中
            LCALL   CHABIAO             ;调用查表子程序求其对应的格雷码
            MOV     R1, A               ;将转换后的格雷码转存入R1中
            MOV     A, 30H
            SWAP    A
            ANL     A, #0FH             ;读取A中的高4位8421BCD码
            LCALL   CHABIAO             ;调用查表子程序求其对应的格雷码
            SWAP    A
            ORL     A, R1               ;将两次的结果组合
            MOV     40H, A
            SJMP    $
            ORG     0200H
CHABIAO:    MOV     DPTR, #TAB
            MOVC    A, @A+DPTR
            RET
TAB:        DB      00H, 01H, 03H, 02H, 06H, 07H
            DB      05H, 04H, 0CH, 0DH
            END
```

【例3-37】 已知RAM的40H、41H单元分别存放着一个数a、b，试编程实现计算$c=a^2-b^2$，并将结果送入30H单元。设a、b都是小于10的正整数。

因为要求取平方，可以考虑建立平方表后查表计算的方法，并将查表求平方单独编写成一个子程序；主程序只用来计算平方差即可。

主程序：通过两次调用子程序得到a^2、b^2后，计算其差值，从而得到c的值。

子程序：用来查表求取$x^2(x\leqslant 10)$。

子程序名：SQU。

子程序入口参数：将x保存在A中。

子程序出口参数：将查表求得的x^2保存在A中。

主程序：

```
            ORG     0000H
            AJMP    STRAT
            ORG     0030H
STRAT:      MOV     SP, #60H
            MOV     A, 41H              ;将b送入子程序入口参数的指定地址
            LCALL   SQU                 ;调用查表子程序求b²
            MOV     R1, A               ;将子程序的出口参数转存至R1中
            MOV     A, 40H              ;将a送入子程序入口参数的指定地址
            LCALL   SQU                 ;调用查表子程序求a²
            CLR     C
            SUBB    A, R1               ;求a² - b²
            MOV     30H, A              ;保存结果
            SJMP    $
```

子程序：

```
            ORG     1000H
SQU:        MOV     DPTR,#TAB       ;表首地址送入 DPTR
            MOVC    A,@A+DPTR       ;查平方表
            RET                     ;子程序返回
TAB:        DB      0,1,4,9,16,25,36,49,64,81,100
            END
```

在实际的程序设计中,根据需要可以把任意一个具有特定功能的程序段编成子程序。因此,可以采用子程序结构把一个复杂的程序分割成很多独立的功能模块,这就是模块化设计的思路。这样,可以使整个程序结构清晰、易于调试,同时,也节省了内存。

本章小结

本章主要介绍了 AT89S51 单片机的指令系统和汇编语言程序设计的基本方法。本章学习的重点内容为:寻址方式、指令系统、伪指令和汇编语言程序的基本结构。

指令系统是计算机可执行命令的集合,熟悉和掌握指令是程序设计的前提。但是,只有掌握了各种寻址方式的特点才能更深刻地理解各条指令的功能。51 单片机提供了 7 种寻址方式:立即寻址、直接寻址、寄存器寻址、寄存器间接寻址、变址寻址、相对寻址和位寻址。其中,要注意区分立即寻址和直接寻址,寄存器寻址和寄存器间接寻址。

AT89S51 单片机的指令系统包括 111 条指令,按功能可以分为 5 大类:数据传送类指令、算术运算类指令、逻辑运算及移位类指令、控制转移类指令和位操作类指令。学习时,要注意分析各类指令的共性和每条指令的个性。

在熟练掌握各条指令功能的基础上,设计相应的功能程序才是最终的目的。但是,汇编语言源程序中除了有指令外,还需要仅为汇编过程提供信息的伪指令。伪指令虽然不生成机器代码,但也是汇编语言源程序中不可或缺的部分。因此,要熟练掌握常用伪指令的用法及其对汇编过程和汇编结果的影响。

汇编语言程序具有占用内存小、执行速度快的优点,因此,常用于实时控制。汇编语言程序的基本结构有:顺序结构、分支结构和循环结构。只要把握住各种结构程序的基本设计思路,合理灵活地使用指令,就可以实现预想的控制效果。当然,也可以根据需要将任意功能的程序段写成相对独立的子程序,再根据需要在主程序中调用,这样会使整个程序结构更加简洁、清晰。

思考与练习

1. 简述 MCS-51 汇编语言的指令格式及各部分的作用。
2. MCS-51 指令系统按照功能不同可以分为几类？各有什么特点？
3. MCS-51 指令系统的寻址方式有哪些？对应的访问空间是什么？
4. 间址寄存器的作用是什么？AT89S51 单片机中有几个间接寄存器，分别是什么？
5. AT89S51 单片机中有几个基址寄存器，分别是什么？
6. 位寻址中的位地址有几种表示形式？
7. 试分析下列两组指令的区别。
   (1) "INC A"和"ADD A, ♯01H"
   (2) "DEC A"和"SUBB A, ♯01H"
8. 请说明"DA A"指令的功能及其使用方法。
9. 试分析 CJNE 指令和 SUBB 指令在比较两个无符号数大小时的区别。
10. 指出下列指令中源操作数的寻址方式分别是什么？并分析每条指令的功能。

    (1) MOV   A, ♯00H
    (2) MOVX A, @DPTR
    (3) XRL   30H, A
    (4) MOV   A, R0
    (5) MOVC A, @A+PC
    (6) ANL   C, 20H
    (7) MOV   20H, 30H
    (8) JMP   @A+DPTR
    (9) MOV   R0, 40H
    (10) LCALL SQU

11. 指出下列指令中，哪些是非法指令？为什么？

    (1) MOV   A, @R6
        MOV   R1, R2
        MOV   A, B
        MOV   40H, 30H
        MOVC   A, @DPTR
        XCH   30H, ♯00H
        XCHD   A, R6
        PUSH   B
        PUSH   R0
    (2) ADD   30H, ♯20H
        ADDC   A, @R3

```
    DEC     DPTR
    INC     @R1
    MUL     AB
    ADD     R0,A
    INC     20H
    SUBB    A,@R1
    SUBB    A,60H
(3) ORL     20H,A
    ANL     20H,@R1
    XRL     A,@R0
    RLC     R0
    ANL     ACC.6,C
    CPL     R0
    CLR     20H
    XRL     A,30H
    SETB    A
```

12. 设(A)=20H,(R0)=30H,(30H)=0AH,(40H)=0F0H,(SP)=70H,(31H)=80H,试分析下列各程序段执行后相关 RAM 单元的内容。

```
(1) MOV     A,@R0
    MOV     @R0,40H
    SWAP    A
    XCHD    A,@R0
    MOVX    @R0,A
    PUSH    ACC
(2) ADD     A,@R0
    INC     @R0
    ADDC    A,@R0
    INC     R0
    SUBB    A,@R0
(3) MOV     A,31H
    XRL     A,@R0
    CPL     A
    RR      A
    CLR     C
    RLC     A
```

13. 试写出完成下列功能的指令。

(1) 数据传送类指令指令。

① R7 的内容送给 R0。

② 以 R0 的内容为地址的内容送给 R6。

③ 片外 RAM 60H 单元的内容送给片内 RAM 的 30H 单元。

④ 片外 RAM 2000H 单元的内容送入 R3。

⑤ 片外 RAM 3000H 单元的内容送给片外 RAM 的 1000H 单元。

⑥ ROM 的 1000H 单元的内容送到 P1 口。

⑦ ROM 的 1000H 单元的内容送到 R5。

⑧ ROM 的 2000H 单元的内容送到片外 RAM 的 2000H 单元。

(2) 算术运算类指令。

① 将片内 RAM 60H 单元的内容和片内 RAM 50H 单元的内容相加,结果保存在 60H、61H 单元。

② 用片内 RAM 60H 单元的内容减去 R0 的内容,结果保存到片外 RAM 的 30H 单元。

③ 将 R0 的内容和 R3 的内容相乘,乘积的高、低 8 位分别保存在片内 RAM 的 61H、60H 单元。

④ 用片外 RAM 1000H 单元的内容除以片外 RAM 1001H 单元的内容,把商和余数分别保存在片内 RAM 的 AT89S51H、50H 单元。

⑤ 将片内 RAM 60H 和 61H 单元中的两个用 BCD 码表示的两位十进制数相加,并将其和的 BCD 码保存在片内 RAM 的 63H 单元(设其和小于 100)。

(3) 逻辑运算及移位类指令。

① 将 R0 的第 0、2、6 位清零,其他位保持不变。

② 将 R1 的第 0、2、6 位置 1,其他位保持不变。

③ 将 R0 的第 1、3、7 位取反,其他位保持不变。

④ 将片内 RAM 30H 单元的内容右移两位再存入片外 RAM 的 1000H 单元。

⑤ 将片外 RAM 30H 单元的内容左移两位再存入片内 RAM 的 30H 单元。

⑥ 将片外 RAM 60H 单元的第 6、7 位取反,第 0、3 位清零,其他位保持不变。

(4) 位操作类指令。

① 将 30H 位的状态传送到 40H 位。

② 将 30H 位的状态和 40H 位的状态互换。

14. 分析下面三组指令的执行结果有何不同?

```
(1) MOV    A,#99H
    INC    A
(2) MOV    A,#36H
    ADD    A,#28H
    DA     A
(3) MOV    A,#99H
    ADD    A,#01H
```

15. 分析下面两段程序中各指令的作用,想一想程序执行完转向何处?

```
(1) MOV    P1,#93H
    MOV    A,P1
    ADD    A,#75H
    JB     ACC.6,L1
    JC     L2
(2) MOV    A,#0F8H
```

```
CLR     C
SUBB    A,#90H
JBC     ACC.3,L1
JNZ     L2
```

16. 什么是伪指令,伪指令的作用是什么？常用的伪指令有哪些？
17. 什么是汇编语言,它有什么特点？什么是汇编？
18. 试编程实现 $G=\overline{D}\,E+FD$,其中 D、E、F 和 G 分别为位地址。
19. 试编程计算 $\frac{2}{3}x(y+z)$,其中 x、y 和 z 均为 8 位无符号二进制数。
20. 试编程计算 $y=12x$,其中 x 为 8 位无符号数(设 $12x<255$)。
21. 试编程实现下面的函数,其中 a、b 分别为 8 位无符号数。

$$y=\begin{cases}a+b, & a<b \\ 0, & a=b \\ a-b, & a>b\end{cases}$$

22. 试编程实现下面的函数,其中 x 为一个 8 位有符号二进制数。

$$y=\begin{cases}1, & 60\leqslant x\leqslant 100 \\ 0, & 0\leqslant x<60 \\ -1, & x<0 \text{ 或 } x>100\end{cases}$$

23. 假设某单片机有 8 个按键操作程序的入口地址分别为 KEY0~KEY7,按键值保存在内部 RAM 的 4AH 单元,试编程实现根据按键值转向相应的按键操作程序。
24. 试编程将片内 RAM 30H 单元开始的 50 个数送到片外 RAM 以 1000H 单元为首的区域内,并将原数据区清零。
25. 试编程实现将 ROM 单元 1000H 为首的 100 个数送到片外 RAM 30H 为首的 100 单元中。
26. 设有 100 个学生的考试成绩(百分制)存放在片外 RAM 1000H 为首的单元中,试编程统计其中的不及格(成绩<60)、中等(60≤成绩<80)和优秀(成绩≥80)的人数分别是多少。
27. 试编程寻找在内部 RAM 以 30H 为首的 40 个单元中的 40 个无符号数中的最大值。
28. 从内部 RAM 30H 单元开始连续存放了 40 个字符的 ASCII 码,试编程寻找第一个"$"所在的地址单元,并将该地址存放在内部 RAM 的 60H 单元,如果未找到"$"字符,则在 60H 单元中存入"-1"。
29. 编写双字无符号数加法子程序。
30. 试编程实现将某单元内的两个 BCD 数转换成其 ASCII 码的子程序。

第 4 章
定时/计数器原理及应用

在实时控制系统中,常常需要有实时时钟以实现定时或延时控制,也常需要有计数功能以实现对外界事件进行计数。51 单片机内有两个定时/计数器(Timer/Counter)T0 和 T1;52 子系统中除这两个定时器外,还有一个定时/计数器 T2,后者的功能比前者强。本章主要介绍 AT89S51 的两个定时器结构、原理、工作方式及其应用。

4.1 定时/计数器的结构和工作原理

微机系统用到各种各样的定时/计数器,可以由纯硬件构成,纯软件构成,也可软硬件结合构成。纯硬件定时/计数器欠灵活,纯软件定时/计数器占用 CPU 的工作时间,单片机的定时/计数器都采用软硬件结合构成。

4.1.1 单片机定时/计数器的结构

单片机采用软硬件结合的方法,配置了专用的定时和计数逻辑电路,可以通过程序在线调整它的参数,一般称为可编程定时/计数器。由于可编程定时/计数器的功能强、使用灵活等优点,在微机系统中得到了广泛应用。

AT89S51 单片机内部有两个 16 位的可编程定时/计数器,称为定时器 0(用 T0 表示)和定时器 1(用 T1 表示),可以编程选择其作为定时器用或作为计数器用。此外,工作方式、定时时间、计数值、启动、中断请求等都可以由程序设定,其逻辑结构框图如图 4-1 所示。

AT89S51 定时/计数器由定时器 0、定时器 1、定时器方式寄存器 TMOD 和定时器控制寄存器 TCON 组成。

定时器 0、定时器 1 是 16 位加法计数器,分别由两个 8 位专用寄存器组成。定时器 0 由 TH0 和 TL0 组成,定时器 1 由 TH1 和 TL1 组成。TL0、TL1、TH0、TH1 的访问地址依次为 8AH~8DH,每个寄存器均可单独访问。

定时器 0 或定时器 1 用作计数器时,对芯片引脚 T0(P3.4)或 T1(P3.5)上输入

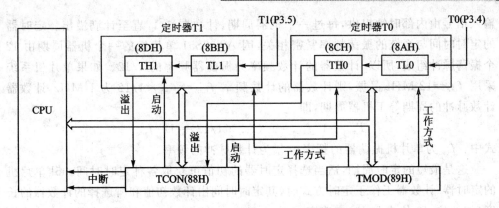

图 4-1　AT89S51 单片机定时/计数器逻辑结构图

的脉冲计数,每输入一个脉冲,加法计数器加 1;其用作定时器时,对内部机器周期脉冲计数,由于机器周期是定值,故计数值确定时,时间也随之确定。

其中 TMOD、TCON 与定时器 0、定时器 1 间通过内部总线及逻辑电路连接,TMOD 用于设置定时器的工作方式,TCON 用于控制定时器的启动与停止。

4.1.2　定时/计数器的工作原理

51 单片机的两个定时/计数器均有两种工作方式,即定时工作方式和计数工作方式。这两种工作方式由 TMOD 的 D6 位和 D2 位选择,即 $C/\overline{T}$ 位,其中 D6 位选择 T1 的工作方式,D2 位选择 T0 的工作方式。

定时/计数器 T0 和 T1 是在 TMOD 和 TCON 的联合控制下进行定时或计数工作的,其输入时钟和控制逻辑如图 4-2 所示。

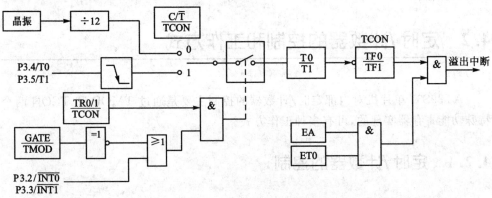

图 4-2　T0 和 T1 输入时钟与控制逻辑图

1. 定时工作方式

当定时/计数器设置为定时工作方式时,计数器对内部机器周期计数,计数脉冲输入信号由内部时钟提供,每过一个机器周期,计数器增1,直至计满溢出。定时器的定时时间与系统的振荡频率紧密相关,因 AT89S51 单片机的一个机器周期由 12 个振荡脉冲组成,所以,计数器的计数频率为振荡器频率的 1/12。如果单片机系统采用 $f_{osc}=12$ MHz 晶振,则计数器的计数频率 $f_{cont}=f_{osc}\times 1/12$ 为 1 MHz,计数器计数脉冲的周期等于机器周期,即

$$T_{cont}=1/f_{cont}=1/(f_{osc}\times 1/12)=12/f_{osc}$$

式中:f_{osc} 为单片机振荡器的频率;f_{cont} 为计数脉冲的频率。

这是最短的定时周期,适当选择定时器的初值可获取各种定时时间。51 单片机的定时器/计数器工作于定时方式时,其定时时间由计数初值和所选择的计数器的长度(如 8 位、13 位或 16 位)来确定。

2. 计数工作方式

当定时/计数器设置为计数工作方式时,计数器对来自输入引脚 T0(P3.4)和 T1(P3.5)的外部信号计数,外部脉冲的下降沿将触发计数。在每个机器周期的 S_5P_2 期间采样引脚输入电平,若前一个机器周期采样值为 1,后一个机器周期采样值为 0,则计数器加 1。新的计数值是在检测到输入引脚电平发生 1 到 0 的负跳变后,于下一个机器周期的 S_3P_1 期间装入计数器中的,可见,检测一个由 1 到 0 的负跳变需要两个机器周期,所以,最高检测频率为振荡频率的 1/24。计数器对外部输入信号的占空比没有特别的限制,但必须保证输入信号的高电平与低电平的持续时间在一个机器周期以上。

当设置了定时器的工作方式并启动定时器工作后,定时器就按被设定的工作方式独立工作,不再占用 CPU 的操作时间,只有在计数器计满溢出时才可能中断 CPU 当前的操作。

4.2 定时/计数器的控制和工作方式

AT89S51 单片机对内部定时/计数器的控制主要是通过 TMOD 和 TCON 两个特殊功能寄存器实现的,可有多种工作方式。

4.2.1 定时/计数器的控制

与定时/计数器工作有关的是 TMOD 和 TCON 两个特殊功能寄存器。

1. 定时/计数器方式寄存器 TMOD

TMOD 为定时器 0、定时器 1 的工作方式寄存器,用于控制 T0 和 T1 的工作方式,低 4 位用于控制 T0,高 4 位用于控制 T1,8 位格式如图 4-3 所示。TMOD 的

地址为 89H,其各位状态只能通过 CPU 的字节传送指令来设定而不能用位寻址指令改变,复位时各位状态为 0。

D7	D6	D5	D4	D3	D2	D1	D0
GATE	C/$\overline{\text{T}}$	M1	M0	GATE	C/$\overline{\text{T}}$	M1	M0
←——— 定时器1 ———→				←——— 定时器0 ———→			

图 4-3 TMOD 格式

TMOD 的低 4 位为定时器 0 的方式字段,高 4 位为定时器 1 的方式字段,它们的含义完全相同。TMOD 各位的控制功能说明如下。

① M1 和 M0:方式选择位。2 位可形成 4 种编码,对应于 4 种操作方式。定义如表 4-1 所列。

表 4-1 T0、T1 工作方式选择

M1	M0	操作模式	功能简述
0	0	模式 0	13 位计数器,TLi(i=0,1)只用低 5 位
0	1	模式 1	16 位计数器
1	0	模式 2	自动重装初值的 8 位计数器。仅 TLi 作为计数器,而 THi 的值在计数中不变(i=0,1)。TLi 溢出时,THi 中的值自动装入 TLi 中
1	1	模式 3	T0 分为两个 8 位独立计数器;T1 停止计数

② C/$\overline{\text{T}}$:功能选择位。当 C/$\overline{\text{T}}$=0 时,定时/计数器被设置为定时器工作方式,计数脉冲由内部提供,计数周期等于机器周期;当 C/$\overline{\text{T}}$=1 时,定时/计数器设置为计数器工作方式,计数脉冲为外部引脚 T0 或 T1 引入的外部脉冲信号。

③ GATE:门控位。用来控制定时/计数器的启动操作方式。

当 GATE=0 时,只能利用控制位 TR0 或 TR1 来控制定时/计数器的启停。TRi 位置 1 时,启动定时/计数器;TRi 位为 0 时,定时/计数器停止工作。

当 GATE=1 时,定时/计数器的启动要由外部中断引脚和 TRi 位共同控制。只有当外部中断引脚$\overline{\text{INT0}}$或$\overline{\text{INT1}}$为高时,软件控制位 TR0 或 TR1 置 1 才允许外部中断启动对应的定时器工作。

TMOD 不能位寻址,只能用字节指令设置高 4 位定义定时器 1,低 4 位定义定时器 0 的定时器工作方式。TMOD 的低 4 位用于定义定时器 T0,高 4 位用于定义定时器 T1。系统复位时 TMOD 所有位均为 0。

2. 定时/计数器控制寄存器 TCON

TCON 是一个 8 位寄存器,TCON 的作用是控制定时器的启动、停止,标志定时器的溢出和中断情况。TCON 的地址为 88H,既可进行字节寻址又可进行位寻址。

复位时所有位被清零。各位定义如表 4-2 所列。表中 TR0 和 TR1 分别用于控制 T0 和 T1 的启动与停止,TF0 和 TF1 用于标志 T0 和 T1 是否产生了溢出中断请求,详细说明请参阅 5.2 节。

表 4-2 TCON 各位定义

位地址	8FH	8EH	8DH	8CH	8BH	8AH	89H	88H
TCON (88H)	D7 (TCON.7)	D6 (TCON.6)	D5 (TCON.5)	D4 (TCON.4)	D3 (TCON.3)	D2 (TCON.2)	D1 (TCON.1)	D0 (TCON.0)
	TF1	TR1	TF0	TR0	IE1	IT1	IE0	IT0

TCON 各位含义如下。

① TCON.7　TF1:定时器 1 溢出标志位。当定时器 1 计满数产生溢出时,由硬件自动置 TF1=1。在中断允许时,向 CPU 发出定时器 1 的中断请求,进入中断服务程序后,由硬件自动清 0。在中断屏蔽时,TF1 可作查询测试用,此时只能由软件清 0。

② TCON.6　TR1:定时器 1 运行控制位。由软件置 1 或清 0 来启动或关闭定时器 1。当由软件将 TR1 清 0 时,则停止定时/计数器 1 的工作。定时/计数器 1 启动时该位应置 1。

③ TCON.5　TF0:定时器 0 溢出标志位。其功能及操作情况同 TF1。

④ TCON.4　TR0:定时器 0 运行控制位。其功能及操作情况同 TR1。

⑤ TCON.3　IE1:外部中断 1 请求标志位。

⑥ TCON.2　IT1:外部中断 1 触发方式选择位。

⑦ TCON.1　IE0:外部中断 0 请求标志位。

⑧ TCON.0　IT0:外部中断 0 触发方式选择位。

定时/计数器的启动与门控位(GATE)、外部中断引脚上的电平有关。当 GATE 设置为 0 时,定时/计数器的启动仅由 TRi=1 控制;而当 GATE 设置为 1 时,如果要启动定时/计数器 Ti,除要求 TRi=1 外,还要求外部中断 $\overline{INTi}=1$。

TCON 中的低 4 位用于控制外部中断,与定时/计数器无关。当系统复位时,TCON 的所有位均清 0。

TCON 的字节地址为 88H,可以位寻址,清溢出标志位或启动定时器都可以用位操作指令。如"SETB TR1"及"JBC TF1,L"。

4.2.2　定时/计数器的初始化

由于定时/计数器的功能是由软件编程确定的,这就需要向有关寄存器写入一些控制命令字。在启动定时/计数器工作之前,CPU 必须将一些命令(称为控制字)写入定时/计数器中,这个过程称为定时/计数器的初始化。一般在使用定时/计数器前都要对其进行初始化,初始化程序应放在主程序的开始处。定时/计数器的初始化通过定时/计数器的方式寄存器 TMOD 和控制寄存器 TCON 完成。初始化骤如下:

1. 确定工作方式——对 TMOD 赋值

确定定时/计数器的工作方式、操作模式、启动控制方式,并利用传送指令将相应的控制字写入 TMOD 寄存器。例如"MOV TMOD,♯10H",表明定时器 1 工作在方式 1,且工作在定时器方式。

2. 预置定时/计数器的初值

直接将初值写入 TH0、TL0 或 TH1、TL1 中。16 位计数初值必须分两次写入对应的计数器。不同的工作方式、不同的操作模式其计数初值均不相同。

因为 AT89S51 的两个定时/计数器 T0、T1 不论是工作在计数器模式还是定时器模式下,都是加 1 计数器,当加到溢出值时产生溢出,将 TFi 位置 1,可发出溢出中断。

设实际计数值为 C,计数最大值(溢出值)为 M,计数初始值为 X,则计数器初值 X 的计算式为

$$X = M - C$$

式中:M 由操作模式确定。各操作模式下的 M 值为

工作模式 0: $M = 2^{13} = 8\ 192$

工作模式 1: $M = 2^{16} = 65\ 536$

工作模式 2: $M = 2^8 = 256$

工作模式 3: $M = 2^8 = 256$

这样,在计数器模式和定时器模式下,计数初值都是 $X = M - C$(十六进制数)。

(1) 计数器方式

当 T0 或 T1 工作于计数器方式时,计数脉冲由外部引入,它是对外部脉冲进行计数。因此计数值应根据实际要求来确定。计数初值的计算公式为

$$X = M - C$$

例如:某工序要求对外部脉冲信号计录 100 次后,才需要处理,则计数初值为 $X = M - 100$。

(2) 定时器方式

当 T0 或 T1 工作于定时器方式时,由于是对机器周期进行计数,故计数值应为定时时间对应的机器周期个数。为此,应首先将定时时间转换为所需要记录的机器周期个数(计数值)。

定时器模式下对应的定时时间为

$$T_c = C \cdot T_p = (M - X) T_p$$

机器周期个数(计数值)为

$$C = \frac{T_c}{T_p}$$

式中：T_c 为定时时间；T_p 为机器周期，为晶振时钟周期的 12 倍，$T_p = \frac{12}{f_{osc}}$；f_{osc} 为机器时钟（振荡器）的振荡频率。

计数初值的计算公式为

$$X = M - C = M - \frac{T_c}{T_p} = M - (T_c \times f_{osc})/12$$

3. 根据要求考虑是否采用中断方式

直接对 IE 位赋值。开放中断时，对应位置 1；采用程序查询方式时，IE 中对应位应清 0 进行中断屏蔽。

4. 启动定时/计数器工作

使用"SETB TRi"指令，给定时器控制寄存器 TCON 送命令字，控制定时/计数器的启动和停止。若第一步设置为软启动，即 GATE 设置为 0 时，以上指令执行后，定时/计数器即可开始工作。若 GATE 设置为 1 时，还必须由外部中断源 $\overline{INTi}$ 共同控制，只有当 $\overline{INTi}$ 引脚电平为高时，以上指令执行后，定时/计数器方可启动工作。定时/计数器一旦启动就按规定的方式定时或计数。

4.2.3 定时/计数器的工作方式

由上述内容可知，通过对 TMOD 寄存器中 M0、M1 位进行设置，可选择 4 种工作方式，下面逐一进行论述。

1. 方式 0

方式 0 时，定时/计数器被设置为一个 13 位的计数器，这 13 位由 TH 的高 8 位和 TL 中的低 5 位组成，其中 TL 中的高 3 位不用。图 4-4 是定时器 0 在方式 0 时的逻辑电路结构，定时器 1 的结构和操作与定时器 0 完全相同。

当 TL0 低 5 位溢出时自动向 TH0 进位，而 TH0 溢出时向中断位 TF0 进位（硬件自动置位），并申请中断。

装入和读取数据时，应注意 13 位数据与 16 位数据之间的转换。例如：将 $X = 0001111100000110B = 1F06H$ 的 16 位数据装入 13 位定时/计数器的工作寄存器（THi+TLi(低 5 位)）中。装入时应先将 16 位数据转换为 13 位工作寄存器所对应的数据。方法是：16 位数据低 5 位作为 TLi 的低 5 位；由于 TLi 的高 3 位未用，应补填 0；16 位数据的 D12~D5 送入 THi 中（高 8 位）。所以 13 位工作寄存器中存放的实际数值为 1111100000000110B，即 F806H。

① 当 C/$\overline{T}$=0 时，多路开关连接 12 分频器输出，T0 选择为定时器模式，对 CPU

第 4 章　定时/计数器原理及应用

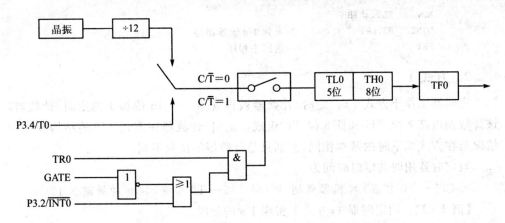

图 4-4　定时器方式 0 时的逻辑电路结构图

内部机器周期加 1 计数,其定时时间 $T=(2^{13}-T0$ 初值$)\times$机器周期。

② 当 C/$\overline{T}$=1 时,多路开关与 T0(P3.4)相连,T0 选择为计数器模式,对 T0(P3.4)引脚输入的外部电平信号由"1"到"0"的负跳变进行加 1 计数。

③ 当 GATE=0 时,或门的另一输入信号 $\overline{INT0}$ 将不起作用,或门输出常 1,打开与门,仅用 TR0 来控制 T0 的启动与停止。TR0=1,接通控制开关,定时器 0 从初值开始计数直至溢出。溢出时,16 位加计数器为"0",TF0 置位,并申请中断。如要循环计数,则定时器 0 需重置初值,且需用软件将 TF0 复位,TR0=0,则与门被封锁,控制开关被关断,停止计数。

④ 当 GATE=1 时,$\overline{INT0}$ 和 TR0 同时控制 T0 的启/停。只有当两者都为"1"时,定时器 T0 才能启动计数,否则停止计数。

【例 4-1】　用定时器 1,方式 0 实现 1 s 的延时。

因方式 0 采用 13 位计数器,其最大定时时间为 8192×1 μs $= 8.192$ ms,因此,可选择定时时间为 5 ms,再循环 200 次。定时时间选定后,再确定计数值为 5 000,则定时器 1 的初值为

$$X = M - 计数值 = 8192 - 5000 = 3192 = C78H = 0110001111000B$$

因 13 位计数器中 TL1 的高 3 位未用,应填写 0,TH1 占高 8 位,所以,X 的实际填写值应为 $X=0110001100011000B=6318H$。即 TH1=63H,TL1=18H,又因采用方式 0 定时,故 TMOD=00H。编程得 1 s 延时子程序如下:

```
DELAY: MOV   R3,#200      ;置 5 ms 计数循环初值
       MOV   TMOD,#00H    ;设定时器 1 为方式 0
       MOV   TH1,#63H     ;置定时器初值
       MOV   TL1,#18H
       SETB  TR1          ;启动 T1
LP1:   JBC   TF1,LP2      ;查询计数溢出
       SJMP  LP1          ;未到 5 ms 继续计数
LP2:   MOV   TH1,#63H     ;重新置定时器初值
```

```
        MOV     TL1,#18H
        DJNZ    R3,LP1              ;未到1 s继续循环
        RET                         ;返回主程序
```

2. 方式1

定时器工作于方式1时,定时/计数器被设置为一个16位加1的定时/计数器,该计数器由高8位TH和低8位TL组成。定时/计数器在方式1下的结构及工作情况与在方式0下时的基本相同,差别只是计数器的位数不同。

当定时器用时其定时时间为

$(2^{16}-T0初值)\times$ 机器周期 $=(65\,536-T0初值)\times$ 时钟周期 $\times 12$

【例4-2】 用定时器1,方式1实现1 s的延时。

因方式1采用16位计数器,其最大定时时间为$65\,536\times 1\,\mu s = 65.353\,6$ ms,因此可选择定时时间为50 ms,再循环20次。定时时间选定后,再确定计数值为50 000,则定时器1的初值为$X=M-$计数值$=65\,536-50\,000=15\,536=3CB0H$。

即TH1=3CH,TL1=0B0H,又因采用方式1定时,故TMOD=10H。编程得1 s延时子程序如下:

```
DELAY:  MOV     R3,#14H             ;置50 ms计数循环初值
        MOV     TMOD,#10H           ;设定时器1为方式1
        MOV     TH1,#3CH            ;置定时器初值
        MOV     TL1,#0B0H
        SETB    TR1                 ;启动定时器1
LP1:    JBC     TF1,LP2             ;查询计数溢出
        SJMP    LP1                 ;未到50 ms继续计数
LP2:    MOV     TH1,#3CH            ;重新置定时器初值
        MOV     TL1,#0B0H
        DJNZ    R3,LP1              ;未到1 s继续循环
        RET
```

3. 方式2

定时/计数器工作于方式2时,其逻辑结构图如图4-5所示。方式2时,16位加法计数器的TH0(或TH1)和TL0(或TL1)具有不同功能,其中,TL0(或TL1)是8位计数器,TH0(或TH1)是一个具有计数初值重装功能的8位寄存器。

从例4-1和例4-2中可看出,方式0和方式1用于循环计数,在每次计满溢出后,计数器都复0,要进行新一轮计数还需重置计数初值。这不仅导致编程麻烦,而且影响定时时间精度。

方式2具有初值自动装入功能,避免了上述缺陷,适合用作较精确的定时脉冲信号发生器。其定时时间为

$(M-$定时器0初值$)\times$时钟周期$\times 12=(256-$定时器0初$)\times$时钟周期$\times 12$

方式2中16位加法计数器被分割为两个,TL0用作8位计数器,TH0用以保持

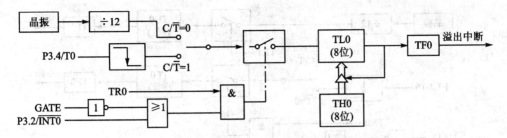

图 4-5 定时器 0(或定时器 1)方式 2 时的逻辑结构图

初值。在程序初始化时,TL0 和 TH0 由软件赋予相同的初值。一旦 TL0 计数溢出,TF0 将被置位,同时,TH0 中的初值装入 TL0,从而进入新一轮计数,如此循环不止。

【例 4-3】 试用定时器 1,方式 2 实现 1 s 的延时。

因方式 2 是 8 位计数器,其最大定时时间为 $256 \times 1~\mu s = 256~\mu s$,为实现 1 s 延时,可选择定时时间为 250 μs,再循环 4 000 次。定时时间选定后,可确定计数值为 250,则定时器 1 的初值为 $X = M - $ 计数值 $= 256 - 250 = 6 = 6H$。采用定时器 1,方式 2 工作,因此,TMOD=20H。编程得 1 s 延时子程序如下:

```
DELAY: MOV    R5,#28H      ;置 25 ms 计数循环初值
       MOV    R6,#64H      ;置 250 μs 计数循环初值
       MOV    TMOD,#20H    ;置定时器 1 为方式 2
       MOV    TH1,#06H     ;置定时器初值
       MOV    TL1,#06H
       SETB   TR1          ;启动定时器
LP1:   JBC    TF1,LP2      ;查询计数溢出
       SJMP   LP1          ;无溢出则继续计数
LP2:   DJNZ   R6,LP1       ;未到 25 ms 继续循环
       MOV    R6,#64H
       DJNZ   R5,LP1       ;未到 1 s 继续循环
       RET
```

4. 方式 3

定时/计数器 T0 和 T1 在前三种工作方式下,其功能完全相同,但在方式 3 下,T0 与 T1 的功能相差很大。

当将 T0 设置为方式 3 时,定时器 T0 的两个寄存器 TH0 和 TL0 被分成两个互相独立的 8 位计数器,其逻辑结构如图 4-6 所示。其中,TL0 占用原定时器 0 的全部控制位、引脚和中断源,即 GATE、TR0、TF0 和 T0(P3.4)引脚、$\overline{INT0}$(P3.2)引脚。除计数位数不同于方式 0、方式 1 外,其功能、操作与方式 0、方式 1 完全相同,可定时亦可计数。TH0 占用原定时器 1 的控制位 TF1 和 TR1,同时还占用了定时器 1 的中断源,其启动和关闭仅受 TR1 置 1 或清 0 控制。TH0 只能对机器周期进行计数,因此,TH0 只能用作简单的内部定时,不能用作对外部脉冲进行计数,是定时器 0 附加的一个 8 位定时器。

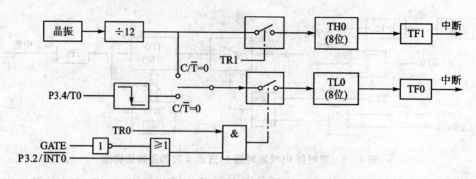

图 4-6 定时器 0 方式 3 时的逻辑结构

当 T1 设置为方式 3 时,它将保持初始值不变,并停止计数,其状态相当于将启/停控制位设置成 TR1=0,因而 T1 不能工作在方式 3 下。

当 T0 设置为方式 3 时,定时器 1 仍可设置为方式 0、方式 1 或方式 2 中任意一种方式下的定时或计数。

由于 TR1、TF1 及 T1 的中断源已被定时器 0 占用,此时,定时器 1 仅由控制位切换其定时或计数功能,当计数器计满溢出时,只能将输出送往串行口,因此,没有运行控制和溢出中断功能。在这种情况下,定时器 1 一般用作串行口波特率发生器或不需要中断的场合。因定时器 1 的 TR1 被占用,因此其启动和关闭较为特殊,当设置好工作方式时,定时器 1 即自动开始运行。若要停止操作,只需送入一个设置定时器 1 为方式 3 的方式字即可。

当 T0 设置为方式 3 时,TL0、TH0 的定时时间分别为

TL0:(M－TL0 初值)×时钟周期×12=(256－TL0 初值)×时钟周期×12

TH0:(M－TH0 初值)×时钟周期×12=(256－TH0 初值)×时钟周期×12

【例 4-4】 用定时器 0,方式 3 实现 1 s 的延时。

根据题意,定时器 0 中的 TH0 只能为定时器,定时时间可设为 250 μs;TL0 设置为计数器,计数值可设为 200。TH0 计满溢出后,用软件复位的方法使 T0(P3.4)引脚产生负跳变,TH0 每溢出一次,T0 引脚便产生一个负跳变,TL0 便计数一次。TL0 计满溢出时,延时时间应为 50 ms,循环 20 次便可得到 1 s 的延时。

由上述分析可知,TH0 计数初值为 X=(256－250)=6=06H,TL0 计数初值为 X=(256－200)=56=38H,TMOD=00000111B=07H。

编程得 1 s 延时子程序如下:

```
DELAY: MOV    R3,#14H        ;置 100 ms 计数循环初值
       MOV    TMOD,#07H      ;置定时器 0 为方式 3 计数
       MOV    TH0,#06H       ;置 TH0 初值
       MOV    TL0,#38H       ;置 TL0 初值
       SETB   TR0            ;启动 TL0
       SETB   TR1            ;启动 TH0
LP1:   JBC    TF1,LP2        ;查询 TH0 计数溢出
```

第 4 章　定时/计数器原理及应用

```
        SJMP    LP1                 ;未到 500 μs 继续计数
LP2:    MOV     TH0,#06H            ;重置 TH0 初值
        CLR     P3.4                ;T0 引脚产生负跳变
        NOP                         ;负跳变持续
        NOP
        SETB    P3.4                ;T0 引脚恢复高电平
        JBC     TF0,LP3             ;查询 TH0 计数溢出
        SJMP    LP1                 ;100 ms 未到继续计数
LP3:    MOV     TL0,#38H            ;重置 TL0 初值
        DJNZ    R3,LP1              ;未到 1 s 继续循环
        RET
```

综上所述可知，模式 0、模式 1、模式 3 为非自动重装计数器。在初始化程序和中断服务程序中均应对工作寄存器 TLi、THi 进行装载操作。即利用 MOV 指令将装载值（计数初值）装入工作寄存器中。

模式 2 为 8 位自动重装计数器。仅 TLi 作为工作寄存器，而 THi 的值在计数中保持不变。TLi 溢出时，THi 中的值将作为装载值由 CPU 自动装入 TLi 中。因此，使用时为了保证 Ti 首次工作也能正常运行，在初始化时 TLi、THi 均应装入相同的装载值（计数初值），而在中断服务程序中不需要再装入计数初值。

模式 3 只适用定时/计数器 T0。T0 在该模式下被拆成两个独立的 8 位计数器 TH0 和 TL0，其中 TL0 使用原来 T0 的一些控制位和引脚，它们是：$C/\overline{T}$、GATE、TR0、TF0 和 T0(P3.4)引脚及 $\overline{INT0}$(P3.2)引脚。此模式下的 TL0 的操作与模式 0、模式 1 完全相同，可作定时器也可作计数器用。该模式下，TH0 只可用作简单的内部定时器功能，它借用原定时器 T1 的控制位和溢出标志位 TR1 和 TF1，同时占用了 T1 的中断源。TH0 的启动和停止仅受 TR1 的控制。TR1=1，TH0 启动定时；TR1=0，TH0 停止定时工作。

当 T0 选作操作模式 3 时，由于 T1 的 TF1 被 TH0 占用，所以 T1 仅可用在任何不需要中断的场合，仍可设置为模式 0、模式 1、模式 2。通过设置 $C/\overline{T}$ 位可对内部时钟进行定时或对外部引脚脉冲进行计数，也可用作串行口波特率发生器。事实上，只在定时/计数器 T1 用作串行口波特率发生器时，T0 才选作操作模式 3。

4.3　定时/计数器的编程和应用

定时/计数器是单片机应用系统中的重要部件，通过下面实例可以看出，灵活应用定时/计数器可提高编程技巧，减轻 CPU 的负担，简化外围电路。

【例 4-5】　用 T1 产生一个 50 Hz 的方波，由 P1.1 输出，采用程序查询方式，$f_{osc}=12$ MHz。

方波周期 $T=1/50=0.02$ s$=20$ ms，用 T1 定时 10 ms，计数初值为

$$X=2^{16}-10\times10^{-3}\times12\times10^{6}/12=65\ 536-10\ 000=55\ 536=\text{D8F0H}$$

源程序如下：

```
            ORG    0000h
            LJMP   T1BUS
            ORG    0030h
T1BUS:      MOV    TMOD,#10H        ;T1 模式 1,定时
            SETB   TR1              ;启动 T1
LOOP:       MOV    TH1,#0D8H        ;T1 计数初值
            MOV    TL1,#0F0H
LOOP1:      JNB    TF1,LOOP1        ;T1 没有溢出等待
            CLR    TF1              ;产生溢出清标志位
            CPL    P1.1             ;P1.1 取反输出
            SJMP   LOOP             ;循环
```

【例 4-6】 门控位的应用。利用 T0 门控位测 $\overline{\text{INT0}}$ 引脚上出现的正脉冲宽度，并将所测得的高 8 位值存入片内 71H 单元中，低 8 位值存入片内 70H 单元中。已知 $f_{\text{osc}}=12\ \text{MHz}$。

设外部脉冲由 $\overline{\text{INT0}}$(P3.2)输入，T0 工作于定时器方式，选择操作模式 1(16 位计数器)，GATE 设为 1。测试时，应在 $\overline{\text{INT0}}$ 为低电平时，设置 TR0 为 1，一旦 $\overline{\text{INT0}}$ 变为高电平，就启动计数；$\overline{\text{INT0}}$ 再次变为低电平时，停止计数。此计数值即为被测正脉冲的宽度。

测试程序(仍用查询方式)如下：

```
            MOV    TMOD,#09H        ;T0 定时,模式 1,GATE=1
            MOV    TL0,#00H         ;T0 从 0000H 开始计数
            MOV    TH0,#00H
            MOV    R0,#70H
LOOP:       JB     P3.2,LOOP        ;等待 P3.2 变低
            CLR    EA
            CLR    ET0
            SETB   TR0              ;P3.2 变低,准备启动 T0
LOOP1:      JNB    P3.2,LOOP1       ;等待 P3.2 变高,启动计数
LOOP2:      JB     P3.2,LOOP2       ;等待 P3.2 再次变低,当 P3.2 为高电平时,
                                    ;定时器 T0 在硬件作用下自动计时
            CLR    TR0              ;P3.2 变低后,停止计数
            MOV    @R0,TL0          ;存入计数值
            INC    R0
            MOV    @R0,TH0
```

这种方案的最大被测脉冲宽度为 65 535 μs($f_{\text{osc}}=12\ \text{MHz}$)，由于靠软件启动和停止计数器，测量的数值有一定的误差，其最大误差与采用的指令有关。上述程序被测的脉冲宽度 t 的计算式为

$$t=12\times N/f_{\text{osc}}$$

式中：N 为定时器中的计数值，等于 71H、70H 单元中的数值。

以上例子均采用查询方法编程,实际应用时大多数采用中断方式。中断方式会在第 5 章中具体介绍。

通过本章叙述可知,定时/计数器既可用作定时亦可用作计数,而且其应用方式非常灵活。同时,还可看出,软件定时不同于定时器定时(也称硬件定时)。软件定时是对循环体内指令机器数进行计数,定时器定时是采用加法计数器直接对机器周期进行计数。二者工作机理不同,置初值方式也不同,相比之下,定时器定时在方便程度和精确程度上都高于软件定时。此外,软件定时在定时期间一直占用 CPU,而定时器定时如采用查询工作方式,一样占用 CPU,如采用中断工作方式,则在其定时期间 CPU 可处理其他指令,从而可以充分发挥定时/计数器的功能,大大提高 CPU 的效率。

本章小结

AT89S51 单片机内部有两个 16 位的可编程定时/计数器 0 和 1,AT89S52 单片机内部有三个 16 位的定时/计数器 0、1 和 2。每个定时/计数器有 4 种工作方式:方式 0~方式 3。方式 0 是 13 位的定时/计数器;方式 1 是 16 位的定时/计数器;方式 2 是初值重载的 8 位定时/计数器。方式 3 只适用于定时器 0,将定时器 0 分为两个独立的定时/计数器,同时定时器 1 可以作为串行接口波特率发生器。不同位数的定时/计数器,其最大计数值也不同。

定时/计数器既可用作定时亦可用作计数,而且其应用方式非常灵活。同时还可看出,软件定时不同于定时器定时(也称硬件定时)。软件定时是对循环体内指令机器数进行计数,而定时器定时是采用加法计数器直接对机器周期进行计数。二者工作机理不同,置初值方式也不同,相比之下,定时器定时在方便程度和精确程度上都高于软件定时。此外,软件定时在定时期间一直占用 CPU;而定时器定时如采用查询工作方式,则一样占用 CPU,如采用中断工作方式,则在其定时期间 CPU 可处理其他指令,从而可以充分发挥定时/计数器的功能,大大提高 CPU 的效率。

对于定时/计数器的编程包括设置方式寄存器、初值及控制寄存器(可位寻址)。初值由定时时间及定时/计数器的位数决定。本章通过用以上 4 种工作方式设计 1 s 定时实例及秒表设计实例,详细介绍了定时/计数器的工作原理、编程方法及应用。

思考与练习

1. AT89S51 系列单片机内部设有几个定时/计数器?是加 1 计数还是减 1 计数?它们是由哪些专用寄存器组成的?有哪几种工作方式?简述各种工作方式的功

能特点。

2. AT89S51系列单片机定时/计数器作定时器或计数器使用时,其计数脉冲分别由谁提供?

3. AT89S51系列单片机定时/计数器的门控信号 GATE 设置为 1 时,定时器如何启动?

4. 定时/计数器用作定时器时,定时/计数器的定时频率和计数频率怎样确定?其定时时间与哪些因素有关?作计数器时,对外界计数脉冲频率有何限制?

5. 在工作方式 3 中,定时/计数器 T0 和 T1 的应用有什么不同?如何使用外部引脚信号来控制定时/计数器的启动和停止?

6. 已知单片机时钟频率 $f_{osc}=6$ MHz,当要求定时时间为 2 ms 或 5 ms,定时器分别工作在方式 0、方式 1 和方式 2 时,定时器计数初值各是多少?

7. 已知单片机的 $f_{osc}=6$ MHz,请利用定时器 T0 编写程序,使 P1.0 输出一个矩形波。其矩形波的高电平宽度为 50 μs,低电平宽度为 300 μs。

8. 已知 AT89S51 单片机的 $f_{osc}=12$ MHz,用 T1 定时,试编程由 P1.0 和 P1.1 分别输出周期为 2 ms 和 500 μs 的方波。

9. 利用定时/计数器的门控位测量某正脉冲高电平的宽度,已知正脉冲宽度小于 10 ms,$f_{osc}=12$ MHz。编程测量脉宽,并把测试结果转换为 BCD 码存入片内 50H 为首地址的连续单元中(十位和个位存 50H 单元)。

10. 一个定时器的定时时间有限,试设计几种能实现较长时间(超过一个定时器的定时时间)定时的方案。

11. 已知 AT89S51 时钟频率 $f_{osc}=6$ MHz,试编写程序,利用 T0 工作在方式 3,使 P1.0 和 P1.1 分别输出 400 μs 和 800 μs 的方波。

12. 软件定时有什么优点?一般用于什么场合?

第 5 章
中断系统及应用

中断技术是计算机中一项很重要的技术。中断系统的功能主要是为了解决快速 CPU 与慢速外设间的矛盾,它由硬件和软件组成。有了中断系统能使计算机的功能更强,效率更高,使用更加方便灵活。本节将介绍单片机的中断系统、处理过程及其应用。

5.1 中断系统概述

计算机与外部设备之间的信息交换称为输入/输出操作,其中,中断方式使得 CPU 与外部设备可以并行工作,大大提高了 CPU 的运行效率,所以被广泛应用。

5.1.1 中断和中断源

1. 中断的概念及特点

(1) 中断的概念

计算机在执行某一程序的过程中,由于计算机系统内、外的某种原因,而必须中止原程序 A 的执行,转去执行相应的处理程序 B,即执行中断服务程序(中断响应和中断服务);待处理结束之后,自动返回被中断原程序 A 的断点地址,继续执行原程序,这一执行过程称为中断,如图 5-1 所示。

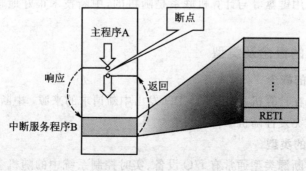

图 5-1 中断示意图

引起 CPU 中断的根源,称为中断源。中断源向 CPU 提出中断请求,CPU 暂时中断原来的事务 A,转去处理事件 B。对事件 B 处理完毕后,再回到原来被中断的地方(即断点),称为中断返回。

实现上述中断功能的部件称为中断系统(中断机构)。支持中断技术的相应硬件和软件组成计算机的中断系统,不同计算机的中断系统差别很大。

中断与程序设计中的调用子程序有类似之处,但有本质区别。调用子程序是安排好的,而中断的产生是随机的。

采用中断技术后的计算机,可以解决 CPU 与外设之间速度匹配的问题,使计算机可以及时处理系统中许多随机的参数和信息,同时,它也提高了计算机处理故障与应变的能力。

(2) 中断的特点

1) 提高 CPU 的工作效率

中断可以解决快速的 CPU 与慢速的外设之间的矛盾,使 CPU 和外设同时工作。CPU 在启动外设工作后继续执行主程序,同时外设也在工作。每当外设做完一件事就发出中断申请,请求 CPU 中断它正在执行的程序,转去执行中断服务程序(一般情况是处理输入/输出数据),中断处理完之后,CPU 恢复执行主程序,外设也继续工作。这样,CPU 可启动多个外设同时工作,大大地提高了 CPU 的效率。

2) 实时处理

实时处理就是要求对外部设备的操作请求立即做出处理。在实时控制中,现场的各种参数、信息均随时间和现场而变化。这些外界变量可根据要求随时向 CPU 发出中断申请,请求 CPU 及时处理中断请求。如中断条件满足,CPU 马上就会响应,进行相应的处理,从而实现实时处理。

3) 故障处理

针对难以预料的情况或故障,如掉电、存储出错、运算溢出等,可通过中断系统由故障源向 CPU 发出中断请求,再由 CPU 转到相应的故障处理程序进行处理。

4) 人机联系

操作人员利用键盘等与计算机联系是随机的,中断技术很好地解决了人机联系问题。

2. 中断源的概念及类型

(1) 中断源的概念

中断源是指在计算机系统中向 CPU 发出中断请求的来源,中断可以人为设定,也可以是为响应突发性随机事件而设置。

(2) 中断源的类型

计算机的中断源类型通常有 I/O 设备、实时控制系统中的随机参数和信息故障源等。一般有如下 5 种。

1) 外部设备中断源

外部输入/输出设备,如键盘、打印机等,它们通过接口电路向 CPU 发出中断请求。

2) 控制对象中断源

在实时控制时,被控对象常作为计算机的中断源,通过产生中断请求信号,使 CPU 及时采集系统的控制参量等。例如,电压、电流、温度、压力、流量和流速等超越上限和下限以及开关、继电器的饱和或断开都可以作为中断源来产生中断请求信号,使 CPU 通过执行中断服务程序来加以处理。

3) 故障中断源

故障源是产生故障信息的源泉,把它作为中断源是要求 CPU 以中断方式对已发生故障进行及时分析处理。计算机故障中断源有内部和外部之分:CPU 内部故障源引起内部中断,如采样或运算结果溢出中断等;CPU 外部故障源引起外部中断,如系统掉电中断等。

被控对象的故障源也可以作为故障中断源,以便对被控对象进行应急处理,从而可以减少系统在发生故障时的损失。

4) 定时脉冲中断源

定时脉冲中断源又称为定时/计数器中断源,实际上是一种定时脉冲电路或定时器。定时脉冲中断源用于产生定时器中断,定时器中断有内部和外部之分:内部定时器中断由 CPU 内部的定时/计数器溢出时自动产生,又称为定时/计数器溢出中断;外部定时器中断通常由外部定时电路的定时脉冲通过 CPU 的中断请求输入线引起。无论是外部定时器中断还是内部定时器中断都可以使 CPU 进行及时处理,以便达到实时控制的目的。

5) 为调试程序而设置的中断源

调试程序时,为检查中间结果或寻找问题所在,往往要求设置断点或进行单步工作(一次执行一条指令),这些人为设置的中断源的申请与响应均由中断系统来实现。

3. 中断请求和中断优先级

(1) 中断请求

中断源向计算机中断系统发出要求中断的信号称为中断请求。每个中断源必须设置一个中断请求触发器,该触发器在发出中断请求期间应置"1",该状态一直保持到 CPU 响应中断请求后方能撤销。

(2) 中断优先级

一个计算机系统可能有多个中断源,而计算机 CPU 在某一时刻只能响应一个中断源的中断请求,当多个中断源同时向 CPU 发出中断请求时,则必须按照"优先级别"进行排队(采用软件和硬件方法),CPU 首先选定其中中断级别高的中断源为其服务,然后按排队顺序逐一服务,完毕后返回断点地址,继续执行主程序。

每个中断源都设置有一个中断屏蔽触发器,触发器置"0"时,该中断源的中断请求信号不起作用,即为屏蔽。优先级高的中断请求可以屏蔽优先级低的中断请求,只有高级中断处理完毕后,才开放优先级低的中断请求。

当 CPU 正在执行中断服务程序时,又有中断优先级更高的中断申请产生,这时 CPU 就会暂停当前的中断服务转而处理高级中断申请,待高级中断处理程序完毕再返回原中断程序断点处继续执行,这一过程称为中断嵌套。

4. 中断源的识别

中断处理实际上就是执行一段中断源所需要的处理程序,称为中断服务程序,不同中断源的中断服务程序各有不同。所谓中断源的识别就是指当 CPU 响应了某个中断源的中断请求时,如何找到该中断源的中断服务程序入口地址。通常采用如下两种方法:

(1) 软件法

当 CPU 响应某个中断源的中断请求时,CPU 会自动进入一个查询程序。该程序将各中断源的状态进行检测(做一次输入操作),然后逐位检查哪个中断源的中断请求信号有效。若无效则跳过,若有效则由查询程序中的转移指令进入相应中断服务程序。

软件法的优点是硬件电路简单,缺点是占用 CPU 时间太长,使响应速度变慢,CPU 的工作效率降低,在多中断源的情况下,很难满足对响应速度的要求。

(2) 硬件法

硬件法又称矢量中断法。当某中断源提出中断请求时,可以由硬件电路向 CPU 提供一个固定不变的对应该中断源的中断服务程序入口地址。该入口地址又称为中断矢量。

硬件法响应速度快,但硬件电路较复杂。目前的集成接口电路一般都具备这种功能电路,该电路与 CPU 的硬件识别功能相结合可组成快速识别中断系统。

综上所述,中断系统应具备以下功能:
① 能正确实现中断和返回。
② 能实现中断优先级排队。
③ 能实现中断嵌套。

5.1.2 中断响应的过程

在每条指令结束后,系统都自动检测中断请求信号,如果有中断请求,且 CPU 处于开中断状态下,则响应中断。中断响应的过程如下。

1. 中断请求和中断响应

一次中断是从中断源提出有效的中断请求信号开始的,CPU 在正常情况下每执行完一条指令就去检测各中断源的申请标志,一旦有中断申请,满足具备的条件就会有中断响应。

若 CPU 检测到多个中断请求信号,还要进行优先级判别,只响应优先级最高的中断申请信号。中断申请信号要保持到 CPU 响应中断为止。

所谓中断响应是指从 CPU 接到中断请求信号起到进入相应中断服务程序为止的过程。CPU 应具备下面条件才能响应中断:

① 中断是开放的。

② 因为必须在当前指令执行完毕才能响应中断,中断申请信号要保持一段时间。

在中断响应过程中完成以下任务:

① 自动关闭中断。

② 断点地址(响应中断时的 PC 值)自动压入堆栈。

③ 按约定的识别方式找到中断服务程序的入口地址送入 PC。

2. 执行中断服务程序(中断处理)

执行中断服务程序一般包括以下内容:

① 保护现场,保护进入中断服务程序前的断点的现场信息,一般是根据实际需要用堆栈指令将原程序中用到的寄存器及 RAM 的内容推入堆栈保存。在保护现场前,一般要关中断,以防止现场被破坏。

② 根据中断源的需要进行输入/输出操作或其他处理。

③ 恢复现场,用堆栈指令将保护在堆栈中的数据弹出来,为返回主程序做好准备。在恢复现场前要关中断,以防止现场被破坏。在恢复现场后应及时开中断(由开中断指令完成)。

3. 中断返回

所谓中断返回就是 CPU 将推入到堆栈的断点地址弹回到程序计数器 PC,从而使 CPU 继续执行刚才被中断的程序。它是由一条返回指令实现的,该指令是放在中断服务程序的最后一条指令。

5.2 AT89S51 单片机的中断系统

51 系列单片机有 5 个中断源(52 子系列或增强型单片机有 6 个以上中断源),中断源分为 2 个中断优先级,即高优先级和低优先级,每个中断源的优先级都可以由软件来设定。

5.2.1 中断源及中断系统构成

AT89S51 的中断系统结构示意图如图 5-2 所示。它由 4 个与中断有关的特殊功能寄存器 TCON、SCON（TCON、SCON 的相关位作中断源的标志位）、中断允许控制寄存器 IE、中断优先级管理（IP 寄存器）和中断顺序查询逻辑电路等组成。

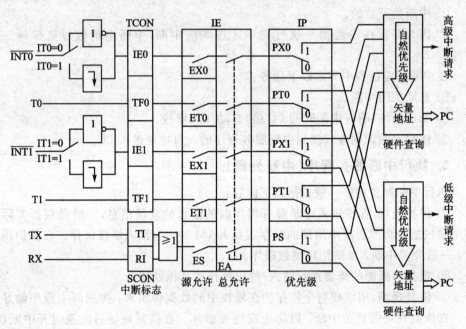

图 5-2 AT89S51 的中断系统结构示意图

1. 中断源

AT89S51 单片机有 5 个中断源，分为内部中断源和外部中断源。外部中断源有 $\overline{INT0}$ 和 $\overline{INT1}$ 两个，其中断请求信号分别由 P3.2、P3.3 引脚输入，可选择低电平有效或下降沿有效（分别由 $\overline{INT0}$ 和 $\overline{INT1}$ 设置）。

内部中断源有 3 个，2 个定时/计数器（T0 和 T1）溢出中断源和一个串行口中断源。T0 和 T1 的中断申请是在它们计数从全"1"变为全"0"溢出时自动向中断系统提出的，串行口中断源的中断申请是在串行口每发送或接收完一个 8 位二进制数后自动向中断系统提出的。串行接口发送/接收共用一个中断源。

2. 中断请求标志

中断请求标志有 5 个。标志位分别为 IE0、IE1、TF0、TF1、TI/RI。

① IE0 和 IE1 分别为 $\overline{INT0}$ 和 $\overline{INT1}$ 的中断标志。当外部中断输入信号有效，并将 TCON 中的 IE0 或 IE1 标志位置"1"，可向 CPU 申请中断。

第5章 中断系统及应用

② TF0 和 TF1 为定时/计数器 T0 和 T1 的溢出中断标志。当 T0 或 T1 计数器加 1 计数产生溢出时,则将 TCON 中的 TF0 或 TF1 置位,向 CPU 申请中断。

③ RI 和 TI 串行接口的接收和发送中断标志。当串行接口接收或发送完一帧数据时,将 TCON 中的 RI 或 TI 置"1",向 CPU 申请中断。

3. 中断允许

两级串联式中断允许。EA=1,开 CPU 中断;开某个中断源中断时,还需将对应中断源的中断允许位(EX0、ET0、EX1、ET1、ES)置位。中断允许控制位存放在中断允许控制寄存器 IE 中。

4. 中断优先级

AT89S51 单片机中断分两级,即高级和低级。对于每个中断源均可通过中断优先级控制寄存器中的相应位控制,当某中断源的优先控制位置为"1"时,该中断源设置为高级,否则为低级。对于同级中断源,由内部硬件查询逻辑来确定响应次序。

5. 中断源的入口地址

不同中断源均有不同的中断矢量,当某中断源的中断请求被 CPU 响应之后,CPU 将通过硬件自动地把相应中断源的中断入口地址(又称中断矢量地址)装入 PC 中,即从此地址开始执行中断服务程序。因此,使用时一般在此地址单元中存放一条跳转指令,当 CPU 响应中断时,使单片机自动执行相应入口地址的跳转指令,然后再通过该跳转指令跳至到用户安排的中断服务程序的入口处。AT89S51 单片机各中断源的矢量地址是固定的。中断源的入口地址分别为:

$\overline{\text{INT0}}$ 外部中断 0 中断	0003H	最高级
T0 定时器 0 中断	000BH	↓
$\overline{\text{INT1}}$ 外部中断 1 中断	0013H	
T1 定时器 1 中断	001BH	
串行接口输入/输出中断	0023H	最低级
定时器 2 中断	002BH	最低级(52 系列单片机中)

5.2.2 单片机的中断标志与中断控制

AT89S51 单片机中断控制部分由 4 个专用寄存器组成。它们的功能如下。

1. 中断标志及控制寄存器

5 个中断源的中断请求标志位以及定时/计数器的控制位,均设置在定时控制寄存器 TCON 和串行接口控制寄存器 SCON 中。

(1) 定时器控制寄存器 TCON

TCON 用于控制定时/计数器的启、停和外部中断源的触发方式以及存放定时器的溢出中断标志和外部中断源的中断请求标志。其地址为 88H，各位的定义如表 5-1 所列。

表 5-1　TCON 各位的定义

TCON	D7	D6	D5	D4	D3	D2	D1	D0
	TF1	TR1	TF0	TR0	IE1	IT1	IE0	IT0
位地址	8FH	8EH	8DH	8CH	8BH	8AH	89H	88H

TCON 各位的作用如下：

① TF1 和 TF0：分别为定时器 1 和定时器 0 的溢出标志。当定时器计满产生溢出时，由硬件自动置 1，并可申请中断。进入中断服务程序后，由硬件自动清 0。这两位也可作为程序查询的标志位，在查询方式下应由软件来清 0。TF1 位地址为 8FH，TF0 位地址为 8DH。

② TR1 和 TR0：为定时器 1 和定时器 0 的启、停控制位。当由软件将 TRi 清 0 后，可停止定时器的工作。将该位置 1 后，可启动定时器工作。TR1 位地址为 8EH，TR0 位地址为 8CH。

③ IE1 和 IE0：为外部中断 $\overline{INT1}$、$\overline{INT0}$ 的边沿触发中断请求标志位。当外部中断源有请求时，对应的中断标志位置 1。当 CPU 响应该中断后由硬件自动将其复位（清 0）。IE1 位地址为 8BH，IE0 位地址为 89H。

④ IT1 和 IT0：为外部中断 1 和外部中断 0 的触发方式选择位。ITi 设置为 0 时，相应的外部中断为低电平触发方式；设置为 1 时，相应的外部中断为边沿触发方式。IT1 位地址为 8AH，IT0 位地址为 88H。

若 ITi=0，外部中断设置为低电平触发方式时，CPU 在每个机器周期的 S_5P_2 期间对 $\overline{INTi}$ 引脚采样。若测得为低电平，则认为有中断申请，随即将 IEi 标志位置位；若测得为高电平，认为无中断申请或中断申请已撤除，随即清除 IEi 标志位。使用时应注意，施加在相应引脚上的低电平在中断返回前必须撤消，否则将再次申请中断造成出错。即施加在 $\overline{INTi}$ 引脚上的低电平持续时间应大于一个机器周期，且小于中断服务程序的执行时间。

若 ITi=1，外部中断设置为边沿触发方式时，CPU 在每个机器周期的 S_5P_2 期间采样 $\overline{INTi}$ 引脚，若在连续两个机器周期采样到先高后低的电平变化，则将 IEi 标志位置 1，此标志一直保持到 CPU 响应中断时，才由硬件自动清除。在边沿触发方式中，为了保证 CPU 在两个机器周期内能够检测到由高至低跳变的电平，输入的高电平和低电平的持续时间均要保持 12 个振荡周期（即一个机器周期的时间）。

(2) 串行接口控制寄存器 SCON

串行接口的中断请求标志由串行接口控制寄存器 SCON 的 D0 和 D1 位来设置

与查寻。表 5-2 给出了串行接口控制寄存器 SCON 各位的定义。其中只有 TI 和 RI 两位用来表示串行口中断标志位,其余各位用于串行接口其他控制,详细介绍请参见第 6 章。

表 5-2 SCON 各位的定义

SCON	D7	D6	D5	D4	D3	D2	D1	D0
	SM0	SM1	SM2	REN	TB8	RB8	TI	RI
位地址	9FH	9EH	9DH	9CH	9BH	9AH	99H	98H

TI 和 RI 位的作用如下:

① RI(SCON.0):为串行接口接收中断标志位,位地址为 98H。在串行接口允许接收时,当一帧数据接收完毕,由硬件自动将 RI 位置位(RI=1),请求中断。同样 CPU 响应中断时不能自动清除 RI 位,必须由软件清除。

② TI(SCON.1):为串行接口发送中断标志位,位地址为 99H。

单片机在发送数据过程中,当 CPU 将一个数据写入发送缓冲器 SBUF 时,会自动启动发送。每发送完一帧数据后,由硬件自动将 TI 位置位(TI=1),请求中断。但 CPU 响应中断进入中断服务程序后,并不能自动清除 TI 位,而必须在中断程序中由软件来清除(使用时应注意)。

TCON 和 SCON 均可逐位进行操作。51 单片机系统复位后,TCON 和 SCON 中各位均清 0,应用时要注意各位的初始状态。

2. 中断控制及控制寄存器

各中断源的中断标志被置位后,CPU 能否响应还要受到控制寄存器的控制,这种控制寄存器在 AT89S51 中有两个,即中断允许控制寄存器 IE 和中断优先级控制寄存器 IP。下面分别详细介绍。

(1)中断允许控制寄存器 IE 及中断的开放和屏蔽

AT89S51 单片机中有一个专用寄存器 IE(称为中断允许控制寄存器),其作用是用来对各中断源进行开放或屏蔽的控制。AT89S51 设有专门的开中断和关中断指令,中断的开放和关闭(屏蔽)是通过中断允许寄存器 IE 各位的状态进行两级控制的。所谓两级控制是指所有中断允许的总控制位和各中断源允许的单独控制位,每位状态靠软件来设定。表 5-3 给出了中断允许控制寄存器 IE 各位的定义。

表 5-3 IE 各位的定义

IE	D7	D6	D5	D4	D3	D2	D1	D0
	EA	—	ET2	ES	ET1	EX1	ET0	EX0
位地址	AFH	—	ADH	ACH	ABH	AAH	A9H	A8H

IE 各位的作用如下：

① EA(IE.7)：CPU 中断总允许位,位地址为 AFH。EA 状态可由软件设定,若 EA=0,禁止 AT89S51 所有中断源的中断请求;若 EA=1,则总控制被开放,但每个中断源是允许还是被禁止 CPU 响应,还受控于中断源的各自中断允许控制位的状态。

② ES(IE.4)：串行接口中断允许控制位,位地址是 ACH。ES=1,允许串行接口接收和发送中断;ES=0 禁止串行接口中断。

③ ET1(IE.3)：定时器 T1 的溢出中断允许控制位,位地址为 ABH。ET1=1,允许 T1 中断;否则禁止中断。

④ EX1(IE.2)：外部中断 $\overline{INT1}$ 的中断允许位,位地址是 AAH。EX1=1 允许外部中断 1 中断;否则禁止中断。

⑤ ET0(IE.1)：定时器 T0 的溢出中断允许控制位,位地址是 A9H。ET0=1 允许 T0 中断;否则禁止中断。

⑥ EX0(IE.0)：外部中断 $\overline{INT0}$ 的中断允许位,位地址是 A8H。EX0=1 允许外部中断 0 中断;否则禁止中断。

⑦ ET2(IE.5)：定时器 T2 溢出中断允许位,位地址是 ADH。仅用于 52 子系列单片机,ET2=1 允许定时器 2 中断;否则禁止中断。

系统复位后,IE 各位均为 0,即禁止所有中断。IE 寄存器可以进行字节寻址也可以进行位寻址。

(2) 中断优先级寄存器 IP 及中断优先级设定

AT89S51 的中断源优先级是由中断优先级寄存器 IP 进行控制的。5 个中断源总共可分为两个优先级,每一个中断源都可以通过 IP 寄存器中的相应位设置成高级中断或低级中断,因此,CPU 对所有中断请求只能实现两级中断嵌套。IP 各位的定义如表 5-4 所列。

表 5-4 IP 各位的定义

IP	D7	D6	D5	D4	D3	D2	D1	D0
	—	—	PT2	PS	PT1	PX1	PT0	PX0
位地址	—	—	BDH	BCH	BBH	BAH	B9H	B8H

IP 各位的作用如下：

① IP.7 和 IP.6：保留位。

② PT2(IP.5)：定时器 T2 优先级设定位,位地址是 BDH。仅适用于 52 子系列单片机。PT2=1 时,设定为高优先级;否则为低优先级。

③ PS(IP.4)：串行接口中断优先级设定位,位地址是 BCH。PS=1 时,串行接口为高优先级;否则为低优先级。

④ PT1(IP.3)：定时器 T1 中断优先级控制位,位地址是 BBH。PT1=1 时,T1

为高优先级;否则为低先级。

⑤ PX1(IP.2):外部中断 1 优先级控制位,位地址为 BAH。PX1=1 时,外部中断 1 为高优先级;否则为低优先级。

⑥ PT0(IP.1):定时器 T0 中断优先级控制位,位地址为 B9H。PT0=1 时,T0 为高优先级;否则为低优先级。

⑦ PX0(IP.0):外部中断 0 优先级控制位,位地址为 B8H。PX0=1 时,外部中断 0 为高优先级;否则为低优先级。

当系统复位后,IP 各位均为 0,所有中断源设置为低优级中断。IP 也是一个可进行字节寻址和位寻址的专用寄存器。

5.2.3 单片机的中断管理

1. 中断源的优先级

受 IP 寄存器控制,CPU 将各中断源的优先级分为高低两级,并遵循以下两条基本原则:

① 低优先级中断源可以被高优先级中断源中断,反之不能。

② 一种中断(不管是什么优先级)一旦得到响应,与它同级的中断不能再中断它。

为了实现这两条规则,中断系统内部包含了两个不可寻址的"优先级激活"触发器。其中一个指示某高优级的中断正在得到服务,所有后来的中断都被阻断;另一个触发器指示某低优先级的中断正在得到服务,所有同级的中断都被阻断,但不阻断高优先级的中断。

2. 自然优先级

当 CPU 同时收到几个同一优先级的中断请求时,按自然优先级顺序确定应该响应哪个中断请求,其自然优先级由硬件形成,排列如下:

中断源	同级自然优先级
外部中断 0	最高级
定时器 0 中断	
外部中断 1	↓
定时器 1 中断	
串行接口中断	最低级
定时器 2 中断	最低级(52 系列单片机中)

3. 中断响应的阻断

在中断处理过程中,若发生下列情况,中断响应会受到阻断:

① 同级或高优先级的中断正在进行中。

② 现在的机器周期不是执行指令的最后一个机器周期,即正在执行的指令还没完成前不响应任何中断。

③ 正在执行的是中断返回指令 RETI 或是访问专用寄存器 IE 或 IP 的指令。CPU 在执行 RETI 或读/写 IE 或 IP 之后,不会马上响应中断请求,至少要在执行其他一条指令之后才会响应。

若存在上述任一种情况,中断查询结果就被取消。

5.2.4 单片机的中断处理过程

中断处理过程分为三个阶段,即中断响应、中断处理和中断返回。由于不同的计算机有不同的中断系统硬件结构,其中断响应的方式也有所不同,在此仅说明 AT89S51 单片机的中断处理过程,其流程图如图 5-3 所示。其中中断响应与中断返回由 CPU 硬件自动完成,而中断处理是由软件完成。

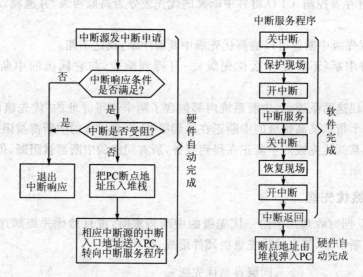

图 5-3 中断处理流程图

1. 中断响应

从前面介绍的中断允许控制寄存器 IE 中可以看出,一个中断源发出请求后是否被 CPU 响应,首先必须得到 IE 寄存器的允许,即开中断。如果不置位 IE 寄存器中的相应允许控制位,则所有中断请求都不能得到 CPU 的响应。

(1) 中断响应的条件

在中断请求被允许的情况下,某中断请求被 CPU 响应还要受下列条件的影响。

① 有中断源发出中断请求,当前 CPU 没有响应其他任何中断请求,则

第 5 章 中断系统及应用

AT89S51 在执行完现行指令后就会自动响应该中断。

② CPU 正在响应某中断请求时,如果新来的中断请求优先级更高,则 AT89S51 会立即响应新中断请求,从而实现中断嵌套;如果新来的中断请求与正在响应的中断优先级相同或更低,则 CPU 必须等到现有中断服务完成以后,才会自动响应新来的中断请求。

③ 在 CPU 执行 RETI 指令或访问 IE/IP 寄存器指令时,CPU 必须等到这些指令执行完之后才能响应中断请求。

以上条件满足,一般 CPU 会响应中断,但在中断受阻断情况下,本次的中断请求 CPU 不会响应。

(2) 中断响应的过程

如果中断响应条件满足,而且不存在中断受阻,CPU 将响应中断。在此情况下,CPU 首先使被响应中断的"优先级激活"触发器置位,以阻断同级和低级的中断。然后,根据中断源的类别,在硬件的控制下内部自动形成长调用指令(LCALL),此指令的作用是:

① 自动将断点压入堆栈,但不自动保存 PSW 的内容。

② 将对应中断源的矢量入口地址装入程序计数器 PC,使程序执行该中断矢量入口地址的跳转指令,进而转至中断服务程序对应的入口地址。

在使用时,通常在矢量入口地址单元中存放一条跳转指令,使程序转移到用户安排的中断服务程序入口处。

(3) 中断响应的时间

中断响应时间是指 CPU 从查询中断请求标志到转入中断服务程序入口地址所需要的时间。

2. 中断处理

CPU 响应中断结束后即转到中断服务程序的入口地址。从执行中断服务程序的第一条指令开始到执行 RETI 返回指令为止,这个过程称为中断处理或中断服务。由于不同的中断源服务的内容及要求各不相同,其处理过程也有所区别。中断处理包括两部分内容,一是保护现场;二是为中断源服务。用户在编写中断服务程序时应注意以下几点:

① 各中断源的入口矢量地址之间,只相隔 8 个单元,一般中断服务程序是容纳不下的,因而最常用的方法是将中断服务程序放置在程序存储器的其他空间,而在中断入口矢量地址单元处存放一条无条件转移指令,转至该中断服务程序。

② 若要在执行当前中断程序时禁止更高优先级中断,应采用软件来关闭 CPU 中断,或屏蔽更高级中断源的中断,在中断返回前再开放这些中断。

③ 现场通常用到 PSW、工作寄存器和特殊功能寄存器等。如果在中断服务程序中要用这些寄存器,则在中断服务前应将它们的内容保护起来称保护现场,同时在

RETI 指令前应恢复现场。

④ 在保护现场和恢复现场时,为了不使现场信息受到破坏或造成混乱,一般情况下,应关 CPU 中断,使 CPU 暂不响应新的中断请求。因此在编写中断服务程序时,保护现场之前要关中断,在保护现场之后若允许高优先级中断源中断它,则应开中断。同样在恢复现场之前也应关中断,恢复之后再开中断。

3. 中断返回

AT89S51 响应中断后,自动执行中断服务程序。在中断服务程序中,只要遇到 RETI 指令(不论在什么位置),单片机就结束本次中断服务,返回原程序。因此,在中断服务程序的最后必须有一条 RETI 指令,用于中断返回。RETI 的功能是将断点弹出送回 PC 中,使程序返回到原来被中断的断点处,恢复执行被中断的程序。

AT89S51 单片机的 RETI 指令除了弹出断点之外,它还通知中断系统已完成中断处理,并将"优先级激活"触发器清 0(该触发器在响应中断时被置位)。

4. 中断请求的撤除

中断源发出中断请求后,CPU 首先使相应的中断标志位置位,然后通过对中断标志位的检测决定是否响应。而 CPU 一旦响应某中断请求后即进入中断服务程序,在该中断程序结束前(RETI),必须把它的相应的中断标志复位(撤除该中断请求),否则 CPU 在返回主程序后将重复响应同一中断请求而导致错误。

AT89S51 中断标志位的清除(复位)有两种方法,即硬件复位和软件复位。各中断源中断请求撤消的方法各不相同,主要有以下几种。

(1) 定时器中断请求的撤除

对于定时器 0 或 1 溢出中断,CPU 在响应中断后即由硬件自动清除其中断标志位 TF0 或 TF1,无需采取其他措施。

(2) 串行接口中断请求的撤除

对于串行接口中断,CPU 在响应中断后,硬件不能自动清除中断请求标志位 TI、RI,必须在中断服务程序中的相应位置用软件将其清除。例如可使用"CLR TI"和"CLR RI"两条指令。

(3) 外部中断请求的撤除

外部中断可分为边沿触发和电平触发。对于边沿触发的外部中断 0 或 1,CPU 在响应中断后由硬件自动清除其中断标志位 IE0 或 IE1,无需采取其他措施。

对于电平触发的外部中断,其中断请求撤除方法较复杂。因为对于电平触发外中断,CPU 在响应中断后,硬件不会自动清除其中断请求标志位 IE0 或 IE1,同时,也不能用软件将其清除,所以,在 CPU 响应中断后,应立即撤除 $\overline{INT0}$、$\overline{INT1}$ 引脚上的低电平。否则,就会引起重复中断而导致错误。而 CPU 又不能控制 $\overline{INT0}$、$\overline{INT1}$ 引脚的信号,因此,只有通过硬件再配合相应软件才能解决这个问题。图 5-4 是可行方案之一。

外部中断请求信号不直接加 $\overline{INT0}$ 或 $\overline{INT1}$ 引脚上,而是加在 D 触发器的 CLK 端。由于 D 端接地,当外部中断请求的正脉冲信号出现在 CLK 端时,Q 端输出为 0,$\overline{INT0}$ 或 $\overline{INT1}$ 为低,外部中断向单片机发出中断请求。利用 P1 口的 P1.0 作为应答线,当 CPU 响应中断后,可在中断服务程序中采用两条指令:

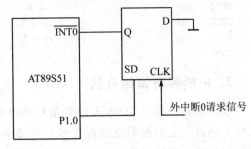

图 5-4 撤除外部中断请求的电路

```
ANL    P1,#0FEH
ORL    LP1,#01H
```

来撤除外部中断请求。第一条指令使 P1.0 为 0,因 P1.0 与 D 触发器的异步置 1 端 SD 相连,Q 端输出为 1,从而撤除中断请求。第二条指令使 P1.0 变为 1,Q 继续受 CLK 控制,即新的外部中断请求信号又能向单片机申请中断。第二条指令是必不可少的,否则,将无法再次形成新的外部中断。

5.3 单片机中断系统的应用

AT89S51 中断功能的应用主要包括两方面的内容:一是各中断源的合理运用和相应硬件电路的设计;二是初始化程序和中断服务程序的编写。

5.3.1 外部中断的扩充方法

AT89S51 单片机有 2 个外部中断请求输入端 $\overline{INT0}$ 和 $\overline{INT1}$,在实际应用时,若外部中断源有 2 个以上,则需要扩充外部中断源。下面介绍三种扩充外部中断源的方法。

1. 利用定时器扩充外部中断源法

AT89S51 内部有两个定时/计数器,当它们选择为计数器工作方式时,T0(P3.4)或 T1(P3.5)引脚上发生的负跳变将使 T0 或 T1 计数器加 1 计数。利用此特性,将 P3.4、P3.5 作为外部中断请求输入线,将 T0 或 T1 计数初值设定为满量程(#0FFH)。当 T0、T1 引脚上的电平发生负跳变时,计数器加 1 计数溢出,引起中断,因而可当作外部中断使用,以计数器 T0 为例,初始化程序如下:

```
MOV    TMOD,#06H        ;置 T0 为工作方式 2
MOV    TL0,#0FFH        ;置 T0 计数初值
MOV    TH0,#0FFH
```

```
        SETB    EA              ;开 CPU 中断
        SETB    ET0             ;允许 T0 中断
        SETB    TR0             ;启动 T0 计数
        END
```

2. 中断和查询结合法

该方法是利用 AT89S51 的两条外部中断输入线 $\overline{INT0}$ 和 $\overline{INT1}$，在每一条中断输入线上通过一定的逻辑电路连接多个外部中断源，同时利用输入端口线作为各中断源的识别线。具体线路如图 5-5 所示。图 5-5 中所示的 4 个外部装置通过或非电路连接 $\overline{INT0}$，4 个装置的中断请求输入均通过 $\overline{INT0}$ 发给 CPU。无论哪一个外部装置提出中断请求，都会使 $\overline{INT0}$ 引脚上的电平变低。究竟是哪个外部装置申请中断，可以通过程序查询 P1.0～P1.3 的逻辑电平获知。这 4 个中断源的优先级，是利用软件查询方式实现，其中装置 1 为最高级，装置 4 为最低级。软件查询时由最高至最低的顺序查询。

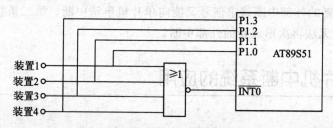

图 5-5 扩展 4 个外中断源电路

有关中断服务程序的片断如下：

```
                ORG     0003H
                LJMP    INTRP0                  ;INT0 中断服务程序入口
                ORG     0203H
        INTRP0: PUSH    PSW                     ;中断服务程序是一个中断查询程序
                PUSH    Acc
                JB      P1.0,DV1
                JB      P1.1,DV2
                JB      P1.2,DV3
                JB      P1.3,DV4
        EXIT:   POP     A
                POP     PSW
                RETI
        DV1:    …
        装置 1 的中断服务程序
                AJMP    EXIT
        DV2:    …
        装置 2 的中断服务程序
                AJMP    EXIT
        DV3:    …
```

装置3的中断服务程序
　　　　　　AJMP　　EXIT
DV4：　　　…
装置4的中断服务程序
　　　　　　AJMP　　EXIT

3. 矢量中断扩充法

所谓矢量可以理解成一个地址信息。它的低8位由申请中断的外设（中断源）提供，高8位可由CPU提供。CPU采用这种方法形成中断服务程序的入口地址。与上述第二种方法相比，此种方法CPU响应中断时间快，处理及时。

下面以$\overline{INT1}$为例说明在51单片机中，如何利用两个外部中断$\overline{INT0}$、$\overline{INT1}$输入端实现矢量中断。设$\overline{INT1}$为低电平有效方式。实现矢量中断功能扩充的电路如图5-6所示。

图5-6中有8个中断源$\overline{INTR7}$~$\overline{INTR0}$，均为低电平有效；74LS148为8-3优先编码器。外部8个中断源的中断请求分别接入74LS148的输入端$\overline{I7}$~$\overline{I0}$。74LS148对8个中断源的申请进行优先权的排队，经排队后产生相应的矢量代码A2~A0送至AT89S51单片机的P1.2~P1.0。其中$\overline{INTR7}$优先权最高，$\overline{INTR0}$优先权最低。当有多个中断同时发生时，编码器只对优先权最高的中断源作出反应，并输出其矢量代码。任意一个中断源有请求均可通过74LS148的$\overline{GS}$输出端加到$\overline{INT1}$引脚上，向CPU发出中断请求。74LS148的真值如表5-5所列。

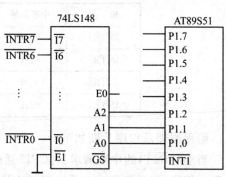

图5-6 矢量中断功能扩充的电路

表5-5 74LS148的真值表

控制	信号输入								输出			选通输出	
$\overline{E1}$	$\overline{I0}$	$\overline{I1}$	$\overline{I2}$	$\overline{I3}$	$\overline{I4}$	$\overline{I5}$	$\overline{I6}$	$\overline{I7}$	A2	A1	A0	$\overline{GS}$	E0
1	X	X	X	X	X	X	X	X	1	1	1	1	1
0	1	1	1	1	1	1	1	1	1	1	1	1	0
0	X	X	X	X	X	X	X	0	0	0	0	0	1
0	X	X	X	X	X	X	0	1	0	0	1	0	1
0	X	X	X	X	X	0	1	1	0	1	0	0	1
0	X	X	X	X	0	1	1	1	0	1	1	0	1

续表 5-5

控 制	信号输入								输 出			选通输出	
$\overline{EI}$	$\overline{I0}$	$\overline{I1}$	$\overline{I2}$	$\overline{I3}$	$\overline{I4}$	$\overline{I5}$	$\overline{I6}$	$\overline{I7}$	$\overline{A2}$	$\overline{A1}$	$\overline{A0}$	$\overline{GS}$	E0
0	X	X	X	0	1	1	1	1	1	0	0	0	1
0	X	X	0	1	1	1	1	1	1	0	1	0	1
0	X	0	1	1	1	1	1	1	1	1	0	0	1
0	0	1	1	1	1	1	1	1	1	1	1	0	1

注:"1"表示高电平;"0"表示低电平;"X"表示任意。

8 个中断源对应的中断矢量如表 5-6 所列。

表 5-6 8 个中断源对应的中断矢量(74LS148 提供)

输 入	中断矢量	输 入	中断矢量
$\overline{INTR7}$	00H	$\overline{INTR3}$	04H
$\overline{INTR6}$	01H	$\overline{INTR2}$	05H
$\overline{INTR5}$	02H	$\overline{INTR1}$	06H
$\overline{INTR4}$	03H	$\overline{INTR0}$	07H

编程原理及程序片断如下:

当响应 $\overline{INT1}$ 的中断请求后,CPU 通过读 P1 口就可以得到 74LS148 输出的中断矢量。但是,怎样根据该矢量进行相应的转移则是一个关键问题。由于 AT89S51 单片机的 $\overline{INT1}$ 中断矢量地址是固定的,为 0013H。因而,无论外部的 $\overline{INTR0}$～$\overline{INTR7}$ 中哪一个发生中断,CPU 响应后首先要转向 $\overline{INT1}$ 中断入口处。所以,只能利用 $\overline{INT1}$ 的中断服务程序,采用多分支转移来处理各中断请求,即 $\overline{INT1}$ 的中断服务程序需要编制引导程序、散转表、处理程序等三种程序段。另一方面应在 0013H 地址处安放转移指令指向引导程序,即

```
ORG    0013H
LJMP   INTB1
```

(1) 散转表

```
        ORG    1000H    ;地址
INTAB:  lJMP   INTR7    ;1000H
        lJMP   INTR6    ;1003H
        lJMP   INTR5    ;1006H
        lJMP   INTR4    ;1009H
        lJMP   INTR3    ;100cH
        lJMP   INTR2    ;100fH
        lJMP   INTR1    ;1012H
        lJMP   INTR0    ;1015H
```

第 5 章 中断系统及应用

(2) 引导程序

功能：读 P1.0、P1.1、P1.2 口的内容，并形成一个 16 位地址，然后根据 16 位地址执行转移表中相应的转移指令。编程有两种方法。

方法一：利用堆栈实现转移。其程序片段为

```
        ORG     1020H
INTB1:  PUSH    PSW
        PUSH    B
        PUSH    Acc             ;保护 A 的内容
        MOV     A,P1            ;读取中断矢量
        ANL     A,#00000111B    ;屏蔽高 5 位
        MOV     B,#03H          ;将中断矢量转换成转移表中对应的地址
        MUL     A,B             ;转移指令所处的地址的低 8 位
        PUSH    Acc             ;转移指令所处的地址的低 8 位入栈
        MOV     A,#10H
        PUSH    Acc             ;转移指令的地址高 8 位入栈
        RET                     ;返回,自动地执行转移表中对应的跳转指令
```

方法二：利用散转程序实现转移。其程序片段为

```
        ORG     1020H
INTB1:  PUSH    PSW
        PUSH    B
        PUSH    Acc             ;保护 A 的内容
        MOV     A,P1            ;读取中断矢量
        ANL     A,#00000111B
        MOV     B,#03H          ;将中断矢量转换成转移表中对应的
        MUL     A,B             ;转移指令所处的地址的低 8 位
        MOV     DPTR,#INTAB
        JMP     @A+DPTR         ;转移去执行转移表中对应的跳转指令
```

(3) INTR7～INTR0 的中断服务程序

```
INTR7: …
       ⋮
       pop  Acc
       pop  B
       pop  PSW
       reti
```

INTR6～INTR0 与 INTR7 的中断服务程序相同。

5.3.2 中断系统的应用举例

从软件角度看，使用中断时需要做两个方面的任务：
① 按人们的意志对中断源进行管理和控制。
② 编制中断服务程序。

中断源管理和控制(初始化程序)程序一般都包含在主程序中,根据需要通过几条指令来完成。中断服务程序是一种具有特定功能的独立程序段,根据中断源的具体要求进行服务的。有关中断服务程序的编写方法前面已介绍,这里不再叙述,仅介绍中断源管理和控制程序的编写。在编写中断管理与控制程序时应考虑以下几方面:

① CPU 开中断与关中断。
② 某个中断源中断请求的允许或屏蔽。
③ 各中断源优先级别的设定。
④ 外部中断请求的触发方式(电平触发和边沿触发方式)。

【例 5-1】 利用外部中断源 $\overline{INT0}$ 和 $\overline{INT1}$,实现中断以及中断嵌套,设 $\overline{INT1}$ 为高优先级。

为了取得 $\overline{INT0}$ 和 $\overline{INT1}$ 中断信号,可以使用两个去抖动按键,分别接到 P3.2 和 P3.3 引脚上,以产生两个先高后低的边沿触发脉冲。按动两个中断按键,产生两个不同的中断。按动低优先级中断源 $\overline{INT0}$ 键,紧接着按动高优先级中断源 $\overline{INT1}$ 键,将产生中断嵌套,程序如下:

```
            ORG     0000H
            AJMP    MAIN
            ORG     0003H
            AJMP    INT0
            ORG     0013H
            AJMP    INT1
            ORG     0100H
MAIN:       MOV     IE,#85H
            SETB    PX1
            SETB    IT0
            SETB    IT1
LOOP:       MOV     P1,#0FFH
            SJMP    LOOP
            ORG     0200H
INT0:       MOV     R3,#10
D1:         MOV     P1,#0FH
            LCALL   DELAY
            DJNZ    R3,D1
            RETI
            ORG     0300H
INT1:       MOV     A,R3
            PUSH    ACC
            MOV     R3,#02H
D2:         MOV     P1,#0F0H
            LCALL   DELAY
            DJNZ    R3,D2
            POP     ACC
```

第 5 章 中断系统及应用

```
         MOV    R3,A
         RETI
DELAY:   MOV    R5,#50
DELAY1:  MOV    R6,#100
DELAY2:  MOV    R7,#100
DLY1:    DJNZ   R7,DLY1
         DJNZ   R6,DLAY2
         DJNZ   R5,DELAY1
         RET
```

【例 5 - 2】 利用 $\overline{INT0}$ 做一个计数器。当 $\overline{INT0}$ 有脉冲时,A 的内容加 1,并且当 A 的内容大于或等于 100 时将 P1.0 置位。

```
         ORG    0000H
         LJMP   MIN0
         ORG    0003H
         LJMP   INTB0
         ORG    000BH
         reti
         ORG    0013H
         reti
         ORG    001BH
         reti
         ORG    0023H
         reti
         ORG    0030H
MIN0:    MOV    SP,#30H      ;主程序
         SETB   IT0
         SETB   EX0
         CLR    PX0
         SETB   EA
         MOV    A,#00
MIN1:    NOP
         LJMP   MIN1
         ORG    0100H
INTB0:   PUSH   PSW          ;INT0 的中断服务程序
         Add    A,#01
         CJNE   A,#100,INTB1
         LJMP   INTB2
INTB1:   JC     INTB3
INTB2:   SETB   P1.0
INTB3:   POP    PSW
         RETI
```

【例 5 - 3】 试编写由 P1.0 输出一个周期为 2 min 的方波信号的程序。已知 $f_{osc}=12\,\text{MHz}$。

此例要求 P1.0 输出的方波信号的周期较长,用一个定时器无法实现。解决的办法可采用定时器加软件计数的方法或者采用两个定时器合用的方法来实现。这里

仅介绍定时器加软件计数的方法。

具体方法为：将 T1 设置为定时器方式，定时时间为 10 ms，工作于模式 1；再利用 T1 的中断服务程序作为软件计数器共同实现 1 min 的定时。整个程序由两部分组成，即主程序和 T1 的中断服务程序。其中主程序包括初始化程序和 P1.0 输出操作程序，中断服务程序包括毫秒(ms)、秒(s)、分(min)的定时等。

编写 T1 的中断服务程序时，应首先将 T1 初始化，并安排好中断服务程序中所用到的内部 RAM 中地址单元。

T1 的计数初值：$X = 2^{16} - 12 \times 10 \times 1\,000/12 = 55\,536 = D8F0H$。

中断服务程序所用到的地址单元安排如下：

40H 单元作 ms 的单元，计数值为 1 s/10 ms=100 次；

41H 单元作 s 的计数单元，计数值为 1 min/1 s=60 次；

29H 单元的 D7 位(位地址为 4FH)做 1 min 计时到的标志位，即标志用 4FH。

具体程序如下。

主程序：

```
            ORG     0000H
            AJMP    start
            ORG     001BH
            AJMP    tim1
            ORG     0030H
Start:      MOV     TMOD,#10H       ;T1 定时,模式 1
            MOV     TH1,#0D8H       ;T1 计数初值
            MOV     TL1,#0F0H
            SETB    EA              ;CPU、T1 开中断
            SETB    ET1
            SETB    TR1             ;启动 T1
            MOV     40H,#100        ;毫秒计数初值
            MOV     41H,#60         ;秒计数初值
            CLR     4FH
TT:         JNB     4FH,TT          ;等待 1 min 到
            CLR     4FH             ;清分标志值
            CPL     P1.0            ;输出变反
            AJMP    TT              ;反复循环
```

T1 中断服务程序(由 001BH 转来)：

```
            ORG     0100H
TIM1:       PUSH    PSW
            MOV     TH1,#0D8H       ;TI 重赋初值
            MOV     TL1,#0F0H
            DJNZ    40H,TT1         ;1 s 到否?
            MOV     40H,#100        ;1 s 到,重赋秒的计数值
            DJNZ    41H,TT1         ;1 min 到否?
            MOV     41H,#60         ;1 min 到了,重赋 1 min 的计数值
            SETB    4FH             ;置 1 min 到标志位,告诉主程序
```

```
TT1:    POP   PSW
        RETI                        ;中断返回
```

本章小结

中断是通过硬件来改变 CPU 的运行方向的。计算机在执行程序的过程中,当 CPU 运行当前程序时,CPU 之外的其他硬件(例如定时器、串行接口等)会出现某些特殊情况,这些特殊情况会以一定的方式向 CPU 发出中断请求信号,要求 CPU 暂时中断当前程序的执行而转去执行相应的处理程序,待处理程序执行完毕后,再继续执行原来被中断的程序。这种程序在执行过程中由于外界的原因而被中间打断的情况称为"中断"。引起中断的原因称为中断源。AT89S51 单片机提供了 5 个中断源:$\overline{INT0}$、$\overline{INT1}$、TF0、TF1 和串行口(TI/RI)中断请求。在外部中断源不够的情况下,还可以扩展。外部中断源扩展的方法有两种,一种是利用定时器扩展;另一种是采用中断和查询相结合扩展外部中断源。中断请求的优先级由用户编程和内部优先级共同确定。中断编程包括中断入口地址设置,中断源优先级设置,中断开放或关闭,中断服务子程序等。本章通过实例详细介绍了中断过程,中断编程方法及应用。

思考与练习

1. 什么叫中断?中断有什么特点?

2. 什么叫中断源?AT89S51 有哪几个中断源?请写出这些中断源的优先级顺序以及这些中断源的入口矢量地址。

3. 什么叫中断嵌套?中断嵌套遵循的原则是什么?AT89S51 单片机本身能实现几级嵌套?

4. AT89S51 中与中断有关的特殊功能寄存器有几个?它们各自的功能是什么?

5. AT89S51 系列单片机的中断系统中有几个优先级?如何设定?什么是中断优先级?AT89S51 能设置几个优先级?同一级别的中断源同时发出中断请求,CPU 先响应哪一个?怎样确定?

6. AT89S51 单片机外中断的触发方式有几种?它们有什么区别?电平触发时,如何防止 CPU 重复响应同一外中断?

7. 若系统只有一个中断源,则中断响应须等待的最短时间和最长时间各是多少?等待时间长的原因都有哪些?

8. 概述一个中断响应的全部过程。CPU 响应中断有哪些条件?中断请求被封锁的条件有哪些？

9. 若要扩充 8 个中断源,可采用哪些方法？如何确定优先级？

10. 试用矢量中断扩充法扩充 10 个外部中断源。

11. 请叙述中断程序设计的一般格式。中断服务中为什么要设资源保护指令 PUSH PSW？通常该指令设在何处？

12. 子程序和中断服务程序有何区别？如何调用子程序和中断服务程序？

13. 在子程序及中断服务程序中能否随意设置压栈指令 PUSH？子程序及中断服务程序中设置压栈指令后,返回前如果没有出栈指令会出现什么情况？

14. 试用中断技术设计一个秒闪电路,其功能是控制发光二极管 LED 闪亮,其闪烁频率为 50 Hz。设 $f_{osc}=6$ MHz。

15. 利用两个外中断源$\overline{INT0}$和$\overline{INT1}$实现中断嵌套控制,$\overline{INT0}$为高级中断,边沿触发方式;$\overline{INT1}$为低级中断,电平触发方式,试编写其初始化程序。

16. 现有 4 台外围设备 X1～X4 需向 AT89S51 申请中断,而 AT89S51 只有$\overline{INT0}$和 P1 口可供使用,试设计相应的电路并编写程序。

第 6 章
单片机串行接口及应用

AT89S51 单片机中有一个串行通信 I/O 口,通过该串行口可以实现与其他计算机以及外设之间的串行通信。AT89S51 单片机的串行通信有着广泛的应用,不但可以实现单片机之间或单片机和 PC 机之间的串行通信,也可以使用单片机的串行通信接口,实现键盘输入和 LED、LCD 显示器输出的控制,简化电路,节约单片机的硬件资源;应用串行通信接口,还可以进行远程参数检测和控制。本章首先介绍串行通信的基础知识,然后详细介绍 AT89S51 单片机的串行接口及其应用。

6.1 串行通信概述

在实际应用中,计算机与外部设备之间,计算机与计算机之间常常要进行信息交换,所有这些信息的交换均称为"通信"。通信的基本方式分为并行通信和串行通信两种。AT89S51 单片机具有并行通信和串行通信两种通信方式,给单片机在通信中的应用带来了极大的方便。

6.1.1 通信的概念

并行通信是构成数据信息的各位同时进行传送的通信方式,例如 8 位数据或 16 位数据并行传送。图 6-1(a)为并行通信方式的示意图。其特点是传输速度快,缺点是需要多条传输线,当距离较远、位数又多时,导致通信线路复杂且成本高。在单片机中,一般常常用于 CPU 与 LED、LCD 显示器的连接,CPU 与 ADC、DAC 之间的数据传送等。

串行通信是数据一位接一位地顺序传送。图 6-1(b)为串行通信方式的示意图。其特点是通信线路简单,只要一对传输线就可以实现通信(如电话线),从而大大降低了成本,特别适用于远距离通信,缺点是传送速度慢。

由图 6-1 可知,假设并行传送 N 位数据所需时间为 T,那么串行传送的时间至少为 NT,实际上总是大于 NT 的。

在串行通信时,机内的并行数据传送到内部移位寄存器中,然后数据被移位寄存

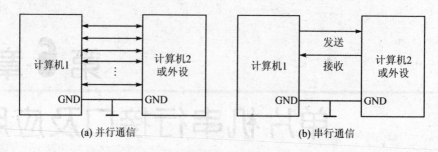

图 6-1 通信的两种基本方式

器形成串行数据,通过通信线传送到接收端,再将串行数据逐位移入移位寄存器后转换成并行数据存放在计算机中。进行串行通信的接收端和发送端的计算机,必须有一定的约定,必须有相同的传送速率并采用统一的编码方法。接收端的计算机必须知道发送端的计算机发送了哪些信息,发送的信息是否正确,如果有错如何通知对方重新发送。发送端的计算机必须知道接收端的计算机是否正确接收到信息,是否需要重新发送,这些约定称为串行通信协议或规程。通信双方遵守这些协议才能正确进行数据通信。

6.1.2 串行通信的分类

按照串行通信的时钟控制方式,串行通信可分为异步传送和同步传送两种基本方式。

1. 异步通信(asynchronous communication)

异步传送的特点是数据在线路上的传送不连续,在传送时,数据是以字符为单位组成字符帧进行传送的。字符帧由发送端一帧一帧地发送,每一帧数据位均是低位在前高位在后,通过传输线被接收端一帧一帧地接收。发送端和接收端可以由各自独立的时钟来控制数据的发送和接收,这两个时钟彼此独立,互不同步。

在异步通信中,接收端是依靠字符帧格式来判断发送端是何时开始发送,何时结束发送的。字符帧格式是异步通信的一个重要指标,是 CPU 与外设之间事先的约定。

(1) 字符帧(character frame)

字符帧也叫数据帧,由起始位、数据位、奇偶校验位和停止位 4 个部分组成。图 6-2 为异步传送的字符帧格式。

起始位:位于字符帧开始,起始位为 0 信号,只占 1 位,用于表示发送字符的开始。

数据位:紧接起始位之后的就是数据位,它可以是 5 位、6 位、7 位或 8 位,传送时低位在前、高位在后。

奇偶校验位：数据位后面的1位为奇偶校验位，可0可1，可要也可以不要，由用户决定。

停止位：位于字符帧最后，它用信号1来表示1帧字符发送的结束，可以是1位、1位半或2位。

在串行通信中，两相邻字符帧之间，可以没有空闲位，也可以有若干空闲位，这由用户来决定。图6-2(a)为无空闲位的字符帧，图6-2(b)有空闲位的字符帧。图6-2中数据位为7位。

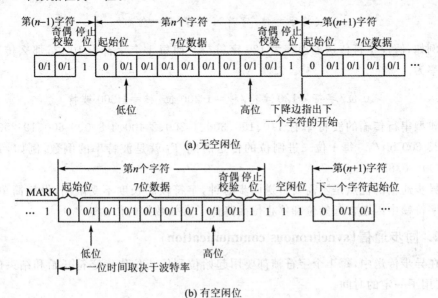

图6-2 串行异步传送的字符帧格式

例如，采用串行异步通信方式传送 ASCII 码字符"5"，规定为7位数据位，1位偶校验位，1位停止位，无空闲位。

由于"5"的 ASCII 码为 35H，其对应7位数据位为 0110101，如按低位在前、高位在后顺序排列应为 1010110。前面加1位起始位0，后面配上偶校验位1位0，最后面加1位停止位1，因此传送的字符格式为 0101011001，其对应的波形如图6-3所示。

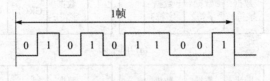

图6-3 传送 ASCII 码字符"5"的波形图

(2) 波特率(baudrate)

串行通信的快慢用波特率来表示，AT89S51 系列单片机串行口有4种工作方式，波特率也随之不同，波特率和帧格式可以通过软件编程来设置，必须正确进行波特率的设置,才能进行可靠的数据通信。

波特率是异步通信的另一个重要指标。波特率就是数据的传送速率,即每秒钟传送二进制数码的位数,单位为位/秒(bit/s,即 bps),也叫波特数。但波特率与字符的实际传送速率不同,字符的实际传送速率(字符帧/秒)是每秒内所传送的字符帧数,和字符帧格式有关。通常异步通信的波特率为 50~9 600 bit/s。异步通信要求发送端与接收端的波特率必须一致。

波特率与字符的传送速率(字符/秒)之间存在如下关系:

$$波特率 = 位/字符 \times 字符/秒 = 位/秒$$

例如,假设字符传送的速率为 120 字符/秒,而每 1 个字符为 10 位,那么传送的波特率为

$$10\ 位/字符 \times 120\ 字符/秒 = 1\ 200\ 位/秒 = 1\ 200\ 波特$$

典型串行传输的波特率有 110、150、300、1 200、2 400、4 800、9 600、19 200、28 800、33 600 bit/s。每 1 位二进制位的传送时间 T_d 就是波特率的倒数,例如,T_d = 1/1 200 = 0.833 ms。

异步通信的优点是不需要传送同步时钟,字符帧的长度不受限制,设施简单;缺点是字符帧中因包含起始位和停止位而降低了有效数据的传输速率。

2. 同步通信(synchronous communication)

在异步传送中,每 1 个字符帧都要用起始位和停止位作为字符开始和结束的标志,占用了一定的时间。

同步通信是一种连续串行传送数据的通信方式,1 次通信只传输一帧信息,即 1 次传送 1 组数据。这里的信息帧和异步通信的字符帧不同,通常有若干个数据字符,如图 6-4 所示。图 6-4(a)为单同步字符帧结构,图 6-4(b)为双同步字符帧结构,但它们均由同步字符 SYN、数据字符和校验字符 CRC 三部分组成,数据字符间没有空闲位。在同步通信中,同步字符可以采用统一的标准格式,也可以由用户约定。

图 6-4 同步通信的字符帧格式

使用同步通信方式,可以实现高速度、大容量的数据传送,其缺点是要求发送时钟和接收时钟保持严格同步。故发送时钟除应和发送波特率保持一致外,还应把它同时传送到接收端去。

6.1.3 串行通信的制式

在串行通信中数据是在两个站之间进行传送的,按照数据传送方向,串行通信可分为单工(simplex)、半双工(half duplex)和全双工(full duplex)三种制式。图6-5为三种制式的示意图。

1. 单工制式

在单工制式下,通信线的一端接发送器,一端接接收器,数据只能按照一个固定的方向传送,如图6-5(a)所示,A端为发送站,B端为接收站,数据仅能从A站发至B站。这种传输方式的用途有限,常用于串行口的打印数据传输与简单系统间的数据采集。

2. 半双工制式

数据可实现双向传送,但不能同时进行,在半双工制式下,系统的每个通信设备都由一个发送器和一个接收器组成,数据既可从A站发送到B站,也可以由B站发送到A站。不过在同一时间只能作1个方向的传送,即只能一端发送,一端接收,如图6-5(b)所示。其收/发开关一般是由软件控制的电子开关。实际的应用采用某种协议实现收/发开关转换。

3. 全双工制式

全双工通信系统的每端都有发送器和接收器,可以同时发送和接收,即数据可以在两个方向上同时传送,如图6-5(c)所示。一般全双工传输方式的线路和设备较复杂。

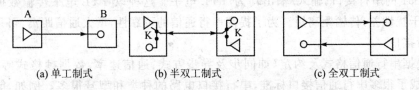

(a) 单工制式　　　　(b) 半双工制式　　　　(c) 全双工制式

图6-5　单工、半双工和全双工三种制式示意图

在实际应用中,尽管多数串行通信接口电路具有全双工功能,但一般情况下,多工作于半双工制式下,这种用法简单、实用。

6.1.4 信号的调制和解调

通信系统包括数据传送端、数据接收端、数据转换接口和传送数据的线路。单片机、PC 机、工作站以及外设都可以作为传送、接收数据的终端设备。数据在传送过程中常常需要一些中间设备，这些中间设备称为数据交换设备，负责数据的传送工作。数据在通信过程中，由数据的终端设备传送端送出数据，通过调制解调器把数据转换为一定的电平信号，在通信线路上进行传输。通信信息被传输到计算机的接收端时，同样，也需要通过调制解调器把电平信号转换为计算机能接收的数据，数据才能进入计算机。

计算机通信是数字信号的通信，它要求传送线的频带很宽。在长距离通信时，传输线（通常电话线）很难具有足够宽的频带，如果用数字信号经过传送线直接通信，信号就会畸变。因此要在发送端用调制器（modulator）把数字信号转换为模拟信号，在接收端用解调器（demodulator）检测此模拟信号，再把它转换成数字信号。

调制方法有很多种，例如，FSK（Frequency Shift Keying）是一种常用的调制方法，它把数字信号的"1"与"0"调制成不同频率的模拟信号，调制和解调此处不作详述，请参阅有关资料。

6.1.5 串行通信的接口电路

计算机在通信过程中，通信线路常用双绞线、同轴电缆、光纤或无线电波。在单片机应用系统中，数据通信多采用异步串行通信。在设计通信接口时，必须根据需要选择标准接口，同时，要考虑传输介质、电平转换等问题。

从本质上说，所有的串行接口电路都是以并行数据形式与 CPU 接口，以串行数据形式与外部逻辑接口。它们的基本功能都是从外部逻辑接收串行数据，转换成并行数据后传送给 CPU，或从 CPU 接收并行数据，转换成串行数据后输出到外部逻辑。

AT89S51 芯片内有一个全双工的串行接口，该串行接口不仅可以和终端、系统主机等进行通信，而且也可以作为单片机之间的通信口，大大拓宽了其应用范围。但 AT89S51 的串行接口，输入/输出均为 TTL 电平。这种以 TTL 电平传输数据的方式，抗干扰性差，传输距离短。为了提高串行通信的可靠性，增大通信距离，可采用标准串行接口。

根据串行通信格式及约定（如同步及异步方式、通信速率、数据帧格式等）的不同，形成了很多串行通信接口标准，串行接口电路的种类和型号很多。例如，能够完成异步通信的硬件电路称为 UART（Universal Asynchronous Receiver/Transmitter，即通用异步接收器/发送器）；能够完成同步通信的硬件电路称为 USRT（Universal Sychronous Receiver/Transmitter）；既能够完成异步通信又能同步通信的硬件电路称为 USART（Universal Sychronous Asychronous Receiver/Transmitter）；另外还有 USB（通用串行总线接口）、I^2C 总线、SPI 总线（同步通信）、CAN 总线接口等。

异步串行通信接口主要有 RS-232C 接口；RS-422A、RS-423A 接口以及 20 mA 电流环等类型。采用标准接口后，能够方便地把单片机和外设、测量仪器等有机地结合起来,从而构成一个测控系统。例如当需要单片机和 PC 机通信时,通常采用 RS-232C 接口进行电平转换。下面对上述几种接口电路进行简单介绍。

1. RS-232C 接口

RS-232C 接口又称为 RS-232C 总线标准,是美国电子工业协会(EIA)的"推荐标准"。RS-232C 定义了数据终端设备(DTE)与数据通信设备(DCE)之间的物理接口标准。其中 DTE 主要包括计算机和各种终端机,而 DCE 的典型代表是调制解调器。接口标准包括机械特性、功能特性和电气特性等几方面内容。

(1) 机械特性

RS-232C 接口规定使用 25 针连接器,采用标准的 D 型 25 芯插头座,连接器的尺寸及每个插针的排列位置都有明确的定义。在一般的应用中并不一定用到 RS-232C 标准的全部信号线,在微机通信中,通常被使用的 RS-232C 接口信号只有 9 根引脚,连接器引脚定义如图 6-6 所示。

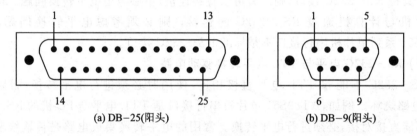

图 6-6 通信连接器接口图

(2) 功能特性

RS-232C 接口的主要信号线功能定义如表 6-1 所列。表中,插针序号括号内为 9 针连接器的引脚号。

表 6-1 RS-232C 标准接口主要引脚定义

插针序号	信号名称	功　　能	信号方向
1	PGND	保护接地	DTE→DCE
2(3)	TXD	发送数据(串行输出)	DTE←DCE
3(2)	RXD	接收数据	DTE→DCE
4(7)	RTS	请求发送	DTE←DCE
5(8)	CTS	允许发送	DTE←DCE
6(6)	DSR	DCE 就绪(数据建立就绪)	DTE←DCE
7(5)	SGND	信号接地	DTE←DCE
8(1)	DCD	载波检测	DTE←DCE
20(4)	DTR	DTE 就绪(数据终端准备就绪)	DTE→DCE
22(9)	RI	振铃指示	DTE←DCE

(3) 电气特性

RS-232C 采用负逻辑电平,规定 DC(−3～−15 V)为逻辑 1,DC(+3～+15 V)为逻辑 0。−3～+3 V 为过渡区,不作定义。

RS-232C 发送方和接收方之间的信号线采用多芯信号线,要求多芯信号线的总负载电容不能超过 250 pF。

通常 RS-232C 的传输距离为几十米,传输速率小于 20 kbit/s。RS-232C 串行接口是使用最早、应用较多的一种异步串行通信总线标准。例如 CRT、打印机与 CPU 的通信大都采用 RS-232C 接口,AT89S51 单片机与 PC 机的通信也是采用该种类型的接口。由于 51 系列单片机本身有一个全双工的串行接口,因此该系列单片机用 RS-232C 串行接口总线非常方便。

(4) 过程特性

过程特性规定了信号之间的时序关系,以便正确地接收和发送数据。如果通信双方均具备 RS-232C 接口,则二者可以直接连接,不必考虑电平转换问题。但是对于单片机与计算机通过 RS-232C 的连接,则必须考虑电平转换问题,因为 AT89S51 系列单片机串行接口不是标准 RS-232C 接口。

(5) RS-232C 电平与 TTL 电平转换驱动电路

RS-232C 不能和 TTL 电平直接相连,使用时必须进行电平转换,否则将使 TTL 电路烧坏。例如,AT89S51 单片机串行接口是 TTL 电平与 PC 机的 RS-232C 接口不能直接对接,必须进行电平转换。常用的电平转换集成电路是传输线驱动器 MC1488 和传输线接收器 MC1489 以及转换芯片 MAX232。

1) MC1488 和 MC1489

MC1488 内部有 3 个与非门和一个反相器,供电电压为 ±12 V,输入为 TTL 电平,输出为 RS-232C 电平。MC1489 内部有 4 个反相器,供电电压为 +5 V,输入为 RS-232C 电平,输出为 TTL 电平。MC1488 和 MC1489 引脚定义如图 6-7 所示。

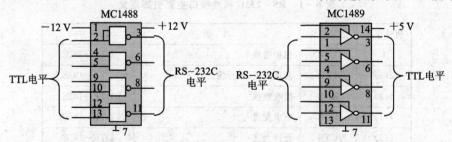

图 6-7 MC1488 和 MC1489 电平转换集成电路

2) MAX232 芯片

MAX232 芯片是 MAXIM 公司生产的,包含两路接收器和驱动器的 IC 芯片,且仅需要单一电源 +5 V,片内有 2 个发送器,2 个接收器,使用比 MC1488 和 MC1489 更加方便。适用于各种 RS-232C 接口,可以把单片机输入的 +5 V 电源电压转换成 RS-232C 输出电平所需的 +10 V 或 -10 V 电压。MAX232 引脚定义如图 6-8 所示。

MAX232 各引脚功能说明如下：

V_{CC}：供电电压 5 V；

GND：地；

C+、C-：外围电容；

T1IN：第一路 TTL/CMOS 驱动电平输入；

T1OUT：第一路 RS-232C 电平输出；

R1IN：第一路 RS-232C 电平输入；

R1OUT：第一路 TTL/CMOS 驱动电平输出；

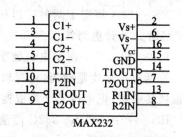

图 6-8 MAX232 引脚

T2IN：第二路 TTL/CMOS 驱动电平输入；

T2OUT：第二路 RS-232C 电平输出；

R2IN：第二路 RS-232C 电平输入；

R2OUT：第二路 TTL/CMOS 驱动电平输出。

MAX232 芯片内部有两路电平转换电路。引脚 T1IN 或 T2IN 可以直接接 TTL/CMOS 电平的单片机的串行发送端 TXD；R1OUT 或 R2OUT 可以直接接 TTL/CMOS 电平的单片机的串行接收端 RXD；T1OUT 或 T2OUT 可以直接接计算机的 RS-232C 串行接口的接收端 RXD；R1IN 或 R2IN 可以直接接计算机的 RS-232C 串行接口的发送端 TXD，可以方便地实现单片机与 PC 机的通信。

实际应用中，RS-232C 应注意以下两点：

① 远距离和近距离通信时，所需使用的信号线是不同的。远距离通信时，一般要加调制解调器，使用的信号线较多。而近距离通信时，不采用调制解调器，通信双方可以直接连接，这种情况下，只需要几根信号线即可。最简单的情况，仅用发送数据、接收数据和信号地三根线即可实现全双工异步通信。

② 计算机和数字通信设备（如调制解调器）之间通信时，是通过计算机串行接口与通信设备连接的。因此，从 RS-232C 标准的角度来看，可以把计算机串行接口视为计算机终端设备。RS-232C 规定的信号线，也就是计算机串行接口与通信设备进行连接所使用的信号线。对于 AT89S51 单片机，利用其 RXD（串行数据接收端）线、TXD（串行数据发送端）线和一根地线，就可以构成符合 RS-232C 接口标准的全双工通信口。

2. RS-422A 标准接口

RS-232C 虽然应用广泛，但因为推出较早，在现代通信系统中存在以下缺点：数据传输速率慢，传输距离短，未规定标准的连接器，接口处各信号间易产生串扰。针对 RS-232C 总线标准存在的问题，EIA 协会制定了新的串行通信标准 RS-

422A。该标准除了与 RS-232C 兼容外,在提高传输速率,增加传输距离,改善电气性能等方面有了很大改进。

RS-422A 规定了两种接口标准连接器,一种为 37 针"D"型插头,一种为 9 针"D"型插头,9 针更为常用。

RS-422A 是平衡型电压数字接口电路的电气标准,用平衡信号差传输高速信号。它通过传输线驱动器,将逻辑电平变换成电位差,完成发送端的信息传递;通过传输线接收器,把电位差变换成逻辑电平,完成接收端的信息接收。

RS-422A 比 RS-232C 传输距离长、速度快,传输速率最大可达 10 Mbit/s,在此速率下,电缆的允许长度为 12 m,如果采用低速率传输(90 kbit/s),最大距离可达 1 200 m。

RS-422A 可以不使用调制解调器,且系统用平衡信号差传输高速信号,所以噪声低,又可以多点或者使用公共线通信,故 RS-449 通信电缆可与多个设备并联。

RS-422A 和 TTL 进行电平转换最常用的芯片是传输线驱动器 SN7AT89S5174 和传输线接收器 SN7AT89S5175,这两种芯片的设计都符合 EIA 标准 RS-422A,均采用+5 V 电源供电。RS-422A 的接口电路如图 6-9 所示,发送器 SN7AT89S5174 将 TTL 电平转换为标准的 RS-422A 电平;接收器 SN7AT89S5175 将 RS-422A 接口信号转换为 TTL 电平。

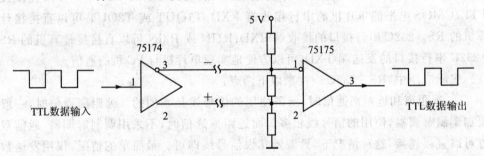

图 6-9 RS-422A 接口电平转换电路

3. 20 mA 电流环路串行接口

20 mA 电流环是目前串行通信中广泛使用的一种接口电路。电流环串行通信接口的最大优点是低阻传输线对电气噪声不敏感,而且易实现光电隔离,因此在长距离通信时要比 RS-232C 优越得多。图 6-10 是一个实用的 20 mA 电流环接口电路。它是一个加上光电隔离的电流环传送和接收电路。在发送端,将 TTL 电平转换为环路电流信号,在接收端又转换成 TTL 电平。

通过以上接口介绍可以看出,在计算机进行串行通信时,选择接口标准必须注意以下几点:

① 可靠性。传输的信息不允许出现错误,在串行通道的各个环节上都要保证有高可靠性的传输,满足特定环境要求的接口标准选择尤其重要。

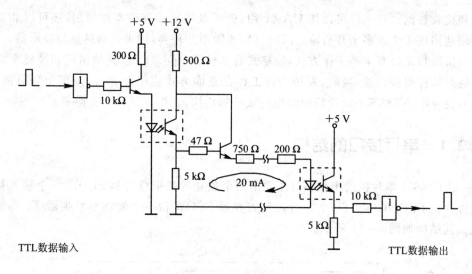

图 6-10 20 mA 电流环接口电路

② 通信速度和通信距离。通常的标准串行接口，都要满足可靠传输时的最大通信速度和传送距离指标，但这两个指标具有相关性，适当降低传输速度，可以提高通信距离，反之亦然。在实际应用中，为减少误码率，通信距离越远，通信速率应取低一些。例如，采用 RS-232C 标准进行单向数据传输时，最大的传输速度为 20 kbit/s，最大的传输距离为 15 m。而采用 RS-422A 标准时，最大的传输速度可达 10 Mbit/s，最大的传输距离为 300 m，适当降低传输速度，传输距离可达 1 200 m。若传输距离超过最大通信距离，则应采用线转发器。

③ 抗干扰能力。通常选择的标准接口，在保证不超过其使用范围时都有一定的抗干扰能力，以保证可靠的信号传输。但在一些工业测控系统中，通信环境十分恶劣，因此在通信介质选择、接口标准选择时，要充分考虑抗干扰能力，并采取必要的抗干扰措施。例如在长距离传输时，使用 RS-422A 标准，能有效地抑制共模信号干扰；使用 20 mA 电流环技术，能大大降低对噪声的敏感程度。在高噪声污染的环境中，通过使用光纤介质可减少噪声的干扰，通过光电隔离可以提高通信系统的安全性。

例如，在计算机测控系统中，数据通信主要采用异步串行通信方式。在设计通信接口时，必须根据需要选择标准接口，并考虑传输介质、电平转换和通信控制芯片等问题，以保证通信的可靠性、通信速度、通信距离和抗干扰能力。

6.2 单片机的串行接口

AT89S51 单片机内部有 1 个功能很强的可编程全双工串行通信接口，可同时发送和接收数据。它不仅可以作 UART 用,也可以作同步移位寄存器用,还可以非常方便地构成1个或多个并行输入/输出口,或做串并转换,用来驱动键盘与显示器。

该串行接口有4种工作方式,帧格式有8位、10位、11位,其帧格式和波特率均可通过软件编程设置,接收、发送均可工作在查询方式或中断方式,使用十分灵活。本节仅介绍 AT89S51 单片机中的串行接口的结构、工作方式及其波特率。

6.2.1 串行接口的结构

AT89S51 单片机的串行接口主要由两个独立的数据缓冲器 SBUF、一个输入移位寄存器 PCON(9位)、一个串行控制寄存器 SCON 和一个波特率发生器 T1 等组成。其结构如图 6-11 所示。

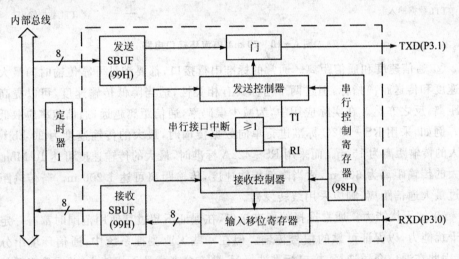

图 6-11 串行接口结构框图

实现单片机的串行接口的引脚是 RXD(P3.0)和 TXD(P3.1)。控制单片机串行口接收/发送的控制寄存器共有三个,即特殊功能寄存器 SBUF、SCON 和 PCON。数据缓冲器 SBUF 用于存放接收和欲发送的数据,串行控制寄存器 SCON 用来存放串行接口的控制和状态信息。定时/计数器 T1 作串行接口的波特率发生器,其波特率是否增倍由电源和波特率控制寄存器 PCON 的最高位控制。

1. 串行接口数据缓冲器 SBUF

SBUF 是两个在物理上独立的接收、发送寄存器,是可以直接寻址的特殊功能寄存器。一个用于存放接收到的数据,另一个用于存放欲发送的数据,可同时发送和接收数据。两个缓冲器共用一个地址 99H,通过对 SBUF 的读、写指令来区别是对接收缓冲器还是发送缓冲器进行操作。CPU 在写 SBUF 时,就是修改发送缓冲器;读 SBUF,就是读接收缓冲器的内容。接收或发送数据,是通过串行接口对外的两条独

第6章 单片机串行接口及应用

立收发信号线 RXD(P3.0)、TXD(P3.1)来实现的,因此可以同时发送、接收数据,其工作方式为全双工制式。

串行接口的接收/发送端具有缓冲的功能,由 SBUF 特殊功能寄存器实现该功能。接收缓冲器是双缓冲的,它是为了避免在接收下一帧数据之前,CPU 未能及时响应接收器的中断,把上帧数据读走,而产生两帧数据重叠的问题而设置的双缓冲结构。对于发送缓冲器,由于发送时 CPU 是主动的,不会产生两帧数据写重叠的问题,同时为了保持最大传输速率,AT89S51 的发送缓冲器为单缓冲。

2. 电源和波特率控制寄存器 PCON

PCON 是一个特殊功能寄存器,其字节地址为 87H,只能进行字节寻址,不能按位寻址。PCON 是为在 CHMOS 结构的 AT89S51 系列单片机上实现低功耗的电源控制而附加的,对 HMOS 的 51 系列单片机,只用了最高位,其余位都是虚设的。其格式如下:

PCON (87H)	D7	D6	D5	D4	D3	D2	D1	D0
	SMOD	—	—	—	GF1	GF0	PD	IDL

PCON 的最高位 D7 位作为 SMOD,是串行接口波特率的选择位。在工作方式 1、2、3 时,串行通信的波特率与 SMOD 有关。当 SMOD=1 时,波特率加倍;当 SMOD=0 时,波特率不变。例如,在工作方式 2 下,若 SMOD=0 时,则波特率为 $f_{osc}/64$;当 SMOD=1 时,波特率为 $f_{osc}/32$,恰好增大一倍。系统复位后,SMOD 位为 0。其他各位用于电源管理,与串行接口无关。

3. 串行接口控制寄存器 SCON

深入理解 SCON 各位的含义,正确使用软件设定或修改 SCON 的各位是使用 AT89S51 串行接口的关键。该特殊功能寄存器的主要功能是选择串行接口的工作方式,接收和发送控制以及串行接口的状态标志指示等,可以位寻址,字节地址为 98H。收发双方都有对 SCON 的编程,单片机复位时,SCON 的所有位全为 0。串行接口控制寄存器 SCON 的各位含义如下:

SCON (98H)	位名称	SM0	SM1	SM2	REN	TB8	RB8	TI	RI
	位地址	9FH	9EH	9DH	9CH	9BH	9AH	99H	98H

① SM0 和 SM1(SCON.7 和 SCON.6):串行接口的工作方式选择位,由软件设定。串行接口的工作方式及功能如表 6-2 所列。其中,f_{osc} 是单片机的振荡频率。

② REN(SCON.4):串行接口允许/禁止接收控制位,由软件置位与复位。REN=1 时,允许串行接口接收数据;REN=0 时,禁止串行接口接收数据。

③ TB8(SCON.3):方式 2、3 中 TB8 是要发送的第 9 位(帧格式中的 D8 位)数

据,可由软件置位或复位,可做奇偶校验位。在多机通信中,可作为区别地址帧或数据帧的标识位,一般约定地址帧时,TB8 为 1;数据帧时,TB8 为 0。

表 6-2 串行方式的定义

SM0	SM1	工作方式	功 能	波特率
0	0	方式 0	8 位同步移位寄存器	$f_{osc}/12$
0	1	方式 1	8 位 UART	可变
1	0	方式 2	8 位 UART	$f_{osc}/64$、$f_{osc}/32$
1	1	方式 3	9 位 UART	可变

④ RB8(SCON.2):方式 2、3 中 RB8 是接收到的第 9 位(帧格式中的 D8 位)数据。可由软件置位或复位,可做奇偶校验位。在多机通信中,可作为区别地址帧或数据帧的标识位,一般约定地址帧时,RB8 为 1;约定数据帧时,RB8 为 0。方式 1 中,如果 SM2=0,RB8 是接收到的停止位,方式 0 中不使用这一位。

⑤ SM2(SCON.5):多机通信允许控制位,主要用于方式 2 和方式 3 中。在方式 2 和方式 3 处于接收方式时,若 SM2=1,则接收到的第 9 位数据(RB8)为 0 时,不启动接收中断标志 RI(即 RI=0),并且将接收到的前 8 位数据丢弃;RB8 为 1 时,将接收到的前 8 位数据送入 SBUF,并置位 RI 产生中断请求。在方式 2、3 处于接收或发送方式时,若 SM2=0,不论接收到的第 9 位 RB8 为 0 还是为 1,都将前 8 位数据装入 SBUF 中,并产生中断请求。

在方式 1 下,当 SM2=0 时,停止位进入 RB8 后才会激活 RI 使之置位;若 SM2=1 时,则只有收到有效的停止位(为 1)且进入 RB8 后,才会激活 RI 使之置 1,否则 RI 清 0。在方式 1 下,通常将 SM2 设置为 0。在方式 0 下,SM2 必须设置为 0,不用 TB8 和 RB8 位。

⑥ TI(SCON.1):发送中断标志位,在一帧数据发送完后由硬件自动将 TI 位置位(TI=1)。方式 0 时,发送完 8 位数据后,由硬件置位;其他方式,在停止位开始发送时,由硬件置位。因此,TI 是发送完一帧数据的标志,可以用指令"JBC TI,rel"来查询是否发送结束。TI 被置位后可向 CPU 申请中断。响应中断后,无论任何方式都必须由软件将 TI 清零。

⑦ RI(SCON.0):串行接口接收中断标志位,在接收到一帧数据后由硬件置位(RI=1)。方式 0 时,接收完 8 位数据后,由硬件置位;其他方式,在接收到停止位的一半时由硬件将 RI 置位(还应考虑 SM2 的设定)。同 TI 一样,也可以通过"JBC RI,rel"来查询是否接收完一帧数据。RI 被置位后,可向 CPU 申请中断,CPU 响应中断后,从 SBUF 取出数据。但在方式 1 中,当 SM2=1 时,若未收到有效的停止位,则不会对 RI 置位。无论任何方式都必须由软件将 RI 清零。

4. 串行通信过程

串行通信包括数据的接收和数据的发送,串行通信的过程如下:

(1) 接收数据的过程

当 CPU 允许接收(即 SCON 的 REN 位置1)且接收中断标志 RI 位复位时,就启动一次接收过程。接收数据时,外界数据通过引脚 RXD(P3.0)串行输入,数据的最低位首先进入输入移位器,一帧数据接收完毕再并行送入缓冲器 SBUF 中,同时将接收中断标志位 RI 置 1。当用软件将输入的数据读走并将 RI 位复位后,才能再开始下一帧数据的输入过程。这个过程重复进行直至所有数据接收完毕。

(2) 发送数据的过程

当发送中断标志 TI 位复位后,CPU 执行任何一条写 SBUF 指令,就启动一次发送过程。CPU 在执行写 SBUF 指令的同时启动发送控制器开始发送数据,被发送的数据由 RXD(P3.0)引脚串行输出,首先输出最低位。当一帧数据发送完即发送缓冲器空时,CPU 自动将发送中断标志 TI 位置位。当用软件将 TI 复位,同时又将下一帧数据写入 SBUF 后,CPU 再次重复上述过程直到所有数据发送完毕。

6.2.2 串行接口的工作方式

AT89S51 串行口的工作方式选择、中断标志、可编程位的设置、波特率的增倍均是通过两个特殊功能寄存器 SCON 和 PCON 来控制的。AT89S51 的串行接口有 4 种工作方式,通过 SCON 中的 SM1、SM0 位来决定,如表 6-2 所列。不同的工作方式,有不同的应用,其帧格式也不同,如图 6-12 所示。4 种工作方式中,串行通信只使用方式 1、2、3。方式 0 不能用于串行同步通信中,经常将串行端口与外接移位寄存器结合起来,用于扩展单片机的并行输入/输出口。

1. 工作方式 0

当 SM0=0、SM1=0 时,串行接口选择为方式 0,这种方式为同步移位寄存器式输入/输出方式,其帧格式如图 6-12(a)所示。

方式 0 下,8 位数据从 RXD(P3.0)引脚串行输入或输出,同步移位时钟由 TXD(P3.1)引脚输出,波特率固定为 $f_{osc}/12$,即每一个机器周期输出或输入一位数据。该方式是以 8 位数据为一帧,没有起始位和停止位,先发送或接收最低位。这种方式主要用于扩展单片机的并行输入/输出口。

(1) 方式 0 发送

当一帧数据写入串行接口发送缓冲器 SBUF 时,串行接口将 8 位数据以 $f_{osc}/12$ 的波特率从 RXD 引脚输出(低位在前),8 位数据发送完毕中断标志 TI 为 1,TXD 输出同步脉冲。一帧数据发送完毕,各控制端均恢复原状态,只有 TI 保持为 1,请求中断。在再次发送数据之前,必须由软件清 TI 为 0。

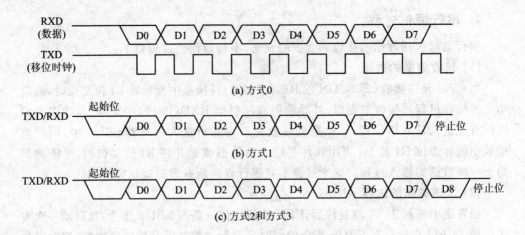

图 6-12 4 种工作方式的帧格式

方式 0 发送,实质上是数据输出。将单片机的 TXD 和 RXD 接到外部的一个 8 位串入并出(74LS164)寄存器,就可以使用方式 0 输出数据。串行接口方式 0 发送的具体电路如图 6-13 所示。其中,74LS164 为 8 位 DIP14 封装串入并出移位寄存器,引脚 1、2 为串行数据输入端,引脚 3~6 和 10~13 为并行数据输出端,引脚 8 为时钟信号(上升沿有效),引脚 7 为地,引脚 14 接 +5 V 电源,引脚 9 为清零选通端,低电平清零,高电平选通。74LS164 能完成数据的串并转换。串行接口的数据通过 RXD 引脚送到 74LS164 的输入端,串行接口输出的移位时钟通过 TXD 引脚加到 74LS164 的时钟端。使用另一条 I/O 线 P1.0 控制 74LS164 的输出允许选通端 CLR(也可以将 74LS164 的选通端直接接高电平)。

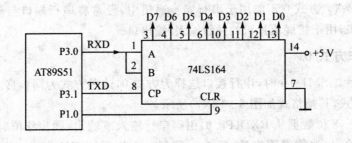

图 6-13 方式 0 发送连线(使用 74LS164 扩展输出口)

当数据写入 SBUF 后,在移位脉冲(TXD)的控制下,数据从 RXD 端逐位移入 74LS164。当 8 位数据全部移出后,TI 由硬件置位,发生中断请求。若 CPU 响应中断,则开始执行串行接口中断服务程序,数据由 74LS164 并行输出。此时,方式 0 可用于扩展 I/O 口输出。

根据图 6-13 所示的硬件连接方法,串行接口方式 0 发送数据参考程序片段如下:

第6章 单片机串行接口及应用

```
            MOV    SCON,#00H     ;选方式 0
            SETB   P1.0          ;选通 74LS164
            MOV    A,#DATA       ;将发送的数据送 A
            MOV    SBUF,A        ;数据写入 SBUF 并启动发送
    WAIT:   JNB    TI,WAIT       ;等待一个字节数据发送完
            CLR    TI            ;发送完毕,清除 TI 中断标志
            CLR    P1.0          ;关闭 164 选通
            RET
```

若还要继续发送新的数,只要使程序返回到第二条指令处即可。

(2) 方式 0 接收

方式 0 接收,实质上是数据输入。要实现接收数据,需激活串行输入的功能,具体是由软件设定 REN=1、RI=0。在满足 REN=1 和 RI=0 的条件下,便启动串行接口接收数据。

RXD 为串行输入端,TXD 为同步脉冲输出端。串行接口开始从 RXD 端以 $f_{osc}/12$ 的波特率输入数据(低位在前),当接收完 8 位数据后,置中断标志 RI 为 1,请求中断。在再次接收数据之前,必须由软件将 RI 清零。

此时,串行口方式 0 接收的基本连线方法如图 6-14 所示。其中,74LS165 为 8 位 DIP14 封装并入串出移位寄存器。74LS165 的移位时钟 CP 仍由串行接口的 TXD 端输出提供,74LS165 的串行输出数据 Q 送到 RXD 端作为串行接口的数据输入,将输入端口上的 8 位并行输入数据从 RXD 引脚读进来。端口线 P1.0 作为 74LS165 的接收和移位控制端 $S/\overline{L}$,当 $S/\overline{L}=0$ 时,允许 74LS165 置入并行数据;当 $S/\overline{L}=1$ 时,允许 74LS165 串行移位输出数据。当编程选择串行口方式 0,并将 SCON 的 REN 位置位允许接收,就可开始一个数据的接收过程。此时,方式 0 可用于扩展 I/O 口输入。

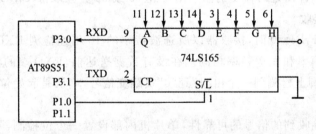

图 6-14 方式 0 接收连线(使用 74LS165 扩展输入口)

根据图 6-14 所示的硬件连接方法,串行接口方式 0 接收数据程序片段如下:

```
            MOV    R0,#50H       ;R0 作片内 RAM 地址指针
            MOV    R7,#02H       ;R7 作为接收字节计数指针
    RQ:     CLR    P1.0          ;允许 74LS165 置入并行数据
            NOP
            SETB   P1.0          ;允许 74LS165 串行移位输出数据
            MOV    SCON,#10H     ;设串行口方式 0,开放接收允许
```

```
RQ1:    JNB    RI,RQ1      ;等待接收一帧数据
        CLR    RI          ;清 RI 中断标志
        MOV    A,SBUF      ;读 SBUF
        MOV    @R0,A       ;存入片内 RAM
        INC    R0
        DJNZ   R7,RQ       ;所有字节未接收完,继续循环
```

串行控制寄存器 SCON 中的 TB8 和 RB8 在方式 0 中未用。值得注意的是,每当发送或接收完 8 位数据后,硬件会自动将 TI 或 RI 置为 1,CPU 响应 TI 或 RI 中断后,必须由用户用软件清 0。方式 0 时,SM2 必须为 0。

2. 工作方式 1

当 SM0=0、SM1=1 时,串行口被定义为方式 1。该方式规定发送或接收 10 位为一帧,即一个起始位 0、8 个数据位、一个停止位 1,其帧格式如图 6-12(b)所示。波特率由 SMOD 位和 T1 的溢出率决定,因此其波特率可以改变。此时,串行接口为波特率可调的 10 位通用异步通信接口 UART。UART 通过 TXD 引脚传送数据到外部(发送),RXD 引脚则接收外面所送过来的串行数据(接收)。串行接口采用该方式时,特别适合于点对点的单片机之间异步通信。

(1) 数据发送

任何一条写入 SBUF 指令,都可启动一次发送,数据由 TXD 端输出。串行接口能够自动地在数据的前后添加一个起始位(为 0)和一个停止位,组成 10 位一帧的数据,在发送移位脉冲的作用下依次从 TXD 端发送。

每经过一个移位脉冲,由 TXD 输出一个数据位,当 8 位数据全部送完后,使中断标志 TI 置 1,同时置 TXD=1 作为停止位发送出去,通知 CPU 发送下一帧数据。发送时的移位脉冲由定时器 1 的溢出信号经 16 或 32 分频取得(SMOD 位决定)。

(2) 数据接收

当 REN=1,RI=0 时,接收器以所选波特率的 16 倍速检测 RXD 端的状态,接收移位脉冲的频率和发送频率相同。在没有数据送达前,RXD 端的状态为 1,若在 RXD(P3.1)引脚上检测到一个由"1"到"0"负跳变信号,确认是起始位"0",立即启动一次接收。

为了保证接收到的信号的可靠性,单片机内部设置一个位检测器。位检测器在一个 16 分频计数器的控制下工作,每启动一次接收,硬件首先将 16 分频计数器复位,使输入位的边沿与计数器满后翻转的时刻对齐,以实现同步。

计数器的 16 个状态把每一位的时间分为 16 份,在第 7、8、9 状态时,位检测器对 RXD 端采样。取这 3 个状态是为了防止当发送端与接收端的波特率有差异时,保证通信不产生错位或漏码。由于这 3 个状态理论上对应于每一位的中央段,当发送端与接收端的波特率有差异时,虽然数据会发生偏移,但只要这种差异在允许范围内,就不至于产生错位或漏码。在上述 3 个状态下,取得 3 个采样值,用 3 取 2 的表决方

法确定接收的数据是否有效,当3个采样值中至少有2个一致时该数据才被接收。

如果所接收的第一位不是0,说明它不是一帧数据的起始位,该位被放弃,接收电路被复位,再重新对RXD进行上述采样过程。若起始位有效(为0),就将其移入输入移位寄存器中,然后再接收这一帧中的其他位。

接收完一帧数据后,若满足①、②两个条件之一时,接收数据有效,将接收移位寄存器内的8位数据并行装入SBUF,停止位置入SCON寄存器的RB8(SCON.2)中,同时将RI置1,等待CPU来读取。

① RI=0,SM2=0;

② RI=0,且接收到的停止位为1。

若不满足上述条件,则接收的数据信息将丢弃。所以,方式1接收时,应先用软件清除RI或SM2标志。此后,接收控制器又将重新再采样测试RXD出现的负跳变,以接收下一帧数据。

3. 方式2、方式3

当SM0=1、SM1=0时,串行接口被定义为方式2,当SM0=1、SM1=1时,串行接口被定义为方式3。方式2下,串行接口为11位通用异步接口UART,这种方式可接收或发送11位数据,传送波特率与PCON的最高位SMOD有关。发送或接收的一帧数据包括1位起始位0,8位数据位,1位可编程位(D8)和1位停止位1,共11位,比方式1增加了一个数据位,其余相同。第9个数据位即D8位(TB8、RB8)具有特别的用途,可以通过软件来控制它,用于奇偶校验,也可与特殊功能寄存器SCON中的SM2位配合,使AT89S51单片机的串行接口适用于多机通信,其帧格式如图6-12(c)所示。

如果串行接口工作于接收状态,当接收一帧数据时,单片机硬件自动将接收到的D8位内容送往SCON.2中,即RB8。如果串行接口工作于发送状态,当发送数据时,单片机硬件自动将SCON.3中内容(即为TB8)作为一帧数据的D8位发送出去。

串行接口方式3和方式2除了波特率规定不同之外,其他的性能完全一样,都是11位的帧格式。方式2的波特率只有$f_{osc}/32$和$f_{osc}/64$两种,而方式3的波特率是由Timer1所控制(在52系列可以使用Timer2来控制),工作方式3的波特率是可变的,其波特率的确定同方式1,方式3也适合于多机通信。串行接口方式2、方式3与方式1相比主要区别在第9个数据位上。

(1) 数据发送

发送时,先根据通信协议由软件设置TB8,然后用指令将要发送的数据写入SBUF,启动发送器。任何一条写入SBUF指令,都可启动一次发送,并把TB8的内容装入发送寄存器的第9位(附加位),使$\overline{SEND}$信号有效,发送开始,发送的数据由TXD端输出。在发送过程中,先自动添加一个起始位放入TXD,然后每经过一个TX时钟(由波特率决定)产生一个移位脉冲,由TXD输出一个数据位。当最后一个数据位(附加位)送完之后,撤消SEND,并使TI置位,同时置TXD=1作为停止位,使TXD输出一个完整的异步通信字符的格式。在发送下一帧信息之前,TI必须由中断服务程序或查询程序清0。

(2) 数据接收

接收部分与方式1类似。当REN=1且消除RI后,硬件将自动检测RXD(P3.1)上的信号,若检测到由1至0的跳变,立即启动一次接收。首先,判断是否为一个有效的起始位。对RXD的检测仍是以波特率的16倍速率采样,并在每个时钟周期的中间(第7、8、9计数状态)对RXD连续采样3次,取两次相同的值进行判决。若不是起始位,则此次接收无效,重新检测RXD;若是有效起始位,就在每一个RX时钟周期里接收一位数据。

接收完一帧数据后,若满足①、②两个条件之一时,接收数据有效,将接收移位寄存器内的8位数据并行装入SBUF,第9位数据置入SCON寄存器的RB8(SCON.2)中,同时将RI置1。

① RI=0,SM2=0;

② RI=0,且接收到的第9位数据为1。

若不满足上述条件,则丢失已收到的一帧信息,不再恢复,也不置位RI。此后,无论哪种情况都将重新检测RXD的负跳变。

注意:与方式1不同之处是,串行接口工作于方式2和方式3时,进入RB8的是第9位数据,而不是停止位。接收到的停止位的值与SBUF、RB8或RI是无关的。这一个特点可用于多机通信。

(3) 用第9位数据作为奇偶校验位

在数据通信中由于传输距离较远,数据信号在传送过程中会产生畸变,从而引起误码。为了保证通信质量,除了改进硬件之外,通常要在通信软件上采取纠错的措施。常用的一种简单方法是,用"检查和"作为第9位数据(称奇偶校验位),将其置入TB8位同8位有效数据一同发送出去。在接收端用第9位数据来核对所接收到的数据是否正确。

例如:发送端发送一个数据字节及其奇偶校验位的程序段。

```
TT:    MOV    SCON,#80H      ;串口方式2
       MOV    A,#DATA        ;取待发送的数据→A
       MOV    C,PSW.0        ;奇偶标志位置入TB8中
       MOV    TB8,C
       MOV    SBUF,A         ;启动一次发送
LOOP:  JBC    TI,NEXT        ;一帧数据发送完否?
       SJMP   LOOP
NEXT:  …
       ⋮
       RET
```

在方式2、方式3的发送过程中,将8位有效数据中的8个位内容之和置入

TB8,作为奇偶校验位同有效数据一块发送出去。因此,作为接收的一方应设法取出该奇偶位进行核对,相应的接收程序段为:

```
RR:    MOV   SCON,#90H        ;方式2允许接收
LOOP:  JBC   RI,RECN          ;等待接收
       SJMP  LOOP
RECN:  MOV   A,SBUF           ;读入接收的一帧数据
       JB    PSW.0,ONE        ;判断接收端的奇偶值
       JB    RB8,ERR          ;判发送端的奇偶值
       SJMP  REXT
ONE:   JNB   RB8,ERR
REXT:  …                      ;接收正确处理
ERR:   …                      ;接收有错处理
```

将接收到的一个有效数据从 SBUF 转移到 Acc 中时,会产生奇偶值将 PSW.0 置1或清0,而 RB8 中的内容为发送端所发送数据的奇偶值,两个奇偶值应相等,否则接收到的有效数据有错。若发现错误要及时通知对方重发。

6.2.3 各种方式波特率的设置

在串行通信中,收发双方对传送的数据速率,即波特率要有一定的约定,AT89S51 单片机的串行接口工作于不同的工作方式其波特率的设置也应有所不同。串行接口通过编程可以有4种工作方式,其中,方式0和方式2的波特率是固定的,方式1和方式3的波特率是可变的,由定时器1的溢出率决定,下面分别说明。

1. 方式0和方式2

在方式0时,每个机器周期发送或接收一位数据,因此波特率固定为振荡频率的 1/12,且不受 SMOD 位的控制。

方式2的波特率要受 PCON 中 SMOD 位的控制,当 SMOD 设置为0时,波特率为振荡频率的 1/64,即等于 $f_{osc}/64$;若 SMOD 设置为1时,则波特率等于 $f_{osc}/32$。因此,方式2的波特率为

$$波特率 = f_{osc} \times 2^{SMOD}/64$$

例如,石英振荡器频率为12 MHz 时,SMOD=1,则波特率为375 kbit/s。

2. 方式1和方式3

AT89S51 单片机串行接口工作于方式1或方式3时,其波特率由定时/计数器 T1 的溢出率与 SMOD 位共同控制。方式1或方式3的波特率可表示为

$$波特率 = \frac{2^{SMOD}}{32} \times (定时器1的溢出率)$$

式中,当 SMOD=0 时,波特率不增倍;当 SMOD=1 时,波特率增倍。定时器溢出率为1 s 内发生溢出的次数,取决于计数速率和定时器的计数值。计数速率与

TMOD 寄存器中 C/$\overline{\text{T}}$ 的设置有关,当 C/$\overline{\text{T}}$=0 时,为定时器工作方式,计数速率等于 $f_{osc}/12$;当 C/$\overline{\text{T}}$=1 时,为计数器工作方式,计数速率取决于外部输入时钟的频率,但不能超过 $f_{osc}/24$,使用时通常将 T1 设置为定时器工作方式。

定时/计数器 T1 的计数值等于 $M-X$,X 为计数初值,M 为定时/计数器的最大计数值,与操作模式有关。使用时可以让 T1 工作于模式 1、模式 0,也可以工作于模式 2。为了避免由于软件装载引起的误差,通常将 T1 设置为操作模式 2,作为波特率发生器。T1 工作于模式 2 时,TL1 作为计数用,TH1 用于存放计数初值,当 TL1 计满溢出时,TH1 中的值将自动重装到 TL1 中,这样避免了由于软件装载而引起的操作误差。

当 T1 作为波特率发生器并工作于模式 2 时,其计数初值(装载值)的确定方法如下:

设 T1 的计数初值为 X,C/$\overline{\text{T}}$=0(T1 为定时方式)时,那么每过 $256-X$ 个机器周期,定时器 T1 就会产生一次溢出。则 T1 的溢出周期为

$$溢出周期 = 定时时间 = \frac{12}{f_{osc}} \times (256-X)$$

溢出率为溢出周期之倒数,将上式代入波特率的计算公式得

$$波特率 = \frac{2^{SMOD}}{32} \times \frac{f_{osc}}{12 \times (256-X)} = \frac{2^{SMOD} \times f_{osc}}{384 \times (256-X)}$$

由上式可得定时器 T1 的计数初值(装载值)为

$$X = 256 - \frac{2^{SMOD} \times f_{osc}}{384 \times 波特率}$$

许多单片机系统选用时钟频率为 11.059 2 MHz 的晶体振荡器,这样容易获得标准的波特率。表 6-3 列出了定时器 T1 工作于方式 2 的常用波特率及初值。

表 6-3 常用波特率和定时器 T1(工作于方式 2)的初值

常用波特率/(bit·s^{-1})	f_{osc}/MHz	SMOD	TH1 初值	常用波特率/(bit·s^{-1})	f_{osc}/MHz	SMOD	TH1 初值
19 200	11.059 2	1	FDH	2 400	11.059 2	0	F4H
9 600	11.059 2	0	FDH	1 200	11.059 2	0	E8H
4 800	11.059 2	0	FAH				

【例 6-1】 选用 T1 作波特率发生器,工作于操作模式 2,波特率为 2 400 bit/s。已知 f_{osc}=11.059 2 MHz,设波特率控制位 SMOD=0,不增倍,求计数初值 X。

$$X = 256 - 2^0 \times 11.059\ 2 \times 10^6 / (384 \times 2\ 400) = 244 = F4H$$

所以,TH1=TL1=F4H。

6.2.4 串行通信的编程

串行接口需初始化后,才能完成数据的输入、输出。串行接口工作之前,应对其

进行初始化,主要是设置产生波特率的定时器1、串行接口控制和中断控制。编程过程可分为查询法和中断法。

1. 查询法

基本步骤如下:
① 设定控制寄存器 SCON,设串行通信的工作模式,是否允许接收。
② 根据波特率,确定 SMOD 值,计算出 TH1、TL1 初始值;设置 PCON 寄存器的 SMOD 值。
③ 设置 TMOD 寄存器,设定计时器 1 为工作模式 2(自动重新载入计数值)。
④ 送 TH1、TL1 初始值。
⑤ 设置 TR1=1,启动波特率发生器。
⑥ 循环查询 RI 或 TI 的状态。如果为 1 则说明发送或接收成功;如果 RI=1,从 SBUF 读出接收到的数据。

2. 中断法

主程序初始化串口、定时/计数器及中断系统,初始化基本步骤如下:
① 设置 IE 寄存器,置位相应 ES 标志位及 EA 位,使能串口中断。
② 设定控制寄存器 SCON,设串行通信的工作模式,是否允许接收。
③ 根据波特率,确定 SMOD 值,计算出 TH1、TL1 初始值。
④ 设置 PCON 寄存器的 SMOD 值。
⑤ 设置 TMOD 寄存器,设 T1 为工作模式 2。
⑥ 送 TH1、TL1 初始值;设置 TR1=1,启动波特率发生器。

6.3 单片机串行接口的应用

通过对串行接口的 SCON 控制寄存器编程可以选择 4 种工作方式。工作方式 0 的应用可以实现并行输入/输出口的扩展,工作方式 1、2、3 的应用可以实现串行接口的双机通信,工作方式 2、3 的应用还可以实现串行接口的多机通信。下面详细介绍各工作方式的使用方法。

6.3.1 方式 0 的 I/O 口扩展应用

串行接口工作在方式 0,可以扩展并行输入口和并行输出口。有关内容前面已经介绍过,这里提请大家在应用时应注意以下两点:
① 串行接口工作在方式 0 时,外接一个"并入串出"的移位寄存器(如 74LS165)就可扩展一个并行输入口。所用的移位寄存器必须有预置/移位控制端,由单片机的

一个输出端子加以控制。

通信过程为：先由 8 位输入口置数到移位寄存器,然后再串行移位,从而实现由单片机的串行接口到数据缓冲器的传送,最后将数据由接收缓冲器读入 CPU。

② 串行接口工作在方式 0 时,外接一个"串入并出"的移位寄存器（如 74LS164）就可扩展一个并行输出口。所用的移位寄存器应该有输出允许控制端,并且由单片机的一个输出端子加以控制。这样可以避免在数据串行输出时引起并行输出端出现不稳定的输出。

6.3.2 串行接口在双机通信中的应用

单片机之间的通信主要分为双机通信和多级通信。串行接口方式 1 适用于点对点的异步通信,可以实现串行接口的双机通信。方式 2 和方式 3 也可以实现串行接口的双机通信。

1. 双机通信硬件电路

根据单片机双机通信距离、抗干扰性等要求,可以选择直接 TTL 电平传输、RS-232C、RS-422A 等串行接口方法。

假定通信双方都使用 AT89S51 的串行接口,如果两个 AT89S51 单片机系统距离较近（1 m 内）,那么就可以将它们的串行接口直接相连,实现双机通信,两者的硬件连接如图 6-15 所示。当距离较远时（30 m 内）,可以采用标准接口电路,图 6-16 为采用 RS-232C 的双机异步通信接口电路。

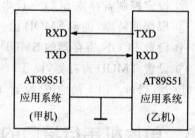

图 6-15 双机异步通信直接相连接口电路

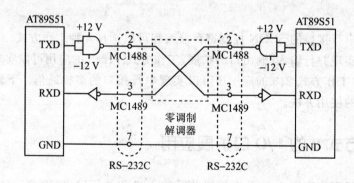

图 6-16 RS-232C 双机异步通信接口电路

为了增加通信距离,减少通道和电源干扰,可以在通信线路上采用光电隔离的方法,利用 RS-422A 标准进行双机通信,实用的 RS-422A 双机异步通信接口电路如

图 6-17 所示。

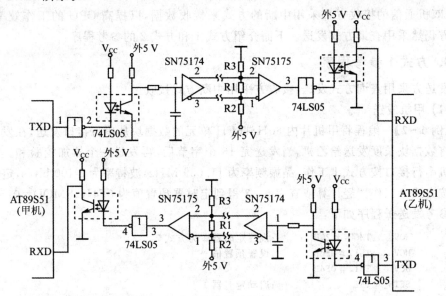

图 6-17　RS-422A 双机异步通信接口电路

图 6-17 中,发送端的数据由串行接口 TXD 端输出,通过 74LS05 反向驱动,经光电耦合器送到驱动芯片 SN75174 的输入端。SN75174 将输出的 TTL 信号转换为符合 RS-422A 标准的差动信号输出,经传输线(双绞线)将信号送到接收端。接收芯片 SN75175 将差动信号转换为 TTL 信号,通过反向后,经光电耦合器到达接收机串行接口的接收端。

每个通道的接收端都有 3 个电阻:R1、R2、R3。R1 为传输线的匹配电阻,取值在 100 Ω~1 kΩ 之间,其他两个电阻是为了解决第一个数据的误码而设置的匹配电阻。值得注意的是,光电耦合器必须使用两组独立的电源,只有这样才能起到隔离、抗干扰的作用。

2. 双机通信软件编程约定

要实现双方的通信还必须编写双方的通信程序。编写程序应遵守双方的约定,通信双方的软件约定如下。

发送方:应知道什么时候发送信息,发送的内容对方是否收到,收到的内容是否错误,要不要重发,怎样通知对方发送结束等。

接收方:必须知道对方是否发送了信息,发的是什么,收到的信息是否有错,如果有错怎样通知对方重发,怎样判断结束等。

发送和接收双方的数据帧格式、波特率必须一致。

这些约定必须在编程之前确定下来,这种约定叫做"规程"或"协议"。只有在这些协议确定以后,才能进行程序的编写。

对于双机异步通信的程序通常采用两种方法:查询方式和中断方式。在很多应用中,双机通信的接收方都采用中断的方式来接收数据,以提高 CPU 的工作效率;发送方仍然采用查询方式发送。下面介绍方式 1 和方式 2 的参考程序。

3. 方式 1 参考程序

发送方采用查询方式发送,接收方采用中断方式接收。

(1) 甲机发送

【例 6-2】 编程将甲机片内 60H～6FH 单元的数据块从串行接口发送,在发送之前将数据块长度发送给乙机,当发送完 16 个字节后,再发送一个累加校验和。定义双机串行接口按方式 1 工作,晶振频率为 11.059 MHz,波特率为 2 400 bit/s,定时器 1 按方式 2 工作。经计算或查表 6-3 得到定时器预置值为 0F4H,SMOD=0。

参考发送子程序如下:

```
         MOV   TMOD,#20H      ;设置定时器 1 为方式 2
         MOV   TL1,#0F4H      ;设置预置值
         MOV   TH1,#0F4H
         SETB  TR1            ;启动定时器 1
         MOV   SCON,#50H      ;设置串行接口为方式 1,允许接收
START:   MOV   R0,#60H        ;设置数据指针
         MOV   R5,#10H        ;设置数据长度
         MOV   R4,#00H        ;累加校验和初始化
         MOV   SBUF,R5        ;发送数据长度
WAIT1:   JBC   TI,TRS         ;等待发送
         AJMP  WAIT1
TRS:     MOV   A,@R0          ;读取数据
         MOV   SBUF,A         ;发送数据
         ADD   A,R4
         MOV   R4,A           ;形成累加和
         INC   R0             ;修改数据指针
WAIT2:   JBC   TI,CONT        ;等待发送一帧数据
         AJMP  WAIT2
CONT:    DJNZ  R5,TRS         ;判断数据块是否发送完
         MOV   SBUF,R4        ;发送累加校验和
WAIT3:   JBC   TI,WAIT4       ;等待发送
         AJMP  WAIT3
WAIT4:   JBC   RI,READ        ;等待乙机回答
         AJMP  WAIT4
READ:    MOV   A,SBUF         ;接收乙机数据
         JZ    RIGHT          ;00H,发送正确,返回
         AJMP  START          ;发送出错,重发
RIGHT:   RET
```

(2) 乙机接收

【例 6-3】 乙机接收甲机发送的数据,并存入以 2000H 开始的片外数据存储器中。首先接收数据长度,接着接收数据,当接收完 16 字节后,接收累加和校验码,进

第6章 单片机串行接口及应用

行校验。数据传送结束后,根据校验结果向甲机发送一个状态字,00H 表示正确,0FFH 表示出错,出错则甲机重发。

接收采用中断方式。设置两个标志位(7FH,7EH 位)来判断接收到的信息是数据块长度、数据还是累加校验和。

参考接收程序如下:

```
        ORG    0000H
        LJMP   CSH             ;转初始化程序
        ORG    0023H
        LJMP   INTS            ;转串行接口中断程序
        ORG    0100H
CSH:    MOV    TMOD,#20H       ;设置定时器1为方式2
        MOV    TL1,#0F4H       ;设置预置值
        MOV    TH1,#0F4H
        SETB   TR1             ;启动定时器1
        MOV    SCON #50H       ;串行接口初始化
        SETB   7FH             ;置长度标志位为1
        SETB   7EH             ;置数据块标志位为1
        MOV    31H,#20H        ;规定外部RAM的起始地址
        MOV    30H,#00H
        MOV    40H,#00H        ;清累加和寄存器
        SETB   EA              ;允许串行接口中断
        SETB   ES
        LJMP   MAIN            ;MAIN 为主程序,根据用户要求编写
        ⋮
INTS:   CLR    EA              ;关中断
        CLR    RI              ;清中断标志
        PUSH   A               ;保护现场
        PUSH   DPH
        PUSH   DPL
        JB     7FH,CHANG       ;判断是数据块长度吗?
        JB     7EH,DATA        ;判断是数据块吗?
SUM:    MOV    A,SBUF          ;接收校验和
        CJNZ   A,40H,ERR       ;判断接收是否正确
        MOV    A,#00H          ;二者相等,正确,向甲机发送00H
        MOV    SBUF,A
WAIT1:  JNB    TI,WAIT1
        CLR    TI
        SJMP   RETURN          ;发送完,转到返回
ERR:    MOV    A,#0FFH         ;二者不相等,错误,向甲机发送FFH
        MOV    SBUF,A
WAIT2:  JNB    TI,WAIT2
        CLR    TI
        SJMP   AGAIN           ;发送完,转重新开始
CHANG:  MOV    A,SBUF          ;接收长度
        MOV    41H,A           ;长度存入41H单元
        CLR    7FH             ;清长度标志位
```

```
            SJMP    RETURN              ;转返回
    DATA:   MOV     A,SBUF              ;接收数据
            MOV     DPH,31H             ;存入片外 RAM
            MOV     DPL,30H
            MOVX    @DPTR,A
            INC     DPTR                ;修改片外 RAM 的地址
            MOV     31H,DPH
            MOV     30H,DPL
            ADD     A,40H               ;形成累加和,放在 40H 单元
            MOV     40H,A
            DJNZ    41H,RETURN          ;判断数据块是否接收完
            CLR     7EH                 ;接收完,清数据块标志位
            SJMP    RETURN
    AGAIN:  SETB    7FH                 ;接收出错,恢复标志位,重新开始接收
            SETB    7EH
            MOV     31H,#20H            ;恢复片外 RAM 起始地址
            MOV     30H,#00H
            MOV     40H,#00H            ;累加和寄存器清零
    RETURN: POP     DPL                 ;恢复现场
            POP     DPH
            POP     A
            SETB    EA                  ;开中断
            RETI                        ;返回
```

在上述应用中,收发双方串行接口均按方式1,即10位的帧格式进行通信,在一帧信息中,没有可编程的奇偶校验位,因此收发双方是采用传送数据的累加和进行校验的。在方式1中,传送数据的波特率与定时器的溢出率有关,定时器的初始值可以查表6-3得到。

4. 方式 2 参考程序

发送方采用查询方式发送,接收方同样采用查询方式接收。

(1) 甲机发送

【例6-4】 编程将甲机片外 1000H～101FH 单元的数据块从串行接口输出。定义方式 2 发送,TB8 为奇偶校验位,发送波特率为 375 kbit/s,晶振频率为 12 MHz,所以 SMOD=1。

参考发送子程序如下:

```
            MOV     SCON,#80H           ;设置串行接口为方式 2
            MOV     PCON,#80H           ;SMOD = 1
            MOV     DPTR,#1000H         ;设数据块指针
            MOV     R7,#20H             ;设数据块长度
    START:  MOVX    A,@DPTR             ;取数据给 A
            MOV     C,P
            MOV     TB8,C               ;奇偶位 P 送给 TB8
            MOV     SBUF,A              ;数据送 SBUF,启动发送
    WAIT:   JBC     TI,CONT             ;判断一帧是否发送完。若发送完,清 TI,取下一数据
```

第6章 单片机串行接口及应用

```
         AJMP   WAIT              ;未完等待
CONT:    INC    DPTR              ;更新数据单元
         DJNZ   R7,START          ;循环发送至结束
         RET
```

(2) 乙机接收

【例 6-5】 编程使乙机接收甲机发送过来的数据块,并存入片内 50H～6FH 单元。接收过程要求判断 RB8,若出错,则置 F0 标志为 1,若正确,则置 F0 标志为 0,然后返回。

参考接收子程序如下:

```
         MOV    SCON,#80H         ;设置串行接口为方式2
         MOV    PCON,#80H         ;SMOD=1
         MOV    R0,#50H           ;设置数据块指针
         MOV    R7,#20H           ;设置数据块长度
         SETB   REN               ;启动接收
WAIT:    JBC    RI,READ           ;判断是否接收完一帧。若接收完,清 RI,读入数据
         AJMP   WAIT              ;未完等待
READ:    MOV    A,SBUF            ;读入一帧数据
         JNB    PSW.0,PZ          ;奇偶位为 0 则转
         JNB    RB8,ERR           ;P=1,RB8=0,则出错
         SJMP   RIGHT             ;二者全为 1,则正确
PZ:      JB     RB8,ERR           ;P=0,RB8=1,则出错
RIGHT:   MOV    @R0,A             ;正确,存放数据
         INC    R0                ;更新地址指针
         DJNZ   R7,WAIT           ;判断数据块是否接收完
         CLR    PSW.5             ;接收正确,且接收完清 F0 标志
         RET                      ;返回
ERR:     SETB   PSW.5             ;出错,置 F0 标志为 1
         RET                      ;返回
```

在上述查询方式的双机通信中,因为发送双方单片机的串行接口均按方式2工作,所以帧格式是11位的,收发双方均采用奇偶位 TB8 来进行校验。传送数据的波特率与定时器无关,所以程序中没有涉及定时器的编程。

6.3.3 串行接口在多机通信中的应用

方式2和方式3可以像方式1一样用于点对点的双机异步通信。但计算机与计算机的通信不仅限于点对点的通信,还会出现一机对多机或多机间的通信,从而构成计算机网。AT89S51 串行接口的方式2和方式3有一个专门的应用领域,即多机通信。多机通信的实现,主要依靠主、从机之间正确地设置与判断 SM2 以及发送或接收的第9位数据(TB8 或 RB8)来完成,第9位数据作为单片机之间通信的联络位。在单片机串行接口以方式2或方式3接收时,若 SM2=1,表示置多机通信功能位。这时有两种情况:① 接收到第9位数据为1,此时数据装入 SBUF,并置 RI=1,向

CPU发中断请求;② 接收到第9位数据为0,此时不产生中断,信息将被丢弃,不能接收。若SM2=0,则接收到的第9位信息无论是1还是0,都产生RI=1的中断标志,接收的数据装入SBUF。根据这个功能,就可以实现多机通信。

图6-18所示的是一种比较特殊的总线型主从式或叫广播式多机通信接线示意图。图中直接连接通信,若距离较远时,可采用RS-232C、RS-422A等接口。所谓主从式,即在多台计算机中有一台是主机,其余为从机,从机要服从主机的调度、支配。主机发送的信息可以传送到各个从机或指定的从机,各从机发送的信息只能被主机接收,从机与从机之间不能进行通信。

在编程前,首先要给各从机定义地址编号,例如,分别为00H、01H、02H等。在主机想发送一个数据块给某个从机时,它必须先送出一个地址字节,以辨认从机。通常主机与从机之间通信应做如下约定。

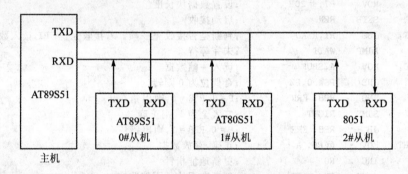

图6-18 总线形主从式多机通信接线示意图

① 主机向从机发送地址信息时,其第9位数据必须为1,表示与所需的从机联络,发送的是地址帧;而向从机发送或接收从机送来的数据信息(包括命令)时,其第9位数据均应规定为0,且主机的SM2也应设为0。

② 所有从机在建立与主机通信之前,均应处于对通信线路的监听状态。在监听状态下,所有从机必须设置SM2=1,处于准备接收一帧地址信息的状态。此时只能收到主机发出的地址信息(第9位为1),非地址信息不接收。

③ 所有从机收到地址后均应进行识别,判断是否是主机呼叫本从机,如果收到的地址与本从机的地址相符合,即为呼叫本从机。

各从机接收到地址信息,因为RB8=1,则置中断标志RI。中断后,首先判断主机送过来的地址信息与自己的地址是否相符。对于地址相符的从机,该从机应解除监听状态,置SM2=0,同时把本从机的地址发回主机作为应答信息,只有这样才能收到主机随后发送的有效数据或向主机发送数据。其他从机由于地址不符,仍保持监听状态,继续保持SM2=1,所以无法接收主机或通信线上的数据,直到发送新的一帧地址信息。

④ 主机收到从机的应答信号后,应比较收与发的地址是否相符,如果不符,则发

第6章 单片机串行接口及应用

出复位信号(为一个与所有从机地址不同的任意数据,但 TB8=1);如果地址相符,则清除 TB8,正式开始发送数据和命令。

⑤ 从机收到复位命令后再次回到监听状态,再置 SM2=1,否则正式开始接收数据和命令。判断是否复位信号的方法通常是,从机在 SM2 为 0 的情况下,判断接收到的 RB8 是否为 1,如果为 1,则认为是复位信号。

根据以上约定,就可以实现多级通信。可以采用查询和中断方式实现多机通信的软件编程,由于程序查询方式可能造成死循环,实际很少采用,通常采用中断方式。方式 2 和方式 3 用法类似,只是波特率设置不同。对于多机通信的编程,本书不再列出,有兴趣的读者可自行编写。

6.3.4 单片机和 PC 机之间的通信

在数据处理和过程控制应用领域,往往需要一台 PC 机来管理一件或若干件以单片机为核心的智能测量控制装置,也就是说要实现 PC 机和单片机之间的通信。本节介绍 PC 机和单片机之间的通信接口设计和软件编程。

1. 接口设计

PC 机与单片机之间可以由 RS-232C、RS-422A 等接口相连,关于这些标准接口的特征,已经在前面的篇幅中介绍过。通过 RS-232C 等接口,单片机可以与计算机通信,不但可以实现将单片机的数据传输到计算机,而且也能实现计算机对单片机的控制,比如可以很直观地把红外遥控器键值的数据码显示在计算机上。

在 PC 机系统内都装有异步通信适配器,利用它可以实现异步串行通信。该适配器的核心元件是可编程的 Intel 8250 芯片,它使 PC 机有能力与其他具有标准 RS-232C 接口的计算机或设备进行通信。AT89S51 单片机本身具有一个全双工的串行接口,因此只要配以电平转换的驱动电路、隔离电路就可组成一个简单可行的通信接口。同样,PC 机和单片机之间的通信也分为双机通信和多机通信。

PC 机和单片机最简单的连接是零调制三线经济型。这是进行全双工通信所必须的最少线路。因为 AT89S51 单片机输入、输出电平为 TTL 电平,而 PC 机配置的是 RS-232C 标准接口,二者的电气规范不同,所以要加电平转换电路。常用的有 MC1488、MC1489 和 MAX232,图 6-19 给出了采用 MAX232 芯片的 PC 机和单片机串行通信接口电路,与 PC 机相连采用 9 芯标准插座。注意,实际应用中,MAX232 芯片的 15 引脚接地,16 引脚一般接+5 V 电源,1、3 引脚间,4、5 引脚间,2、16 引脚间,15、16 引脚间,6、15 引脚间都要外接电容,电容的值根据具体所选用的 MAX232 系列芯片的不同而不同。

2. 软件编程

这里列举一个实用的通信测试软件,其功能为:将 PC 机键盘的输入发送给单片

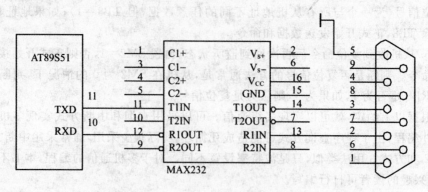

图 6-19 PC 机和单片机串行通信接口

机,单片机收到 PC 机发来的数据后,回送同一数据给 PC 机,并在屏幕上显示出来。只要屏幕上显示的字符与所键入的字符相同,说明二者之间的通信正常。

通信双方约定:波特率为 2 400 bit/s;信息格式为 8 个数据位,1 个停止位,无奇偶校验位。

(1) 单片机通信软件

【例 6-6】 AT89S51 通过中断方式接收 PC 机发送的数据,并回送。单片机串行接口工作在方式 1,晶振频率为 6 MHz,波特率为 2 400 bit/s,定时器 1 按方式 2 工作,经计算,定时器预置值为 0F3H,SMOD=1。

程序如下:

```
            ORG   0000H
            LJMP  CSH              ;转初始化程序
            ORG   0023H
            LJMP  INTS             ;转串行接口中断程序
            ORG   0050H
    CSH:    MOV   TMOD,#20H        ;设置定时器1为方式2
            MOV   TL1,#0F3H        ;设置预置值
            MOV   TH1,#0F3H
            SETB  TR1              ;启动定时器1
            MOV   SCON #50H        ;串行接口初始化
            MOV   PCON #80H
            SETB  EA               ;允许串行接口中断
            SETB  ES
            LJMP  MAIN             ;转主程序(主程序略)
            ⋯
    INTS:   CLR   EA               ;关中断
            CLR   RI               ;清串行接口中断标志
            PUSH  DPL              ;保护现场
            PUSH  DPH
            PUSH  A
            MOV   A,SBUF           ;接收PC机发送的数据
            MOV   SBUF,A           ;将数据回送给PC机
```

```
WAIT:      JNB    TI,WAIT              ;等待发送
           CLR    TI
           POP    A                    ;发送完,恢复现场
           POP    DPH
           POP    DPL
           SETB   EA                   ;开中断
           RETI   ;返回
```

(2) PC 机通信软件

PC 机方面的通信程序可以用汇编语言编写,也可以用其他高级语言,例如 VC、VB 来编写。这里只介绍用汇编语言编写的程序。

程序如下:

```
stack      Segment para stack 'code'
           Db     256    dup(0)
Stack      ends
Code       Segment para public 'code'
Start      proc   far
Assume     cs:code,ss:stack
           PUSH   DS
           MOV    AX,0
           PUSH   AX
           CLI
INPUT:     MOV    AL,80H               ;置 DLAB=1
           MOV    DX,3FBH              ;写入通信线控制寄存器
           OUT    DX,AL
           MOV    AL,30H               ;置产生 2 400 bit/s 波特率除数低位
           MOV    DX,3F8H
           OUT    DX,AL                ;写入除数锁存器低位
           MOV    AL,00H               ;置产生 2 400 bit/s 波特率除数高位
           MOV    DX,3F9H
           OUT    DX,AL                ;写入除数锁存器高位
           MOV    AL,03H               ;设置数据格式
           MOV    DX,3FBH              ;写入通信线路控制寄存器
           OUT    DX,AL
           MOV    AL,00H               ;禁止所有中断
           MOV    DX,3F9H
           OUT    DX,AL
WAIT1:     MOV    DX,3FDH              ;发送保持寄存器不空则循环等待
           IN     AL,DX
           TEST   AL,20H
           JZ     WAIT1
WAIT2:     MOV    AH,1                 ;检查键盘缓冲区,无字符则循环等待
           INT    16H
           JZ     WAIT2
           MOV    AH,0                 ;若有,则取键盘字符
           INT    16H
SEND:      MOV    DX,3F8H              ;发送键入的字符
```

```
            OUT   DX,AL
    RECE:   MOV   DX,3FDH        ;检查接收数据是否准备好
            IN    AL,DX
            TEST  AL,01H
            JZ    RECE
            TEST  AL,1AH         ;判断接收到的数据是否出错
            JNZ   ERROR
            MOV   DX,3F8H
            IN    AL,DX          ;读取数据
            AND   AL,7EH         ;去掉无效位
            PUSH  AX
            MOV   BX,0            ;显示接收字符
            MOV   AH,14
            INT   10H
            POP   AX
            CMP   AL,0DH         ;接收到的字符若不是回车则返回
            JNZ   WAIT1
            MOV   AL,0AH         ;是回车则回车换行
            MOV   BX,0
            MOV   AH,14H
            INT   10H
            JMP   WAIT1
    ERROR:  MOV   DX,3F8H        ;读接收寄存器,清除错误字符
            IN    AL,DX
            MOV   AL,'?'         ;显示"?"号
            MOV   BX,0
            MOV   AH,14H
            INT   10H
            JMP   WAIT1          ;继续循环
            Start ends
            Code  ends
            end   start
```

6.4 单片机串行总线技术

单片机的系统扩展包括并行总线扩展(利用三总线 AB、DB、CB 进行的系统扩展)和串行总线扩展技术。

单片机的串行扩展技术与并行扩展技术相比具有显著的优点。一般串行接口器件具有体积小、占用电路板的空间少(仅为并行接口器件的 10%),可显著减少电路板的空间和降低成本;另一方面,串行接口器件与单片机接口时需用的 I/O 口线很少(仅需 3~4 根),不仅减少了控制器的资源开销,而且也极大地简化了连线,进而提高了可靠性。另外,它还有工作电压宽,抗干扰能力强,功耗低,数据不易丢失等特

点。但是，一般串行接口器件速度慢，在高速应用的场合受到局限。串行扩展技术在 IC 卡、智能仪器仪表以及分布式控制系统等领域得到广泛应用。

本节介绍 I^2C、1-Wire、SPI、Microwire 串行总线的工作原理及特点，重点介绍 I^2C 串行扩展技术。

6.4.1　I^2C 总线接口

1. 概　述

I^2C 总线，是 Philips 公司推出，使用广泛、很有发展前途的芯片间串行扩展总线。它只有两条信号线，一条是数据线 SDA，另一条是时钟线 SCL。两条线均双向，所有连到 I^2C 上器件的数据线都接到 SDA 线上，各器件时钟线均接到 SCL 线上。I^2C 系统基本结构如图 6-20 所示。I^2C 总线单片机（如 Philips 公司的 8xC552）直接与 I^2C 接口的各种扩展器件（如存储器、I/O 芯片、ADC、DAC、键盘、显示器、日历/时钟）连接。由于 I^2C 总线的寻址采用纯软件的寻址方法，无需片选线的连接，这样就大大简化了总线数量。

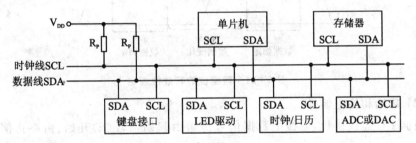

图 6-20　I^2C 串行总线系统的基本结构

I^2C 的运行由主器件（主机）控制。主器件是指启动数据的发送（发出起始信号）发出时钟信号，传送结束时发出终止信号的器件，通常由单片机来担当。

从器件（从机）可以是存储器、LED 或 LCD 驱动器、ADC 或 DAC、时钟/日历器件等，从器件必须带有 I^2C 串行总线接口。

当 I^2C 总线空闲时，SDA 和 SCL 两条线均为高电平，只要有一器件任意时刻输出低电平，都将使总线上的信号变低，即各器件的 SDA 及 SCL 都是"线与"关系。连接到总线上器件（节点）输出级必须是漏极或集电极开路，故必须通过上拉电阻接正电源（见图 6-20 中的两个电阻），以保证 SDA 和 SCL 在空闲时被上拉为高电平。

SCL 线上的时钟信号对 SDA 线上的各器件间的数据传输起同步控制作用。SDA 线上的数据起始、终止及数据的有效性均要根据 SDA 线上的时钟信号来判断。在标准 I^2C 模式，数据的传输速率为 100 kbit/s，高速模式下可达 400 kbit/s。

总线上扩展的器件数量不是由电流负载决定的，而是由电容负载确定的。I^2C

总线上每个节点器件的接口都有一定的等效电容,连接的器件越多,电容值越大,这会造成信号传输的延迟。总线上允许的器件数以器件的电容量不超过 400 pF(通过驱动扩展可达 4 000 pF)为宜,据此可计算出总线长度及连接器件的数量。

每个连到 I^2C 总线上的器件都有一个唯一的地址,扩展器件时也要受器件地址数目的限制。I^2C 系统允许多主器件,究竟哪一主器件控制总线要通过总线仲裁来决定。如何仲裁,可查阅 I^2C 仲裁协议。但在实际应用中,经常遇到的是以单一单片机为主机,其他外围接口器件为从机的情况。

2. I^2C 总线的数据传送

(1) 数据位的有效性规定

I^2C 总线在进行数据传送时,每一数据位的传送都与时钟脉冲相对应。时钟脉冲为高电平期间,数据线上的数据必须保持稳定,在 I^2C 总线上,只有在时钟线为低电平期间,数据线上的电平状态才允许变化,如图 6-21 所示。

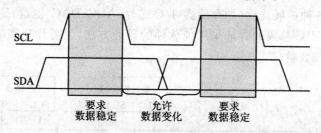

图 6-21 数据位的有效性规定

(2) 起始和终止信号

根据 I^2C 总线协议,总线上数据信号传送由起始信号(S)开始、由终止信号(P)结束。

起始信号和终止信号都由主机发出,在起始信号产生后,总线就处于占用状态;在终止信号产生后,总线就处于空闲状态。结合图 6-22 介绍起始信号和终止信号规定。

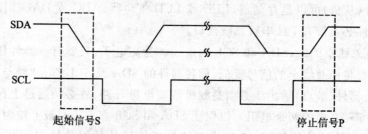

图 6-22 起始信号和终止信号

① 起始信号(S)。在 SCL 线为高期间,SDA 线由高向低的变化表示起始信号,只有在起始信号以后,其他命令才有效。

② 终止信号(P)。在 SCL 线为高期间,SDA 线由低向高的变化表示终止信号。随着终止信号出现,所有外部操作都结束。

(3) I²C 总线上数据传送的应答

I²C 数据传送时,传送的字节数(数据帧)没有限制,但每一个字节必须为 8 位长度。数据传送,先传最高位(MSB),每一个被传送的字节后都必须跟随 1 位应答位(即一帧共有 9 位),如图 6-23 所示。

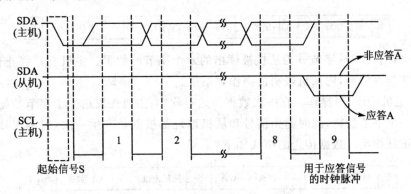

图 6-23 I²C 总线上的应答信号

I²C 总线在传送每一字节数据后都须有应答信号 A,在第 9 个时钟位上出现,与应答信号对应的时钟信号由主机产生。这时发送方须在这一时钟位上使 SDA 线处于高电平状态,以便接收方在这一位上送出低电平应答信号 A。由于某种原因接收方不对主机寻址信号应答(例如,接收方正在进行其他处理而无法接收总线上的数据)时,必须释放总线,将数据线置为高电平,而由主机产生一个终止信号以结束总线的数据传送。

当主机接收来自从机的数据时,接收到最后一个数据字节后,必须给从机发送一个非应答信号($\overline{A}$),使从机释放数据总线,以便主机发送一个终止信号,从而结束数据的传送。

(4) I²C 总线上的数据帧格式

I²C 传送的信号即包括真正的数据信号,也包括地址信号。I²C 总线规定,在起始信号后必须传送一个从机的地址(7 位),第 8 位是数据传送的方向位($R/\overline{W}$),"0"表示主机发送数据($\overline{W}$),"1"表示主机接收数据(R)。

每次数据传送总是由主机产生的终止信号结束。但是,若主机希望继续占用总线进行新的数据传送,则可不产生终止信号,马上再次发出起始信号对另一从机进行寻址。因此,在总线一次数据传送过程中,可以有以下几种组合方式。

① 主机向从机发送 n 个字节的数据,数据传送方向在整个传送过程中不变,传送格式如下:

S	从机地址	0	A	字节 1	A	……	字节($n-1$)	A	字节 n	A/$\overline{A}$	P

说明：阴影部分表示主机向从机发送数据，无阴影部分表示从机向主机发送数据，以下同。上述格式中的从机地址为7位，紧接其后的"1"和"0"表示主机的读/写方向，"1"为读，"0"为写。

格式中：字节1～字节n为主机写入从机的n个字节的数据。

② 主机读出来自从机的n个字节。除第一个寻址字节由主机发出，n字节都由从机发送，主机接收，数据传送格式如下：

| S | 从机地址 | 1 | A | 字节1 | A | …… | 字节(n-1) | A | 字节n | $\overline{A}$ | P |

其中：字节1～字节n为从机被读出的n个字节的数据。主机发送终止信号前应发送非应答信号，向从机表明读操作要结束。

③ 主机的读、写操作。在一次数据传送过程中，主机先发送一个字节数据，然后再接收一个字节数据，此时起始信号和从机地址都被重新产生一次，但两次读、写的方向位正好相反。数据传送的格式如下：

| S | 从机地址 | 0 | A | 数据 | A/$\overline{A}$ | Sr | 从机地址 r | 1 | A | 数据 | $\overline{A}$ | P |

"Sr"表示重新产生的起始信号，"从机地址 r"表示重新产生的从机地址。

由上可见，无论哪种方式，起始信号、终止信号和从机地址均由主机发送，数据字节传送方向由寻址字节中方向位规定，每字节传送都必须有应答位（A或$\overline{A}$）相随。

(5) 寻址字节

在上面数据帧格式中，均有7位从机地址和紧跟其后的1位读/写方向位，即下面要介绍的寻址字节。I^2C总线的寻址采用软件寻址，主机在发送完起始信号后，立即发送寻址字节来寻址被控的从机，寻址字节格式如下：

寻址字节	器件地址			引脚地址			方向位
	DA3	DA2	DA1	DA0	A2	A1	A0	R/$\overline{W}$

7位从机地址为DA3、DA2、DA1、DA0 和 A2、A1、A0。

其中DA3、DA2、DA1、DA0为器件地址，是外围器件固有的地址编码，器件出厂时就已经给定。A2、A1、A0为引脚地址，由器件引脚A2、A1、A0在电路中接高电平或接地决定。图6-24为AT89S51单片机扩展I^2C总线器件的接口电路，其中，AT24C02是I^2C串行E^2PROM，各接口器件内容请参考相关资料。

数据方向位（R/$\overline{W}$）规定了总线上的单片机（主机）与外围器（从机）的数据传送方向。R/$\overline{W}$＝1，表示主机接收（读）。R/$\overline{W}$＝0，表示主机发送（写）。

(6) 寻址字节中的特殊地址

I^2C规定一些特殊地址，其中两种固定编号 0000 和 1111 已被保留为作为特殊用途，见表6-4。

第6章 单片机串行接口及应用

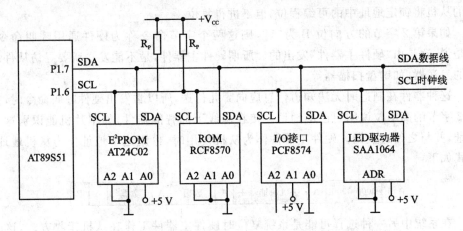

图 6-24 AT89S51 单片机扩展 I²C 总线器件的接口电路

表 6-4 I²C 总线特殊地址表

地址位							R/$\overline{W}$	意 义
0	0	0	0	0	0	0	0	通用呼叫地址
0	0	0	0	0	0	0	1	起始字节
0	0	0	0	0	0	1	×	CBUS 地址
0	0	0	0	0	1	0	×	为不同总线的保留地址
0	0	0	0	0	1	1	×	
0	0	0	0	1	×	×	×	保留
1	1	1	1	1	×	×	×	
1	1	1	1	0	×	×	×	10 位从机地址

起始信号后第 1 字节 8 位"0000 0000",为通用呼叫地址,用于寻访 I²C 总线上所有器件的地址。不需要从通用呼叫地址命令获取数据的器件可不响应通用呼叫地址。否则,接收到这个地址后应作出应答,并把自己置为从机接收方式,以接收随后的各字节数据。另外,当遇到不能处理的数据字节时,不作应答,否则收到每个字节后都应作应答。通用呼叫地址的含义在第 2 字节中加以说明。格式如下:

第1字节(通用呼叫地址)								第2字节							LSB
0	0	0	0	0	0	0	0	A	×	×	×	×	×	×	B	A

第 2 字节为 06H 时,所有能响应通用呼叫地址的从机复位,并由硬件装入从机地址的可编程部分。能响应命令的从机复位时不拉低 SDA 和 SCL 线,以免堵塞总线。

第 2 字节为 04H 时,所有能响应通用呼叫地址,并通过硬件来定义其可编程地址的从机将锁定地址中的可编程位,但不进行复位。

如果第 2 字节的方向位 B 为"1",则这两个字节命令称为硬件通用呼叫命令。就是说,这是由"硬件主器件"发出的。所谓硬件主器件,是不能发送所要寻访从件地址的发送器,如键盘扫描器等。

这种器件在制造时无法知道信息应向哪儿传送,所以它发出硬件呼叫命令时,在第 2 字节的高 7 位说明自己的地址。接在总线上的智能器件,如单片机能识别这个地址,并与之传送数据。硬件主器件作为从机使用时,也用这个地址作为从机地址。格式如下:

| S | 0000 0000 | A | 主机地址 | 1 | A | 数据 | A | 数据 | A | P |

在系统中另一种选择可能是系统复位时硬件主器件工作在从机接收方式,这时由系统中主机先告诉硬件主器件数据应送往的从机地址。当硬件主器件要发送数据时,就可直接向指定从机发送数据。

(7) 数据传送格式

I^2C 总线上每传送一位数据都与一个时钟脉冲相对应,传送的每一帧数据均为 1 字节。但启动 I^2C 总线后传送的字节数没有限制,只要求每传送 1 个字节后,对方回答一个应答位。在时钟线为高电平期间,数据线的状态就是要传送的数据。数据线上数据的改变必须在时钟线为低电平期间完成。

在数据传输期间,只要时钟线为高电平,数据线都必须稳定,否则数据线上任何变化都当作起始或终止信号。

I^2C 总线数据传送是必须遵循规定的数据传送格式。图 6-25 为一完整的数据传送应答时序。根据总线规范,起始信号表明一次数据传送开始,其后为寻址字节。在寻址字节后是按指定读、写的数据字节与应答位。在数据传送完成后主器件都必须发送停止信号。在起始与停止信号间传输的字节数由主机决定,理论上讲没有字节限制。

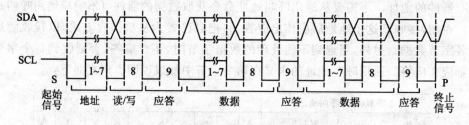

图 6-25 I^2C 总线一次完整的数据传送应答时序

I^2C 总线上的数据传送有多种组合方式,前面已介绍三种常见的数据传送格式,这里不再赘述。

从上述数据传送格式可看出:

① 无论何种数据传送格式,寻址字节都由主机发出,数据字节的传送方向则遵

循寻址字节中的方向位的规定。

② 寻址字节只表明了从机的地址及数据传送方向。从机内部的 n 个数据地址，由器件设计者在该器件的 I^2C 总线数据操作格式中，指定第一个数据字节作为器件内的单元地址指针。

③ 每个字节传送都必须有应答信号（A/$\overline{A}$）相随。

④ 从机在接收到起始信号后都必须释放数据总线，使其处于高电平，以便主机发送从机地址。

6.4.2　SPI 总线接口

SPI（Serial Periperal Interface）是 Motorola 公司推出的同步串行外设接口，允许单片机与多个厂家生产的带有标准 SPI 接口的外围设备直接连接，以串行方式交换信息。

图 6-26 为 SPI 外围串行扩展结构图。SPI 使用 4 条线：串行时钟 SCK，主器件输入/从器件输出数据线 MISO，主器件输出/从器件输入数据线 MOSI 和从器件选择线。

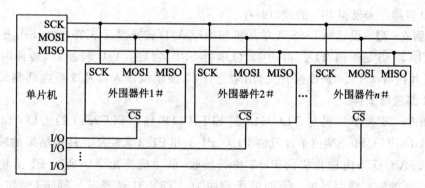

图 6-26　SPI 外围串行扩展结构图

SPI 典型应用是单主机系统，一台主器件，从器件通常是外围接口器件，如存储器、I/O 接口、A/D、D/A、键盘、日历/时钟和显示驱动等。扩展多个外围器件时，SPI 无法通过数据线译码选择，故外围器件都有片选端。在扩展单个 SPI 器件时，外围器件的片选端 $\overline{CS}$ 可以接地或通过 I/O 口控制；在扩展多个 SPI 器件时，单片机应分别通过 I/O 口线来分时选通外围器件。

在 SPI 串行扩展系统中，如果某一从器件只作为输入（如键盘）或只作为输出（如显示器）时，可省去一条数据输出（MISO）线或一条数据输入（MOSI）线，从而构成双线系统（$\overline{CS}$ 接地）。

SPI 系统中单片机对从器件的选通需控制其 $\overline{CS}$ 端，由于省去传输时的地址字节，数据传送软件十分简单。但在扩展器件较多时，需要控制较多的从器件 $\overline{CS}$ 端，连线较多。

在 SPI 系统中,主器件单片机在启动一次传送时,便产生 8 个时钟,传送给接口芯片作为同步时钟,控制数据的输入和输出。传送格式是高位(MSB)在前,低位(LSB)在后,如图 6-27 所示。输出数据的变化以及输入数据时的采样,都取决于 SCK。但对不同外围芯片,可能是 SCK 的上升沿起作用,也可能是 SCK 的下降沿起作用。SPI 有较高的数据传输速度,最高可达 1.05 Mbit/s。

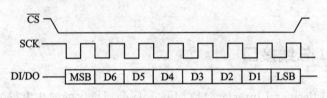

图 6-27　SPI 数据传送格式

Motorola 提供了一系列具有 SPI 接口的单片机和外围接口芯片,如存储器 MC2814、显示驱动器 MC14499 和 MC14489 等各种芯片。

SPI 从器件要具有 SPI 接口,主器件是单片机。目前已有许多机型的单片机都带有 SPI 接口。但对 AT89S51,由于不带 SPI 接口,其 SPI 接口的实现可采用软件与 I/O 口结合来模拟 SPI 的接口时序。

【例 6-7】　设计 AT89S51 单片机与串行 A/D 转换器 TLC2543 的 SPI 接口。

TLC2543 是美国 TI 公司的 12 位串行 SPI 接口的 A/D 转换器,转换时间为 1 μs。片内有 1 个 14 路模拟开关,用来选择 11 路模拟输入以及 3 路内部测试电压中的 1 路进行采样。

图 6-28 为单片机与 TLC2543 的 SPI 接口电路。TLC2543 的 I/O CLOCK、DATA INPUT 和 $\overline{CS}$ 端由单片机的 P1.0、P1.1 和 P1.3 来控制。转换结果的输出数据(DATA OUT)由单片机的 P1.2 串行接收,单片机将命令字通过 P1.1 输入到 TLC2543 的输入寄存器中。下面的子程序为 AT89S51 选择某一通道(例如 AIN0 通道)进行 1 次数据采集,A/D 转换结果共 12 位,分两次读入。先读入 TLC2543 中的 8 位转换结果到单片机中,同时写入下一次转换的命令,然后再读入 4 位的转换结

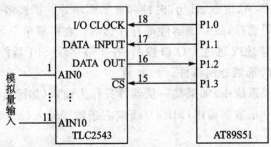

图 6-28　AT89S51 单片机与 TLC2543 的 SPI 接口

果到单片机中。

注意：TLC2543 在每次 I/O 周期读取的数据都是上次转换的结果,当前转换结果要在下一个 I/O 周期中被串行移出。

TLC2543 A/D 转换的第 1 次读数由于内部调整,读取的转换结果可能不准确,应丢弃。

子程序如下:

```
            ADCOMD   BYTE   6FH      ;定义命令存储单元
            ADOUTH   BYTE   6EH      ;定义存储转换结果高4位单元
            ADOUTL   BYTE   6DH      ;定义存储转换结果低8位单元
ADCONV:     CLR      P1.0            ;时钟引脚为低电平
            CLR      P1.3            ;片选有效,选中 TLC2543
            MOV      R2,#08H         ;送出下一次8位转换命令和读8位转换结果做准备
            MOV      A,ADCOMD        ;下一次转换命令在 ADCOMD 单元中送 A
LOOP1:      MOV      C,P1.2          ;读入1位转换结果
            RRC      A               ;1位转换结果带进位位右移
            MOV      P1.1,C          ;送出命令字节中的1位
            SETB     P1.0            ;产生1个时钟
            NOP
            CLR      P1.0
            NOP
            DJNZ     R2,LOOP1        ;是否完成8次转换结果读入和命令输出?未完则跳
            MOV      ADOUTL,A        ;读8位转换结果存入 ADOUTL 单元
            MOV      A,#00H          ;A 清 0
            MOV      R2,#04H         ;为读入4位转换结果做准备
            SETB     P1.0            ;产生1个时钟
            NOP
            CLR      P1.0
            NOP
            DJNZ     R2,LOOP2        ;是否完成4次读入?未完则跳 LOOP2
            MOV      ADOUTH,A        ;高4位转换结果存入 ADOUTH 单元中的高4位
            SWAP     ADOUTH          ;ADOUTH 单元中的高4位与低4位互换
LOOP2:      MOV      C,P1.2          ;读入高4位转换结果中的1位
            RRC      A               ;带进位位循环右移
            SETB     P1.0            ;时钟无效
            RET
```

执行上述程序中的 8 次循环,执行"RRC A"指令 8 次,每次读入转换结果 1 位,然后送出 ADCOMD 单元中的下一次转换的命令字节"G7 G6 G5 G4 G3 G2 G1 G0"中的 1 位,进入 TLC2543 的输入寄存器。经 8 次右移后,8 位 A/D 转换结果数据"××××××××"读入累加器 Acc 中,上述的具体数据交换过程如图 6-29 所示。子程序中的 4 次循环,只是读入转换结果的 4 位数据,图中没有给出,读者可自行画出 4 次移位的过程。

由本例可见,单片机与 TLC2543 接口十分简单,只需用软件控制 4 条 I/O 引脚按规定时序对 TLC2543 进行访问即可。

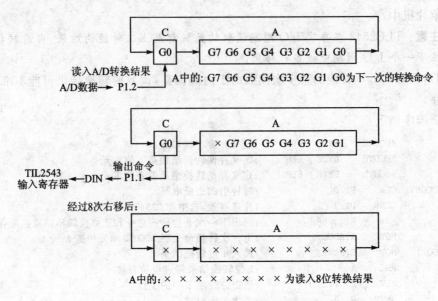

图 6-29　单片机与 TLC2543 的 8 位数据交换示意图

6.4.3　1-Wire 接口

单总线(也称 1-Wire bus)是由美国 DALLAS 公司推出的外围串行扩展总线。只有一条数据输入/输出线 DQ,总线上的所有器件都挂在 DQ 上,电源也通过这条信号线供给,使用一条信号线的串行扩展技术,称为单总线技术。

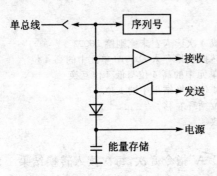

图 6-30　单总线芯片的内部结构示意图

单总线系统的各种器件,由 DALLAS 公司提供的专用芯片实现。每个芯片都有 64 位 ROM,厂家对每一个芯片用激光烧写编码,其中存有 16 位十进制编码序列号,它是器件的地址编号,确保它挂在总线上后,可唯一被确定。除地址编码外,片内还包含收发控制和电源存储电路,如图 6-30 所示。这些芯片的耗电量都很小(空闲时几 μW,工作时几 mW),从总线上馈送电能到大电容中就可以工作,故一般不需另加电源。下面举例说明具体应用。

图 6-31 所示为一个由单总线构成的分布式温度监测系统,也可用于各种狭小空间内设备的数字测温。图中多个带有单总线接口的数字温度传感器 DS18B20 芯片都挂在单片机的 1 根 I/O 口线(即 DQ 线)上。对每个 DS18B20 通过总线 DQ 寻址。DQ 为漏极开路,须加上拉电阻。DS18B20 是美国 DALLAS 公司生产的单总线

数字温度传感器,在该单总线数字温度传感器系列中还有 DS1820、DS18S20、DS1822 等其他型号,工作原理与特性基本相同。具有如下特点:

① 体积小,结构简单,使用方便。

② 每块芯片都有唯一的 64 位光刻 ROM 编码,家族码为 28H。

③ 温度测量范围 -55~+125 ℃,在 -10~+85 ℃范围内,测量精度可达 ±0.5℃。

④ 分辨率为可编程的 9~12 位(其中包括 1 位符号位),对应的温度变化量分别为 0.5 ℃、0.25 ℃、0.125 ℃、0.0625 ℃。

⑤ 转换时间与分辨率有关。当设定为 9 位,转换时间 93.75 ms;设定为 10 位,转换时间为 187.5 ms;当设定 11 位,转换时间 375 ms;当设定 12 位,转换时间 750 ms。

⑥ 片内含有 SRAM、E^2PROM,单片机写入 E^2PROM 的报警上下限温度值以及对 DS18B20 的设置,在芯片掉电的情况下不丢失。

DS18B20 功能命令包括两类:1 条启动温度转换命令(44H),5 条读/写 SRAM 和 E^2PROM 命令。

图 6-31 电路如果再扩展几位(根据需要)LED 数码管显示器,即可构成简易的数字温度计系统。读者可在图 6-31 的基础上,自行扩展设计。

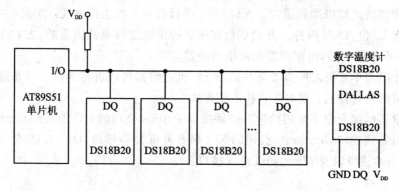

图 6-31 单总线构成的分布式温度监测系统

在 1-Wire 总线传输的是数字信号,数据传输均采用 CRC 码校验。DALLAS 公司为单总线的寻址及数据的传送制定了总线协议,具体内容读者可查阅相关资料。1-Wire 协议的不足在于传输速率稍慢,故 1-Wire 总线协议特别适用于测控点多、分布面广、种类复杂,而又需集中监控、统一管理的应用场合。

6.4.4　Microwire 总线接口

三线同步串行接口,由 1 根数据线 SO、1 根数据输入线 S 和 1 根时钟线 SK 组成。该总线最初是内建在 NS 公司 COP400/COP800 HPC 系列单片机中,为单片机和外围器件提供串行通信接口。该总线只需要3根信号线,连接和拆卸都很方便。在需要对一个系统更改时,只需改变连接到总线的单片机及外器件的数量和型号即可。

最初的Microwire总线只能连接一台单片机作为主机,总线上的其他器件都是从设备。随着技术的发展,NS公司推出了8位的COP800系列单片机,该系列单片机仍采用原来的Microwire总线,但接口功能进行了增强,称之为增强型的MicrowirePlus。增强型的MicrowirePlus允许连接多台单片机和外围器件,应用于分布式、多处理器的复杂系统。

NS公司已生产出各种功能的Microwire总线外围器件,包括存储器、定时/计数器、ADC和DAC、LED显示驱动器和LCD显示驱动器以及远程通信设备等。

本章小结

计算机之间的通信有并行通信和串行通信两种方式。异步串行通信接口主要有RS-232C、RS-442A及20 mA电流环三种标准。

MCS-51系列单片机内部具有一个全双工的异步串行通信I/O口,该串行口的波特率和帧格式可以编程设定。AT89S51串行口有4种工作方式:方式0~方式3。帧格式有10位、11位两种。方式0和方式2的传送波特率是固定的,方式1和方式3的波特率是可变的,由定时器的溢出率决定。

单片机与单片机之间以及单片机与PC机之间都可以进行通信。异步通信的程序通常采用两种方式:查询方式和中断方式。

本章还详细介绍了常用的串行扩展接口Philips公司的I^2C(Inter Interface Circuit)串行总线接口,Motorola公司的SPI串行外部设备接口,DALLAS公司的单总线(1-wire)接口以及Microwire总线接口。

思考与练习

1. 什么是串行异步通信?有哪几种帧格式?
2. 51系列单片机的串行接口由哪些功能部件组成?各有什么作用?
3. 简述串行接口接收和发送数据的过程。
4. 串行接口有几种工作方式?有几种帧格式?各种工作方式的波特率如何确定?
5. 何谓波特率、溢出率?如何计算和设置51系列单片机串行通信的波特率?
6. 为什么T1用作串行接口波特率发生器时,常选用操作模式2?

第6章 单片机串行接口及应用

7. 串行接口控制寄存器 SCON 中 TB8、RB8 起什么作用？在什么方式下使用？

8. 请简单叙述多机通信原理，在多机通信中 TB8、RB8、SM2 起什么作用？

9. 设计一个 AT89S51 单片机的双机通信系统，并编写程序将甲机片外 RAM 8000H～9000H 的数据块，通过串行接口传送到乙机片外 RAM 3000H～4000H 单元中去。

10. 利用单片机的串行接口，选用三片 74LS164 和 74LS165 组成 24 位的并行输出和输入口，试画出它们与 AT89S51 单片机的连接电路图，并编写进行一次输入/输出操作的程序。

11. I^2C 总线的优点是什么？

12. 单片机如何对 I^2C 总线中的器件进行寻址？

第 7 章

AT89S51 单片机与输入/输出外部设备接口

单片机应用系统常需要连接键盘、显示器、打印机、A/D 和 D/A 转换器以及功率器件等外设。其中键盘、显示器是使用最频繁的外设,它们是构成人机对话的一种基本方式。常用的输入设备有键盘、BCD 码拨盘等;常用的输出外部设备有 LED 数码管、LED 大屏幕显示器、LCD 显示器等。本章主要介绍 AT89S51 单片机与各种输入外部设备、输出设备的接口电路设计以及软件编程。

7.1 AT89S51 单片机与键盘接口

键盘是单片机应用系统中一种常用的输入设备。键盘由一组规则排列的按键组成,一个按键实际上是一个开关元件。键盘通常包括有数字键(0~9),字母键(A~Z)以及一些功能键。操作人员可以通过键盘向计算机输入数据、地址、指令或其他的控制命令,实现简单的人机对话。本节只讨论非编码键盘的工作原理、接口技术及其程序设计。

7.1.1 键盘工作原理

按键按照结构原理的不同可分为两类:一类是机械触点式开关按键,如机械式开关、导电橡胶式开关等;另一类是无触点式开关按键,如电气式按键,磁感应按键等。前者造价低,后者寿命长。目前,单片机系统中最常见的是机械触点式开关按键。

1. 编码键盘和非编码键盘

按照识别按键方法的不同,分为编码键盘和非编码键盘,这两类键盘的主要区别是识别键符及给出相应键码的方法不同。

(1) 编码键盘的特点

按键的识别由专用的硬件实现,并能产生键值的称为编码键盘,编码键盘每按下一个键,键盘能自动生成键盘代码。

编码键盘能够由硬件逻辑自动提供与键对应的编码,此外,一般还具有去抖动和多键、窜键保护电路。这种键盘使用方便,但需要较多的硬件,价格较贵,一般的单片机应用系统较少采用。

(2) 非编码键盘的特点

自编软件识别的键盘称为非编码键盘。非编码键盘只简单地提供行和列的矩阵,其他工作均由软件完成。非编码键盘具有结构简单、价格便宜等特点,因此在单片机系统中普遍采用非编码键盘。非编码键盘的按键排列有独立式和矩阵式两种结构,非编码键盘在接口设计中要着重解决键的识别、键抖的消除、键的保护等问题。

2. 按键的输入与识别

在单片机应用系统中,除了复位按键有专门的复位电路及专一的复位功能外,其他按键都是以开关状态来设置控制功能或输入数据的。当所设置的功能键或数字键按下时,计算机应用系统应完成该按键所设定的功能,键信息输入是与软件结构密切相关的过程。

对于一组键或一个键盘,总有一个接口电路与 CPU 相连。CPU 可以采用查询或中断方式了解有无键输入,并检查是哪一个键按下,将该键号送入累加器 Acc,然后通过跳转指令转入执行该键的功能程序,执行完后再返回主程序。

非编码式键盘识别按键的方法主要有扫描法和线反转法两种,扫描法键盘结构简单,线反转法比行扫描法速度要快,但在硬件电路上要求行线与列线均需有上拉电阻,故比行扫描法稍复杂些。

3. 按键去抖

通常情况下,按键处于断开状态,当按下时才闭合,如图 7-1 所示。机械触点式开关的主要功能是把机械上的通断转换成为电气上的逻辑关系,也就是说,它能提供标准的 TTL 逻辑电平,以便与通用数字系统的逻辑电平相容。

由于机械触点的弹性作用,一个按键在闭合时并不会马上稳定闭合,在断开时也不会马上断开,因而机械按键在闭合及断开的瞬间都会伴有一连串的抖动。

当按下和松开按键开关时,图 7-1 中按键触点处的电压变化如图 7-2 所示。没按键时为高电平(t_1);按下的瞬间,电压处于一种不稳定(抖动)状态(t_2);然后,进入闭合期,电压为低电平(t_3);当松开的瞬间,电压再一次处于抖动状态(t_4);最后,电压恢复高电平(t_5)。按一次键要经过两个抖动期 t_2 和 t_4,每次抖动的时间大约在 5~10 ms 之间,抖动的时间长短由按键的机械特性及人为因素决定。

由于单片机工作在 μs 数量级,按键抖动如果处理不当会引起一次按键被误处理多次,为了确保单片机对按键的一次闭合仅做一次处理,必须消除键抖动,常用的去抖动方法有硬件和软件去抖动两种。

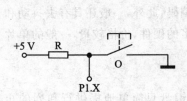
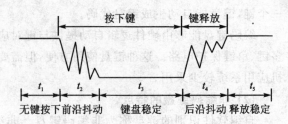

图7-1 按键(常态为断开)　　　　　图7-2 按键抖动

(1) 硬件去抖

通常当按键数量较少(一般少于8个)时用硬件方法,采用硬件电路,例如用滤波电路、单稳态电路和双稳态电路等实现去抖。

图7-3是一个利用RC积分电路构成的滤波去抖动电路。RC积分电路具有吸收干扰脉冲的滤波作用,只要适当选择RC电路的时间常数,就可消除抖动带来的不良后果。当按键未按下时,电容C两端的电压为零,经非门后输出为高电平。当按键按下后,电容C两端的电压不能突变,单片机不会立即接收信号,电源经R_1向C充电,若此时按键按下的过程中出现抖动,只要C两端的电压波动不超过门开启电压(TTL为0.8 V),非门的输出就不会改变。一般R_1C应大于10 ms,且$V_{CC}\times R_2/(R_1+R_2)$的值应大于门的高电平阈值,$R_2C$应大于抖动波形周期。

图7-4是单稳态去抖电路,74LS121为具有施密特触发器输入的单稳态触发器,74LS121经触发后,输出端就不受输入跳变的影响。

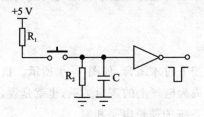
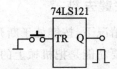

图7-3 滤波去抖电路　　　　　图7-4 单稳态去抖电路

图7-5是双稳态去抖电路,电路工作过程如下:按键未按下时,a=0,b=1,输出Q=1。按键按下时,因按键的机械弹性作用的影响,使按键产生抖动。当开关没有稳定到达b端时,因与非门2输出为0反馈到与非门1的输入端,封锁了与非门1,双稳态电路的状态不会改变,输出保持为1,输出Q不会产生抖动的波形。当开关稳定到达b端时,因a=1,b=0,使Q=0,双稳态电路状态发生翻转。当释放按键时,在开关未稳定到达a端时,因Q=0,封锁了与非门2,双稳态电路的状态不变,输出Q保持不变,消除了后沿的抖动波形。当开关稳定到达a端时,因a=0,b=0,使Q=1,双稳态电路状态发生翻转,输出Q重新返回原状态。由此可见,键盘输出经双稳态电路之后,输出已变为规范的矩形方波。

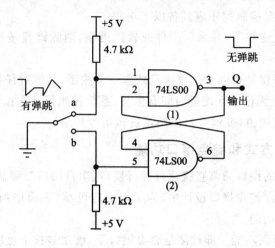

图 7-5 双稳态去抖电路

（2）软件去抖动

硬件方法需要增加元器件，电路复杂，当按键较多时，不但实现困难，还会增加成本，甚至影响系统的可靠性，这时软件方法是一种有效的方法。用软件消除抖动不需增加任何元器件，只需要编写一段延时程序，就可以达到消除抖动的作用。

通过软件实现时，如发现有键按下，延时 10~15 ms 后再查询一次，若仍为低电平说明确实有键被按下，然后，等待按键的释放，即查询到图 7-1 中的 O 点为高电平时，还要延时 10~15 ms，当 O 点仍为高电平时，一次按键动作结束。如果不检测按键的释放，当按键时间很长时，一次按键同样可能造成单片机的多次处理。

4. 窜键的处理

窜键是指用户在操作中，同时按下了一个以上的按键。单片机处理窜键的原则是把最后放开的按键认为是真正被按的按键。单片机在处理发生在两个不同列上的窜键时，可以预先设定一个窜键标志寄存器。窜键标志寄存器在列扫描前清零，在列扫描期间用于记录被按键的个数，故发生窜键时窜键标志寄存器中的值必定大于 01H。因此，单片机在列扫描时必须不以发现第一个被按键为满足，而是应继续完成对所有列的一遍扫描，并在该列扫描结束后，根据窜键标志寄存器来判断是否发生窜键。如果未发现窜键，则本次扫描的行首键号和列值就是被按键的行首键号和列值；如果发生了窜键，则单片机不断进行列扫描，就可获得最后放开键的行首键号和列值。

5. 按键的编码以及键盘程序的编制

一组按键或键盘都要通过 I/O 口线查询按键的开关状态。根据键盘结构的不同，采用不同的编码。无论有无编码，以及采用什么编码，最后都要转换成为与累加器中数值相对应的键值，以实现按键功能程序的跳转。

一个完善的键盘控制程序应具备以下功能：

① 检测有无按键按下,并采取硬件或软件措施,消除键盘按键机械触点抖动的影响。

② 有可靠的逻辑处理办法。每次只处理一个按键,其间对任何按键的操作都对系统不产生影响,且无论一次按键时间有多长,系统仅执行一次按键功能程序。

③ 准确输出按键值(或键号),以满足跳转指令要求。

6. 常用接口方式和键盘接口功能

单片机与键盘的接口通常直接通过并行接口、串行接口与键盘接口,或采用专用芯片与键盘接口。在键盘接口设计中,为了保证能可靠、正确地判断输入的键值,键盘接口应具有如下功能：

① 键扫描和识别功能。即检测是否有键按下,确定被按下键所在的行列位置。

② 产生相应键的代码(键值)。

③ 消除按键弹跳以及能够识别多键及窜键(复合按键)。

7.1.2 键盘扫描控制方式

在单片机应用系统中,键盘扫描只是CPU的工作内容之一。CPU对键盘的响应取决于键盘的工作方式,键盘的工作方式应根据实际应用系统中CPU的工作状况而定,其选取的原则是既要保证CPU能及时响应按键操作,又不要过多占用CPU的工作时间。通常,键盘的工作方式有三种,即编程扫描、定时扫描和中断扫描。

1. 程序控制扫描方式

按键处理程序固定在主程序的某个程序段中。利用单片机完成其他工作的空余时间,调用键盘扫描子程序来响应键盘输入的要求。在执行按键功能程序时,单片机不再响应其他按键的输入要求,直到单片机重新扫描键盘为止。

键盘扫描程序一般应包括以下内容：

① 判断有无键按下。

② 扫描键盘,取得闭合键的行、列值。

③ 用计算法或查表法得到键值。

④ 判断闭合键是否释放,如未释放则继续等待。

⑤ 将闭合键键号保存,同时转去执行该闭合键的功能。

特点：对单片机工作影响小,但应考虑键盘处理程序的运行间隔周期不能太长,否则会影响对按键输入响应的及时性。

2. 定时控制扫描方式

定时控制扫描方式就是每隔一段时间对键盘扫描一次,它利用单片机内部的定时器产生一定时间(如 10 ms)的定时,当定时时间一到就产生定时器溢出中断。由于中断返回后要经过 10 ms 后才会再次中断,相当于延时了 10 ms,因此程序无需再延时。单片机响应中断后对键盘进行扫描,并在有键按下时识别出该按键,再执行该按键的功能程序。定时控制扫描方式的硬件电路与程序控制扫描方式相同,程序流程图如图 7-6 所示。

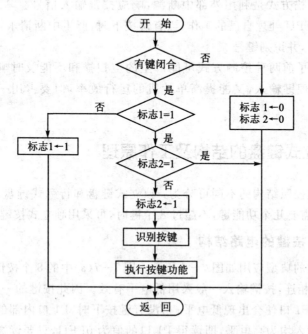

图 7-6 定时控制扫描方式程序流程图

标志 1 和标志 2 是在单片机内部 RAM 的位寻址区设置的两个标志位,标志 1 为去抖动标志位,标志 2 为识别完按键的标志位。初始化时将这两个标志位置 0,执行中断服务程序时,首先判断有无键闭合,若无键闭合,将标志 1 和标志 2 置 0 后返回;若有键闭合,先检查标志 1,当标志 1 为 0 时,说明还未进行去抖动处理,此时进行去抖动处理并置标志位 1=1,然后中断返回。由于中断返回后要经过 10 ms 后才会再次中断,相当于延时 10 ms,因此,程序无须再延时。

下次中断时,因标志位 1 置 1,单片机再检查标志 2,如标志 2 为 0 说明还未进行按键的识别处理,这时,单片机先置位标志 2,然后进行按键识别处理,再执行相应的按键功能子程序,最后中断返回。如标志 2 已经置 1,则说明此次按键已做过识别处理,只是还未释放按键。当按键释放后,在下一次中断服务程序中,标志 1 和标志 2 又重新置 0,等待下一次按键。

特点:与程序控制扫描方式的区别是,在扫描间隔时间内,前者用单片机工作程序填充,后者用定时/计数器定时控制。定时控制扫描方式也应考虑定时时间不能太长,否则会影响对按键输入响应的及时性。

3. 中断控制扫描方式

采用上述两种键盘扫描方式时，无论是否按键，CPU 都要定时扫描键盘，而单片机应用系统工作时并不是经常需要键盘输入，因此，CPU 经常处于空扫描状态。为提高 CPU 的工作效率，可采用中断扫描方式。

中断控制扫描方式是利用外部中断源，响应按键输入信号。其工作过程如下：当无键按下时，CPU 处理自己的工作；当有键按下时，产生中断请求，CPU 转去执行键盘扫描子程序，并识别键号。

特点：克服了前两种控制方式可能产生的空扫描和不能及时响应键输入的缺点，既能及时处理键输入，又能提高单片机的运行效率，但要占用一个宝贵的中断资源。

7.1.3 独立式键盘的结构及工作原理

非编码键盘按照结构的不同可分为：独立式键盘和行列式键盘，在单片机控制系统中，往往只需要几个功能键，不超过 8 个键时，可采用独立式按键结构。

1. 独立式按键的电路结构

独立式按键的典型应用如图 7-7 所示。图 7-7(a)中的 8 个按键分别与单片机的 P1.0~P1.7 相连，按键输入一般采用低电平有效。因此按键的一端接地，只要有键按下，相连的 P1 口便会出现低电平；当没有键按下时，P1 口内部的上拉电阻保证了各个口线的输入均为高电平，即读得 P1 口的值为 0FFH，只要读数据口的值就可知道是否有键被按下，或按下了哪个键。如图 7-7(b)所示，对于内部没有上拉电阻的芯片，必须外接上拉电阻，以保证按键在断开和闭合时能可靠地出现两种电平"0"和"1"。要判断是否有键压下，只需用位操作指令即可。

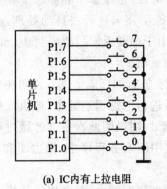

图 7-7 独立式键盘与单片机连接方式

2. 独立式按键的软件设计

独立式按键的软件设计可采用查询方式和中断方式。

查询方式的具体做法是,先逐位查询每根 I/O 口线的输入状态,如某一根 I/O 口线的输入为低电平,则可确认该 I/O 口线所对应的按键已按下,然后再转向该键的功能处理程序。

查询检测的方式,如图 7-8(a)所示,判断是否有键被按下,可按位依次读取 I/O 的状态,直接确认按键。

中断方式下,按键往往连接到外部中断 INT0 或 INT1 和 T0、T1 等几个外部 I/O 上。编写程序时,需要在主程序中将相应的中断允许打开;各个按键的功能应在相应的中断子程序中编写完成。

如图 7-8(b)所示的中断方式则是有键按下后先进入中断服务程序,在中断服务程序中再依次读取 I/O 位的状态来确认按键。

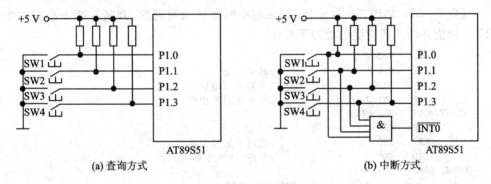

图 7-8 独立式键盘查询和中断方式连接图

需要说明的是:采用中断方式可最大程度保证检测的实时性,即系统对按键的反应迅速及时;而在实时性要求不高的条件下,采用查询方式则能节省硬件和减少软件工作。

独立式键盘中各按键互相独立,分别接一条 I/O 线,各按键的状态互不影响,电路配置灵活,键盘处理程序简单,在键数较多时,I/O 口线浪费较大,适合按键数较少(一般少于 8 个)的场合。

【例 7-1】 如图 7-8(a)所示,采用查询方式编写程序,判断是哪个按键被按下,求键值并转入相应键的处理子程序。

程序代码如下:

```
START: MOV   A,#0FFH       ;置 P1 口为输入方式
       MOV   P1,A
LOOP:  MOV   A,P1           ;读入键盘状态
       CJNE  A,#0FFH,PL0    ;判断是否有键按下?
       SJMP  LOOP           ;无键按下,则等待
PL0:   LCALL DELAY          ;有键按下,调延时程序,去抖动
```

```
            MOV     A,P1                    ;再读键盘状态
            CJNE    A,#0FEH,PL1             ;键盘不是抖动,转 PL1 处理
            SJMP    LOOP
    PL1:    JNB     ACC.0,KEY0              ;0 号键按下,转 K0 处理
            JNB     ACC.1,KEY1              ;1 号键按下,转 K1 处理(下同)
            JNB     ACC.2,KEY2
            JNB     ACC.3,KEY3
            SJMP    START                   ;无键按下,返回
    KEY0:   ...                             ;0 号功能键的处理程序
            ...
            SJMP    START                   ;0 号功能键处理完毕,返回
    KEY1:   ...
            ...
            SJMP    START
            ...
    KEY3:   ...
            ...
            SJMP    START
```

【例 7-2】 如图 7-8(b)所示,采用中断方式编写程序,判断是哪个按键被按下,求键值并转入相应键的处理子程序。

```
            ORG     0000H
            SJMP    START                   ;转初始化
            ORG     0003H                   ;中断入口地址
            SJMP    INTR0                   ;转中断服务程序
    START:  MOV     SP,#60H
            SETB    EA
            CLR     IT0                     ;低电平触发方式
            SETB    EX0                     ;允许/INT0 中断
    HERE:   SJMP    HERE
    ;********************* 中断服务程序 *********************
    INTR0:  MOV     P1,#0FH                 ;P1 口低 4 位写"1",置为输入口
            MOV     A,P1                    ;读 P1 口键值
            JNB     ACC.0,KPR0              ;判断 P1.0~P1.3 是否有键按下
            JNB     ACC.1,KPR1
            JNB     ACC.2,KPR2
            JNB     ACC.3,KPR3
            RETI
    KPR0:   ...                             ;P1.0 口按键处理程序
            RETI
    KPR1:   ...                             ;P1.1 口按键处理程序
            RETI
    KPR2:   ...                             ;P1.2 口按键处理程序
            RETI
    KPR3:   ...                             ;P1.3 口按键处理程序
            RETI
```

7.1.4　行列式键盘的结构及工作原理

当按键数较多时,独立式键盘结构需要占用很多 I/O 口线,浪费资源,这时常采

用行列式键盘结构,又称矩阵式键盘。

1. 行列式键盘的电路结构

矩阵式键盘即将键盘排列成行、列矩阵式,每条水平线(行线)与垂直线(列线)的交叉点处连接一个按键,即按键的两端分别接在行线和列线上,N 条行线和 M 条列线可组成 $M \times N$ 个按键的键盘,共占用 $M+N$ 条 I/O 端口线。4×4 个按键的键盘如图 7-9 所示,共占用 $4+4$ 条 I/O 端口线。键盘输入、按键的编号以及按键功能由软件控制。

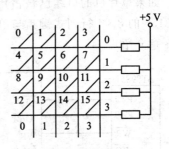

图 7-9　4×4 矩阵式键盘结构

2. 行列式键盘的工作原理

(1) 行列式键盘的工作过程

键盘所做的工作分为三个层次:监视键盘输入→确定具体按键的编号→实现按键功能。这三个阶段所做的工作如下。

① 监视键盘输入:三种工作方式,程序扫描、定时扫描、中断扫描。

② 确定具体按键的键号:按键的识别方法有扫描法、线反转法。

键号是键盘的每个键的编号,可以是十进制或十六进制。键号一般由键盘扫描程序取得的键值求出。键值是各键所在行号和列号的组合码,计算方法为

$$键值 = 行首号 + 列号$$

③ 实现按键功能:执行键处理程序。

(2) 行扫描法

行扫描法就是通过行线发出低电平信号,如果该行线所连接的键没有按下的话,则列线所连接的输出端口得到的是全"1"信号;如果有键按下的话,则得到的是非全"1"信号。如图 7-9 所示,识别按键有无键按下,可分两步进行:第一步,识别键盘有无键按下;第二步,如有键被按下,识别出具体的键位。

第一步:识别键盘有无键按下。先把所有列线均置为 0,然后检查各行线电平是否都为高,如果不全为高,说明有键按下,否则无键被按下。例如,当键 3 按下时,第 1 行线为低,还不能确定是键 3 被按下,因为如果同一行的键 2、1 或 0 之一被按下,行线也为低电平。只能得出第 1 行有键被按下的结论。

第二步:识别出哪个按键被按下。采用逐列扫描法,在某一时刻只让 1 条列线处于低电平,其余所有列线处于高电平。当第 1 列为低电平,其余各列为高电平时,因为是键 3 被按下,第 1 行的行线仍处于高电平;当第 2 列为低电平,其余各列为高电平时,第 1 行的行线仍处于高电平;直到让第 4 列为低电平,其余各列为高电平时,此时第 1 行的行线电平变为低电平,据此,可判断第 1 行第 4 列交叉点处的按键,即键 3 被按下。

综上所述,扫描法的思想是,先把某一列置为低电平,其余各列置为高电平,检查

各行线电平的变化,如果某行线电平为低电平,则可确定此行此列交叉点处的按键被按下。

如果单片机的口线已被占用,可以通过 I/O 接口芯片来构成键盘接口电路,采用 8155 的 8×4 行列式键盘与单片机的接口电路如图 7-10 所示(8155 接口芯片在第 8 章介绍)。

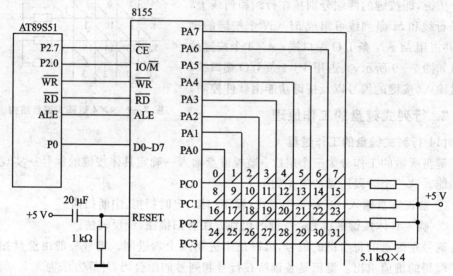

图 7-10　行列式键盘与单片机的接口电路(查询方式)

【**例 7-3**】　根据图 7-10 所示,采用查询方式,通过行扫描法编写键盘扫描子程序,要求在子程序中求出被按下按键的键值。其中 10 ms 延时子程序省略。

键盘扫描过程分析:图中键盘的行线 PC0～PC3(用 X_0～X_3 表示)与列线 PA0～PA7(用 Y_0～Y_7 表示)的交叉处不相连,而是通过一个按键来连通,行线通过电阻接 +5 V。C 口(PC0～PC7)输入 4 位行扫描信号(PC0～PC3),A 口(PA0～PA7)输出 8 位列扫描信号。当键盘上没有键闭合时所有的行线和列线都断开,则行线都呈高电平。当键盘上某一个键闭合时,则该键所对应的行线和列线被短路。

例如,9 号键被按下闭合时,行线 X_1 和列线 Y_2 被短路(此时 X_1 的电平由 Y_2 的电位所决定),则在单片机的控制下,先使列线 Y_0 为低电平,其余 7 根列线都为高电平,读行线状态。如果 X_0、X_1、X_2、X_3 都为高电平,则 Y_0 这一列上没有键闭合。如果读出的行线状态不全为高电平,则为低电平的行线和 Y_0 相交的键处于闭合状态。如果 Y_0 这一列上没有键闭合,接着使列线 Y_1 为低电平,其余列线为高电平,用同样方法检查 Y_1 这一列上有无键闭合。以此类推,最后使列线 Y_7 为低电平,其余的列线为高电平,检查这一列上是否有键闭合。这种逐行逐列地检查键盘状态的过程称为对键盘的一次扫描。程序流程如图 7-11 所示。程序如下:

```
KEYS:   ACALL   KeyPress        ;调用判断有无键按下子程序
        JNZ     Xiaodou         ;有键按下时,(A)≠0 转消抖延时
```

第7章 AT89S51单片机与输入/输出外部设备接口

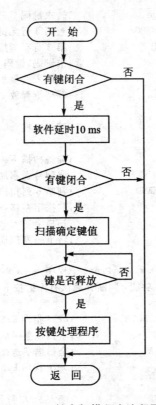

图 7-11 键盘扫描程序流程图

```
            SJMP    KEnd                ;无键按下返回
Xiaodou:    ACALL   DEY10ms             ;调 10 ms 延时子程序
            ACALL   KeyPress            ;查有无键按下,若有则真有键按下
            JNZ     LK2                 ;键(A)≠0 逐列扫描
            SJMP    KEnd                ;不是真有键按下,返回
LK2:        MOV     R2,#0FEH            ;初始列扫描字(0 列)送入 R2
            MOV     R4,#00H             ;初始列(0 列)号送入 R4
LK4:        MOV     DPTR,#7F01H         ;DPTR 指向 8155 PA 口
            MOV     A,R2                ;列扫描字送至 8155 PA 口
            MOVX    @DPTR,A
            INC     DPTR                ;DPTR 指向 8155 PC 口
            INC     DPTR
            MOVX    A,@DPTR             ;从 8155 PC 口读入行状态
            JB      ACC.0,LOne          ;查第 0 行无键按下,转查第 1 行
            MOV     A,#00H              ;第 0 行有键按下,行首键码#00H→A
            SJMP    KeyValue            ;转求键码
LOne:       JB      ACC.1,LTwo          ;查第 1 行无键按下,转查第 2 行
            MOV     A,#08H              ;第 1 行有键按下,行首键码#08H→A
            SJMP    KeyValue            ;转求键码
LTwo:       JB      ACC.2,LThree        ;查第 2 行无键按下,转查第 3 行
            MOV     A,#10H              ;第 2 行有键按下,行首键码#10H→A
```

	SJMP	KeyValue	;转求键码
LThree:	JB	ACC.3,NEROW	;查第 3 行无键按下,查下一列
	MOV	A,#18H	;第 3 行有键按下,行首键码 #18H→A
KeyValue:	ADD	A,R4	;求键码,键码 = 行首键码 + 列号
	PUSH	ACC	;键码入栈保护,出口状态(A) = 键码
KEY3:	ACALL	KeyPress	;等待键释放
	JNZ	KEY3	
	POP	ACC	;键码出栈
	SJMP	KEnd	
NEROW:	INC	R4	;准备扫描下一列,列号加 1
	MOV	A,R2	;取列号送累加器 A
	JNB	ACC.7,KEND	;判断 8 列扫描否? 扫描完返回
	RL	A	;扫描字左移一位,变为下一列扫描字
	MOV	R2,A	;扫描字送入 R2
	SJMP	LK4	;转下一列扫描
KEnd:	RET		

;********************** KeyPress 子程序 **********************
;**************** 功能:判断并确认有无键按下 *************

KeyPress:			
	MOV	DPTR,#7F01H	;DPTR 指向 8155 PA 口
	MOV	A,#00H	;全扫描字→A
	MOVX	@DPTR,A	;全扫描字送往 8155PA 口
	INC	DPTR	;DPTR 指向 8155 PC 口
	INC	DPTR	
	MOVX	A,@DPTR	;读入 PC 口行状态
	CPL	A	;变正逻辑,以高电平表示有键按下
	ANL	A,#0FH	;屏蔽高 4 位,只保留低 4 位行线值
	RET		;出口状态:(A)≠0 时有键按下

【例 7-4】 图 7-12 所示为一个 4×4 键盘与 AT89S51 采用中断方式的接口电路。要求采用中断方式编写键盘扫描子程序,并在子程序中求出被按下按键的键值(设键值存入 RAM 30H 单元中)。

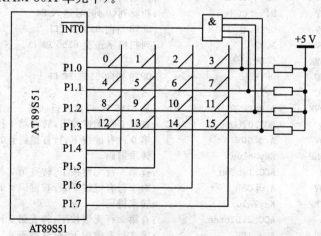

图 7-12 行列式键盘与单片机的接口电路(中断方式)

第7章　AT89S51 单片机与输入/输出外部设备接口

当键盘上没有键闭合时 P3.2 为高电平,当键盘上有任一个键闭合时 P3.2 变为低电平,向单片机发出中断请求,若单片机已开放外部中断 0 并且无更高级或同级中断响应,则单片机响应中断,扫描键盘并做相应的处理。

程序如下:

```
            ORG     0000H
            SJMP    START
            ORG     0003H           ;中断入口地址
            SJMP    PINT0           ;转中断服务程序
START:      MOV     SP,#60H         ;置堆栈指针
            SETB    IT0             ;置为边沿触发方式
            MOV     IP,#00000001B   ;置为高优先级中断
            MOV     P1,#00001111B   ;置 P1.0～P1.3 为输入态,置 P1.4～P1.7 输出 0
            SETB    EA
            SETB    EX0
            SJMP    MAIN            ;转主程序,并等待有键按下时中断
;**************** 中断服务程序 ****************
            ORG     2000H           ;中断服务程序首地址
PINT0:      PUSH    ACC             ;保护现场
            PUSH    PSW
LK2:        MOV     R2,#0EFH        ;初始列扫描字(0 列)送入 R2
            MOV     R4,#00H         ;初始列(0 列)号送入 R4
LK4:        MOV     A,R2            ;列扫描字送至 P1 口
            MOV     P1,A
            MOV     A,P1            ;从 P1 口读入行状态
            JB      ACC.0,LONE      ;查第 0 行无键按下,转查第 1 行
            MOV     A,#00H          ;第 0 行有键按下,行首键码#00H→A
            AJMP    LKP             ;转求键码
LONE:       JB      ACC.1,LTWO      ;查第 1 行无键按下,转查第 2 行
            MOV     A,#04H          ;第 1 行有键按下,行首键码#04H→A
            AJMP    LKP             ;转求键码
LTWO:       JB      ACC.2,LTHR      ;查第 2 行无键按下,转查第 3 行
            MOV     A,#08H          ;第 2 行有键按下,行首键码#08H→A
            AJMP    LKP             ;转求键码
LTHR:       JB      ACC.3,NEXT      ;查第 3 行无键按下,转该查下一列
            MOV     A,#0CH          ;第 3 行有键按下,行首键码#0CH→A
LKP:        ADD     A,R4            ;求键码,键码=行首键码+列号
            MOV     30H,A           ;存按键编号
            POP     PSW
            POP     ACC
            RETI                    ;键扫描结束,出口状态(30H)=键码
NEXT:       INC     R4              ;准备扫描下一列,列号加 1
            MOV     A,R2            ;取列号送累加器 A
            JNB     ACC.7,KEND      ;判断 8 列扫描否?扫描完返回
            RL      A               ;扫描字左移一位,变为下一列扫描字
            MOV     R2,A            ;扫描字送入 R2
            AJMP    LK4             ;转下一列扫描
KEND:       END
```

(3) 线反转法

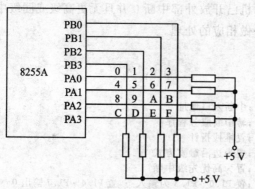

线反转法也是识别键闭合的常用方法。该方法比行扫描法速度要快，但要求在硬件电路上行线与列线均需有上拉电阻，所以电路比行扫描法复杂一些，如图7-13所示。

对按键的识别方法如下。

第一步：确定是否有键被按下。具体方法是使所有的行线输出高电

图7-13 线反转法电路图

平，所有的列线输出低电平，读行线，若行线中有低电平，延时10 ms再读一次行线（去抖动），若仍为低电平说明有键闭合，把读到的四位行线状态值保存起来。

第二步：当确认有键闭合时，使所有的行线输出低电平，所有的列线输出高电平，然后，读列线状态，若行线中有低电平，延时10 ms再读一次列线（去抖动），若仍为低电平说明有键闭合，把读到的四位列线状态值保存起来。

第三步：将第一次读到的4位行线值作为低4位，第二次读到的4位列线值作为高4位组成一个字节，然后，将该字节取反后得到的值称为键值。

线反转法键盘扫描子程序流程如图7-14所示，根据电路的不同，也分为中断方式和查询方式。

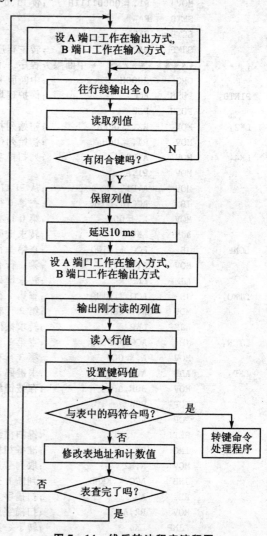

图7-14 线反转法程序流程图

7.2 AT89S51 单片机与 LED 显示器接口

在单片机应用系统中,为了便于人们观察和监视单片机的运行情况,常常需要用显示器显示运行的中间结果及状态等信息,因此显示器也是不可缺少的外部设备之一。

显示器的种类很多,从液晶显示器、发光二极管显示器到 CRT 显示器,都可以与微机配接。在单片机应用系统中常用的显示器主要有发光二极管显示器(简称 LED 显示器)和液晶显示器(简称 LCD 显示器)。

LED 显示器具有耗电省、成本低廉、配置简单灵活、安装方便、耐振动、寿命长等优点;LCD 显示器除了具有 LED 的一些特点外,还能实现图形显示,但其驱动较为复杂。近年来对某些要求较高的单片机应用系统也开始配置简易形式的 CRT 显示器接口。三种显示器中,以 CRT 显示器亮度最高,发光二极管次之,而液晶显示器最弱,为被动显示器,必须有外光源。本节着重介绍 LED 显示器的工作原理及其与单片机的接口。

7.2.1 LED 数码管接口技术

LED 数码管是一种最简单最常用的 LED 显示器,LED 数码管显示器具有电压低、耐振动、寿命长、显示清晰、亮度高、成本低廉、配置灵活、与单片机接口方便等特点,基本上能满足单片机应用系统的需要。在单片机系统中,如果需要显示的内容只有数码和某些字母,使用 LED 数码管是一种较好选择。LED 数码管显示内容有限,且不方便显示图形。

1. LED 数码管显示器的结构与工作原理

(1) LED 数码管显示器的结构

发光二极管是由半导体发光材料做成的 PN 结,只要在发光二极管两端通过正向 5~20 mA 的电流就能正常发光。其外形和电气图形符号如图 7-15 所示。单个 LED 可以通过亮、灭来指示系统运行状态,也可以用快速闪烁来报警。

通常所说的 LED 显示器由 8 个段发光二极管组成,因此称为八段 LED 显示器,也称为数码管。其排列形状如图 7-16 (a)所示。显示器中还有一个圆形发光二极管(在图中以 dp 表示),用于显示小数点。七段 LED 数码管比八段 LED 数码管少一只发光二极管 dp,其他与八段

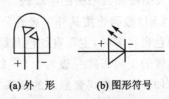

图 7-15 LED 外形和符号

LED 数码管相同。LED 显示器中的发光二极管有共阴极接法和共阳极接法两种连接方式。

1) 共阴极接法

把发光二极管的阴极连在一起构成公共阴极。使用时公共阴极接地,阳极端输入高电平的段发光二极管导通点亮,输入低电平的则不点亮。如图 7-16(b)所示。

2) 共阳极接法

把发光二极管的阳极连在一起构成公共阳极。使用时公共阳极接+5 V 电压,阴极端输入低电平的段发光二极管导通点亮,输入高电平的则不点亮。如图 7-16(c)所示。

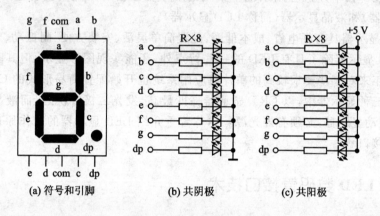

图 7-16 LED 显示器

(2) LED 数码管显示器的控制方式

对 8 段 LED 数码管显示器的控制,包括对"显示段"和"公共端"两个地方的控制。其中显示段用来控制显示字符的形状,公共端用来控制若干个 LED 中的哪一只被选中,前者称为"段选",后者称为"位选"。只有二者结合起来,才能在指定的 LED 上显示指定的字形。显然,要显示某种字形就应使此字形的相应字段点亮,按照 dp、g、f、e、d、c、b、a 的顺序,dp 为最高位,a 为最低位,引脚输入不同的 8 位二进制编码,可显示不同的数值或字符。控制发光二极管的 8 位数据通称为"字段码"。不同数字或字符的字段码不一样,而对于同一个数字或字符,共阴极连接和共阳极连接的字段码也不一样,共阴极和共阳极的字段码互为反码,表 7-1 所列为数字 0~9、字母 A~F 的共阴极和共阳极的字段码。

LED 数码管按其外形尺寸分为多种形式,使用较多的是 0.5 in 和 0.8 in,显示的颜色也有多种,主要有红色和绿色,按照亮度强弱可分为超亮、高亮和普亮。LED 数码管的正向压降一般为 1.5~2 V,额定电流为 10 mA 左右,最大电流为 40 mA。

(3) LED 数码管显示的译码方式

由显示的数字或字符转换到相应的字段码的方式称为译码方式。单片机要输出显示的数字或字符通常有 2 种译码方式:硬件译码方式和软件译码方式。

第7章 AT89S51单片机与输入/输出外部设备接口

表7-1　十六进制数字、字母段码表

显示字符	共阴极段码	共阳极段码	显示字符	共阴极段码	共阳极段码
0	3FH	C0H	C	39H	C6H
1	06H	F9H	d	5EH	A1H
2	5BH	A4H	E	79H	86H
3	4FH	B0H	F	71H	8EH
4	66H	99H	P	73H	8CH
5	6DH	92H	U	3EH	C1H
6	7DH	82H	T	31H	CEH
7	07H	F8H	y	6EH	91H
8	7FH	80H	H	76H	89H
9	6FH	90H	L	38H	C7H
A	77FH	88H	"灭"	00H	FFH
b	7CH	83H	…	…	…

硬件译码方式是指用专门的显示译码芯片来实现字符到字段码的转换。硬件译码时,要显示一个字符,单片机只需送出这个字符的二进制编码,经I/O接口电路并锁存,然后通过显示译码器,就可以驱动LED显示器中的相应字段发光。硬件译码使用的硬件较多(显示器的段数和位数越多,电路越复杂),缺乏灵活性,且只能显示十六进制数,显示译码电路芯片种类较多,可以根据自己的需要灵活选择。

软件译码方式就是通过编写软件译码程序(通常为查表程序)来得到要显示字符的字段码。由于软件译码不需外接显示译码芯片,硬件电路简单,并且能显示更多的字符,因此在实际应用系统中经常采用。

2. LED数码管显示器的显示方式

单片机的接口一般有静态显示与动态显示两种方式,下面分别加以介绍。

(1) 静态显示

所谓静态显示,就是当显示器显示某一字符时,相应段的LED恒定的导通或截止。这种显示方法的每一个LED都需要有一个八位输出口控制。

静态显示器的优点是显示稳定,在LED导通电流一定的情况下显示器的亮度高,控制系统在运行过程中,在需要更新显示内容时,单片机才执行一次显示更新子程序,这样大大节省了单片机的时间,提高了工作效率;缺点是LED个数较多时,所用的I/O口太多,硬件开销大。对于显示器位数较多的情况下,一般采用动态显示方式。静态显示又分为并行输出和串行输出两种形式。

1) 并行输出

图7-17给出了静态显示方式下2位共阳LED并行输出的接口电路。图中采用两片74LS373扩展并行输入/输出接口,接口地址由2-4地址译码器74LS139的

输出决定。译码输出信号($\overline{Y0}$或$\overline{Y2}$)与单片机的写信号$\overline{WR}$共同控制对 74LS373 的写入操作。显然,2 片 74LS373 的地址分别为 3FFFH 和 0BFFFH。(自己思考为什么?)

由图 7-17 可见,并行输出时,每个 LED 数码管都需要 8 位输出口独立控制,该方式虽然亮度好,且不占用单片机的工作时间,但在 LED 显示器个数较多时,连线比较复杂。

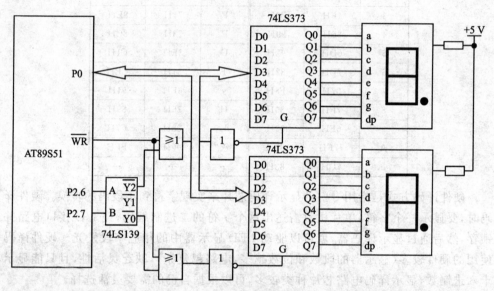

图 7-17 两位共阳 LED 并行输出的接口电路(静态显示方式)

2) 串行输出

采用串行输出可以大大节省单片机的内部资源。图 7-18 为 8 位静态共阳 LED 显示器串行输出的逻辑接口电路。该电路用 74LS164 将 AT89S51 输出的串行数据转换成并行数据输出给 LED 显示器,减少了接口连线。其中,TXD 和 P3.3 相"与"

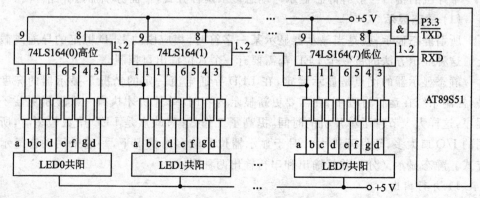

图 7-18 8 位静态 LED 串行输出的接口电路

接 74LS164 的移位时钟输入线 8，RXD 接 74LS164 的数据输入线 1、2，74LS164 的选通端 9 接+5 V，P3.3 作为显示器允许控制输出线。依据此方法，74LS164 可以作为多个 LED 的输入显示寄存器。

（2）动态显示

所谓动态显示就是一位一位地轮流点亮各位 LED 显示器（扫描），对于 LED 显示器的每一位而言，每隔一段时间点亮一次。

图 7-19 是 8 个 8 段数码管动态显示图。LED 动态显示是将所有数码管的同名字段选线（a～g，dp）都并接在一起，接到一个 8 位的 I/O 口上，每个数码管的公共端（称为位线）分别由相应的一位 I/O 口线控制。

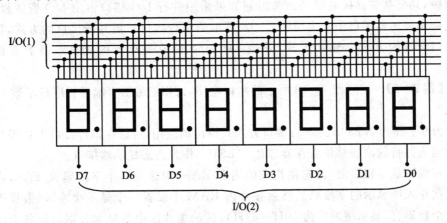

图 7-19　8 位数码管动态显示

由于每一位数码管的段选线都接在一个 I/O 口上，所以每送一个字段码，8 位数码管就显示同一个字符。为了能得到在 8 个数码管上"同时"显示不同字符的显示效果，利用人眼的视觉暂留效应和发光二极管熄灭时的余辉效应，采用分时轮流点亮各个数码管的动态显示方式。

具体方法是：从段选线 I/O 口上按位分别送显示字符的字段码，从位选线控制口也按相应次序分别选通相应的显示位（共阴极送低电平，共阳极送高电平），被选通的显示位就显示相应字符（保持几个毫秒的延时），没选通的位不显示字符（灯熄灭），如此不断循环。从单片机工作的角度看，在一个瞬间只有一位数码管显示字符，其他位熄灭，但因为人眼的视觉暂留效应，只要循环扫描的速度保持在一定频率以上，这种动态变化人眼是察觉不到的。从效果上看，就像 8 个数码管能连续和稳定地同时显示 8 个不同的字符。

显示器亮度既与点亮时的导通电流大小有关，也与点亮时间和间隔时间的比例有关。调整电流和时间参数，可实现亮度较高较稳定的显示。这种方法的接口电路中数码管也不宜太多，一般在 8 个以内，否则每个数码管所分配到的实际导通时间会太少，导致显示亮度不足。若数码管位数较多时应采用增加驱动能力的措施，从而提高显示亮度。

动态显示器的优点是节省硬件资源,成本较低。但在系统运行过程中,要保证显示器正常显示,单片机必须每隔一段时间执行一次显示子程序,占用单片机大量时间,降低了单片机的工作效率,同时显示亮度较静态显示器低,因此动态显示的实质是以牺牲单片机时间来换取器件的减少。

3. LED 显示接口典型应用电路

(1) LED 静态显示接口电路

图 7-17、图 7-18 为 LED 数码管静态显示与单片机的两种接口电路,数码管为共阳极,其公共端都接高电平。考虑到如果采用并行 I/O 接口占用 I/O 资源较多,因此静态显示器接口中常采用图 7-18 所示的串行接口扩展并行接口的方式,将串行接口设置为方式 0 输出方式,外接 74LS164 移位寄存器构成显示器静态接口电路。

【例 7-5】 按照图 7-18 所示的接口电路,试用汇编语言编写程序显示数字 0、1、2、3。

分析:作为 AT89S51 串行接口方式 0 输出的应用,可以在串行接口上扩展多片串行输入并行输出的移位寄存器芯片 74LS164 作为静态显示器接口。

在编写显示程序前,首先在相应的内部 RAM 中建立一个字段码表 TAB,在表中依次存入所显示的字段码。然后在片内 RAM 中设置一个显示缓冲区(假设图中有 4 个数码管,显示缓冲区为 60H~63H),显示缓冲区中各单元分别对应各个位的数码管,当需要执行显示程序或要更新显示内容时,必须先向显示缓冲区中写入要显示的内容,再调用显示子程序。

```
DIS:   SETB  P3.3
       MOV   R7,#04H        ;循环次数为 4 次
       MOV   R0,#63H        ;先送最后一个显示字符
DIS4:  MOV   A,@R0          ;取显示的数据
       MOV   DPTR,#TAB      ;指向字段码表首地址
       MOVC  A,@A+DPTR      ;取字形码
       MOV   SBUF,A         ;送出显示
LOOP:  JNB   TI,LOOP        ;查询输出完否?
       CLR   TI
       DEC   R0
       DJNZ  R7,DIS4
       CLR   P3.3
TAB:   DB    C0H,F9H,A4H,B0H ;数字 0,1,2,3 段码
       RET
```

(2) LED 动态显示接口电路

【例 7-6】 图 7-19 是 8 个 8 段数码管动态显示图。根据图 7-19 所示 LED 动态显示原理,画出完整的动态显示电路图。设片内 RAM 中 60H~67H 单元为

8个LED数码管的显示缓冲区,试用汇编语言编写出相应的软件译码动态显示程序。

分析:LED 数码管采用动态显示方式,用可编程 I/O 扩展芯片 8155 扩展并行 I/O 口接数码管,8 位数码管的段选线并接,经 8 位集成驱动芯片 BIC8718 与 8155 的 B 口相连,8 位数码管的公共端(即各数码管的位选线)经 BIC8718 分别与 8155 的 A 口相连。设定 8155 的 A 口和 B 口都工作于方式 0 输出,则命令/状态寄存器、A 口、B 口和 C 口的地址分别为 7F00H,7F01H,7F02H 和 7F03H。

完整的动态显示电路如图 7-20 所示。

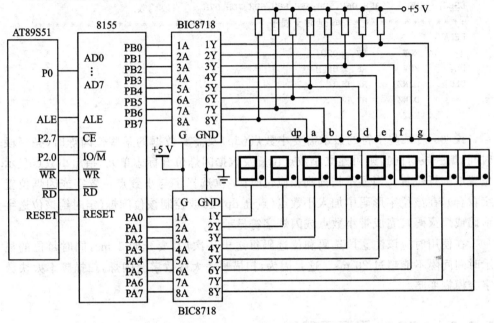

图 7-20 8 位 LED 动态显示电路

程序如下:

```
DISPLAY:
        MOV     A,#00000011B        ;8155 初始化
        MOV     DPTR,#7F00H         ;使 DPTR 指向 8155 控制寄存器端口
        MOVX    @DPTR,A             ;A 口、B 口工作在输出状态
        MOV     R0,#60H             ;动态显示初始化,使 R0 指向缓冲区首址
        MOV     R3,#7FH             ;首位位选字送 R3
        MOV     A,R3
LD0:    MOV     DPTR,#7F01H         ;使 DPTR 指向 PA 口
        MOVX    @DPTR,A             ;选通显示器低位(最右端一位)
        INC     DPTR                ;使 DPTR 指向 PB 口
        MOV     A,@R0               ;读显示数
        ADD     A,#07H              ;调整距段码表首的偏移量
        MOV     DPTR,#DSEG
        MOVC    A,@A+DPTR           ;查表取得段码
        MOV     DPTR,#7F02H
```

```
            MOVX    @DPTR,A              ;段选码从 PB 口输出
            ACALL   DELAY                ;调用 1 ms 延时子程序
            INC     R0                   ;指向缓冲区下一单元
            MOV     A,R3                 ;位选码送累加器 A
            JNB     ACC.0,LD1            ;判断 8 位是否显示完毕,显示完返回
            RR      A                    ;未显示完,把位选字变为下一位选字
            MOV     R3,A                 ;修改后的位选字送 R3
            AJMP    LD0                  ;循环实现按位序依次显示
    LD1:    RET
    DSEG:   DB      3FH,06H,5BH,4FH,66H,6DH,7DH,07H    ;段码表
    ;**************1 ms 延时子程序**************************
    DELAY:
            MOV     R7,#02H
    DL:     MOV     R6,#0FFH
    DL0:    DJNZ    R6,DL0
            DJNZ    R7,DL
            RET
```

说明:若某些字符的显示需要小数点(dp)及需要数据的某些位闪烁时(亮一段时间,熄一段时间),则可建立小数点位置及数据闪烁位置标志单元,指出小数点显示位置或闪烁位置。当显示扫描到相应位时(字位选择字与小数点位置字或闪烁位置字重合),在该位字形码中加入小数点(点亮 dp 段)或控制该位闪烁(定时给该位送字形码或熄灭码),完成带小数点或闪烁字符显示。

在使用时应该注意段选码和位选码每送出一次后,要延时 1 ms,同时每位的显示时间间隔不能超过 20 ms。这是因为,扫描频率太慢数字会闪烁,扫描频率太快数字会模糊变暗。

7.2.2 LED 大屏幕显示器

LED 大屏幕显示屏分为图文显示屏和视频显示屏,均由 LED 矩阵块组成。图文显示屏可与计算机同步显示汉字、英文和图形;图文显示屏的颜色,有单色、双色和多色几种,最常用的是单色图文屏。单色屏多使用红色、橘红色或橙色 LED 点阵单元。双色图文屏和多色图文屏,在 LED 点阵的每一个"点"上布置有两个或多个不同颜色的 LED 发光器件。换句话说,对应于每种颜色都有自己的显示矩阵。显示的时候,各颜色的显示点阵是分开控制的,事先设计好各种颜色的显示数据,显示时分别送到各自的显示点阵,即可实现预期效果。每一种颜色的控制方法和单色的完全相同。视频显示屏采用微机进行控制,图文、图像并茂,以实时、同步、清晰的信息传播方式播放各种信息,还可以显示动画、录像、电视以及现场实况。

LED 大屏幕显示屏具有亮度高、工作电压低、功耗小、小型化、寿命长、耐冲击和性能稳定等特点。LED 点阵显示屏的发展前景极为广阔,目前正朝着更高的亮度、更高的耐气候性、更高的发光密度、更高的发光均匀性,更高可靠性和全色化方向发展。

1. LED 点阵模块的基本结构

本节以单色 8×8 LED 点阵显示器为例,8×8 LED 点阵内部结构及外形如图 7-21 所示,8×8 LED 点阵共由 64 个发光二极管组成,且每个发光二极管是放置在行线和列线的交叉点上,8×8 LED 点阵模块的每一列均共享一根列线,每一行共享一根行线。当相应的列接低电平,行接高电平时,对应的发光二极管将被点亮。例如,要使点阵上编号为 Aa 二极管点亮,则行线 A 接高电平,列线 a 接低电平,其余以此类推。

LED 点阵模块按 LED 的极性排列方式,又可分为共阴极与共阳极两种类型。如图 7-21(a)所示,LED 点阵模块的每个引脚都是公共引脚,一般是分行共阴或是行共阳两种,每行的阳极连在一起就是行共阳,阴极连一起的就是行共阴。

显示屏的主要部分是显示点阵,如图 7-21(b)所示。不难看出,一个 LED 点阵显示模块是在整个显示单元的所有位置上都布置了相应的发光二极管(相当于像素点)构成共阳极或共阴极的显示块。可以显示一个字符(数字或汉字),还可以显示简单的图片。当然,还可以把这些点阵块拼接起来,构成更多的像素点显示不同的文字、图片、复杂的图像等。

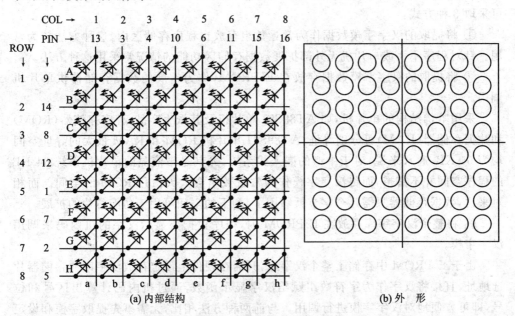

(a) 内部结构　　　　　　　　　　(b) 外　形

图 7-21　8×8 LED 点阵块内部结构和外形

2. 汉字的表示及编码原理

为了将汉字的字形显示输出,汉字信息处理系统还需要配有汉字字模库,也称字形库,简称字库。它集中了全部汉字的字形信息。

计算机用编码的方式来处理和使用字符,英文在计算机内是用一个 ASCII 码

（即一个字节）来表示，而中文汉字则由两个字节表示。只要通过某个汉字的内码就可得到该汉字的国标码，也就得到了该汉字的字模。

需要显示汉字时，根据汉字内码向字模库检索出该汉字的字形信息，然后输出，再从输出设备得到汉字。

所谓汉字字模就是用 0、1 表示汉字的字形，将汉字放入 N 行 $\times N$ 列的正方形内，该正方形共有 N^2 个小方格，每个小方格用一位二进制表示，凡是笔划经过的方格值为 1，未经过的值为 0。根据汉字的显示清晰度，按照模块每行或每列所含 LED 个数的不同，点阵字模有 16×16 点、24×24 点、32×32 点、48×48 点等几种，每个汉字字模分别需要 32、72、128、288 字节等存放数据，点数越多，输出的汉字越美观。根据汉字的不同字体，还可分为宋体字模、楷体字模、黑体字模等。

在软件设计中常选用 UCDOS 5.0 汉字系统中的 16×16 点阵字库 HZK16 作为提取汉字字模的标准字库。具体的汉字字模提取程序可以用 QB、VB 或 VC 等编写，这里不再叙述。

3. 汉字字模存储及提取方法

在单片机系统中对字模的存储，要根据单片机的 ROM 容量和其寻址空间情况，可采取 3 种方式：

① 将提取的汉字字模数据作为常量数组存放在程序存储区内，这种方法较为常用。针对程序不大或单片机无外部扩展数据存储区功能的情况常采用这种方法。

② 将提取的汉字字模数据存放在 E^2PROM，作为扩展的数据存储器供单片机调用。

采用哈佛结构的单片机，如 AT89S51 单片机及其派生产品，程序存储器（ROM）和数据存储器（RAM）可分别寻址，AT89S51 单片机 ROM 和 RAM 最大的寻址空间均为 64 KB，通常来说，对于中型的嵌入式系统，尤其是带液晶的单片机系统 64 KB 的程序空间并不富裕，而将汉字字模作为常量数组会大大占用 ROM 的空间。而相对来说，数据存储器只需几个字节就够用了，剩下的空间可用于功能芯片的扩展。

③ 将整个汉字字库存放在 E^2PROM 内，程序根据要显示汉字的机内码来调用汉字字模。

由于 E^2PROM 中存储了整个汉字库，只需在硬件上设定存放汉字库的存储器片选地址，直接将汉字作为字符数组赋给汉字显示函数，通过机内码计算出区号和位号，即可方便地对汉字字模进行调用。与前两种方法相比，无需事先提取字模和设定其地址用于程序调用，因此在进行程序升级，涉及到汉字显示时，不用更改汉字字模数据。

4. 8×8 LED 点阵与单片机的接口

LED 点阵显示的总体框图如图 7-22 所示，最重要的就是行、列驱动电路的正确选择。依据图 7-22 所示电路框图，可设计出 AT89S51 驱动单个 8×8 LED 点阵模块的电路,如图7-23所示。

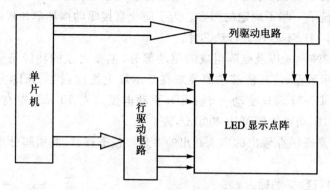

图7-22　LED点阵显示总体框图

图7-23中,LED点阵的列选通由单片机的P1口发出,通过串入并出的8位移位寄存器74HC595输出端送到显示屏的列上;紧接着再选通相应的行显示,LED点阵的行选通线由单片机P2口的P2.0～P2.2通过74LS244将数据缓冲后,再通过74LS138形成8条行选通信号,然后通过74LS00以及三极管驱动电路得到高电平有效的驱动信号。由于三极管的输出特性具有恒流的性质,所以可采用三极管驱动LED。

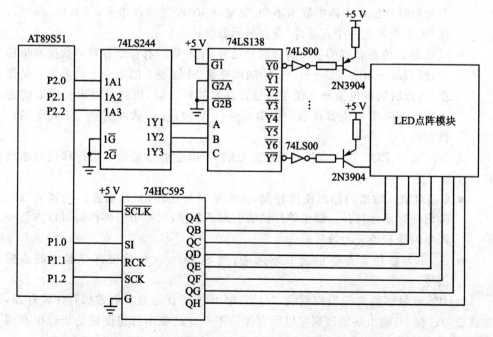

图7-23　AT89S51和单个8×8 LED点阵模块电路

为了隔离外界的干扰信号,使用了74LS244八位数据缓冲器。因为任何时候74HC595里面的数据是不确定的,只要显示屏稍有一点外界干扰就可能导致

74LS138 使能端 $\overline{G}$ 变低,导致 74LS138 输出不确定信号,接着 74LS00 输出高电平,这样显示屏会显示一些不确定的图案。为了防止直接驱动损坏单片机以及隔离外界干扰信号,使用 74LS138 作为行选芯片。

由三极管 2N3904 以及点阵组成的驱动部分,主要完成的功能是驱动从控制部分传来的要显示数据,使其能够按照要求在显示屏上按位点亮 LED,这样才能正确显示图案。若某一时刻只驱动一个 LED,驱动电流只需 20 mA 左右,但一行 8 个 LED 同时发光,驱动电流则可达 200 mA 左右。

74HC595 是带锁存输出的串入并出的 8 位移位寄存器,其引脚分布见图 7-24,其中:

- SI 是串行数据的输入端;
- QH' 是级联输出端,可以接下一个 74HC595 的 SI 引脚;
- QA~QH 是 8 位串行输入数据的并行输出端;
- VCC、GND 分别为电源和地;
- RCK 是输出锁存器的控制信号,上升沿时移位寄存器的数据锁存在输出锁存器中,下降沿时输出锁存器中数据不变,通常将 RCK 置为低电平,当移位结束后,在 RCK 端产生一个正脉冲,更新显示数据;
- SCK 是移位寄存器的移位时钟脉冲信号,上升沿时移位寄存器的数据发生移位,按 QA→QB→QC→…→QH 的顺序将 SI 端输入的下一个数据送入最低位,移位后的各位信号出现在移位寄存器的输出端,也就是输出锁存器的输入端。下降沿移位寄存器中数据不变,5 V 电压时,脉冲宽度大于几十纳秒就可以了。

由于 SCK 和 RCK 两个信号是互相独立的,所以能够做到输入串行移位与输出锁存互不干扰。

- $\overline{G}$ 是对输入数据的输出使能控制,高电平时禁止输出(高阻态),当其为低时输出锁存器才打开。如果单片机的引脚不紧张,用一个引脚控制可以方便地产生闪烁和熄灭的效果;
- $\overline{SCLR}$ 为移位寄存器的清 0 输入端,当 $\overline{SCLR}=0$ 将移位寄存器中的数据清零。

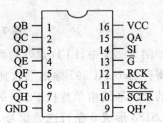

图 7-24 74HC595 引脚

74HC595 最多需要 5 根控制线,74HC595 的主要优点是具有数据存储寄存器,在移位的过程中,输出端的数据可以锁存保持不变。这在串行速度慢的场合很有用处,数码管没有闪烁感。

5. 软件设计

LED 点阵显示模块软件设计的方法有两种:水平方向扫描和竖直方向扫描。

第7章 AT89S51 单片机与输入/输出外部设备接口

① 水平方向（X 方向）扫描，即逐列扫描的方式（简称列扫描方式）。此时用一组 I/O 口输出列码决定哪一列能亮（相当于位码），用另一组 I/O 口输出行码（列数据），决定该行上哪个 LED 亮（相当于段码）。能亮的列从左到右扫描完 8 列（相当于位码循环移动 8 次）即显示出一帧完整的图像。

② 竖直方向（Y 方向）扫描，即逐行扫描方式（简称行扫描方式）：此时用一组 I/O 口输出决定哪一行能亮（相当于位码），另一组 I/O 口输出列码（行数据，行数据为将列数据的点阵旋转 90°的数据）决定该行上哪些 LED 灯亮（相当于段码）。能亮的行从上向下扫描完 8 行（相当于位码循环移位 8 次）即显示一帧完整的图像。

所谓"扫描"的含义就是指一行一行地循环接通整行的 LED 器件，而哪一列的 LED 器件是否应该点亮由列控制电路负责。全部各行都扫过一遍之后（一个扫描周期），又从第一行开始下一个周期的扫描。只要一个扫描周期的时间比人眼 1/25 s 的暂留时间短，也就是脉冲频率必须高于 25 Hz，就不容易感觉出闪烁现象。根据图 7-23 的硬件电路，本设计应用的是第二种扫描方法，即竖直方向（Y 方向）扫描。

【例题 7-7】 按照图 7-23 的电路设计，用竖直扫描的方式，编程实现单词"HELLO"从下向上的流水式显示，要求黑屏开始和结束显示。

```
            S_DATA      BIT     P1.0        ;串行数据输入端
            RCK         BIT     P1.1        ;输出锁存器的控制信号
            COL_SCK     BIT     P1.2        ;移位寄存器控制信号
            ORG         0000H
START:
            MOV         DPTR,#POINT_TAB     ;置表首地址
            ACALL       DIS_PIC
            SJMP        START
;************************DIS_PIC 子程序*************************
;***************功能：显示一帧图像的8个字节数据*****************
DIS_PIC:
            MOV         R1,#00H             ;置表地址偏移指针初值
            MOV         R2,#00H             ;置行扫描字初值为 0
            MOV         R4,#08H             ;置行扫描次数
P_NEXT_BIT:
            MOV         P2,R2               ;确定显示的是哪一行
            MOV         A,R1
            MOVC        A,@A+DPTR           ;取一个字节列数据
            ACALL       COL_SEND            ;发送列数据
            INC         R1                  ;指向一帧图像的下一行数据
            INC         R2                  ;指向屏幕的下一行
            ACALL       DELAY               ;维持点亮一行
            DJNZ        R4,P_NEXT_BIT       ;一帧 8 行数据是否扫描完
            RET
;************************COL_SEND 子程序***********************
;***************功能：发送要显示的一帧数据*********************
COL_SEND:
```

```
                MOV       R0,#08H            ;置列计数值
COL_NEXTBIT:
                RRC       A                  ;带进位循环移出数据最低位至进位位
                MOV       S_DATA,C           ;送一位列数据至列发送端口
                CLR       COL_SCK            ;列时钟线置低
                NOP
                SETB      COL_SCK            ;列时钟线置高,串行发送一位列数据
                DJNZ      R0,COL_NEXTBIT     ;一列数据发送完否
                CLR       RCK                ;拉低锁存器控制脉冲
                NOP
                SETB      RCK                ;拉高锁存器控制脉冲,产生一个正脉冲
                NOP
                CLR       RCK                ;再次拉低RCK,产生一个正脉冲
                RET
POINT_TAB:
                DB        00H,00H,00H,00H,00H,00H,00H,00H
                DB        00H,0AH,0AH,0EH,0AH,0AH,00H,00H     ;H
                DB        00H,0EH,08H,0EH,08H,0EH,00H,00H     ;E
                DB        00H,08H,08H,08H,08H,0EH,00H,00H     ;L
                DB        00H,08H,08H,08H,08H,0EH,00H,00H     ;L
                DB        00H,0AH,15H,11H,0AH,04H,00H,00H     ;O
                DB        00H,00H,00H,00H,00H,00H,00H,00H
                END
```

DPTR 是帧扫描子程序外置数据表地址的基址,R1 为地址偏移量,初值为 0,以两者之和对数据寻址。在子程序的循环中 R1 从 0 逐渐增加,取出第一个显示图像的全部 8 个字节,并与行开关配合依次逐行显示,完成一帧扫描操作。

DPTR 在每次循环后加 1,使得它所指向的数据表地址后移。此后调用帧扫描子程序时,每帧显示的字符地址将向后移动。例如,第二次调用帧扫描子程序,DPTR 的值为表首地址加 1,此时当 R1 再从 0 增加到 7 时,取出的是第一个显示图像的后 7 个字节和第二个显示图像的第 1 个字节,并与行开关配合依次逐行显示,完成一帧扫描操作。此时看到的显示效果为第一个显示图像向上移动了一行,原第一行从上端移出了屏幕,而第二个显示图像的第一行从下端进入了屏幕。随着 DPTR 在每次循环后一次次加 1,每帧显示都将当前显示图像的一行从上端移出,将后续显示字符的一行从下端移入,形成了所有设置字符的流水显示。为了保证最后一个图像也能移动显示,DPTR 又要能指向最后一个显示图像的最后一个编码字节。因此将数据表最后一行用全 0 数据,结果以黑屏显示效果结束全部图像的移动显示。

说明:

① 汉字的保持问题。在显示汉字的设计中,汉字的显示必须保持一定的时间。保持汉字主要有两个侧重点,一个是保证汉字中的某一列保持时间,另一个是保证整个汉字的保持时间。两者必须相互匹配起来,前者时间过短,肉眼看上去会给人一种屏幕全亮的感觉。

② 汉字的消失时间。字与字之间的切换需要一定的时间。这段时间的显示对于汉字滚动速度来说是非常重要的。时间过短,会给人一种汉字跳跃的感觉;时间过长,会让人感觉枯燥无味。因此,必须选择适当的汉字消失时间。

实际的显示器可能复杂得多,要考虑很多问题,如 LED 显示器的扩展,采用多少路复用为好,选择什么样的驱动器,当显示像素很多时是否要采用 DMA 传输等。但不论 LED 大屏幕显示器的实际电路如何复杂,其显示原理是相同的,即用动态扫描显示。

7.3　AT89S51 单片机与 LCD 显示器接口

液晶显示器以其功耗低、体积小、外形美观、价格低廉等多种优势在仪器仪表产品中得到越来越多的应用。与 LED 相比,它虽然存在驱动电路逻辑比较复杂,与单片机接口复杂等缺点,但是,随着近年来大规模集成电路的迅速发展,这些缺点已经克服。目前,液晶显示器已经进入成熟阶段并被大量应用于便携式仪表等系统中。

7.3.1　LCD 显示器的分类

液晶(liquid crystal)是一种介于固态和液态之间的物质,具有特殊的物理特性和化学特性,采用液晶制造的显示器被称为液晶显示器(LCD,Liquid Crystal Display)。目前市场上液晶显示器种类繁多,按排列形状可分为字段型、点阵字符型和点阵图形型。

① 字段型:以长条状组成字符显示。主要用于数字显示,也可用于显示西文字母或某些字符,已广泛用于电子表、计算器、数字仪表中。

② 点阵字符型:专门用于显示字母、数字、符号等。它由若干 5×7 或 5×10 的点阵组成,每一点阵显示一字符。广泛应用在各类单片机应用系统中。

③ 点阵图形型:它是在平板上排列多行或多列,形成矩阵式的晶格点,点的大小可根据显示的清晰度来设计。广泛应用于图形显示,如用于笔记本、彩色电视和游戏机等。

7.3.2　典型液晶显示模块介绍

单片机应用中,常常用到点阵型 LCD 显示器。LCD 显示器要有相应的 LCD 控制器、驱动器来对 LCD 显示器进行扫描、驱动,还要 RAM 和 ROM 来存储单片机写入的命令和显示字符的点阵。为了使用方便,制造商已将液晶显示器件、连接件、集成电路、线路板、背光源和结构件装配在一起,称为"液晶显示模块"(LCM,LCD

Module)。只需购买现成的液晶显示模块即可。

常用的 LCM 分为数字显示液晶模块、点阵字符显示液晶模块和点阵图形显示液晶模块。汉字不能像西文字符那样用字符模块显示,要想显示汉字必须用图形模块。单片机控制 LCM 时,只要向 LCM 送入相应的命令和数据就可显示需要的内容。

市场上的 LCM 种类很多,但是接口和工作原理都相同或相似,下面介绍常见的点阵字符型液晶显示模块 LCM1602(两行,每行 16 个字符)。

1. 基本结构与特性

(1) 液晶显示板

在液晶显示板上排列着若干 5×7 或 5×10 点阵的字符显示位,从规格上分为每行 8、16、20、24、32、40 位,有 1 行、2 行及 4 行等,可根据需要,选择购买。

(2) 模块电路框图

图 7-25 所示为字符型 LCD 模块的电路框图,它由日立公司生产的控制器 HD44780、驱动器 HD44100 及几个电阻和电容组成。HD44100 是扩展显示字符位用的(例如,16 字符×1 行模块就可不用 HD44100,16 字符×2 行模块就要用一片 HD44100)。

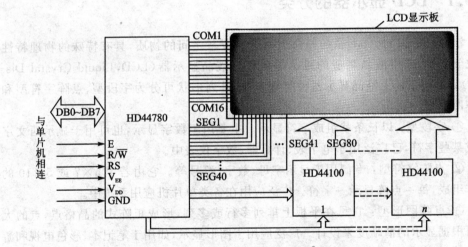

图 7-25 字符型 LCD 模块的电路框图

(3) 1602 字符型 LCM 的特性

① 内部具有字符发生器 ROM(CGROM),即字符库。可显示 192 个 5×7 点阵字符,如图 7-26 所示。由该字符库可看出 LCM 显示的数字和字母部分的代码值,恰好与 ASCII 码表中的数字和字母相同。所以在显示数字和字母时,只需向 LCM 送入对应的 ASCII 码即可。

② 模块内有 64 B 的自定义字符 RAM(CGRAM),用户可自行定义 8 个 5×7 点阵字符。

③ 模块内有 80 B 的数据显示存储器(DDRAM)。

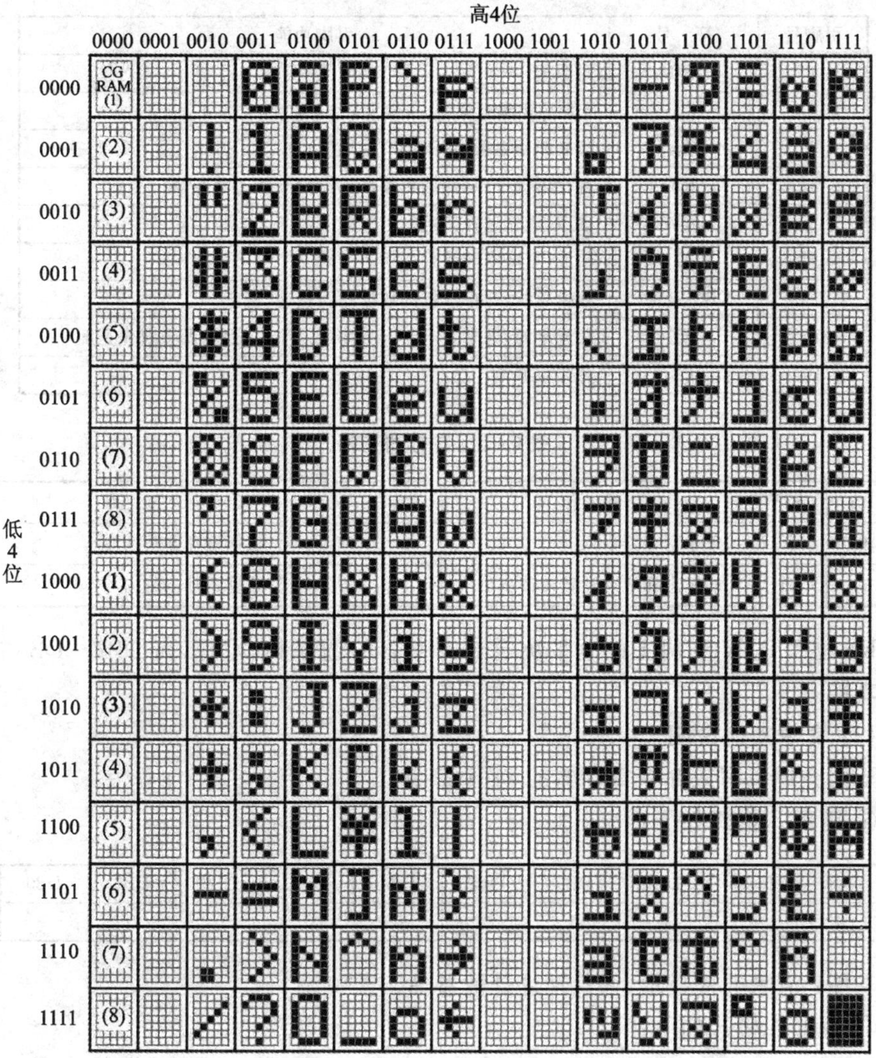

图 7-26 ROM 字符库的内容

2. LCM 的引脚

一般 LCM 有 16 个引脚,也有少数的 LCM 为 14 个引脚,其中包括 8 条数据线、3 条控制线和 3 条电源线,如表 7-2 所列。通过单片机写入模块的命令和数据,就可对显示方式和显示内容做出选择。

3. 命令格式及功能说明

(1) 内部寄存器

控制器 HD44780 内有多个寄存器,寄存器的选择如表 7-3 所列。

表 7-2 液晶显示模块部分引脚

引脚号	符号	引脚功能
1	GND	电源地
2	V_{DD}	+5 V 逻辑电源
3	V_{SS}	液晶驱动电源(用于调节对比度)
4	RS	寄存器选择(1:数据寄存器,0:命令/状态寄存器)
5	R/$\overline{W}$	读/写操作选择(1:读,0:写)
6	E	使能(下降沿触发)
7~14	DB0~DB7	数据总线,与单片机的数据总线相连,三态
15	E1	背光电源,通常为+5 V,并串联一个电位器;调节背光亮度
16	E2	背光电源地

表 7-3 寄存器选择

RS	R/$\overline{W}$	操作	RS	R/$\overline{W}$	操作
0	0	命令寄存器写入	1	0	数据寄存器写入
0	1	忙标志和地址计数器读出	1	1	数据寄存器读出

RS 位和 R/$\overline{W}$ 引脚上的电平决定对寄存器的选择和读/写,而 DB7~DB0 决定命令功能。

(2) 命令功能说明

下面介绍可写入命令寄存器的 11 个命令。

① 清屏。格式如下:

RS	R/$\overline{W}$	DB7	DB6	DB5	DB4	DB3	DB2	DB1	DB0
0	0	0	0	0	0	0	0	0	1

功能:清除屏幕显示,并给地址计数器 AC 置"0"。

② 返回。格式如下:

RS	R/$\overline{W}$	DB7	DB6	DB5	DB4	DB3	DB2	DB1	DB0
0	0	0	0	0	0	0	0	1	×

功能:置 DDRAM(显示数据 RAM)及显示 RAM 的地址为"0",显示返回到原始位置。

③ 输入方式设置。格式如下:

RS	R/$\overline{W}$	DB7	DB6	DB5	DB4	DB3	DB2	DB1	DB0
0	0	0	0	0	0	0	1	I/D	S

功能:设置光标的移动方向,并指定整体显示是否移动。其中,I/D=1,为增量

方式;I/D=0,为减量方式;如 S=1,表示移位;如 S=0,表示不移位。

④ 显示开关控制。格式如下:

RS	R/$\overline{W}$	DB7	DB6	DB5	DB4	DB3	DB2	DB1	DB0
0	0	0	0	0	0	1	D	C	B

功能:

D 位(DB2)控制整体显示的开与关,D=1,开显示;D=0,关显示。

C 位(DB1)控制光标的开与关,C=1,光标开;C=0,光标关。

B 位(DB0)控制光标处字符闪烁,B=1,字符闪烁;B=0,字符不闪烁。

⑤ 光标移位。格式如下:

RS	R/$\overline{W}$	DB7	DB6	DB5	DB4	DB3	DB2	DB1	DB0
0	0	0	0	0	1	S/C	R/L	×	×

功能:移动光标或整体显示,DDRAM 中内容不变。其中

S/C=1 时,显示移位;S/C=0 时,光标移位。

R/L=1 时,向右移位,R/L=0 时,向左移位。

⑥ 功能设置。命令格式如下:

RS	R/$\overline{W}$	DB7	DB6	DB5	DB4	DB3	DB2	DB1	DB0
0	0	0	0	1	DL	N	F	×	×

功能:

DL 位设置接口数据位数,DL=1 为 8 位数据接口;DL=0 为 4 位数据接口。

N 位设置显示行数,N=0 单行显示;N=1 双行显示。

F 位设置字型大小,F=1 为 5×10 点阵,F=0 为 5×7 点阵。

⑦ CGRAM(自定义字符 RAM)地址设置。格式如下:

RS	R/$\overline{W}$	DB7	DB6	DB5	DB4	DB3	DB2	DB1	DB0
0	0	0	1	A	A	A	A	A	A

功能:设置 CGRAM 的地址,地址范围为 0~63。

⑧ DDRAM(数据显示存储器)地址设置。格式如下:

RS	R/$\overline{W}$	DB7	DB6	DB5	DB4	DB3	DB2	DB1	DB0
0	0	1	A	A	A	A	A	A	A

功能:设置 DDRAM 的地址,地址范围为 0~127。

⑨ 读忙标志 BF 及地址计数器。格式如下:

RS	R/$\overline{W}$	DB7	DB6	DB5	DB4	DB3	DB2	DB1	DB0
0	1	BF				AC			

功能：

BF 位为忙标志。BF=1,表示忙,此时 LCM 不能接收命令和数据；BF=0,表示 LCM 不忙,可接收命令和数据。

AC 位为地址计数器的值,范围为 0~127。

⑩ 向 CGRAM/DDRAM 写数据。格式如下：

RS	R/$\overline{W}$	DB7	DB6	DB5	DB4	DB3	DB2	DB1	DB0
1	0	DATA							

功能：将数据写入 CGRAM 或 DDRAM 中,应与 CGRAM 或 DDRAM 地址设置命令结合使用。

⑪ 从 CGRAM/DDRAM 中读数据。格式如下：

RS	R/$\overline{W}$	DB7	DB6	DB5	DB4	DB3	DB2	DB1	DB0
1	1	DATA							

功能：从 CGRAM 或 DDRAM 中读出数据,应与 CGRAM 或 DDRAM 地址设置命令结合使用。

(3) 有关说明

① 显示位与 DDRAM 地址的对应关系,如表 7-4 所列。

表 7-4 显示位与 DDRAM 地址的对应关系

显示位		1	2	3	4	5	6	7	8	9	…	39	40
DDRAM 地址(H)	第一行	00	01	02	03	04	05	06	07	08	…	26	27
	第二行	40	41	42	43	44	45	46	47	48	…	66	67

② 标准字符库。图 7-26 所示为字符库的内容、字符码和字型的对应关系。

③ 字符码(DDRAM DATA)、CGRAM 地址与自定义点阵数据(CGRAM 数据)之间的关系,如表 7-5 所列。

表 7-5 字符"¥"的点阵数据

DDRAM 数据	CGRAM 地址	CGRAM 数据(字符"¥"的点阵数据)
7 6 5 4 3 2 1 0	5 4 3 2 1 0	7 6 5 4 3 2 1 0
0 0 0 0 × a a a	0 0 0	× × × 1 0 0 0 1
	0 0 1	× × × 0 1 0 1 0
	0 1 0	× × × 1 1 1 1 1
	0 1 1	× × × 0 0 1 0 0
	1 0 0	× × × 1 1 1 1 1
	1 0 1	× × × 0 0 1 0 0
	1 1 0	× × × 0 0 1 0 0
	1 1 1	× × × 0 0 0 0 0

7.3.3 AT89S51 单片机与 LCD 的接口及软件编程

1. AT89S51 单片机与 LCD 模块的接口

AT89S51 单片机与 LCD 模块的接口如图 7-27 所示。数据端 DB0~DB7 直接与单片机的 P0 口相连,寄存器选择端 RS 信号由 P2.6 输出高低电平来控制,读/写选择端 R/$\overline{\text{W}}$ 信号由 $\overline{\text{WR}}$ 信号控制,使能端 E 信号则由单片机的 $\overline{\text{RD}}$ 和 $\overline{\text{WR}}$ 逻辑非后产生的信号与 P2.7 共同选通控制,以实现 LCD 模块所需的接口时序。当 P2.7 为高电平时,$\overline{\text{RD}}$ 和 $\overline{\text{WR}}$ 控制信号的配合可保证使能端 E 选通。当 E 选通时,由 $\overline{\text{WR}}$ 和 P2.6 信号配合与 P0 口进行数据传输,实现对字符型 LCD 显示模块的每一次访问。

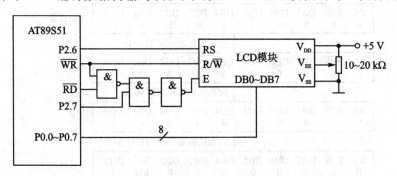

图 7-27 AT89S51 单片机与 LCD 模块的接口电路

2. 软件编程

(1) 初始化

先对 LCD 模块进行初始化,否则模块无法正常显示。两种初始化方法。

① 利用模块内部的复位电路进行初始化。LCM 有内部复位电路,能进行上电复位。复位期间 BF=1,在电源电压 V_{DD} 达 4.5 V 以后,此状态可维持 10 ms,复位时执行下列命令:

- 清除显示。
- 功能设置,DL=1 为 8 位数据长度接口;N=0 单行显示;F=0 为 5×7 点阵字符。
- 开/关设置,D=0 关显示;C=0 关光标;B=0 关闪烁功能。
- 进入方式设置,I/D=1 地址采用递增方式;S=0 关显示移位功能。

② 软件初始化。流程如图 7-28 所示。

(2) 显示程序编写

【例 7-8】 编写程序在 LCD 第一行显示"CS&S",第二行显示"92"。

假定对 LCM 已按图 7-27 所示完成初始化。

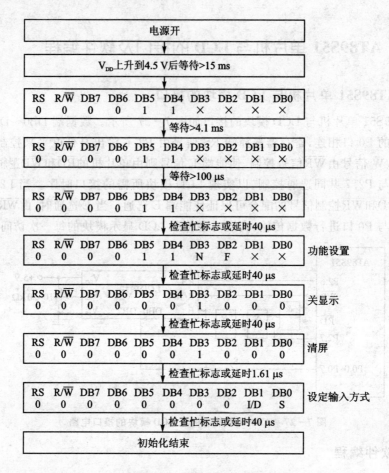

图 7-28 软件初始化流程

程序如下：

```
START:  MOV   DPTR,#8000H      ;命令口地址送 DPTR
        MOV   A,#01H           ;清屏并置 AC 为 0
        MOVX  @DPTR,A          ;输出命令
        ACALL F_BUSY           ;等待直至 LCM 不忙
        MOV   A,#30H           ;功能设置,8 位接口,
                               ;2 行显示,5×7 点阵
        MOVX  @DPTR,A
        ACALL F_BUSY
        MOV   A,#0EH           ;开显示及光标,不闪烁
        MOVX  @DPTR,A
        ACALL F_BUSY
        MOV   A,#06H           ;内容显示,AC 为增量
        MOVX  @DPTR,A
        ACALL F_BUSY
        MOV   DPTR,#0C000H     ;数据口地址送 DPTR
        MOV   A,#43H           ;C 的 ASCII 码为 43H
```

```
        MOVX    @DPTR,A              ;第一行第一位显示 C
        ACALL   F_BUSY
        MOV     A,#53H               ;S 的 ASCII 码为 53H
        MOVX    @DPTR,A              ;显示 CS
        ACALL   F_BUSY
        MOV     A,#26H               ;& 的 ASCII 码为 26H
        MOVX    @DPTR,A              ;显示 CS&
        ACALL   F_BUSY
        MOV     A,#53H
        MOVX    @DPTR,A              ;显示 CS&S
        ACALL   F_BUSY
        MOV     DPTR,#8000H          ;指向命令口
        MOV     A,#0C0H              ;置 DDRAM 地址为 40H
        MOVX    @DPTR,A              ;第二行首显示光标
        ACALL   F_BUSY
        MOV     DPTR,#C000H          ;指向数据口
        MOV     A,#39H               ;9 的 ASCII 码为 39H
        MOVX    @DPTR,A              ;显示 9
        ACALL   F_BUSY
        MOV     A,#32H               ;2 的 ASCII 码为 32H
        MOVX    @DPTR,A              ;显示 92
        ……
```

由于 LCD 是一慢速显示器件,所以在执行每条指令之前一定要确认 LCM 的忙标志为 0,即非忙状态,否则该命令将失效。上面程序判定"忙"标志的子程序 F_BUSY 如下:

```
F_BUSY: PUSH    DPH                  ;保护现场
        PUSH    DPL
        PUSH    PSW
        PUSH    Acc
LOOP:   MOV     DPTR,#8000H
        MOVX    A,@DPTR
        JB      Acc.7,LOOP           ;忙,继续等待
        POP     Acc                  ;不忙,恢复现场返回
        POP     PSW
        POP     DPL
        POP     DPH
        RET
```

前面介绍的 1602 字符型 LCM,一般只能显示数字和字符,要想显示汉字必须用图形显示液晶模块。在图形显示液晶模块上汉字用点阵来显示,二进制为 0 的对应的点暗,二进制为 1 的对应的点亮。

图形显示 LCM 的字模存储和提取汉字字模的方法与 LED 点阵模块一样,在提取字模时要特别注意所用的 LCM 是横向取模还是纵向取模,因为这两种取模方式得到的数据是不一样的。

图形显示液晶模块既可以显示字符,又可以显示汉字和图形,应用较为广泛。例

如 LCM12864 是一种常用的点阵图形显示液晶模块,LCM12864 主要由液晶屏阵列驱动电路 KS0108A、点阵式显示控制器 KS0107B、LCD 显示器和 LED 背光灯等 4 部分组成,由此构成完整的显示系统模块。可完成图形显示,也可显示 8×4 个(16×16)点阵汉字。具体内容以及与单片机的接口技术在此不作赘述。

7.4 键盘与显示器综合使用

在单片机应用系统中,键盘和显示器往往需同时使用,下面介绍几种实用的键盘、显示电路。

7.4.1 利用串行接口实现的键盘/显示器接口

当 AT89S51 单片机的串行接口未做它用时,可使用 AT89S51 串行接口的方式 0 输出,构成键盘/显示器接口,如图 7-29 所示。

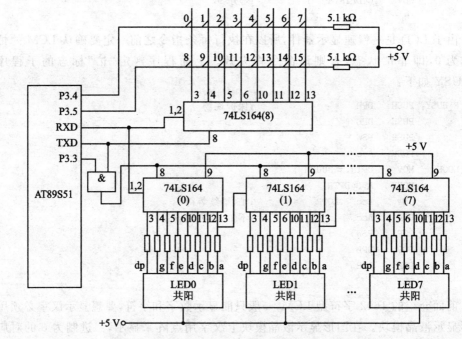

图 7-29 用 AT89S51 串行接口扩展键盘/显示器

8 个 74LS164:74LS164(0)~74LS164(7)作为 8 位 LED 数码管的段码输出口,AT89S51 的 P3.4、P3.5 作为两行键的行状态输入线,P3.3 作为 TXD 引脚同步移位脉冲输出控制线,P3.3=0 时,与门封死,禁止同步移位脉冲输出。这种方案主程序可不必扫描显示器,软件设计简单,使单片机有更多的时间处理其他事务。

第7章 AT89S51 单片机与输入/输出外部设备接口

下面列出显示子程序和键盘扫描子程序。

显示子程序：

```
DIR:     SETB    P3.3              ;P3.3=1,允许TXD引脚同步移位脉冲输出
         MOV     R7,#08H           ;送出的段码个数
         MOV     R0,#7FH           ;7FH~78H为显示数据缓冲区
DL0:     MOV     A,@R0             ;取出要显示的数送A
         ADD     A,#0DH            ;加上偏移量
         MOVC    A,@A+PC           ;查段码表SEGTAB,取出段码
         MOV     SBUF,A            ;将段码送串行口的SBUF
DL1:     JNB     TI,DL1            ;查询1个字节的段码输出完否?
         CLR     TI                ;1字节的段码输出完,清TI标志
         DEC     R0                ;指向下一个显示数据单元
         DJNZ    R7,DL0            ;段码个数计数器R7是否为0,如不为0,继续
                                   ;送段码
         CLR     P3.3              ;8个段码输出完毕,关闭显示器输出
         RET                       ;返回
SEGTAB:  DB      0C0H,0F9H,0A4H,0B0H,99H  ;共阳极段码表
         DB      92H,82H,0F8H,90H;
         DB      88H,83H,0C6H,0A1H,86H;
         DB      8FH,0BFH,8CH,0FFH,0FFH;
```

键盘扫描子程序：

```
KEYI:    MOV     A,#00H            ;判断有无键按下,使所有列线为0
         MOV     SBUF,A            ;扫描键盘的8号74LS164输出为00H,使所有列
                                   ;线为0
KL0:     JNB     TI,KL0            ;串行输出完否?
         CLR     TI                ;串行输出完毕,清TI
KL1:     JNB     P3.4,PK1          ;第1行有闭合键吗? 如有,跳PK1进行处理
         JB      P3.5,KL1          ;在第2行键中有闭合键吗? 无闭合键跳KL1
PK1:     ACALL   DL10              ;调用延时10ms子程序,软件消抖动
         JNB     P3.4,PK2          ;判断是否由抖动引起?
         JB      P3.5,KL1
PK2:     MOV     R7,#08H           ;不是抖动引起的
         MOV     R6,#0FEH          ;判别是哪一个键按下,FEH使最左1列为低
         MOV     R3,#00H           ;R3为列号寄存器
         MOV     A,R6
KL5:     MOV     SBUF,A            ;列扫描,列扫描码从串行口输出
KL2:     JNB     TI,KL2            ;等待串行口发送完
         CLR     TI                ;串行口发送完毕,清TI标志
         JNB     P3.4,PKONE        ;读第1行线状态,第1行有键闭合,跳PKONE
         JB      P3.5,NEXT         ;读第2行状态,第2行某键按下否?
         MOV     R4,#08H           ;2行中有键被按下,行首键号08H送R4
         AJMP    PK3
PKONE:   MOV     R4,#00H           ;1行键中有键按下,行首键号00H送R4
PK3:     MOV     SBUF,#00H         ;等待键释放,发送00H使所有列线为低
KL3:     JNB     TI,KL3            ;判1个字节是否发送完毕
         CLR     TI                ;发送完毕,清标志
```

```
KL4:    JNB     P3.4,KL4            ;判行线状态
        JNB     P3.5
        MOV     A,R4                ;两行线均为高,说明键已释放
        ADD     A,R3                ;计算得键码→A
        RET
NEXT:   MOV     A,R6                ;列扫描码左移一位,判断下一列键
        RL      A
        MOV     R6,A                ;记住列扫描码于 R6 中
        INC     R3                  ;列号增 1
        DJNZ    R7,KL5              ;列计数器 R7 减 1,8 列键都检查完否?
        AJMP    KEYI                ;8 列扫描完,开始下一个键盘扫描周期
DL10:   MOV     R7,#0AH             ;延时 10 ms 子程序
DL:     MOV     R6,#0FFH
DL6:    DJNZ    R6,DL6
        DJNZ    R7,DL
        RET
```

本例中,如只需 LED 数码管显示部分,可把键盘部分的电路去掉即可;如只需键盘,可把 LED 数码管部分的电路去掉。

7.4.2 利用 8255A 和 8155 扩展实现的键盘/显示器接口

在单片机应用系统中,键盘和显示器往往需同时使用,为节省 I/O 口线,可将键盘和显示电路做在一起,构成实用的键盘、显示电路。

1. 利用 8255A 扩展实现的键盘/显示器接口

图 7-30 为 8031 经 8255A 与 8×2 键盘、6 位显示器的接口逻辑电路。因 8255A 的 $\overline{CS}$ 与 4-16 译码器的 $\overline{Y}_{15}$ 相连,A0 与 P0.0 相接,A1 与 P0.1 相接,所以可选 FFFFH 为 8255A 控制字地址,FFFCH 为 A 口地址,FFFDH 为 B 口地址,FFFEH 为 C 口地址。8255A 的 PB 口为输出口,控制显示器字形;PA 口为输出口,控制键扫描作为键扫描口,同时又作为 6 位显示器的位扫描输出口;8255A 的 C 口作为输入口,PC0~PC1 读入键盘数,称为键输入口。

下面介绍键输入程序。键输入程序应具有以下 4 个方面的功能:

① 判断键盘上有无键闭合。方法为扫描口 PA0~PA7 首先输出全"0",然后读 PC 口的状态,若 PC0~PC3 为全"1"(键盘上行线全为高电),则键盘上没有闭合键,若 PC0~PC3 不为全"1"则有键处于闭合状态。

② 去除键的机械抖动。方法为判别到键盘上有键闭合后,经一段时间延时后再次判别键盘的状态,若仍有键闭合,则认为键盘上有一个键处于稳定的闭合期,否则认为是键的抖动。

③ 判别闭合键的键号。方法为对键盘的列线进行扫描。扫描口 PA0~PA7 的输出顺序、PC 口的输入状态与按下键号的关系如表 7-6 所列。

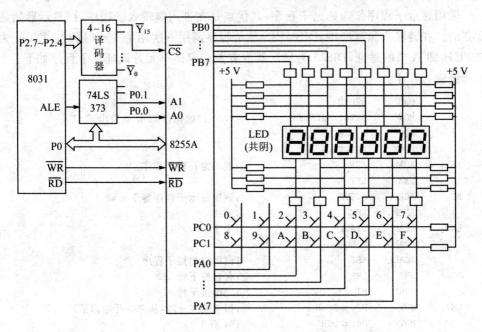

图 7-30 8031 通过 8255A 与键盘、显示器接口电路

表 7-6 扫描口 PA 输出顺序、PC 口的输入状态与按下键号的关系表

PA 口输出								PC 口输入	
PA7	PA6	PA5	PA4	PA3	PA2	PA1	PA0	PC0=0 PC1=1	PC0=1 PC1=0
1	1	1	1	1	1	1	0	0 键	8 键
1	1	1	1	1	1	0	1	1 键	9 键
1	1	1	1	1	0	1	1	2 键	A 键
⋮	⋮	⋮	⋮	⋮	⋮	⋮	⋮	⋮	⋮
1	0	1	1	1	1	1	1	6 键	E 键
0	1	1	1	1	1	1	1	7 键	F 键

扫描口 PA 按表 7-6 所列的输出顺序分别扫描各列线，并按相应的顺序读 PC 口的状态，若 PC0～PC1 为全"1"，则列线为 0 的这一列上没有键闭合，否则这一列上有键闭合，闭合键的键号为低电平的列号加上为低电平的行的首键号。例如，PA 口输出为 11111101 时，读出 PC0～PC3 为 1101，即 PA1 和 PC1 均为"0"，表示 1 行 1 列相交的键处于闭合状态。第 1 行的首键号为 8，列号为 1，闭合键的键号为

$$N = 行首键号 + 列号 = 8 + 1 = 9$$

④ 判断闭合的键是否释放。为了使 CPU 对键的一次闭合仅做一次处理。采用的方法为等待键释放以后再做处理。

采用显示子程序作为延迟子程序,其优点是在进入键输入子程序后,显示器始终是亮的。在键输入源程序中,DISUP 为显示程序调用一次用了 6 ms 延时。DIGL 为 FFFCH 即 A 口的地址,DISM 为显示器占有数据存储单元首地址。子程序如下。

键输入程序：

```
        ORG     8200H
        MOV     DPTR,#0FFFFH        ;8255 初始化,A 口出,B 口出,C 口入
        MOV     A,#81H
        MOVX    @DPTR,A
KEY:    ACALL   KS1                 ;调用键扫描子程序
        JNZ     LK1
NI:     ACALL   DISUP               ;调用显示子程序等于 6 ms
        AJMP    KEY                 ;返回
LK1:    ACALL   DISUP               ;等于 12 ms
        ACALL   DISUP
        ACALL   KS1                 ;调用键扫描子程序
        JNZ     LK2                 ;有键按下转 LK2
        AJMP    NI                  ;无键按下转 NI
LK2:    MOV     R2,#0FEH            ;扫描模式→R2(从 PA0 开始扫描)
        MOV     R4,#00H             ;R4 清 0
LK4:    MOV     DPTR,#DIGL          ;A 口逐列扫描
        MOV     A,R2
        MOVX    @DPTR,A
        INC     DPL                 ;取 C 口地址
        INC     DPL
        MOVX    A,@DPTR             ;读 C 口内容
        JB      ACC.0,LONE          ;转判 1 行
        MOV     A,#00H              ;0 行有键闭合,首键号 0→A
        AJMP    LKP                 ;转键处理
LONE:   JB      ACC.1,NEXT          ;转判下一行
        MOV     A,#08H              ;1 列有键闭合,首键号 08→A
LKP:    ADD     A,R4                ;键处理
        PUSH    ACC                 ;键号进栈保护
LK3:    ACALL   DISUP               ;判键释放否
        ACALL   KS1
        JNZ     LK3
        POP     ACC                 ;键号出栈
        RET
NEXT:   INC     R4                  ;列计数器加 1
        MOV     A,R2                ;判是否扫描到最后一列
        JNB     ACC.7,KND
        RL      A                   ;扫描模式左移一位
        MOV     R2,A
        AJMP    LK4
KND:    AJMP    KEY
KS1:    MOV     DPTR,#DIGL          ;全"0"→扫描口 A 口
```

```
          MOV    A,#00H
          MOVX   @DPTR,A
          INC    DPL
          INC    DPL
          MOVX   A,@DPTR          ;读键入状态
          CPL    A
          ANL    A,#03H           ;屏蔽高6位(取低2位)
          RET                     ;返回
```

显示程序:

```
          ORG    8300H
DISUP:    MOV    R0,#DISM         ;显示缓冲器首地址→R0
          MOV    R3,#0DFH         ;(从最高位开始显示)显示位初值→R3
          MOV    A,R3
DIS0:     MOV    DPTR,#DIGL       ;显示器位选输出口的地址→DPTR
          MOVX   @DPTR,A
          INC    DPL              ;DPL+1→DPL,显示口地址(B口地址)
          MOV    A,@R0
          ADD    A,#17H           ;显示内容→A
          MOVC   A,@A+PC          ;转换成七段码值
          MOVX   @DPTR,A          ;送PB口显示字形
          MOV    R7,#02H          ;延时

DL1:      MOV    R6,#0FFH
DL2:      DJNZ   R6,DL2
          DJNZ   R7,DL1
          INC    R0               ;缓冲器地址加1
          MOV    A,R3             ;判是否已显示到最低位,如果是则转DIS2
          JNB    ACC.0,DIS2
          RR     A                ;否,数位模式右移一位(DFH→EFH);
          MOV    R3,A
          AJMP   DIS0             ;转DIS0再显示
DIS2:     RET
DSEG:     DB     3FH,06H,5BH,4FH  ;七段码表
          DB     66H,6DH,7DH,07H
          DB     7FH,6FH,77H,7CH
          DB     39H,5EH,79H,71H
          DB     00H,09H,02H
```

注意: DISM 为显示缓冲存储器 DISM0～DISM5(存放被显示内容), DIGL 为显示器的位选输出口地址和键扫描输出口地址(PA口)。

2. 利用 8155 扩展实现的键盘/显示器接口

图 7-31 是用 8155 并行扩展 I/O 口构成的典型的键盘、显示接口电路。由图可知,LED 显示器采用共阴极数码管。8155 的 B 口用作数码管段码输出口;A 口用作数码管位码输出口,同时,它还用作键盘列选口;C 口用作键盘行扫描信号输入口。

当其选用 4 根口线时,可构成 4×8 键盘,选用 6 根口线时,可构成 6×8 键盘。LED 采用动态显示软件译码,键盘采用逐列扫描查询工作方式,LED 的驱动采用 74LS244 总线驱动器。

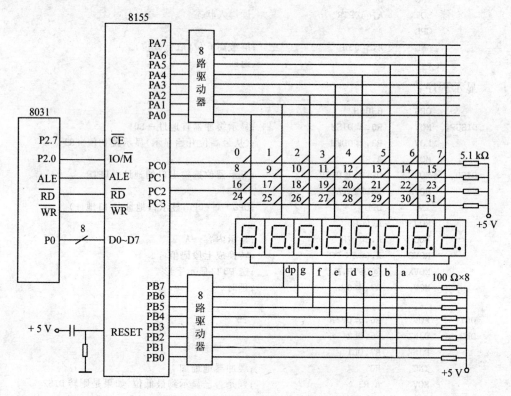

图 7-31　8155 构成的键盘、显示接口电路

由于键盘与显示共用一个接口电路,因此,在软件设计中应综合考虑键盘查询与动态显示,通常可将键盘扫描程序中的去抖动延时子程序用显示子程序代替。键盘、显示综合应用的编程方法,请读者自己完成程序。

在图 7-30、图 7-31 键盘与显示接口电路中,采用 8031 单片机,请自己思考 AT89S51 应如何连接?

键盘、显示器共用一个接口电路的设计方法除了上述方案外,还可采用专用的键盘、显示器接口芯片——8279,有关 8279 的内容,本节不作介绍,请读者参阅有关资料。

本章小结

按键按结构原理可分为触点式开关按键和无触点式开关按键。其中,机械式开

第7章 AT89S51单片机与输入/输出外部设备接口

关按键使用得最多。使用机械式按键时，应注意去抖动。多个按键组合在一起可构成键盘，键盘可分为独立式按键和矩阵式（也叫行列式）按键两种，AT89S51可方便地与这两种键盘接口。独立式键盘配置灵活，软件结构简单，但占用I/O口线多，不适合较多按键的键盘。矩阵式键盘占用I/O口线少，节省资源，软件相对复杂。矩阵式键盘一般采用扫描方式识别按键。键盘的扫描方式有三种，即编程扫描、定时扫描和中断扫描。

与单片机接口的常用显示器件分为LED和LCD两大类。LED显示器可分为LED状态显示器（发光二极管）、LED 7段、8段显示器（数码管）、LED 16段显示器和LED点阵显示器（大屏幕显示）。本章重点介绍了AT89S51单片机与LED 7段显示器的接口技术，包括单位LED静态显示、多位LED静态显示、多位LED动态显示等的原理与编程，并阐述了静态显示和动态显示各自不同的特点。将按键查询程序、按键扫描程序、按键处理程序、动态显示程序和定时器中断服务程序等结合起来，介绍大型程序的设计原则和调试技巧。

常见的LED点阵模块有5×7、7×9、8×8结构，前两种用于字符显示，后一种是构成LED大屏幕显示的基本单元。LED大屏幕显示方式分为静态显示和动态显示，一般使用动态显示。动态显示时，51系列单片机与LED大屏幕显示接口的信号有：时钟信号PCLK、待显示数据信号DATA、行控制信号HS和场控制信号VS。介绍了AT89S51与8×8 LED显示屏的接口原理和编程要点。

LCD显示可分为笔段型、字符型和点阵图形型。按控制方式还可分为含控制器式（内置式）和不含控制器式。内置式LCD把显示控制器、驱动器用厚膜电路做在显示模块印刷底板上，只需通过控制器接口外接数字信号或模拟信号即可；不含控制器的LCD还需另外选配相应的控制器和驱动器才能工作。LCD显示的驱动方式有静态驱动方式、动态驱动方式和双频驱动方式。

笔段型LCD分为6段、7段、8段、9段、14段和16段，其中，7段式最常用。常用字符型LCD显示模块有5×8、5×11点阵块，常用的驱动器为HD44100，常用的驱动控制器为HD44780U及其兼容产品。

字符型液晶显示模块的接口格式是统一的，不同厂家、不同品牌的产品都是通用的。单片机与字符型LCD显示模块的连接分为直接访问和间接访问方式，数据传输的形式分为8位和4位。

点阵图形的液晶显示一般都需与专用液晶显示控制器配套使用。各类液晶显示控制器的结构各异，指令系统也不同，但其控制过程基本相同。单片机与点阵图形型LCD显示模块的连接方法也分为直接访问和间接访问。

本章对笔段型和字符型的LCD显示器及51单片机的接口电路有较详细的描述，并讲述了编程要点。

思考与练习

1. 对于由机械式按键组成的键盘,应如何消除按键抖动?独立式按键和矩阵式按键分别具有什么特点?适用于什么场合?

2. 请叙述行列式键盘的工作原理。中断方式与查询方式的键盘,其硬件和软件有何不同?

3. 试用 AT89S51 的 P1 口做 8 个按键的独立式键盘接口,试画出其中断方式的接口电路及编制出相应的键盘处理程序。

4. 请用 AT89S51 的 P1 口设计一个 16 个键的键盘电路,并编写出相应的键盘程序。

5. 请叙述 LED 显示器的静态与动态显示原理。什么是 LED 显示器的字符码?

6. 要实现 LED 动态显示需不断调用动态显示程序,除采用子程序调用法外,还可采用其他什么方法?试比较其与子程序调用法的优劣。

7. LCD 与 LED 显示器在结构和驱动上有何不同?

8. 试用串行口扩展 4 个 LED 显示器电路,编程使数码管轮流显示 YOUR 和 GOOD,每隔 1 s 变换一次。

9. 试设计一个用 8155 与 32 个键盘连接的接口电路。并编写用 8155 定时器定时,每隔 2 s 读一次键盘,并将其读入的键值存入 8155 片内 RAM 40H 开始的单元中的程序。

第 8 章

51 单片机系统扩展技术

在单片机构成的实际测控系统中,仅靠单片机内部资源是不行的,单片机的最小系统也常常不能满足要求,因此,在单片机应用系统硬件设计中首先要解决系统扩展问题。本章主要讨论存储器和 I/O 口的扩展方法以及扩展电路。

8.1 51 单片机系统扩展概述

系统扩展是指当单片机内部的功能部件不能满足应用系统要求时,在片外连接相应的外围芯片以满足应用系统的要求。51 系列单片机有很强的外部扩展功能,大部分常规芯片都可作为单片机的外围扩充电路芯片。扩展的内容主要有总线扩展、程序存储器和数据存储器的扩展、I/O 口的扩展以及管理功能器件的扩展(如定时/计数器、键盘/显示器、中断优先编码器等)。

单片机系统扩展的方法有并行扩展法和串行扩展法两种。并行扩展法是指利用单片机的三总线(AB、DB、CB)进行的系统扩展;串行扩展法是利用 SPI 三线总线或 I^2C 双总线的串行系统扩展。

一般串行接口器件速度较慢,在需要高速应用的场合,还是并行扩展法占主导地位。串行扩展法已经在第 6 章介绍,本章介绍并行扩展法。

8.1.1 51 系列单片机的扩展规则及扩展方法

扩展 51 系列单片机的功能要遵守一定规则,常用线选法和地址译码法两种方法扩展。

1. 51 系列单片机的扩展规则

对 51 系列单片机进行扩展时,必须遵守以下规则:

① 51 系列单片机地址总线宽度为 16 位,外部程序存储器和数据存储器的寻址范围各为 64 KB,地址为 0000H~FFFFH。"地址/数据"分时复用的 CPU,在"地址/数据"总线后,必须接锁存器,将地址信号锁存,以便可靠寻址,这样也可以把地址

和数据分开。

② 程序存储器和数据存储器操作指令及控制信号不同,地址可以重叠使用。即对于AT89S51等51系列单片机,片外可扩展的程序存储器与数据存储器的最大容量均为64 KB。片内程序存储器和片外程序存储器的访问采用相同的操作指令时,对两者的选择靠控制线EA来实现。

③ 扩展的I/O口、A/D与D/A转换口以及定时/计数器均与数据存储器统一编址。外围I/O接口芯片不仅占用数据存储器地址单元,而且也使用了数据存储器的读/写控制信号与读/写指令。要扩展较多的I/O口时,可使用大量片外数据存储器地址。

④ 保证CPU三总线的带负载能力。CPU三总线的带负载能力有限,当扩展小容量存储器时,往往负载较小,CPU总线可以直接和存储器三总线相连;当扩展大容量存储器时,往往负载较大,一般需要在CPU总线和存储器之间加带有三态输出的总线缓冲器。特别是存储器多为MOS器件,其输入电阻很大,又有一定的输入电容,交流负载远大于直流负载,连接时应着重考虑交流负载能力。在CPU总线和存储器之间加总线缓冲器会增加系统中芯片的数目和电路板的面积,会造成成本的上升和功耗的上升,实际应用中,应充分考虑。

⑤ 正确连接CPU的三总线和存储器的三总线。即需要确定存储器地址总线与CPU地址总线的连接方式;需要确定存储器数据总线与CPU数据总线的连接方式;需要确定存储器控制线(读/写控制信号、片选信号、输出允许信号)与CPU相应控制线的连接方式。

⑥ CPU时序与存储器存取速度的匹配。存储器的读/写速度应与CPU要求的读/写速度相同或更快,否则必须降低CPU的时钟信号频率或更换速度更快的存储器。

2. 51系列单片机的扩展方法

在扩展存储器时,根据应用系统的需要,可能需要一片或多片存储器芯片。在单片机应用系统的扩展中,最重要的是确定存储器各引线与单片机三总线之间的连接方式,即确定存储器地址线与单片机地址总线的连接方式,存储器数据线与单片机数据总线的连接方式,存储器控制线(读/写控制信号、片选信号、输出允许信号)与单片机相应控制线的连接方式。

存储器的地址线数是与其容量相对应的,系统地址总线与存储器连接时,通常P2口高8位地址线会多出几位,这些剩余的高位地址线通常用来作为存储器芯片的片选信号线。

系统地址总线与存储器的连接方式有两种,即高位地址译码法和线选法。在高位地址译码中,又可分为全译码法和部分译码法两种。线选法和全地址译码两种方法较为常用。

(1) 线选法

所谓线选法,就是将各扩展芯片上的地址线均接到单片机系统的对应的地址总线上,且将剩余的高位地址线中的任意一位地址线直接(或经过反相器)加到外围芯片的片选端。

线选法的特点是:各扩展芯片均有独立片选控制线,连接简便,地址有可能冲突,且不连续,有存在地址重叠区和占据地址资源多的缺点。因此,这种方法不适用于扩展芯片较多且容量小的存储器,适用于扩展单片容量大的存储器。

(2) 译码法

所谓译码法就是使用地址译码器对系统余下的片外高位地址进行译码,以其译码输出作为存储器芯片的片选信号。译码法又分为完全译码和部分译码两种。

① 全地址译码法:是将各扩展芯片上的地址线均接到单片机系统的对应的地址总线上,各片芯片的选择利用译码电路实现,地址译码器使用了余下的全部地址线。地址与存储单元一一对应,也就是1个存储单元只占用1个唯一的地址。

全地址译码法的特点是:各扩展芯片均有独立片选控制线,且地址连续,这种方法可以消除地址空间重叠现象,可扩展较多的外围芯片。

② 部分译码法:地址译码器仅对余下高位地址线的一部分进行译码,产生片选信号线,这种方法也会产生地址空间重叠现象。

全地址译码和部分地址译码的区别在于剩余的高位地址线是否全部接地址译码器,在设计地址译码器电路时,要充分注意。I/O等其他扩展方法与存储器基本相同。

应该指出的是,随着半导体存储器的不断发展,大容量、高性能、低价格的存储器不断推出,这就使得存储器的扩展变得更加方便,译码电路也越来越简单了。

8.1.2 51系列单片机的系统总线及其结构

一般微机的 CPU 外部都有单独的地址总线、数据总线和控制总线,而 51 系列单片机由于受引脚数量的限制,数据总线和地址总线是复用 P0 口,为了将它们分离开,以便同外围芯片正确地连接,需要在单片机外部增加地址锁存器(如 74LS373、8282 等),从而构成与一般 CPU 类似的片外三总线,如图 8-1 所示。

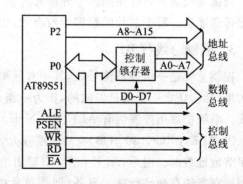

图 8-1 AT89S51 的扩展三总线

1. 地址总线(AB)

地址总线用于传送地址信号,以选择存储单元和 I/O 端口。地址总线是单向的,只能由单片机向外送出地址信号。

地址总线由 P0 口提供低 8 位 A0～A7,P2 口提供高 8 位 A8～A15。由于 P0 还要作数据总线接口,只能分时工作,故 P0 口输出的低 8 位地址数据必须用 8 位锁存器锁存。锁存器的锁存控制信号由引脚 ALE 提供。根据 CPU 时序得知,P0 口输出有效低 8 位地址信号时,ALE 信号正好处于正脉冲顶部到下降沿时刻。在 ALE 的下降沿将 P0 口输出的地址数据锁存。通常选用高电平或下降沿为有效选通信号的锁存器作为地址锁存器,如 74LS273、74LS373,否则需经过反相后再作为选通信号。

P2 口作为高位地址线,在整个机器周期内提供的都是高 8 位地址信号(不需要外加地址锁存器锁存),与低 8 位地址信号一并构成 16 位地址信号。地址总线的数目决定着可直接访问的存储单元的数目,51 单片机地址总线宽度为 16 位,故可寻址范围为 2^{16} B=64 KB。

但在实际应用系统中,高位地址线并不固定使用全部 8 位。而是根据实际情况从 P2 口连接所需的几位口线。剩下的或悬空或经译码器后作为片选信号线,也可直接用作片选线。

2. 数据总线(DB)

数据总线是双向总线,用于在单片机与存储器、I/O 端口之间相互传递数据。单片机系统数据总线位数与单片机处理的字长一致,51 单片机是 8 位单片机,数据总线由 P0 口提供,其宽度为 8 位。

P0 口为三态双向口,是应用系统中使用最为频繁的通道。它不仅传送数据信息,而且还与控制信号配合,传送低位字节地址信息。所有单片机与外部交换的数据、指令、信息,除少数可直接通过 P1 口传送外,全部通过 P0 口传送。

数据总线通常要连接到多个外围芯片上,而在同一时间里只能够有一个有效的数据传送通道。哪个芯片的数据通道有效,由地址线控制各个芯片的片选线来选择。

3. 控制总线(CB)

控制总线是一组控制信号线,其中有从单片机发出的单向线,也有其他部件回送给的单向线,任意一根都是单向的,作为一组总线总有两个方向,因此也称为准双向总线。系统扩展用控制线有 ALE、$\overline{PSEN}$、$\overline{EA}$、$\overline{WR}$、$\overline{RD}$。

① ALE/$\overline{PROG}$(30 引脚):地址锁存允许的输出信号。用于锁存 P0 口输出的低字节地址数据。通常,ALE 在 P0 口输出地址期间出现低电平,用这个低电平信号控制锁存器锁存地址数据。另外,即使单片机不访问外部芯片,ALE 端仍以不变的频率周期性地出现正脉冲信号,此频率为振荡器频率的 1/6。因此,它可用作对外输出的时钟,或用于定时目的。

② $\overline{PSEN}$（29 引脚）：单片机发出。用于访问片外程序存储器的读选通信号。读片外程序存储器中的数据（指令代码）时，不用 $\overline{RD}$ 信号，而用 $\overline{PSEN}$。执行片外程序存储器读操作指令（查表指令）MOVC 时（$\overline{EA}=0$），该控制信号自动生成。

③ $\overline{EA}/V_{pp}$（31 引脚）：输入给单片机。当 $\overline{EA}$ 接高电平时，CPU 可首先访问片内程序存储器 4 KB 的地址范围（0000H～0FFFH），当 PC 值超出 4 KB 地址时，将自动转去执行片外程序存储器，片外程序存储器地址只能从 1000H 开始编址；当 $\overline{EA}$ 接低电平时，不论片内是否有程序存储器，只能访问片外程序存储器，片外程序存储器的地址可从 0000H 开始编址。

④ $\overline{WR}$(P3.6)、$\overline{RD}$(P3.5)：单片机发出。用于片外数据存储器（RAM）的读/写控制，当执行片外数据存储器操作指令"MOVX"时，这两个控制信号自动生成。$\overline{WR}$(P3.6)为扩展数据存储器和 I/O 端口的写选通信号；$\overline{RD}$(P3.5)为扩展数据存储器和 I/O 端口的读选通信号。

8.1.3 常用的扩展器件及半导体存储器

51 系列单片机常使用 TTL、CMOS 中小规模集成电路和通用标准芯片进行功能扩展。扩展时常用到地址锁存器、译码器、移位寄存器和总线驱动器以及半导体存储器和专用可编程接口芯片，下面介绍几种常用中小规模集成电路以及半导体存储器的类型。

1. 常用的地址锁存器

用作单片机地址锁存器的芯片一般有两类：一类是 8D 触发器，如 74LS273、74LS377、74LS374 等；另一类是 8D 锁存器，如 74LS373、8282 等。它们均有 8 个输入端 1D～8D，8 个输出端 1Q～8Q 以及一些使能端，都是 20 引脚的集成芯片，图 8-2 给出了这两类芯片的引脚结构以及它们用作单片机地址锁存器时控制线的接法。其中，系统低 8 位 P0.0～P0.7 分别接 8 个输入端 1D～8D，8 个输出端 1Q～8Q 分别接扩展芯片低位地址。

74LS373 和 8282 是 8 位锁存器，它们的内部结构和用法相似，但引脚不一致。74LS373 有 1 个数据输入控制端 $\overline{G}$，74LS373 的使能端 $\overline{G}$ 有效时，输出直接跟随输入变化，当使能端 $\overline{G}$ 由高变低时，才将输入状态锁存，直到下一次使能信号变高为止。8282 与 74LS373 相似。因此在选用 74LS373 或 8282 作单片机地址锁存器时，可直接将单片机的 ALE 接到它们的使能端 $\overline{G}$。这两种芯片带有三态输出功能，但用作地址锁存时，无需三态功能。因此，它们的三态输出控制端 $\overline{OE}$ 可以直接接地。

74LS273、74LS377 内部有 8 个边沿触发的 D 触发器，在时钟信号的正跳变完成输入信号的锁存。但 51 单片机中的 ALE 是高电平有效，而且是在 ALE 的后沿完成地址锁存，因此应将 ALE 反向后再加到它们的时钟端。注意 74LS273 是带清除端的,异步直接低电平清零,用作地址锁存时,应将清除端 CLR 接+5 V,而 74LS377 的同一引脚为 $\overline{G}$ 是使能端,用作地址锁存时,此引脚应接地。

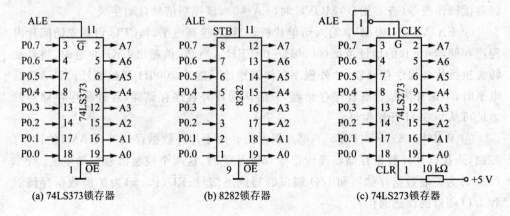

(a) 74LS373锁存器　　　　　　(b) 8282锁存器　　　　　　(c) 74LS273锁存器

图 8-2　地址锁存器的引脚和接口

2. 常用的总线驱动器及其接口

在单片机应用系统中,扩展的三总线上挂接很多负载,如存储器、并行接口、A/D 接口、显示接口等,但总线接口的负载能力有限,因此常常需要通过连接总线驱动电路器进行总线驱动。

总线驱动器对于单片机的 I/O 口只相当于增加了一个 TTL 负载,因此驱动器除了对后级电路驱动外,还能对负载的波动变化起隔离作用。在对 TTL 负载驱动时,只需考虑驱动电流的大小;在对 MOS 负载驱动时,MOS 负载的输入电流很小,更多地要考虑对分布电容的电流驱动。

74LS244 和 74LS245 为两种常用的总线驱动器。74LS244 为单向三态数据缓冲器,而 74LS245 为双向三态数据缓冲器。单向的内部有 8 个三态驱动器,分成两组,分别由控制端 $\overline{1G}$ 和 $\overline{2G}$ 控制;双向的有 16 个三态驱动器,每个方向 8 个。在控制端 $\overline{G}$ 有效时($\overline{G}$ 为低电平),由 DIR 端控制驱动方向,DIR=1 时,输出允许(方向从左到右 An→Bn),DIR=0 时,输入允许(方向从右到左 An←Bn)。74LS244 和 74LS245 的引脚图如图 8-3 所示。

系统总线中地址总线和控制总线是单向的,因此驱动器可以选用单向的 74LS244,系统中的数据总线是双向的,其驱动器要选用双向的 74LS245。74LS244、74LS245 还带有三态控制,能实现总线缓冲和隔离。例如,P2 口外接总线驱动器,可用单向的 72LS244,其连接图如图 8-4(a)所示。它的两个控制端均接地,相当于 8 个三态门均打开,数据从 P2 口到 A8~A15 端直通,此处采用 74LS244 纯粹是为了增加驱动能力而不加任何控制。P0 口如外接总线驱动器,可用双向的 72LS245,其连接图如图 8-4(b)所示,它的使能控制端接地,单片机引脚信号控制端 DIR 选择驱动方向。

第 8 章 51 单片机系统扩展技术

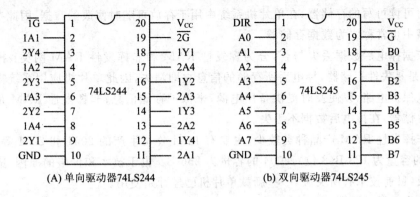

图 8-3　总线驱动器芯片引脚图

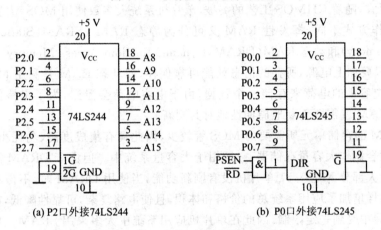

图 8-4　总线驱动器的连接图

3. 常用译码器

在译码法中常用的译码器芯片有 74LS139 和 74LS138 等。

74LS139 片中共有两个 2-4 译码器,为双 2-4 译码器,74LS139 每个译码器仅有 1 个使能端,为低电平时选通;有 2 个选择输入(即译码输入),对应 4 个译码器输出,输出低电平时有效。

74LS138 片中有一个 3-8 译码器,有 2 或 3 个使能端,为低电平时选通;有 3 个选择输入(即译码输入),对应 8 个译码器输出,输出低电平时有效。具体内容请参考《数字电子技术》。

4. 半导体存储器简介

无论是单片机内部存储器,还是扩展用外接存储器,目前均采用半导体存储器。目前常见的半导体存储器有随机存取存储器、只读存储器以及串行存储器。

(1) 随机存取存储器

随机存取存储器 RAM(Randon Access Memory),可以方便地进行读/写操作,是随时可读可写的存储器,在单片机系统中用于存放可随时修改的数据,因此在单片机领域中也常称之为数据存储器。

依据掉电后数据丢失与否,分为挥发性 RAM 和非挥发性 RAM 两类:挥发性 RAM 是易失性存储器,掉电后所存储的信息立即消失,因此单片机应用系统需要配有掉电保护电路,以便及时提供备用电源,来保护存储信息;非挥发性 RAM 是非易失性存储器,在掉电后数据不丢失。

非挥发性 RAM 产品种类较少,主要有 Intel 公司生产的 2001 和 2004 等型号,2001 的容量为 128 B(8 位),2004 的容量为 256 B。由于技术和价格的原因,应用还不普及,目前技术有所突破,一些新款单片机已经开始使用。

按集成器件不同,RAM 分为 MOS 型和双极型两种:MOS 型集成度高、功耗低、价格便宜,随着 CHMOS 工艺的突破,单片机系统大多数使用 MOS 型的 RAM。

按工作方式不同,挥发性 RAM 又可分为静态 RAM(SRAM,Static Random Access Memory)和动态 RAM(DRAM,Dynamic Random Access Memory)两种:静态 RAM 只要加上电源,所存的信息就能可靠保存,而动态 RAM 是利用 MOS 存储单元分布电容上的电荷来存储一个数据,由于电容电荷会泄露,为了保持信息不丢失,动态 RAM 就需要不断地周期性地对其刷新。

DRAM 的存储单元所需要的 MOS 管较少,因此具有集成度高、功耗小、价格低等优点,适合制作大容量存储器,一般用于大容量系统中。但由于 DRAM 需要刷新逻辑电路,大部分 MCS-51 单片机没有刷新功能,当使用 DRAM 时,不得不设计刷新电路,这样增加了应用系统总的价格和体积,且使电路复杂,可靠性降低,在单片机存储器扩展中受到一定限制,因此在单片机应用系统中大多采用 SRAM。目前已经出现将刷新电路集成到动态 RAM 内部,具有自刷新功能的新型 DRAM,兼有 DRAM 和 SRAM 的优点。例如,Intel 公司的 2186、2187,其片内均具有 8 KB×8 位 DRAM,单一+5 V 供电,工作电流 70 mA,维持电流 20 mA,存取时间 250 ns,引脚与 SRAM 6264 兼容。2186 与 2187 只有引脚 1 功能不同。RAM 产品种类很多,常用的 RAM 芯片有 6116、6114、6264、8118、2186、2187。

(2) 只读存储器

只读存储器 ROM(Read Only Memory),在单片机系统中用于存放程序、常数和表格等,因此在单片机领域中也是程序存储器。只读存储器中的信息一旦写入之后就不能随意更改,特别是不能在程序过程中随意写入新的内容,而只能读存储单元内容,故称只读存储器。

只读存储器由二极管、双极性三极管、MOS 管存储阵列构成的,以管子的通或断、有或无来存储二进制信息。只读存储器存储的二进制信息,不会因失电而消失,失电后还会保留很长时间,这是其显著优点。MOS 管只读存储器因其众所周知的优点,目前在单片机领域得到广泛应用。

按照程序要求确定 ROM 存储阵列中各 MOS 状态的过程叫做 ROM 编程。根

据编程方式的不同,只读存储器共分为以下五种:

1) 掩膜 ROM

掩膜 ROM 简称为 ROM,其编程是由半导体存储器制造厂家完成,因为编程是以掩膜工艺实现的,所以称之为掩膜 ROM。这种 ROM 芯片存储结构很简单,集成度高,但由于掩膜工艺成本高,且用户无法更改掩膜 ROM 的内容,因此只适用于大批量生产。

2) 可编程只读存储器 PROM

可编程只读存储器芯片出厂时并没有任何程序信息,其程序是在开发时由用户写入,但这种 ROM 芯片只能写一次,其程序一旦写入就不能再修改。PROM 多为熔丝结构,程序写入需要在编程器上进行。

3) 紫外线擦除可改写只读存储器

紫外线擦除可改写只读存储器即 EPROM(Erasable Programmable Read Only Memory),这种芯片的内容也是由用户写入,但允许进行多次擦除和重新写入。

EPROM 用紫外线擦除,其芯片外壳上方的中央有一个透明圆形窗口,紫外线通过窗口照射一定时间就可以擦除原有信息。EPROM 为一次性全部擦除,一次全部擦除后,可根据需要进行编程。EPROM 的编程是在编程器上进行的,编程器通常与微机联用。由于太阳光线有紫外线成分,只要揭去圆形窗口上的标贴,让芯片暴露在太阳光下就可以擦除其中信息,所以程序写好后要用不透明的标贴封上窗口,以避免因阳光照射而破坏程序。

EPROM 作为程序存储器使用,常用的 EPROM 有 2716(2 KB×8)、2732(4 KB×8)、2764(8 KB×8)、27128(16 KB×8)、27256(32 KB×8)、27512(64 KB×8)等,即型号以 27 打头的芯片都是 EPROM。

4) 电可改写只读存储器

电擦除可编程只读存储器(EEPROM 或 E^2PROM)同 EPROM 一样可以在线读出其中的信息,由于 E^2PROM 内部有擦除和改写的专用电路,因此它也可在线擦除和编程。

电擦除改写只读存储器的编程和擦除都是用电信号完成的,E^2PROM 可进行一次性全部擦除,也可以通过读/写操作进行逐个存储单元的读出和写入,擦除时间为 10 ms 内,并可多次在应用系统中进行在线改写。

读/写操作与 RAM 几乎没有什么差别,所不同的只是写入速度慢一些,但能够在断电后保存信息,保存信息可长达 20 多年。最近的 +5 V 电擦除 E^2PROM,通常不需单独的擦除操作,可在写入过程中自动擦除,使用非常方便。

E^2PROM 可分为并行和串行两类。并行 E^2PROM 在读/写操作时数据通过 8 位数据总线传输,串行 E^2PROM 的数据是一位一位传输;并行 E^2PROM 数据传送快,程序简单;串行 E^2PROM 数据传送慢,体积小,功耗小,程序复杂。串行 E^2PROM 节省资源,目前应用有上升趋势。E^2PROM 可以作为程序存储器使用也可作为数据存储器使用,常用的 E^2PROM 有 2816(2 KB×8)、2864(8 KB×8)等,即型号以 28 打头的系列芯片都是 E^2PROM。

5) 闪速存储器

闪速存储器即 Flash ROM,是在 EPROM 和 E^2PROM 的工艺上发展起来的一种只读存储器,读/写速度均很快,存取时间只有几十 ns,存储容量可达 2～16 KB,近期甚至有 16～64 MB 的芯片出现。这种芯片的可改写次数从 1 万次到 100 万次。闪速存储器(Flash Memory)又称 PEROM,具有掉电后信息保留的特点,又可以在线写入,自动覆盖以前内容,且可以按页连续写入。Flash ROM 具有高集成度、大容量、低成本、高速擦写和使用方便等优点,应用越来越广泛,Flash ROM 可以作为程序存储器使用也可作为数据存储器使用。Flash Memory 以供电电压的不同,大体可以分为两大类:一类需要用高压(12 V)编程的器件,通常需要双电源(芯片电源、擦除/编程电源)供电,型号序列为 28F 系列;另一类是 5 V 编程的,它只需要单一电源供电,其型号序列通常为 29 系列(有的序列号也不完全统一)。

Flash Memory 的型号很多,如 28F256(32 KB×8)、28F512(64 KB×8)、28F010(128 KB×8)、28F020(256 KB×8)、29C256(32 KB×8)、29C512(64 KB×8)、29C010(128 KB×8)、29C020(256 KB×8)等都是常用产品。

(3) 串行存储器

串行存储器实际上是一种 CMOS 工艺制作成的串行 E^2PROM。它们具有一般并行 E^2PROM 的特点,但以串行的方式访问,价格低廉。利用串行存储器可以节省单片机资源,近年来,基于 I^2C 总线的各种串行 E^2PROM 的应用日渐增多。串行存储器的常用型号有二线制的 24CXX 系列产品,主要有 24C02、24C04、24C08、24C16、24C32;三线制的 93CXX 系列产品,主要有 93C06、93C46、93C56、93C66。

8.2 51 单片机存储器的扩展技术

AT89S51 等 51 系列单片机的存储器配置方式与其他常用的计算机不同,它的程序存储器和数据存储器是分开的,有自己的寻址系统、控制信号和功能。通常,程序存储器用来存放程序与表格数据;数据存储器用来存放程序运行时所需给定的参数和运行结果。

EPROM 和 E^2PROM 是两种常用的程序存储器扩展芯片,RAM 是常用的数据存储器扩展芯片;E^2PROM 既有 RAM 可读可改写的特性,又具有失电不丢失信息的优点,即兼有程序存储器与数据存储器的特点。在单片机应用系统中,E^2PROM 既可作为程序存储器,也可作为数据存储器,至于做什么用由硬件电路决定。

8.2.1 程序存储器的扩展

单片机应用系统由硬件和软件组成,软件的载体就是硬件中的程序存储器。程序存储器(或称只读存储器)用来存储程序和数据,是计算机的重要组成部分。如果程序超过单片机存储量,就需要利用外部扩展存储器来存放程序。扩展程序存储器常用的芯片是 EPROM 和 E^2PROM,下面介绍 EPROM 的扩展,并对典型存储器芯片进行介绍。

1. 程序存储器的常用芯片

紫外线擦除电可编程只读存储器 EPROM 是国内用得较多的程序存储器。EPROM 芯片上有一个玻璃窗口,在紫外线照射下,存储器中的各位信息均变 1,即处于擦除状态。擦除干净的 EPROM 可以通过编程器将应用程序固化到芯片中。

几种常用的 NMOS 型 EPROM 如表 8-1 所列,与 NMOS 型 EPROM 相对应的 CMOS 型 EPROM 分别为 27C16、27C32、27C64、27C128、27C256 和 27C512。NMOS 与 CMOS 型的输入和输出均与 TTL 兼容,区别主要是 CMOS 型 EPROM 的读取时间更短,消耗功率更小。例如,27C256 的最大工作电流约 30 mA,最大保持电流约 1 mA,比 27256 的小得多。表中所有型号对应的 CMOS 的输入电流都很小,低电平输入电流约 10 μA,高电平输入电流则更小。表 8-1 中的读取时间是典型值,实际上同一种型号不同规格的器件的读出时间也不相同。例如,Intel 公司的 2764 和 2764-25 的读取时间为 250 ns,而 2764-3、27C64A-3 和 2764-30 的读取时间则为 300 ns 等。

表 8-1 常用 EPROM 芯片的主要技术特性

技术参数 \ 型号	2716	2732	2764	27128	27256	27512
容量/KB	2	4	8	16	32	64
引脚数	24	24	28	28	28	28
读出时间/ns	350~450	200	200	200	200	170
最大工作电流/mA	75	100	75	100	100	125
最大维持电流/mA	35	35	35	40	40	40

注:EPROM 的读出时间按型号而定,一般在 100~300 ns 间,表中列出的为典型值。

图 8-5 是几种典型的 EPROM 外引脚排列和功能图,各引脚功能如下。

A0~A15:地址输入线;

O0~O7:三态数据总线,读或编程校验时为数据输出线,编程时为数据输入线。维持或编程禁止时 O0~O7 呈高阻抗;

$\overline{CE}$:片选信号输入线,"0"(即 TTL 低电平)有效;

PGM：编程脉冲输入线；

$\overline{OE}$：读选通信号输入线，"0"有效；

V_{PP}：编程电源输入线，其值因芯片型号和制造厂商不同而不同；

Vcc：主电源输入线，Vcc 一般为 +5 V；其中 2716/2732 的 $\overline{CE}$ 和 PGM 合用一个引脚，27512 的 $\overline{CE}$ 和 V_{pp} 合用一个引脚。

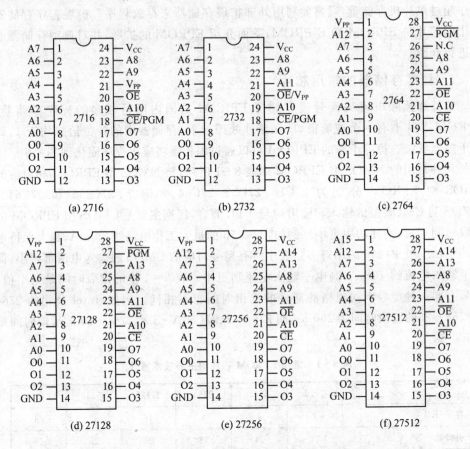

图 8-5 几种典型的 EPROM 外引脚排列和功能图

实际使用时必须了解所选择的 EPROM 的引脚配置和工作方式。扩展时选用何种类型的芯片，应根据应用系统的具体要求，综合考虑速度、容量、经济等问题。若对 EPROM 的容量要求不大，可选容量小的芯片；如果要求容量较大，可选容量大的芯片或选用多片小容量芯片组成。

2. 程序存储器扩展技术

51 系列 8 位单片机片外有 16 条地址线，即"P0 口 + P2"口，扩展程序存储器时，一般扩展容量都将大于 256 B，因此，除了由 P0 口提供低 8 位地址线之外，还需由 P2 口提供若干位地址线，最大的扩展范围为 64 KB(0000H～FFFFH)，即需 16 位地

第8章 51单片机系统扩展技术

址线。

扩展程序存储器时,要注意51单片机引脚$\overline{EA}$的用法。如果$\overline{EA}$接高电平,那么片内存储器地址范围是0000H~0FFFH(4 KB),片外程序存储器地址范围是1000H~FFFFH(60 KB)。如果$\overline{EA}$接低电平,不使用片内程序存储器,片外程序存储器地址范围为0000H~FFFFH(64 KB)。8031单片机没有片内程序存储器,因此$\overline{EA}$引脚总是接低电平。

CPU应向EPROM提供三种信号线,CPU与EPROM的连线也分为三种,具体连接方法是:

① 数据线,P0口接EPROM的O0~O7(D7~D0)。

② 地址线,P0口经锁存器向EPROM提供地址低8位,P2口提供高8位地址以及片选线。扩展的程序存储器究竟需要多少位地址线,应根据程序存储器的总容量和选用的EPROM芯片容量而定。如:2 KB,11条(2^{11} B=2 KB);4 KB,12条(2^{12} B=4 KB);8 KB,13条;16 KB,14条;32 KB,15条;64 KB,16条。

③ 控制线,$\overline{PSEN}$是片外程序存储器取指令控制信号,接EPROM的读允许信号$\overline{OE}$;ALE接锁存器的$\overline{G}$,$\overline{EA}$接地。

存储器片选信号$\overline{CE}$的接法决定程序存储器的地址范围。如果扩展单片EPROM时,EPROM的地址线分别接到单片机上对应的地址线上,片选信号$\overline{CE}$可以直接接地;如果系统中需扩展两片以上的EPROM芯片时,应考虑片选控制电路,此时EPROM的片选$\overline{CE}$端应由片选信号来控制。片选信号常采用两种方法产生,第一种是当系统总的容量较小,扩展芯片较少,可用线选法产生片选,即用P2口的某些位(常用高位)作为片选线,一位选中一片EPROM;第二种是全地址译码法,当系统容量较大,扩展的芯片较多时,可以将P2口多余的地址线接到译码器上,利用译码器的输出作为片选信号线。具体步骤为:

① 确定各片地址(一般采用译码器和逻辑电路译码)及片选方式。

② 各片数据口均接到数据总线上。

③ 各片的地址线均接到地址总线上(片与片之间地址线应按位并起来)。

④ 各片上的$\overline{OE}$均接到单片机的$\overline{PSEN}$引脚上。

【例8-1】 用片选法在8031单片机上扩展16 KB EPROM程序存储器。

1) 芯片选择

虽然8031单片机已被淘汰,但扩展方法比较典型、实用,所以本例选用8031单片机,8031单片机内部无ROM区,无论程序长短都必须扩展程序存储器。

在选择程序存储器芯片时,首先必须满足程序容量,其次在价格合理的情况下尽量选用容量大的芯片,本例选用一片27128程序存储器(16 KB)。单片机的数据线与地址线复用,为了构成三总线结构,必须在单片机外部增加地址锁存器,本例选用带三态缓冲输出的8D锁存器74LS373。

2) 硬件电路图及连线说明

8031 单片机扩展一片 27128 程序存储器电路如图 8-6 所示。单片机扩展片外存储器时,地址是由 P0 和 P2 口提供的。

图 8-6 中,27128 的 14 条地址线(A0～A13)中,低 8 位 A0～A7 通过锁存器 74LS373 与 P0 口连接,高 6 位 A8～A13 直接与 P2 口的 P2.0～P2.5 连接,P2 口本身有锁存功能。注意,74LS373 的锁存使能端 G 必须和单片机的 ALE 引脚相连,在 ALE 的下降沿锁存低 8 位地址。

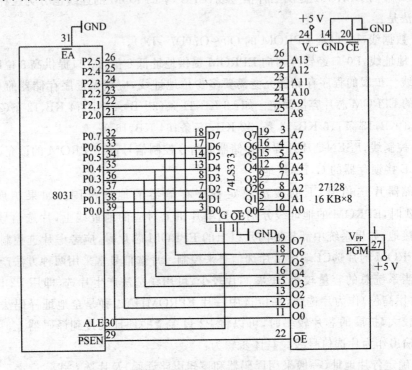

图 8-6 单片机扩展一片 27128 EPROM 电路

P0 口是一个分时复用的地址/数据线,27128 的 8 位数据线可以直接与单片机的 P0 口相连。CPU 执行 27128 中存放的程序指令时,取指阶段就是对 27128 进行读操作。

系统中只扩展了一个程序存储器芯片,因此,27128 的片选端 $\overline{CE}$ 直接接地,表示 27128 一直被选中。若同时扩展多片,需通过译码器来完成片选工作,当然扩展一片也可以由译码器来完成片选工作。

27128 的 $\overline{OE}$ 接 8031 的读选通信号端。在访问片外程序存储器时,只要 $\overline{OE}$ 端出现负脉冲,即可从 27128 中读出程序。

在单片机应用系统硬件设计中应注意,尽量减少芯片使用个数,可以使得电路结构简单,提高可靠性,目前 AT89 系列单片机资源丰富,扩展简单,使用更加广泛。

第8章 51单片机系统扩展技术

3) 扩展程序存储器地址范围的确定

单片机扩展存储器的关键是搞清楚扩展芯片的地址范围,8031最大可以扩展64 KB(0000H~FFFFH)。决定存储器芯片地址范围的因素有两个:一个是片选端的连接方法,一个是存储器芯片的地址线与单片机地址线的连接。在确定地址范围时,必须保证片选端为低电平。

本例中,27128的片选端总是接地,因此第一个条件总是满足的,另外,27128有14条地址线,与8031的低14位地址P2.5~P2.0、P1.7~P1.0相连,P2.7、P2.6未用与27128无关,取0或1都可以,通常取0。27128的地址范围如下:

P2.7	P2.6	P2.5	P2.4	P2.3	P2.2	P2.1	P2.0	P0.7	P0.6	P0.5	P0.4	P0.3	P0.2	P0.1	P0.0
X	X	0	0	0	0	0	0	0	0	0	0	0	0	0	0
X	X	1	1	1	1	1	1	1	1	1	1	1	1	1	1

P2.7、P2.6的取值有00~11四种组合,27128的一个单元如0000H单元,就占具4个单元地址空间,这就犹如4个单元地址空间重叠在一起,却仅表示一个单元,这种现象称为地址空间重叠现象,会造成地址空间的资源浪费。P2.7、P2.6全取0时,27128的地址范围是0000H~3FFFH,共16 KB容量。

存储器扩展电路是单片机应用系统的功能扩展部分,只有当应用系统的软件设计完成了,才能把程序通过特定的编程工具(一般称为编程器或EPROM固化器)固化到27128中,然后再将27128插到用户板的插座上(扩展程序存储器一定要焊插座)。

当上电复位时,PC=0000H,自动从27128的0000H单元取指令,然后开始执行指令。

如果程序需要反复调试,可以用紫外线先将27128中的内容擦除,然后再固化修改后的程序,进行调试。如果要从EPROM中读出程序中定义的表格,需使用查表指令:

```
MOVC    A,@A+DPTR
MOVC    A,@A+PC
```

在例8-1的电路中,27128的片选端可以不接地,可以与P2.7或P2.6任一引脚直接相连或通过反向器相连,也可以将P2.7、P2.6引脚通过全译码器产生片选信号,这几种连接方法是否存在地址重叠现象?请读者自己分析。

【例8-2】 用译码法扩展一片2764,译码器采用74LS138。

单片机扩展8 KB外部程序存储器一般选用2764 EPROM芯片,硬件电路如图8-7所示。

在图8-7中,2764的片选端没有接地,而是通过74LS138译码器的输出端来提供的,这种方法称为译码法。当同时扩展多片ROM时,常采用译码法来分别选中芯片。

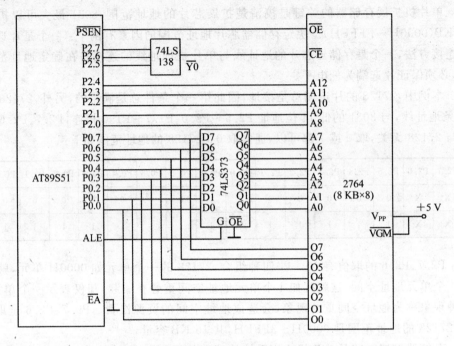

图 8-7 单片机扩展一片 2764 EPROM 电路

显然,在图 8-7 中,只有 P2.7、P2.6、P2.5 全为 0 时,才有译码器的输出 $\overline{Y0}=0$,才能够选中该片 2764,所以这片 2764 的地址确定如下:

P2.7	P2.6	P2.5	P2.4	P2.3	P2.2	P2.1	P2.0	P0.7	P0.6	P0.5	P0.4	P0.3	P0.2	P0.1	P0.0
0	0	0	0	0	0	0	0	0	0	0	0	0	0	0	0
0	0	0	1	1	1	1	1	1	1	1	1	1	1	1	1

即 0000H～1FFFFH。地址唯一确定,不存在地址空间重叠现象。

E^2PROM 作为程序存储器的扩展方法与 EPROM 相似,要注意以下几点:

● E^2PROM 作为程序存储器使用时,其连接方式同一般程序存储器三总线的连接方式相同,其扩展方法与 EPROM 相似;

● CPU 读取 E^2PROM 数据同读取一般 EPROM 操作相同,但 E^2PROM 的写入时间较长,必须用软件或硬件来检测写入周期;

● 考虑到 E^2PROM 可以在线写入的特点,为方便程序的修改,常将单片机的 $\overline{WR}$ 与 E^2PROM 的 $\overline{WE}$ 连接;

● E^2PROM 中的 $\overline{OE}$ 引脚常由 $\overline{RD}$ 和 $\overline{PSEN}$ 相"与"后提供,无论是 $\overline{RD}$ 有效还是 $\overline{PSEN}$ 有效,都能使 $\overline{OE}$ 有效。这种连接方法的 E^2PROM 既可作为程序存储器也可作为数据存储器使用。

8.2.2 数据存储器的扩展

51系列8位单片机内部有128 B RAM存储器,CPU对内部RAM具有丰富的操作指令。但是,当单片机用于实时数据采集或处理大批量数据时,仅靠片内提供的RAM是远远不够的。此时,可以利用单片机的扩展功能,扩展外部数据存储器。51单片机扩展片外数据存储器的地址线也是由P0口和P2口提供的,因此最大可扩展64 KB。51扩展系统中,外扩展数据存储器由随机存储器RAM组成。由于面向控制,实际需要扩展的容量不大,在单片机应用系统中大多采用SRAM,本节仅介绍易失性SRAM的扩展。

1. 随机存储器的常用芯片

目前常用的SRAM有6116(2 KB×8)、6264(8 KB×8)、62128(16 KB×8)和62256(32 KB×8)等。它们的引脚排列分别如图8-8所示,在各种工作方式下加到各引脚($\overline{CE}$、$\overline{CE1}$、CE2、$\overline{WE}$、$\overline{OE}$)的信号和数据线D7~D0的功能如表8-2和表8-3所列。

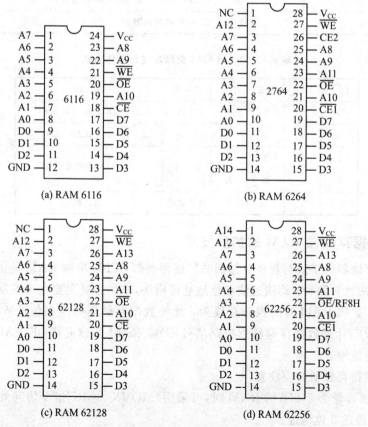

图8-8 常用的SRAM的引脚排列

6116、6264、62128 和 62256 各引脚功能如下。

A0～A14：地址输入线；

D0～D7：双向数据线（输出有三态）；

$\overline{CE}$、$\overline{CE1}$ 和 CE2：选片信号输入线，$\overline{CE}$ 和 $\overline{CE1}$ 低电平有效，CE2 高电平有效；

$\overline{OE}$：读选通信号输入线，低电平有效；

$\overline{WE}$：写选通信号输入线，低电平有效；

V_{CC}：工作电压，+5 V；

GND：线路地；

$\overline{OE}$/RFSH（仅 62256 有此引脚）：读选通/刷新允许控制端。当此引脚为低电平时，62256 数据允许输出，不允许刷新；当此引脚为高电平时，62256 内部刷新电路自动刷新。

表 8-2 RAM 6116、62128 和 62256 工作方式

$\overline{CE}$	$\overline{WE}$	$\overline{OE}$	方 式	功 能
0	0	1	写入	D7～D0 数据写入 6116,62128 或 62256
0	1	0	读出	读 6116,62128 或 62256 的数据到 D7～D0
1	X	X	未选中	D7～D0 输出高阻态

表 8-3 RAM 6264 引脚功能与工作方式

$\overline{CE1}$	CE2	$\overline{WE}$	$\overline{OE}$	方 式	功 能
0	1	0	1	写入	D7～D0 数据写入 6264
0	1	1	0	读出	读 6264 到 D7～D0
1	X	X	X	未选中	D7～D0 输出高阻态
X	0	X	X		
0	1	1	1	禁止输出	高阻抗

2. 数据存储器 RAM 的扩展技术

数据存储器的扩展与程序存储器的扩展相类似，CPU 应向 RAM 提供三种信号总线，扩展法也有两种：即线选法和全地址译码法，不同之处主要在于控制信号的接法不一样。扩展 RAM 时的控制总线为：片外数据存储器写控制信号 $\overline{WR}$ 接 RAM 的写允许 $\overline{WE}$，片外数据存储器读控制信号 $\overline{RD}$ 接 RAM 的读允许 $\overline{OE}$。ALE 接锁存器的锁存使能端。

扩展数据存储器时应注意：

① 扩展容量为 256 B 的 RAM 时，可采用"MOVX @Ri"指令访问外部 RAM，仅用 P0 口传送 8 位地址。

② 扩展容量大于 256 B 而小于 64 KB 的 RAM 时,访问外部 RAM 应采用"MOVX @DPTR"类指令。

③ 应与其他扩展的 I/O 接口芯片统一编址。

【例 8-3】 用线选法扩展 1 片 6116(2 KB×8)的 RAM 芯片。

1) 芯片选择和硬件电路

选用 AT89S51 单片机、SRAM 6116。SRAM 6116 是一种采用 CMOS 工艺制成的 SRAM,采用单一+5 V 供电,输入/输出电平均与 TTL 兼容,具有低功耗操作方式。单片机与 6116 的硬件连接如图 8-9 所示。

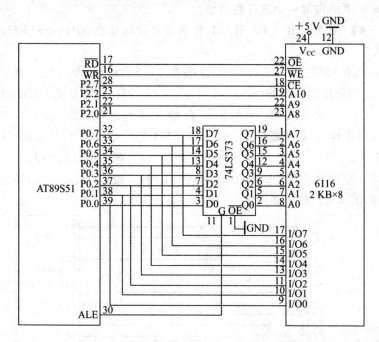

图 8-9 单片机扩展一片 RAM 6116 电路

2) 片外 RAM 地址范围的确定及使用

按照图 8-9 的连线,采用线选法,片选端直接与地址线 P2.7 相连,显然,只有 P2.7=0,才能够选中该片 6116。P2.6、P2.5、P2.4、P2.3 引脚与 6116 无关,取 0 或 1 都可以,地址不唯一。地址范围如下:

P2.7	P2.6	P2.5	P2.4	P2.3	P2.2	P2.1	P2.0	P0.7	P0.6	P0.5	P0.4	P0.3	P0.2	P0.1	P0.0
0	X	X	X	X	0	0	0	0	0	0	0	0	0	0	0
0	X	X	X	X	1	1	1	1	1	1	1	1	1	1	1

若 P2.6、P2.5、P2.4、P2.3 全取 0,则 6116 的地址范围是 0000H~07FFH;若 P2.6、P2.5、P2.4、P2.3 全取 1,则 6116 的地址范围是 7800H~7FFFH。

单片机对 RAM 的读/写可以使用以下指令：

```
MOVX    @DPTR,A         ;64 KB 内写入数据
MOVX    A,@DPTR         ;64 KB 内读取数据
MOVX    @Ri,A           ;低 256 B 内写入数据
MOVX    A,@Ri           ;低 256 B 内读取数据
```

外部 RAM 与外部 I/O 口采用相同的读/写指令，二者是统一编址的，因此当同时扩展二者时，就必须考虑地址的合理分配。线选法扩展会出现地址重叠，有可能造成外部 RAM 与外部 I/O 口混址，为了唯一确定地址范围，通常采用全译码法来实现地址的分配。下面讲解一个这样的例题。

【例 8-4】 扩展一片 8 KB RAM，要求地址范围是 2000H～3FFFH，并且具有唯一性。

选用静态 RAM 芯片 6264，3-8 译码器 74LS138。用单片机扩展一片 8 KB SRAM 6264 的硬件连线图如图 8-10 所示。6264 的存储容量是 8 KB×8 位，占用了单片机的 13 条地址线 A0～A12，剩余的 3 条地址线 P2.7、P2.6、P2.5 通过 74LS138 进行全译码，译码器的任一输出接 6264 的片选线 $\overline{CE1}$，片选线 CE2 直接接 +5 V 高电平，可以保证 RAM 的地址范围是唯一的，剩余的译码输出用于选通其他的扩展芯片。本例要求地址范围(2000H～3FFFH)，根据 74LS138 的特性，选择 $\overline{Y1}$ 连接片选线 $\overline{CE1}$，可以满足要求。

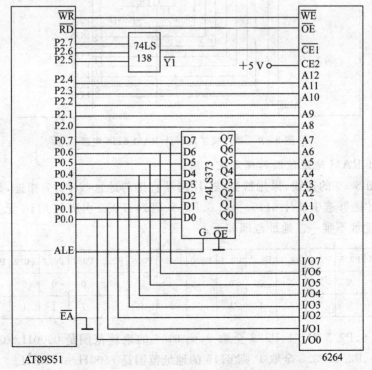

图 8-10　单片机与 6264 SRAM 的连接

采用全译码法,可以避免地址重叠现象,唯一确定地址范围。在扩展一片数据存储器时,译码器的任一输出均可作为该存储器片选信号,这不同于程序存储器扩展一片数据存储器时,必须用 $\overline{Y0}$ 来片选一片存储器芯片。本例中,若选择 $\overline{Y0}$ 连接片选线 $\overline{CE1}$,则地址范围为(0000H～1FFFH)。

当将 E^2PROM 作为数据存储器时,与单片机接口较灵活,既可直接将 E^2PROM 作为片外数据存储器扩展,也可以作为一般外围设备电路进行扩展,而不影响数据的存取。

应注意的是:对 E^2PROM 写入时,应使用 MOVX 指令,这时将 E^2PROM 看作为外部扩展的 RAM,所写入单元地址是把 E^2PROM 作为片外 RAM 地址,编址时应与外部扩展的 RAM 统一编址;E^2PROM 中的 $\overline{OE}$ 引脚可直接连接 $\overline{OE}$,这种连接方法的 E^2PROM 仅可作为数据存储器使用。若由 $\overline{RD}$ 和 $\overline{PSEN}$ 相"与"后连接 $\overline{OE}$,则既可作为程序存储器也可作为数据存储器使用。

8.2.3 存储器综合扩展

前面分别介绍了程序存储器和数据存储器的扩展,而在实际应用中,往往需要将程序存储器和数据存储器一同进行扩展。本节将介绍程序存储器和数据存储器综合扩展的方法。

程序存储器和数据存储器的综合扩展方法与其独立扩展方法相似,可以用线选法和译码法,由于线选法地址范围不唯一,一般采用全地址译码法。综合扩展时,要注意以下三点:

① 不同的程序存储器地址范围不能重叠。
② 不同的数据存储器以及 I/O 地址范围不能重叠。
③ 程序存储器和数据存储器地址范围可以重叠。

访问程序存储器的指令是 MOVC 类指令,它产生有效的 $\overline{PSEN}$ 控制信号,只能访问程序存储器;而访问外部 RAM 的指令是 MOVX 类指令,它产生有效的 $\overline{RD}$、$\overline{WR}$ 控制信号,只对 RAM 芯片有效。因此,允许程序存储器和数据存储器有相同的地址范围。

【例8-5】 采用 74LS139 译码器扩展 16 KB RAM 和 16 KB EPROM。RAM 采用 6264,EPROM 采用 2764。要求如下:

第1片程序存储器(IC0)的地址空间为 0000H～1FFFH(Y0);
第2片程序存储器(IC1)的地址空间为 2000H～3FFFH(Y1);
第1片数据存储器(IC2)的地址空间为 0000H～1FFFH(Y0);
第2片数据存储器(IC3)的地址空间为 2000H～3FFFH(Y1)。

【分析】 各芯片对应存储空间如下:
IC0 和 IC2:0000H～1FFFH。

P2.7	P2.6	P2.5	P2.4	P2.3	P2.2	P2.1	P2.0	P0.7	P0.6	P0.5	P0.4	P0.3	P0.2	P0.1	P0.0	
0	0	0	0	0	0	0	0	0	0	0	0	0	0	0	0	首址
0	0	0	1	1	1	1	1	1	1	1	1	1	1	1	1	末址

即 P2.7、P2.6、P2.5 均为 0。

IC1 和 IC3：2000H～3FFFH。

P2.7	P2.6	P2.5	P2.4	P2.3	P2.2	P2.1	P2.0	P0.7	P0.6	P0.5	P0.4	P0.3	P0.2	P0.1	P0.0	
0	0	1	0	0	0	0	0	0	0	0	0	0	0	0	0	首址
0	0	1	1	1	1	1	1	1	1	1	1	1	1	1	1	末址

即 P2.7、P2.6 为"0"，P2.5 为 1。

选用全译码法，根据以上分析可以选用 74LS139 译码器，只要将 P2.7、P2.6、P2.5 接于 74LS139 译码器的 $\overline{G}$、B、A 端，74LS139 译码器的输出即可以向各芯片提供片选信号。由于 IC0 与 IC2、IC1 与 IC3 的地址相同，因而片选信号可以共用。根据地址要求，本例应该选择 74LS139 的输出 Y0、Y1 分别作为 IC0 与 IC2、IC1 与 IC3 的片选信号。其电路见图 8-11。在该电路中，P0 口提供低 8 位地址通过 74LS373 锁存器与 4 片芯片的 A0～A7 相连接，P2 口的低 5 位 P2.0～P2.4 直接与各芯片的 A8～A12 相连接，P0 口提供 8 位数据线 P0.0～P0.7 直接与各芯片的 D0～D7 相连接，$\overline{PSEN}$ 连接两片 2764 的 $\overline{OE}$ 端，$\overline{RD}$ 和 $\overline{WR}$ 分别连接两片 6264 的 $\overline{OE}$ 端和 $\overline{WE}$ 端，这就完成三总线的连接。由图可见外部 EPROM 和 RAM 存储器空间的地址可以重叠。

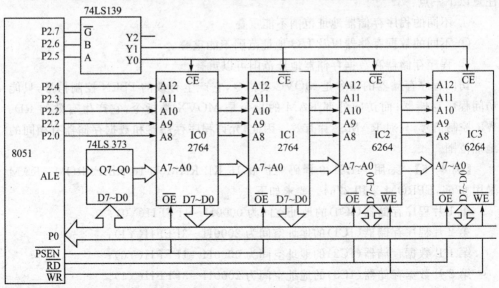

图 8-11 译码法扩展存储器 16 KB RAM 和 16 KB EPROM

本例中也可以为 4 种芯片选择不同且唯一的地址范围，例如，依次将 Y0、Y1、Y2、Y3 分别接 IC0、IC1、IC2 与 IC3 的片选，各存储器芯片的地址范围依次是：

IC0(2764)　　　　　0000H～1FFFH
IC1(2764)　　　　　2000H～3FFFH
IC2(6264)　　　　　4000H～5FFFH
IC3(6264)　　　　　6000H～7FFFH

本例也可以采用 74LS138 作为译码器，具体接法请读者自己思考。

8.3　51 单片机 I/O 端口的扩展技术

单片机输入/输出(I/O)接口是 CPU 和外部设备间进行信息交换的桥梁，复杂应用系统中，往往需要连接很多输入/输出设备，单片机的 I/O 口线，常常不够使用，必须扩展单片机的 I/O 口。扩展 I/O 口的方法有三种：简单的 I/O 口扩展、采用可编程的并行 I/O 接口芯片扩展以及利用串行接口进行 I/O 口的扩展。利用串行接口扩展的方法，已经在第 6 章介绍过，本节重点介绍前两种扩展方法及实际应用。

8.3.1　I/O 端口的扩展概述

51 系列单片机内部有 4 个双向的并行 I/O 端口 P0～P3，共有 32 根引脚，有关 4 个端口的详细内容，已在前面的有关章节中作过介绍。51 单片机的 P3 口是多用途的，用作第二功能时，就不能再做一般 I/O 口线用；在接有外部程序存储器或数据存储器时，P0 口做地址/数据线，P2 口全部或部分做专用地址线用。在以上情况下，提供给用户使用的只有 P1 口或 P2 口的部分 I/O 线。另外，在单片机本身的 I/O 口电路中，只有数据锁存和缓冲功能，而没有状态寄存和命令寄存功能，难以满足复杂的 I/O 操作要求。因此，在实际应用系统中，51 单片机的 I/O 端口通常需要扩充，以便和更多的外设(例如显示器、键盘)进行联系。

具体扩展方法主要有并行总线扩展法和串行接口扩展法。采用并行总线扩展 I/O 口时，其方法与扩展 RAM 基本相同。扩展时应注意：

① I/O 端的每个端口都有一个地址，CPU 通过端口电路对端口中的信息进行读/写。在 51 单片机中，扩展的 I/O 口采用与数据存储器相同的寻址方法。所有扩展的 I/O 口均与片外 RAM 存储器统一编址，任何一个扩展的 I/O 芯片根据地址线的选择方式不同，占用一个或多个片外 RAM 的地址，且不能与片外 RAM 的地址发生冲突。地址码的确定要保证该地址只能选中唯一的接口电路，一般选用全译码法确定地址。

② 对片外 I/O 口的输入/输出操作指令与访问片外 RAM 的指令相同。即

```
MOVX    @DPTR,A
MOVX    @Ri,A
MOVX    A,@DPTR
MOVX    A,@Ri
```

③ 扩展 I/O 口的硬件相依性。不同 I/O 芯片，其电气特性也不同，在扩展时必须充分考虑与之连接的外设硬件电路的特性，如驱动功率、电平、干扰抑制及隔离等。

④ 扩展 I/O 口的软件相依性。由于不同 I/O 芯片具有不同的操作方式，因而应用程序也有所不同，如入口地址、初始状态、工作方式选择等均有差别。

⑤ P0～P3 口的驱动能力有所不同，实际应用中，应保证其驱动能力足够，必要时，加接总线缓冲驱动器。

扩展 I/O 口常用的芯片有：TTL 或 CMOS 型锁存器、缓冲器和可编程的 I/O 芯片。采用 TTL 或 CMOS 型锁存器、缓冲器，可以进行简单的 I/O 口扩展。实际中，为完成一些较复杂的输入/输出，仅靠简单的接口芯片不能满足要求，此时可选用可编程的接口芯片。可编程接口芯片可以由 CPU 通过程序控制，实现不同的接口功能。使用十分灵活方便，不需要或只需很少的辅助电路就可以与处理器和外设直接连接。

可编程接口芯片种类较多，功能各异。常用的可编程接口芯片如下。
- 8255A：可编程并行 I/O 接口芯片；
- 8250、8251：可编程串行接口芯片；
- 8237：可编程 DMA 控制器芯片；
- 8253：可编程定时/计数器接口芯片；
- 8279/78：可编程键盘/显示器接口芯片；
- 8295：点阵式打印机控制接口芯片；
- 8155：内部带有 RAM、可编程定时器、可编程并行 I/O 接口芯片；
- 8156：功能与引脚和 8155 完全相同，唯一区别是片选为高电平有效。

可编程 I/O 接口电路的扩展，就是利用可编程接口芯片对 I/O 进行扩展，8255A 与 8155 芯片是 51 单片机常用的两种接口芯片，本节主要介绍 8255A 与 8155 芯片的扩展方法。

8.3.2 简单的 I/O 口扩展

在许多实际应用系统中，有些开关量或并行数据需要直接输入/输出，如开关、键盘、数码显示器等外设，主机可以随时与这些外设进行信息交换。在这种情况下，只要按照"输入三态、输出锁存"与总线相连的原则，选择 74LS 系列的 TTL 或 CMOS 电路即能组成简单的 I/O 扩展接口。可以作为 8 位 I/O 扩展的芯片主要有 74LS373、74LS377、74LS244、74LS245、74LS273、74LS367 等，如果不需 8 位，也可选用 2 位、4 位、6 位的芯片进行扩展，即按输入/输出的要求来选择合适的扩展芯片。

第8章 51单片机系统扩展技术

注意：作为输入口的扩展芯片一定要求具有三态功能，否则将影响总线的正常工作。

这种 I/O 口一般都是通过 P0 口扩展，它具有电路简单、成本低、配置灵活等优点。

如图 8-12 所示为简单的 I/O 口扩展电路。采用 74LS244 做扩展的输入接口，74LS273 做扩展的输出接口，P0 口为双向 8 位数据线，即能从 74LS244 输入进数据，又能把数据传送给 74LS273 输出。74LS244 为 8 缓冲线驱动器（三态输出），使能端为低电平有效选通。74LS273 为 8D 触发器，清除端为低电平有效（电路中接 1），CP 端是时钟信号，当 CP 由低电平向高电平跳变时刻，D 端输入数据传送到 Q 输出端。

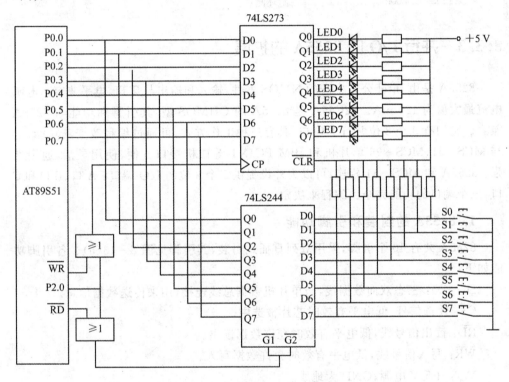

图 8-12 简单 I/O 口扩展电路

74LS244 的输入端接 8 个开关，用来输入数据。无键按下时，输入为全"1"，若某键按下，则该位对应输入为 0。74LS244 由地址引脚 P2.0、控制引脚 $\overline{RD}$ 相"或"后选通。当要进行数据输入时，P2.0＝0、$\overline{RD}$＝0，使下面的或门输出 0，74LS244 的控制端有效，选通 74LS244，将外部信息输入到 P0 口数据总线上。

74LS273 将输入的数据锁存输出，输出控制信号由地址引脚 P2.0、控制引脚 $\overline{WR}$ 相"或"后形成。当 P2.0＝0、$\overline{WR}$＝0 后，或门输出 0，74LS273 的控制端有效，选通 74LS273，P0 口上的数据锁存到 74LS273 的输出端，其输出控制发光二极管 LED，当某线输出 Qi＝0 时，对应的 LED 发光，否则不亮。

因为 74LS244 和 74LS273 都是在 P2.0 为 0 时被选通的，可见输入/输出都是在

P2.0 为 0 时有效，故 P2.0 作为 74LS273 和 74LS244 芯片的地址信息输出线。所以两个芯片的口地址均可以是 FEFFH（这个地址不是唯一的,只要保证 P2.0=0,其他地址位无关）。由于控制线$\overline{RD}$和$\overline{WR}$相互独立,两个信号不可能同时为 0,尽管输入/输出口共用一个口地址,但不会发生地址冲突。

读入开关状态和输出显示程序如下：

```
LOOP:MOV    DPTR,#0FEFFH    ;数据指针指向扩展 I/O 口地址
     MOVX   A,@DPTR         ;检测按键,由 74LS244 读入开关状态数据
     MOVX   @DPTR,A         ;向 74LS273 输出数据,驱动 LED
     SJMP   LOOP            ;循环测试
```

8.3.3　并行 I/O 口 8255A 的扩展

8255A 是由 Intel 公司生产的 NMOS 器件,输入和输出与 TTL 电平兼容。电源电流最大值为 120 mA。82C55A 是 8255A 的 CHMOS 型,其引脚和功能与 8255A 兼容。它们有 3 个 8 位并行 I/O 口,具有三种工作方式,可通过编程改变其功能,它与 MCS-51、MCS-96 单片机和 IBM PC/XT 等微机接口方便,使用灵活,通用性强。8255A 和 MCS-51 相连,可以为外设提供 3 个 8 位的 I/O 端口：A 口、B 口和 C 口,三个端口的功能完全由编程来决定。

1. 8255A 的封装和引脚功能

8255A 共有 40 个引脚,采用双列直插式封装,其引脚见图 8-13(a)。各引脚功能如下：

D7～D0：三态双向数据线,与单片机数据总线连接,用来传送数据信息。

$\overline{CS}$：片选信号,低电平有效时芯片被选中。

$\overline{RD}$：读出信号线,低电平有效时允许数据读出。

$\overline{WR}$：写入信号线,低电平有效时允许数据写入。

V_{CC}：+5 V 电源；GND 为地线。

PA7～PA0、PB7～PB0、PC7～PC0：24 条双向三态 I/O 总线,分别与 A、B、C 口相对应,用于 8255A 和外设之间传送数据。

RESET：复位信号线,高电平有效。一般和单片机的复位相连,复位后,8255A 的所有控制寄存器清 0,所有口均为输入方式。

A1、A0：地址输入线,用来选择内部端口。当芯片被选中时,A1、A0 的 4 种组合 00、01、10、11 分别用于选择 A、B、C 口和控制寄存器。

2. 8255A 的内部结构

8255A 的内部结构如图 8-13(b)所示,它由三个并行数据输入/输出端口,两个工作方式控制电路,一个读/写控制逻辑电路和一个 8 位数据总线缓冲器 4 个逻辑结

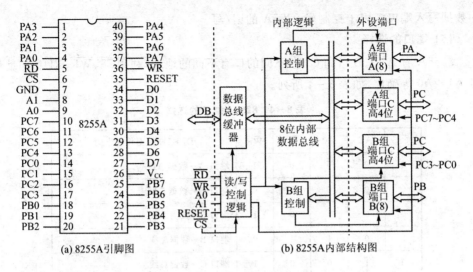

图 8-13　8255A 引脚与内部结构图

构组成。各部分结构功能概括如下。

(1) 数据端口 A、B、C

A口、B口和C口均为 8 位 I/O 数据口,但结构上略有差别。A口由一个 8 位的数据输出缓冲/锁存器和一个 8 位的数据输入缓冲/锁存器组成;B口由一个 8 位的数据输出缓冲/锁存器和一个 8 位的数据输入缓冲器(不锁存)组成;C口由一个 8 位数据输出锁存/缓冲器和一个 8 位数据输入缓冲器(不锁存)组成。

三个端口都可以和外设相连,分别传送外设的输入/输出数据或控制信息。通常,A口、B口作为数据输入/输出端口;C口作为控制/状态信息端口,它在方式控制字的控制下可分为两个 4 位锁存器,分别与 A口和 B口配合使用,作为控制信号输出或状态信息输入端口,在方式 0 时 C口可用作输入或输出。

(2) 工作方式控制电路

工作方式控制电路有两个,一个是 A 组控制电路,另一个是 B 组控制电路。这两组控制电路具有一个控制命令寄存器,用来接收 CPU 发来的控制字,以决定两组端口的工作方式,也可根据控制字的要求对 C口按位清 0 或者按位置 1。

A 组控制电路用来控制 A口和 C口的上半部分(高 4 位 PC7~PC4)。B 组控制电路用来控制 B口和 C口的下半部分(低 4 位 PC3~PC0)。

(3) 总线数据缓冲器

总线数据缓冲器是一个三态双向 8 位缓冲器,作为 8255A 与系统总线之间的接口,用来传送数据、指令、控制命令以及外部状态信息。

(4) 读/写控制逻辑电路

读/写控制逻辑电路接收 CPU 发来的控制信号 $\overline{RD}$、$\overline{WR}$、RESET、$\overline{CS}$ 和地址信号 A1~A0 等,然后根据控制信号的要求,将端口数据送往 CPU,或者将 CPU 送来的数据写入端口。用于控制对 8255A 的读/写。

(5) 端口的选择

8255A 有 A 口、B 口和 C 口,不同的口有不同的地址,利用 $\overline{CS}$、$\overline{WR}$、$\overline{RD}$ 和地址信号 A1~A0 等确定,如表 8-4 所列。

表 8-4 8255A 端口的选择

$\overline{CS}$	A1	A0	$\overline{RD}$	$\overline{WR}$	D7~D0 数据传送方向
0	0	0	0	1	端口 A→数据总线
0	0	0	1	0	端口 A←数据总线
0	0	1	0	1	端口 B→数据总线
0	0	1	1	0	端口 B←数据总线
0	1	0	0	1	端口 C→数据总线
0	1	0	1	0	端口 C←数据总线
0	1	1	0	1	无效
0	1	1	1	0	数据总线→8255A 控制寄存器
0	X	X	1	1	数据总线为三态
1	X	X	X	X	数据总线为三态

3. 8255A 的控制字及工作方式选择

8255A 的三个端口具体工作在什么方式是通过 CPU 对控制口的写入控制字来决定的。8255A 有 2 个控制字,即工作方式控制字和对 C 口按位操作控制字。2 个控制字共用一个设备地址,即在 A1、A0 为 11 的情况下发送。用户通过程序把这两个控制字送到 8255A 的控制寄存器(A0A1=11),这两个控制字以 D7 来作为标志。如果控制字的高位(D7)为 1 时,表示所送的控制字为工作方式控制字;如果控制字的高位(D7)为 0 时,表示所送的控制字为对 C 口按位操作控制字。

(1) 工作方式控制字

工作方式控制字的格式如图 8-14(a)所示。8255A 有方式 0、方式 1 和方式 2 三种基本工作方式,其工作方式由方式控制字来决定,由 CPU 通过输出指令(地址 A1=A0=1 时)写入。其中 C 口被分为两部分,上半部分与 A 口配合组成 A 组,下半部分与 B 口配合组成 B 组。

其中 A 口可工作于方式 0、方式 1 或方式 2,而 B 口只能工作于方式 0 或方式 1。

【例 8-6】 设 8255A 控制字寄存器的地址为 F3H,试编程使 A 口为方式 0 输出,B 口为方式 0 输入,PC4~PC7 为输出,PC0~PC3 为输入。

根据要求可以得出工作方式控制字为 10000011B=83H,其程序如下:

```
MOV    R0,#0F3H
MOV    A,#83H
MOVX   @R0,A
```

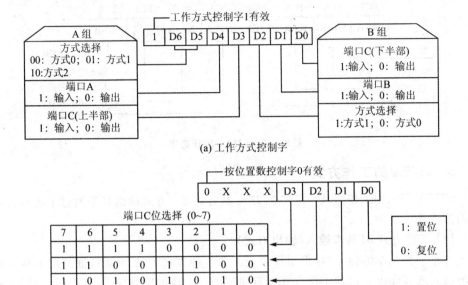

图 8-14 8255A 的控制字

(2) 对 C 口按位操作控制字

C 口还具有位操作功能,把一个操作控制字送入 8255A 的控制寄存器,就能将 C 口的某一位置 1 或清 0,而不影响其他位的状态。因此,又可称为 C 口置/复位控制字。这样,就可使 8255A 方便地用于逻辑控制,C 口的按位操作控制字如图 8-14 (b)所示。其中 D0 指示输出的数值,"0"为输出低电平,"1"为输出高电平。D1、D2、D3 为指示要选择的位。

【例 8-7】 仍设 8255A 控制字寄存器地址为 F3H,试编程将 PC1 置 1,PC3 清 0。

程序如下:

```
MOV    R0,#0F3H
MOV    A,#03H
MOVX   @R0,A
MOV    A,#06H
MOVX   @R0,A
```

4. 状态字

8255A 没有专用的状态字,而是当工作于方式 1 和方式 2 时,读取端口 C 的数据,即得状态字,见图 8-15。当状态字中有效信息位不满 8 位时,所缺的即为对应端口 C 引脚的输入电平。

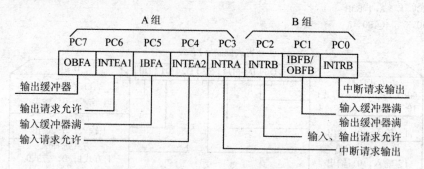

图 8-15　8255A 的状态字

5. 8255A 的工作方式

8255A 有三种工作方式：方式 0、方式 1、方式 2。方式的选择是通过上述写控制字的方法来完成的。

(1) 工作方式 0(基本输入/输出方式)

这是一种基本的输入/输出工作方式。在这种方式下，3 个端口都可以由程序设置为输入或者输出。这种工作方式没有固定用于响应的联络信号。其基本功能可概括如下。

A、B、C 这三个端口被分成 4 个，即 A 口(8 位)、B 口(8 位)、C 口上半部(PC7～PC4 为一整体)和 C 口下半部(PC3～PC0 为一整体)。CPU 可通过写图 8-14(a)所示的控制字把任一组设置为方式 0 输入或输出。之后，CPU 可以随时对这 4 个端口的任一个进行读或写。这 4 个端口作为输出时(CPU 对其写时)，所输出的数据将被锁存，但作为输入时没有锁存功能，数据仅被缓冲。在方式 0 时，不需要选通信号，单片机可以对 8255A 进行 I/O 数据的无条件传送。在方式 0 时，也可将 A 口、B 口作为两个数据输入/输出端口，C 口的某些位作为这两个端口的控制/状态信号线。

(2) 工作方式 1(带联络信号的输入/输出)

工作方式 1 是一种选通式输入/输出工作方式。在该工作方式下，3 个端口被分为两组，即 A 组和 B 组。A 组包括用作 8 位数据端口的 A 口和用作控制联络信号的 C 口的高几位(PC3～PC5)；B 组包括用作 8 位数据端口的 B 口和用作控制联络信号的 C 口的低几位(PC0～PC2)。CPU 可通过写图 8-14(a)的控制字独立定义任一组为方式 1 输入或输出。每个数据端口输出和输入均有锁存功能。在这种方式下，8255A 的 A 口和 B 口通常用于传送和它们相连外设的 I/O 数据，C 口作为 A 口和 B 口的握手联络线，以实现中断方式传送 I/O 数据。

C 口作为联络线的各位分配是在设计 8255A 时规定的，下面简单介绍一下方式 1 输入/输出时的控制联络信号。

1) 方式 1 输入

当任何一组端口工作于方式 1，作为输入口时，控制联络信号如图 8-16 所示。

各控制信号的功能如下:

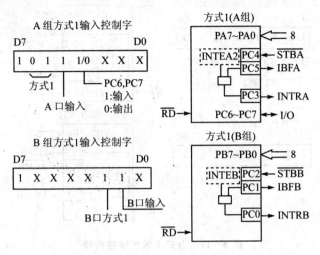

图 8-16 方式 1 输入联络信号

$\overline{STB}$(PC4 或 PC2):选通脉冲,低电平时有效。此信号来自外设,请求 8255A 接受来自外设的数据信号。该信号对 8255A 来说是选通输入信号(因而方式 1 又叫选通输入方式),当其处于有效电平(低电平)时,就将外设来的数据送入输入口的锁存器。

IBF(PC5 或 PC1):输入缓冲器满信号,高电平有效。这是 8255A 输出的状态信号,8255A 在 $\overline{STB}$ 的下降沿将输入的数据锁存在 A 口或 B 口中,同时将 IBF 置 1 告诉外设暂缓送数,而 $\overline{RD}$ 信号的上升沿使其复位(低电平)后,再允许外设输入下一个数据。

INTR(PC3 或 PC0):中断请求信号,高电平有效。它是在输入中断允许触发器(INTEA2 或 INTEB)以及 IBF 均为 1 时产生的高电平信号。CPU 接收 INTR 中断请求后产生 $\overline{RD}$ 信号,将输入数据读走。INTR 在 $\overline{RD}$ 信号的下降沿自动复位。

INTEA2:A 口输入中断允许触发器。可利用写 C 口按位操作字,如图 8-14 (b)所示,将 PC4 置位/复位来控制该触发器。当 PC4=1 时,开 A 口中断;当 PC4=0 时,关 A 口中断。

INTEB:B 口输入中断允许触发器。可利用写 C 口按位操作字,如图 8-14(b) 所示,将 PC2 置位/复位来控制触发器。当 PC2=1 时,开 B 口中断。

2) 方式 1 输出

当端口工作于方式 1 输出时,控制联络信号如图 8-17 所示。C 口有关位的作用如下:

$\overline{OBF}$:输出缓冲器满信号,低电平有效。这是 8255A 输出给外设的信号,表示 CPU 已把数据输出到指定的输出口。当 CPU 接受中断请求并执行输出指令时,在

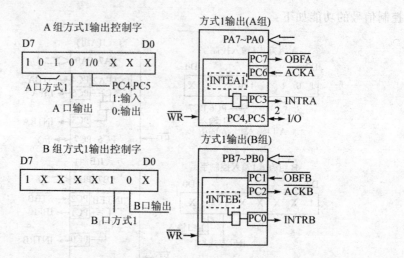

图 8-17 方式 1 输出联络信号

$\overline{WR}$ 的下降沿将输出数据送入 8255A 相应输出口锁存器并使 INTR 复位,而 $\overline{WR}$ 上升沿则将 $\overline{OBF}$ 置成"0"(有效电平),以通知外设,现在可以读走 8255A 的输出锁存器中的数据。外设读走数据时发出 $\overline{ACK}$ 信号作为应答信号。

$\overline{ACK}$:应答信号,来自外设,低电平有效。$\overline{ACK}$ 下降沿将 $\overline{OBF}$ 置"1",而 $\overline{ACK}$ 上升沿表示数据已被外设接收。

INTR:中断请求信号,高电平有效。它是当输出中断允许触发器 INTE(INTEA1 或 INTEB)以及 $\overline{OBF}$ 均为 1 时产生的高电平信号。CPU 接到 INTR 中断请求信号后,继续输出下一个数据,而在 $\overline{WR}$ 的下降沿将 INTR 复位。

INTEA1:由 PC6 的置位/复位来控制,当 PC6=1 时,开 A 口中断。类似于方式 1 输入的情形。

INTEB:由 PC2 的置位/复位来控制,当 PC2=1 时,开 B 口中断。类似于方式 1 输入的情形。

CPU 在向 8255A 写控制字时,地址为 A1=A0=1。若所写控制字的最高位 D7=1,则所写的控制字为图 8-14(a)所示方式控制字。若 D7=0,则所写控制字为图 8-14(b)所示的 C 口置位、复位控制字。在写完方式控制字后再写 C 口置位、复位控制字,后者不会影响前者的作用,相反,后者是前者的补充。例如,可以通过写 C 口置位、复位控制字使 PC4=1 或 PC2=1,或 PC4 和 PC2 均为 1 来开 A 口中断或 B 口中断,或同时开 A 口和 B 口中断。

(3) 方式 2(双向总线方式)

又称选通双向输入/输出工作方式。只有 A 组可使用方式 2,此时 A 口为输入/输出双向口,C 口中的高 5 位(PC7~PC3)作为 A 口的控制联络位。B 组只能在方式 0 和方式 1 下工作,此时 C 口的低 3 位(PC0~PC2)可用作输入/输出线,也可作 B 口的控制位。

A 组工作于方式 2 时,其控制字格式和引脚信号如图 8-18 所示(仅绘出了 PA 口和 PC 口的信号图)。由图可知,A 口在方式 2 时的控制信号与方式 1 下控制信号的名称、功能、引脚分别对应相同,只不过在方式 2 输入/输出时的中断请求都使用 PC3,所以在方式 2 下,A 口兼有方式 1 下输入/输出两种操作功能。

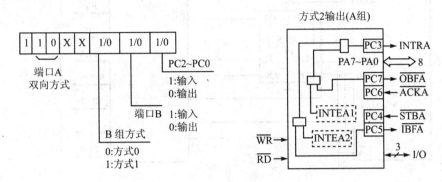

图 8-18 方式 2 控制字格式和引脚信号

6. 8255A 与 51 单片机的接口

8255A 具有 3 个输入/输出端口,3 种工作方式,因此它是一种功能很强的并行输入/输出接口,可方便地用作微型机与外围设备连接时的中间接口。8255A 和单片机的接口十分简单,只需要一个 8 位的地址锁存器和一个地址译码器(有时可以不用)即可。锁存器用来锁存 P0 口输出的低 8 位地址信息,地址译码器用来确定扩展芯片的片选端。8255A 可再与键盘、显示器以及其他外部扩展元件连接,从而实现单片机与各种外部设备的连接。

图 8-19 为 8255A 与 AT89S51 的接口电路,由于只有一种 8255A 芯片需要扩展,图中未用译码器,但同时扩展多种芯片时,需加译码器,8255A 的片选引脚 $\overline{CS}$ 可根据系统地址安排接到译码器的输出端。

图 8-19 中 RESET 可根据复位要求连接,8255A 的复位线 RESET 与 AT89S51 的复位端相连,都接到 AT89S51 的复位电路上;8255A 的 8 根数据线 D0~D7 直接和 P0 口一一对应相连;8255A 的 $\overline{RD}$ 和 $\overline{WR}$ 与 AT89S51 的 $\overline{RD}$ 和 $\overline{WR}$ 一一对应相连;8255A 的 $\overline{CS}$ 和 A1、A0 分别由 P0.7 和 P0.1、P0.0 经地址锁存器 74LS373 后提供,当然 $\overline{CS}$ 的接法不是唯一的。当系统要同时扩展外部 RAM 和 I/O 时,就要和 RAM 芯片的片选端一起经地址译码电路来获得,以免发生地址冲突。A 口、B 口、C 口可以根据用户需要连接外部设备。

图 8-19 中,P0.7 = $\overline{CS}$ = 0 时,选中 8255A。若 A 口接 8 个发光二极管 LED,B 口接 8 个按键开关,A 口方式 0 输出,B 口方式 0 输入,C 口未用。自己编写一段程序完成按下某一按键,相应发光二极管发光的功能。

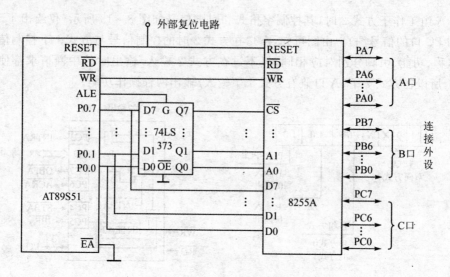

图 8-19 AT89S51 和 8255A 的接口电路

8.3.4 并行 I/O 口 RAM 8155 的扩展

8155 是 Intel 公司研制的带有计时器和静态 RAM 的可编程接口芯片。8155 芯片内不仅具有两个 8 位(A 口、B 口)、一个 6 位(C 口)的可编程 I/O 端口,还可以提供 256 B 的静态 RAM 存储器和一个 14 位的定时/计数器。8155 与 MCS-51 系列单片机接口非常简单,是单片机应用系统中广泛使用的芯片。

1. 8155 的结构和引脚

8155 有 40 个引脚,采用双列直插封装,其引脚图和内部结构框图如图 8-20 所示。

(1) 8155 的组成

按照器件的功能,8155 由下列三部分组成。

1) 随机存储器部分

容量为 256×8 位的静态 RAM。

2) I/O 接口部分

端口 A:可编程 I/O 端口 PA0~PA7。

端口 B:可编程 I/O 端口 PB0~PA7。

端口 C:可编程 6 位 I/O 端口 PC0~PC5。

命令寄存器:8 位寄存器,只允许写入。

状态寄存器:8 位寄存器,只允许读出。

3) 定时/计数器部分

定时/计数器是一个 14 位的二进制减法计数器。

第 8 章 51 单片机系统扩展技术

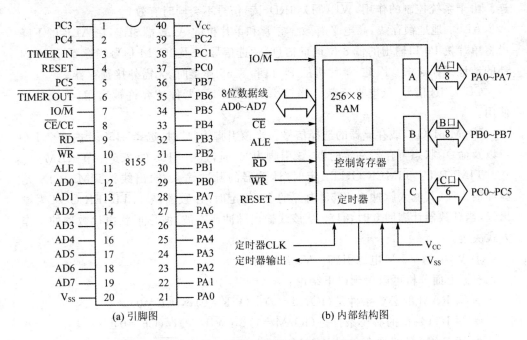

图 8-20 8155 的引脚和内部结构图

(2) 8155 引脚及功能

8155 具有 40 个引脚，采用双列直插式（DIP）封装，引脚分布图如图 8-20 所示，其功能定义如下：

① 地址/数据线 AD0～AD7(8 条)：是低 8 位地址线和数据线的共用输入总线，常和 51 单片机的 P0 口相连，用于分时传送地址数据信息。在允许地址锁存信号 ALE 的后沿（即下降沿），将 8 位地址锁存在内部地址寄存器中。该地址可作为存储器部分的低 8 位地址，也可是 I/O 接口的通道地址，这将由输入的 $IO/\overline{M}$ 信号的状态来决定。

在 AD0～AD7 引脚上出现的数据信息是读出还是写入 8155，由系统控制信号 $\overline{WR}$ 或 $\overline{RD}$ 来决定。

② I/O 口总线（22 条）：PA0～PA7、PB0～PB7 分别为 A、B 口线，用于 8155 和外设之间传递数据；PC0～PC5 为 C 端口线，既可与外设传送数据，也可以作为 A、B 口的控制联络线。

③ 控制总线：包括 RESET、ALE、$\overline{WR}$、$\overline{RD}$、$\overline{CE}$、$IO/\overline{M}$、TIMER IN、$\overline{TIMER\ OUT}$ 共 8 条。

RESET：这是复位信号，高电平有效，通常与单片机的复位端相连，作为总清零器件使用。RESET 信号的脉冲宽度一般为 600 ns。当器件被总清后，各接口（A、B、C 口）被置成输入工作方式。

$\overline{RD}$、$\overline{WR}$：读、写信号，控制 8155 的读或写操作，可以直接与单片机的读、写线相连。由于系统控制的作用,$\overline{\text{WR}}$(写)和$\overline{\text{RD}}$(读)信号不会同时有效。

ALE:地址锁存线,高电平有效。它常和单片机的 ALE 端相连,在 ALE 的下降沿将单片机 P0 口输出的低 8 位地址信息、片选信号$\overline{\text{CE}}$及 IO/$\overline{\text{M}}$信号锁存到 8155 内部的地址锁存器中。因此,单片机的 P0 口和 8155 连接时,无需外接锁存器。

$\overline{\text{CE}}$:片选信号,低电平有效。当该引脚为"0"时,器件才允许被启用,否则禁止使用。

IO/$\overline{\text{M}}$:I/O 口或存储器的选择信号。当该引脚为"1"时,选择 8155 片内 3 个 I/O 口以及命令/状态寄存器和定时器;该引脚为"0"时,选中 8155 的 256 字节 RAM。

TIMER IN、$\overline{\text{TIMER OUT}}$:定时/计数器的脉冲输入/输出线。TIMER IN 是脉冲输入线,其输入脉冲对 8155 内部的 14 位定时/计数器减 1;$\overline{\text{TIMER OUT}}$为输出线,当计数器计满回 0 时,8155 从该线输出脉冲或方波,波形形状由计数器的工作方式决定。

④ V_{CC}:为+5 V 电源引脚。V_{SS}为地引脚。

根据上面分析可以得到以下结论:
- 写 RAM 的必要条件是(IO/$\overline{\text{M}}$=0)&($\overline{\text{WR}}$=0)&($\overline{\text{CE}}$=0)。
- 写 I/O 端口的必要条件是(IO/$\overline{\text{M}}$=1)&($\overline{\text{WR}}$=0)&($\overline{\text{CE}}$=0)。
- 读 RAM 的必要条件是(IO/$\overline{\text{M}}$=0)&($\overline{\text{RD}}$=0)&($\overline{\text{CE}}$=0)。
- 读 I/O 端口电路的必要条件是 (IO/$\overline{\text{M}}$=1)&($\overline{\text{RD}}$=0)&($\overline{\text{CE}}$=0)。

2. 作为片外 RAM 使用

当 IO/$\overline{\text{M}}$=0,$\overline{\text{CE}}$=0 时,8155 只能做片外 RAM 使用,共 256 B。其寻址范围由$\overline{\text{CE}}$以及 AD0~AD7 的接法决定,此时,P0 口输出的低 8 位地址为 8155 片内 256 字节 RAM 的地址(单片机的 P0 口仍与 8155 的 AD0~AD7 相连)。这和前面讲到的片外 RAM 扩展时讨论的完全相同。当系统同时扩展片外 RAM 芯片时,要注意二者的统一编址。对这 256 字节 RAM 的操作,使用片外 RAM 的读/写指令"MOVX"。

下面为一段检验数据能否正确从 8155 中读出和写入的程序。设 8155 存储器的地址范围为 7E00H~7EFFH。

```
STAR:   MOV     DPTR,#7E00H     ;指向 8155 RAM 的 00H 单元
        MOV     A,#01H          ;01 写入 A 中
        MOVX    @DPTR,A         ;写入 8155 片内 RAM 单元
        INC     DPTR            ;指向下一个单元
        MOV     A,#0FFH
        MOVX    @DPTR,A
        MOV     DPTR,#7E00H
        MOVX    A,@DPTR         ;从 8155 RAM 中读数
        MOV     R2,A            ;暂存 R2 中
        INC     DPTR            ;指向下一个单元
```

```
         MOVX   A,@DPTR
         ADD    A,R2              ;取两个数相加
         JZ     OK                ;和为零?
ERR:     …                        ;不为 0,读/写不正确
         …
         RET
OK:      …                        ;为 0,读/写正确
         RET
```

3. 8155 的 RAM 和 I/O 口的编址

与其他接口芯片一样,8155 芯片中的 RAM 和 I/O 口均占用单片机系统片外 RAM 的地址,其中高 8 位地址由 $\overline{CE}$ 和 IO/$\overline{M}$ 信号决定。当 $\overline{CE}=0$,且 IO/$\overline{M}=0$ 时,低 8 位的 00H~FFH 为 RAM 的有效地址;当 $\overline{CE}=0$,且 IO/$\overline{M}=1$ 时,此时可以对 8155 片内 3 个 I/O 端口以及命令/状态寄存器和定时/计数器进行操作。与 I/O 端口和计数器使用有关的内部寄存器共有 7 个,需要三位地址来区分,由低 8 位地址中的末 3 位(A2A1A0)来决定各个口的地址。

其中 8155 器件的 I/O 部件由 5 个寄存器组成,包括两个命令/状态寄存器、A 口和 B 口的寄存器 PA 和 PB、C 口的寄存器 PC。

命令/状态寄存器地址为××××× 000,在写操作期间,选中命令寄存器,就把一个命令写入命令寄存器中,此时命令寄存器中的状态信息不能通过其引脚来读取;在读操作期间,选中状态寄存器,读出状态信息。

A 口和 B 口的寄存器 PA 和 PB,将根据状态寄存器的内容,分别对 PA0~PA7 和 PB0~PB7 编程,使相应的 I/O 电路处于基本的输入/输出方式或选通方式。PA 和 PB 寄存器的地址分别为×××××001 和×××××010。

C 口的寄存器 PC,其地址为×××××011。该寄存器仅 6 位,可以对 I/O 端口电路 PC0~PC5 进行编程,或对命令寄存器的 D2(PCI)和 D3 位(PCII)进行适当编程,使其成为 PA 和 PB 的控制信号。

另外还有两个定时/计数器寄存器,定时/计数器低 8 位寄存器的地址为×××××100,定时/计数器高 8 位寄存器的地址为×××××101。

对于多数单片机应用系统来说,由于片外 RAM 区的容量较大(最大为 64 KB),因此可采用线选法对接口芯片进行编址。对 8155 来说,常用高 8 位地址中的两位来选择 $\overline{CE}$ 和 IO/$\overline{M}$。例如将 P2.7 接至 $\overline{CE}$,将 P2.0 接至 IO/$\overline{M}$,对于 RAM,$\overline{CE}=$P2.7$=0$,IO/$\overline{M}=$P2.0$=0$,对于 I/O 口,$\overline{CE}=$P2.7$=0$,IO/$\overline{M}=$P2.0$=1$。那么 8155 的 RMA 和 I/O 口的编址如下:

A15	A14	A13	A12	A11	A10	A9	A8	A7	A6	A5	A4	A3	A2	A1	A0	I/O 口与 RAM
0	X	X	X	X	X	X	1	X	X	X	X	X	0	0	0	命令状态口
0	X	X	X	X	X	X	1	X	X	X	X	X	0	0	1	PA 口
0	X	X	X	X	X	X	1	X	X	X	X	X	0	1	0	PB 口
0	X	X	X	X	X	X	1	X	X	X	X	X	0	1	1	PC 口
0	X	X	X	X	X	X	1	X	X	X	X	X	1	0	0	定时器低 8 位
0	X	X	X	X	X	X	1	X	X	X	X	X	1	0	1	定时器高 8 位
0	X	X	X	X	X	X	0	X	X	X	X	X	X	X	X	RAM

对于 RAM,地址范围为 01111110 00000000～01111110 11111111 即 7E00H～7EFFH。对于 I/O 口,口地址范围为 01111111 00000000～01111111 00000101,即 7F00H～7F05H。

具体分配如下：

命令口为 7F00H；A 口为 7F01H；B 口为 7F02H；C 口为 7F03H；定时器低 8 位为 7F04H；定时器高 8 位为 7F05H。上述地址不唯一,取决于无关位的取值。

4. 8155 的命令字与状态字

8155 有一对命令/状态字寄存器,实际上这是两个各自独立的 8 位寄存器,分别存放命令字和状态字。由于对命令寄存器只能进行写操作,对状态寄存器只能进行读操作,因此把它们统一编址,合称命令/状态寄存器,有时以 C/S 寄存器来表示。使用 8155 时,应先向命令寄存器写入一个命令字以确定它们的工作方式。它们的工作方式均由可编程命令寄存器的内容所规定,而其状态可由读状态寄存器的内容获得。控制字只能通过指令"MOVX @DPTR, A"或"MOVX @Ri, A"写入命令寄存器,再通过相应指令从状态寄存器读出内容。

(1) 8155 的命令字格式

命令寄存器中的命令字共 8 位,用于定义 I/O 口及定时器的工作方式。命令字的每一位都能锁存。其中低 4 位(D0～D3 位)用来定义 PA、PB 和 PC 接口的工作方式；当 PC 用于控制 PA 或 PB 的端口工作时,D4、D5 两位分别用来允许或禁止 PA 和 PB 的中断；而最高两位(D6,D7 两位)则用来定义定时/计数器的工作方式。利用输出指令,可以将对命令寄存器的各位编码打入其中。8155 命令寄存器各位的定义如图 8-21 所示。

D0 位(PA)：定义 PA0～PA7 数据信息传送的方向。"0"为输入方式；"1"为输出方式。

D1 位(PB)：定义 PB0～PB7 数据信息传送的方向。"0"为输入方式；"1"为输出方式。

D3、D2 位(PCⅡ,PCⅠ)：定义 PC0～PC5 的工作方式。"00"为方式Ⅰ,A、B 为基本 I/O,C 口输入；"11"为方式Ⅱ,A、B 为基本 I/O,C 口输出；"01"为方式Ⅲ,A 口为

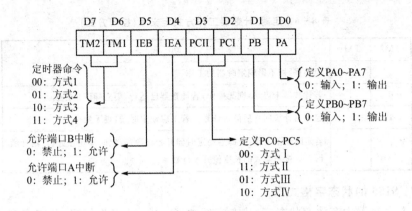

图 8-21　8155 寄存器的命令字

选通 I/O，B 为基本 I/O，C 口低 3 位为联络信号，高 3 位输出；"10"为方式Ⅳ，A、B 口均为选通 I/O，C 口低 3 位为 A 口联络信号，高 3 位为 B 口联络信号。这些联络控制信号线有 I/O 缓冲器满标志（BF），输出，高电平有效；中断请求信号（INTR），输入，高电平有效；选通信号（$\overline{STB}$），输入，低电平有效。以上信号线对 A 口和 B 口均适用，它们都由 C 口提供，方式Ⅰ～Ⅳ时，PC0～PC5 的各位功能如表 8-5 所列。

表 8-5　端口 C 控制分配表

PCⅡ　PCⅠ	00	11	01	10
方式	Ⅰ	Ⅱ	Ⅲ	Ⅳ
PC0	输入	输出	A INTR（A 口中断请求）	A INTR
PC1	输入	输出	A BF（A 口缓冲器满）	A BF
PC2	输入	输出	A $\overline{STB}$（A 口选通）	A $\overline{STB}$
PC3	输入	输出	输出	B INTR（B 口中断请求）
PC4	输入	输出	输出	B BF（B 口缓冲器满）
PC5	输入	输出	输出	B $\overline{STB}$（B 口选通）
A，B 的工作状态	A，B 口均为基本数据输出口	A，B 口均为基本数据输出口	A 口为选通数据输入输出，B 口为基本数据输出口	A，B 口均为选通数据输入/输出口

当 8155 的 A、B、C 三个口被定义为基本 I/O 口使用时，可以直接利用"MOVX"类指令完成对这三个口的读/写（输入/输出）操作。

D4 位（IEA）：在端口 C 对 PA0～PA7 起控制作用时，IEA 位用来定义允许端口 A 的中断。"0"为禁止；"1"为允许。

D5 位（IEB）：当端口 C 工作在对 PB0～PB7 起控制作用时，IEB 位用来定义允许端口 B 的中断。"0"为禁止；"1"为允许。

D7、D6 位（TM2、TM1）：用来定义定时/计数器工作的命令。有四种情况，如表 8-6 所列。

表 8-6 定时/计数器工作方式定义表(控制方式)

TM2	TM1	功　能
0	0	无操作,即不影响定时器的工作
0	1	若计数器未启动,则无操作;若计数器已运行,则立即停止计数
1	0	定时器计满回 0 后停止计数。若未启动定时器,则无操作
1	1	若定时器不工作,立即启动定时器开始计数;若定时器正在计数,则计满回 0 后按新输入的长度值开始计数

(2) 8155 的状态字格式

状态寄存器中存放有状态字,状态字反映了 8155 的工作情况,状态寄存器和命令寄存器是同一地址,状态寄存器只能读出不能写入,也就是说,状态字只能通过指令"MOVX A,@DPTR"或"MOVX A,@Ri"来读出,以此来了解 8155 的工作状态。状态寄存器为 8 位,各位均可锁存,其中最高位为任意位,低 6 位用于存放各 I/O 接口的状态,另一位用作指示定时/计数器的状态。通过读寄存器的操作(即用指令系统的输入指令),可读出状态寄存器的内容。8155 的状态字格式如图 8-22 所示。

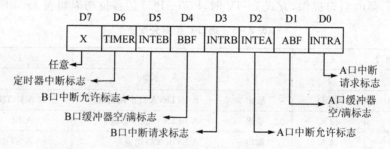

图 8-22　8155 的状态字格式

5. 8155 I/O 端口的工作方式及应用

当使用 8155 的 3 个 I/O 端口时,它们可以工作于不同的方式,工作方式的选择取决于写入的控制字,如图 8-21 所示。其中,A、B 口可以工作于基本 I/O 方式或选通 I/O 方式,C 口可工作于基本 I/O 方式,也可以作为 A、B 选通方式时的控制联络线。

方式 Ⅰ、Ⅱ 时,A、B、C 口都工作于基本 I/O 方式,基本 I/O 为无条件传送,不需任何联络信号,可以直接和外设相连,采用 MOVX 类的指令进行输入/输出操作。

方式 Ⅲ 时,A 口为选通 I/O 方式,由 C 口的低 3 位作联络线,其余位作 I/O 线;B 口为基本 I/O 方式。方式 Ⅳ 时,A、B 口均为选通 I/O 方式,C 口作为 A、B 口的联络线。选通 I/O 为条件传送,传送的方式可用查询方式,也可用中断方式。8155 的 A 口、B 口均可工作于此方式,这时需由 C 口提供联络控制信号线。

当 IO/$\overline{M}$ 为高电平时,8155 选通片内的 I/O 端口。A、B、C 三个口可以作为扩展的 I/O 口使用，AT89S51 单片机的 P0 口与 8155 的 AD0～AD7 相连。此时 P0 口输出的低 8 位地址只有低 3 位有效，用于片内选址，其他位无用。使用 A、B、C 三个口时，首先向命令寄存器写入一个控制字以确定 3 个口的工作方式，见图 8-22。如果写入的控制字规定它们工作于方式 I 或方式 II，则这 3 个口都是独立的基本 I/O 口。可以直接利用"MOVX A,@DPTR"或"MOVX @DPTR,A"指令完成这 3 个口的读/写（输入/输出）操作。

工作在方式 III 或方式 IV 时，C 口用作控制口或部分用于控制，见表 8-5。C 口的低 3 位用于 A 口的控制，高 3 位用于 B 口的控制，这时 A 口或 B 口用作选通数据输入或输出口。

例如，用 8155 作为键盘显示器接口，A 口为基本输出口，B 口为基本输入口，C 口为输出口，则控制字设定为 00001101＝0DH。如果控制寄存器的地址为 7F00H，则写入控制字的程序段为

```
MOV    DPTR,#7F00H
MOV    A,#0DH
MOVX   @DPTR,A
```

6. 8155 定时/计数器工作原理及应用

8155 的定时/计数器是一个 14 位的减法计数器，它的功能主要用于计数或定时。它能对 TIMER IN 的输入脉冲进行计数，当达到最后计数值（计满）时，有一个矩形波或脉冲通过 $\overline{\text{TIMER OUT}}$ 输出。当 TIMER IN 接外脉冲时，为计数方式；接系统时钟时为定时方式，实际使用时一定要注意芯片允许的最高计数频率。

对定时器的使用应分两层管理，第一层写入命令寄存器的控制字(D7、D6)，确定定时器的启动、停止或装入常数（见表 8-6）。第二层写入定时器的两个寄存器的内容，确定计数长度和输出方式。要编程定时器，首先应装入计数长度寄存器。由于计数长度为 14 位(第 0～13 位)，而每次装入的长度只能是 8 位，所以必须分两次装入，每次装入一个字节。装入时要先确定定时器高、低字节的地址，定时器低 8 位寄存器的地址为×××××100，定时器高 8 位寄存器的地址为×××××101。记数范围为 0002H～3FFFH。

定时器寄存器的格式如下：

15	14	13	12	11	10	9	8
M2	M1	T13	T12	T11	T10	T9	T8
定时器方式		计数长度高6位					

7	6	5	4	3	2	1	0
T7	T6	T5	T4	T3	T2	T1	T0
计数长度低8位							

定时/计数器的初始值和输出方式由高、低 8 位寄存器的内容决定，其中低 14 位组成计数器，剩下的两个高位(M2M1)定义定时器的输出方式。

表 8-7 定时器方式定义表

M2	M1	方式	定时器输出波形
0	0	单方波	
0	1	连续方波	
1	0	单脉冲	
1	1	连续脉冲	

定时/计数器的输出方式由定时器高 8 位寄存器中的 M2,M1 两位来决定。定时器的输出方式如表 8-7 所列。

单方波指的是从启动计数器开始,前半个周期为高电平,后半个周期为低电平。定时器为方波定时器,在计数值为奇数时,前半个周期(高电平)比后半个周期(低电平)要大一个数,例如记数值为 9,定时器在 5 个脉冲周期内输出为高电平,在 4 个脉冲周期内输出为低电平。

8155 对内部定时器的控制是由 8155 控制字的 D7、D6 位决定的(见图 8-21),有 4 种可供选择的方式,具体见表 8-6。8155 计数方式一般做信号发生器使用,由 TIMER IN 输入连续计数脉冲后,由编程控制 $\overline{\text{TIMER OUT}}$ 输出不同波形。应该注意的是:

① 当计数器正在计数时,可以允许在计数器中装入新的方式和长度,但在装入新的方式和长度之前,必须先向定时器发送一个启动命令。

② 当硬件复位后,会使 8155 计数器停止计数,如果重新启动,必须由 C/S 寄存器发出启动定时器命令。

③ 8155 的定时/计数器,在计数溢出时,通过 TIMER OUT 引脚向外部发出 1 个脉冲信号。8155 的定时器在计数过程中,计数器的值并不直接表示外部输入的脉冲数。若作为外部事件计数,那么由计数器的现行计数值求输入脉冲数的方法为:停止计数器计数,分别读出计数器的两个字节内容,取其低 14 位数作为现行计数值,算出现行计数值与初始计数值之差即可。

7. AT89S51 单片机和 8155 的接口方法

51 单片机和 8155 的接口非常简单,因为 8155 内部有一个 8 位地址锁存器,故无需外接锁存器。在二者的连接中,8155 的片选端可以采用线选法、全译码等方法,这和 8255 类似。在整个单片机应用系统中要考虑与片外 RAM 及其他接口芯片的统一编址,确定 8155 的相关地址。图 8-23 所示为 8155 和 51 单片机相连的一种基本连接方法。在同时需要扩展 RAM 和 I/O 口及计数器的 51 单片机应用系统中选用 8155 是特别经济的。8155 的 RAM 可以作为数据缓冲器,8155 的 I/O 口可以外接打印机、A/D、D/A、键盘等控制信号的输入/输出。8155 的定时器可以作为分频器或定时器。

图 8-23 所示接法中,当 P2.2=0 且 P2.1(地址线 A9)也为 0 时,选中 8155 的 RAM;当 P2.2=0 且 P2.1 为 1 时,选中 8155 的 I/O 口。根据上述 $\overline{\text{CE}}$ 和 IO/$\overline{\text{M}}$ 的连接关系,可以确定 8155 的 RAM 和 I/O 口的编址如下:

第8章 51单片机系统扩展技术

A15	A14	A13	A12	A11	A10	A9	A8	A7	A6	A5	A4	A3	A2	A1	A0	I/O端口与RAM
X	X	X	X	X	0	1	X	X	X	X	X	0	0	0	0	命令状态口
X	X	X	X	X	0	1	X	X	X	X	X	0	0	0	1	PA口
X	X	X	X	X	0	1	X	X	X	X	X	0	0	1	0	PB口
X	X	X	X	X	0	1	X	X	X	X	X	0	0	1	1	PC口
X	X	X	X	X	0	1	X	X	X	X	X	0	1	0	0	定时器低8位
X	X	X	X	X	0	1	X	X	X	X	X	0	1	0	1	定时器高8位
X	X	X	X	X	0	0	X	X	X	X	X	X	X	X	X	RAM

由编址可得,按图8-23所示接法,8155的RAM和各端口地址如下(设无关位为0):

RAM的地址为0000H~00FFH；

命令/状态口为0200H；

A口为0201H；

B口为0202H；

C口为0203H；

定时器低位为0204H；

定时器高位为0205H。

上述8155各端口的地址都不是唯一的。

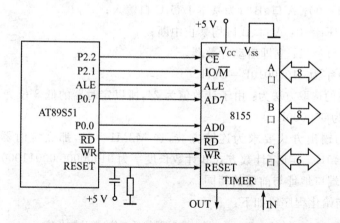

图8-23　8155与AT89S51单片机的接口

8. 8155的初始化编程及应用举例

8155的工作方式是通过对命令控制字的编程来实现的,在使用时首先要有初始化程序。8155初始化编程的主要内容为写入8155的命令字和定时/计数器的初值以及输出方式。现举例说明如下。

【例 8-8】 采用如图 8-24 所示的接口电路,设 A 口与 C 口为输入口,B 口为输出口,均为基本 I/O。定时器为连续方波工作方式,对输入脉冲进行 24 分频。试编写 8155 的初始化程序。

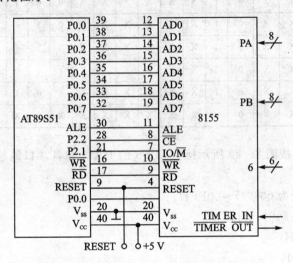

图 8-24　AT89S51 与 8155 的接口电路

命令字可选取为:

PA=0:A 口输入;

PB=1:B 口输出;

PC2、PC1=00:A 口、B 口为基本 I/O,C 口输入;

IEA=0,IEB=0:A 口、B 口均禁止中断;

TM2、TM1=11:立即启动计数器。

所以命令字为 11000010B=C2H。

计数初值的选取方法为:由于计数值为 24,所以定时器的低 8 位为 00011000B=18H,高 6 位为 000000B。

定时器的输出方式要求为连续方波,选 M2M1=01,那么定时器的高 8 位为 01000000B=40H。定时/计数方式和计数长度字为 01000000 00011000 B =4018H。

RAM 及端口地址与前面的相同。

相应的初始化程序段如下:

```
MOV     DPTR,#0204H        ;指向定时器的低8位,送计数长度
MOV     A,#18H             ;取定时器低8位的值
MOVX    @DPTR,A            ;写入定时器低8位
INC     DPTR               ;指向定时器高8位
MOV     A,#40H             ;取定时器高8位的值
MOVX    @DPTR,A            ;写入定时器高8位
MOV     DPTR,#0200H        ;指向命令口
```

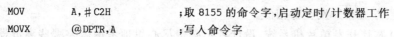

```
        MOV     A,#C2H              ;取 8155 的命令字,启动定时/计数器工作
        MOVX    @DPTR,A             ;写入命令字
```

【例 8-9】 采用图 8-23 所示的接口电路,从 8155 的 A 口输入数据并进行判断:若不为 0,则将该数据存入 8155 的 RAM 中(从起始单元开始存放,数据的总数不超过 256 个),同时从 B 口输出,并将 PC0 置"1";若为 0,则停止输入/输出,同时将 PC0 清"0"。试编写能完成上述任务的初始化及应用程序。

初始化及应用程序如下:

```
        MOV     DPTR,#0200H         ;指向命令口
        MOV     A,#06H              ;设置命令字
        MOVX    @DPTR,A             ;写入命令字
        MOV     R0,#00H             ;指向 8155 的 RAM 区首址
        MOV     R1,#00H             ;数据总数为 256 个
LOOP1:  MOV     DPTR,#0201H         ;指向 A 口
        MOVX    A,@DPTR             ;从 A 口读入数据
        JZ      LOOP3               ;为 0 则转
        MOVX    @R0,A               ;不为 0,则存入 RAM 单元
        INC     R0                  ;指向下一单元
        INC     DPTR                ;指向 B 口
        MOVX    @DPTR,A             ;从 B 口输出
        INC     DPTR                ;指向 C 口
        MOVX    A,@DPTR             ;读取 C 口数据
        SETB    ACC,0               ;使 PC0 置 1
        MOVX    @DPTR,A             ;回送
        DJNZ    R1,LOOP1            ;未完则反复
LOOP2:  SJMP    $                   ;暂停
LOOP3:  MOV     DPTR,#0203H         ;指向 C 口
        MOVX    @DPTR,A             ;回送
        SJMP    LOOP2
```

在 51 单片机并行 I/O 口的扩展应用中,并行 I/O 口芯片 8255A、8155 由于技术成熟,使用方便,目前仍应用广泛。但在大型复杂系统的开发中,8255A、8155 扩展方式还是存在一些不足,例如,结构庞大、系统 PCB 布线面积大、成本高、影响可靠性。

为了克服上述不足,一些公司相继研制生产了一些新型芯片,例如,可编程系统器件 PSD(Programmable System Device)。PSD 是把 EPROM、SRAM、PLD、地址锁存器以及众多 I/O 端口集成到一块半导体硅片上的芯片。PSD 结构类型繁多,美国 ST 公司的 Flash 型,可以在线多次修改数据是 PSD 中的佼佼者。目前 Flash 型 PSD 的产品系列主要有 PSD 8××F、PSD 9××F、PSD 4000 和 DSM 21××,其存储器容量范围为 1~4 MB。其中,PSD8××F、PSD9××F 系列主要用于 8 位单片机的接口,PSD4000 系列主要用于 16 位单片机的接口,DSM21 系列用于和 DSP 系统的接口。

不同 PSD 产品内部结构、工作原理和工作性能有所差异,但基本组成部分相同,

因此接口原则、方法和开发步骤相似。

利用PSD芯片开发单片机系统,设计者不必费尽心思地考虑需要哪些离散器件来构成系统所需的存储器、译码电路、端口和地址锁存器。PSD芯片功能高度集中,使得小型系统的组件可降低到两个芯片,即一片微控制器和一片PSD芯片。这种两片方案的硬件设计,既可简化电路、节省印制板空间、缩短产品开发周期,又可增加系统可靠性、降低产品功耗。当然,对于较大的系统,可配置多个PSD芯片,而不需要外加逻辑电路。将两个或多个PSD芯片通过水平级联(以增加总线宽度)或垂直级联(以增加子系统深度)来增加系统的存储空间、I/O端口和片选信号,用以达到系统所需的要求。

PSD芯片虽然性能优异,但由于PSD系列器件的开发需要专门的开发环境及开发软件,因此,PSD芯片的使用,目前还不很普及,随着PSD硬软件技术的迅速成熟,PSD芯片会得到普及应用。有关PSD芯片的详细内容以及扩展法请参阅有关技术资料,在此不作介绍。

本章小结

单片机的系统扩展主要有程序存储器扩展、数据存储器扩展以及I/O口的扩展。

外扩的程序存储器与单片机内部的程序存储器需统一编址,采用相同的指令。常用芯片有EPROM和E^2PROM。扩展时P1口分时地作为数据线和低位地址线。需要锁存器芯片,控制线主要有ALE、$\overline{PSEN}$。

扩展的数据存储器RAM和单片机内部RAM在逻辑上是分开的,二者分别编址,使用不同的数据传送指令。常用的芯片有SRAM和DRAM以及锁存器芯片,控制线主要采用ALE、$\overline{RD}$、$\overline{WR}$。

快擦写型存储器(Flash Memory)既可作为程序存储器,又可作为数据存储器。小容量的Flash Memory与单片机的接口和SRAM与单片机的接口相同,大容量的Flash Memory与51单片机接口时,其地址线除占用P0口和P2口外,还需占用其他I/O口资源。高位地址线可由P1口直接控制,也可由P1口通过锁存器来控制。另外,在使用大容量的Flash Memory时,还需注意软件保护。

I/O口的扩展方法有三种:简单的I/O口扩展、利用串行口进行I/O口的扩展以及采用可编程的并行I/O接口芯片扩展。简单的I/O口扩展通常是采用TTL或CMOS电路锁存器、三态门等(如74LS244、74LS273)作为扩展芯片,通过P0口来实现扩展的。

PSD系列芯片是实现单片机系统扩展的最佳产品之一,比较之前常用的可编程I/O芯片8255A和8155,除涵盖这两种芯片的所有功能外,还具有简化电路、节省印制板空间、缩短产品开发周期、增加系统可靠性、降低产品功耗、工作方式配置更加灵活等特点,且PSD系列芯片能与所有类型的单片机接口。目前,PSD系列芯片仍在不断更新、升级。

思考与练习

1. 并行总线外围扩展应用中,为什么有地址选择? 有哪几种地址译码?
2. 为什么当P2口作为扩展存储器的高8位地址后,不再适宜做通用I/O口?
3. 在AT89S51扩展系统中,程序存储器和数据存储器共用16位地址线和8位数据线,是否会在数据总线上出现总线竞争现象? 为什么?
4. 扩展系统中程序存储器和数据存储器的读/写操作时序有何区别?
5. 用一片74LS273和74LS138译码器,4片2764 EPROM和4片6264 RAM芯片扩展外部程序存储器和数据存储器,试画出它们与AT89S51单片机的连接电路图,并写出各芯片的存储器地址空间。
6. 分别叙述8255A和8155的内部结构特点。
7. 8255A和8155各有哪几种工作方式? 怎样进行选择?
8. 试编程对8255A进行初始化,使A口工作于方式0输入,B口为方式1输出,C口上半部分按方式0输出,下半部分按方式1输出。
9. 试编程对8155进行初始化,设A口为选通输出,B口为基本输入,C口作为控制联络口。启动定时/计数器,按方式1定时工作,定时时间为10 ms,定时器计数脉冲频率为单片机的时钟频率24分频后引入,$f_{osc}=12$ MHz。

第 9 章
单片机与 ADC、DAC 的接口技术

单片机应用系统通常设有模拟量输入通道和输出通道,前者需要 ACD 把模拟信号转换成单片机能处理的数字信号;后者需要 DAC 把单片机处理输出的数字信号转换成模拟信号。ADC 和 DAC 是单片机与外界联系的重要途径,A/D、D/A 转换的芯片种类很多,转换精度有 8 位、10 位、12 位和 16 位。本章主要介绍常用 ADC 和 DAC 的特点以及外围接口的基本结构、原理和方法。

9.1 A/D 转换器的接口技术

单片机应用系统中,输入量通常是模拟电量,模拟电量一般由传感器检测得到,而单片机只能接收数字信号。因此,单片机应用系统通常设有模拟量输入通道负责把模拟电量转换成标准的数字信号送给单片机处理。A/D 转换器是模拟量输入通道的核心,它将模拟电量转换成单片机能处理的数字信号或脉冲信号。

A/D 转换器在单片机控制系统中主要用于数据采集,提供被控对象的各种实时参数,以便单片机对被控对象进行监视。在单片机控制系统中,A/D 转换器占有极为重要的地位。

9.1.1 A/D 转换器接口技术概述

A/D 转换器(ADC,Analog to Digital Converter)是一种把模拟量转换成与它成正比数字量的电子器件。各种型号的 A/D 转换芯片均设有启动转换引脚、转换结束引脚、数据输出引脚。单片机要扩展 A/D 转换芯片,主要是解决上述引脚与单片机之间的硬件连接问题。

1. 常用 A/D 转换器的类型及工作特点

A/D 转换器分为直接 A/D 转换器和间接 A/D 转换器两大类。直接 A/D 转换

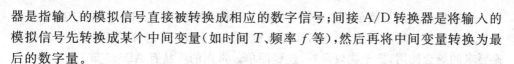

器是指输入的模拟信号直接被转换成相应的数字信号;间接 A/D 转换器是将输入的模拟信号先转换成某个中间变量(如时间 T、频率 f 等),然后再将中间变量转换为最后的数字量。

直接 A/D 转换器和间接 A/D 转换器又分为很多类型,其电路结构、工作原理、性能指标差别很大。目前使用比较广泛的有:逐次逼近式转换器、双积分式转换器、并行 A/D 转换器、Σ-Δ 式转换器和 V-F 变换器等。描述 A/D 转换器的技术指标主要有分辨率、转换精度、转换时间和转换速率、失调(零点)温度系数和增益温度系数、对电源电压变化的抑制比以及输出数字量格式等。

(1) 逐次逼近式 A/D 转换器

逐次逼近式 A/D 转换器是一种速度较快、精度较高的直接转换器,其转换时间大约在几 μs 到几百 μs 之间。常用产品有 ADC0801~ADC0805 型 8 位 MOS 型 A/D 转换器、ADC0808/0809 型 8 位 MOS 型 A/D 转换器、ADC0816/0817 型 8 位 MOS 型 A/D 转换器、AD574 型快速 12 位 A/D 转换器。逐次比较型的精度、速度和价格都适中,是最常用的 A/D 转换器件。

(2) 双积分式 A/D 转换器

双积分式 A/D 转换器是一种间接转换器。双积分式 A/D 转换器转换速度较慢(因为 A/D 转换的过程中要两次积分),通常在几十 ms 至几百 ms 数量级,但具有转换精度高,抗干扰性能好,性价比高等优点,在速度要求不很高的工程中广泛使用。常用的产品有 ICL7106/ICL7107/ICL7126 系列、MC14433/5、AD7555 以及 ICL7135 等。

(3) Σ-Δ 型 A/D 转换器

Σ-Δ 型 A/D 转换器由积分器、比较器、1 位 D/A 转换器和数字滤波器等组成。原理上近似于积分型,将输入电压转换成时间(脉冲宽度)信号,用数字滤波器处理后得到数字值。对工业现场的串模干扰具有较强的抑制能力,不亚于双积分 ADC,但比双积分 ADC 的转换速度快,与逐次比较式 ADC 相比,有较高的信噪比,分辨率高,线性度好,不需采样保持电路。因此,Σ-Δ 型得到重视,适于转换速度要求不太高,远距离信号传输的场合。

(4) V-F 型(Voltage-Frequency Converter)A/D 转换器

对模拟电压信号的测量,除了使用 A/D 转换器件外,还可以将电压量转换为频率量供单片机读取,获取频率量之后,再将其转换为数字量。这种变换过程叫电压-频率变换(V-F)。实现电压-频率变换功能的集成电路芯片叫电压-频率变换器。V-F 芯片的输入量为模拟电压,输出量为方波脉冲频率信号,频率信号的快慢正比于输入模拟电压幅值的大小。其原理是首先将输入的模拟信号转换成频率,然后用计数器将频率转换成数字量。从理论上讲这种 A/D 的分辨率几乎可以无限增加,只要采样的时间能够满足输出频率分辨率要求的累积脉冲个数的宽度。使用 V-F 器件的优点是,频率量在信号的传输过程中,抗电磁干扰的能力强,而且连线简单,只需用一根线将频率信号接至单片机的 T0 或 T1 的计数器即可。缺点是由于频率量的采集过程需要一定的时间,因此转换速度较慢。鉴于 V-F 芯片的这些特点,在非快速要求的场合使用,抗干扰效果好、连线简单。常用的产品有 AD654 等。

(5) 并行 A/D 转换器

并行 A/D 转换器是目前速度最快的直接转换器,但由于电路工艺复杂、精度等问题,应用不太广泛。

2. 选择 ADC 的原则

依据用户要求及 A/D 转换器的技术指标,来选择 ADC,应考虑以下方面。

(1) A/D 转换器位数的确定

用户提出的数据采集精度是综合精度要求,包括了传感器精度、信号调节电路精度、A/D 转换精度,还包括软件控制算法。应将综合精度在各个环节上进行分配,以确定对 A/D 转换器的精度要求,据此确定 A/D 转换器的位数。A/D 转换器的位数至少要比系统总精度要求的最低分辨率高 1 位,位数应与其他环节所能达到的精度相适应。只要不低于它们就行,太高没有意义。一般认为 8 位以下为低分辨率;9~12 位为中分辨率;13 位以上为高分辨率。

(2) A/D 转换器转换速率的确定

根据信号对象的变化率,确定 A/D 转换速度,以保证系统的实时性要求。按转换速度分为超高速($\leqslant 1$ ns)、高速($\leqslant 1$ μs)、中速($\leqslant 1$ ms)和低速($\leqslant 1$ s)等。

例如,转换时间为 100 μs 的集成 A/D 转换器,其转换速率为 10 千次/s。根据采样定理和实际需要,一个周期的波形需采 10 个点,最高也只能处理 1 kHz 的信号。把转换时间减小到 10 μs,信号频率可提高到 10 kHz。

(3) 是否需要加采样/保持器

直流和变化非常缓慢的信号可不用采样/保持器。对快速信号采集,并且找不到高速的 ADC 芯片时,必须考虑加采样/保持电路。已经含有采样/保持器的芯片,只需连接外围器件即可。

(4) 工作电压和基准电压

选择使用单一 +5 V 工作电压的芯片,与单片机系统共用一个电源就比较方便。基准电压源是提供给 A/D 转换器在转换时所需要的参考电压,在要求较高精度时,基准电压要单独用高精度稳压电源供给。

(5) A/D 转换器输出状态的确定

根据单片机接口特征,选择 A/D 转换器的输出状态。例如,A/D 转换器是并行输出还是串行输出;是二进制码还是 BCD 码输出;是用外部时钟、内部时钟还是不用时钟;有无转换结束状态信号;与 TTL、CMOS 及 ECL 电路的兼容性;与单片机接口是否方便等。

3. A/D 转换器与单片机的接口注意问题

A/D 转换器与单片机的接口主要考虑的是数字量输出线的连接、ADC 启动方式、转换结束信号处理方法以及时钟的连接等。

(1) A/D 转换器数字量输出线与单片机的连接方法

连接方式与其内部结构有关。对于内部带有三态锁存数据输出缓冲器的 ADC (如 ADC0809、AD574 等),其数据输出线可直接与单片机的数据总线相连;对于内部不带锁存器 ADC,一般通过锁存器或并行 I/O 接口与单片机相连。可用输入指令从 A/D 转换器中读取转换数据。在某些情况下,为了增强控制功能,那些带有三态锁存数据输出缓冲器的 ADC 也常采用 I/O 接口连接。

51 系列单片机字长为 8 位,随着位数的不同,ADC 与单片机的连接方法也不同。对于 8 位 ADC,其数字输出线可与 8 位单片机数据线对应相接;对于 8 位以上的 ADC,与 8 位单片机相接就不简单了,此时必须增加读取控制逻辑,把 8 位以上的数据分两次或多次读取。为了便于连接,一些 ADC 产品内部已带有读取控制逻辑,而对于内部不包含读取控制逻辑的 ADC,在和 8 位单片机连接时,应增设三态缓冲器对转换后的数据进行锁存。

(2) ADC 启动方式

一个 ADC 开始转换时,必须加一个启动转换信号,这一启动信号要由单片机提供。不同型号的 ADC,对于启动转换信号的要求也不同,一般分为脉冲启动和电平启动两种。对于脉冲启动型 ADC,只要给其启动控制端上加一个符合要求的脉冲信号即可,如 ADC0809、ADC574 等,通常由 WR 和地址译码器的输出经一定的逻辑电路进行控制;对于电平启动型 ADC,当把符合要求的电平加到启动控制端上时,立即开始转换。在转换过程中,必须保持这一电平,否则转换会终止。因此,在这种启动方式下,单片机的控制信号必须经过锁存器保持一段时间,一般采用 D 触发器、锁存器或并行 I/O 接口等来实现。AD570、AD571 等都属于电平启动型 ADC。

(3) 转换结束信号处理方法

当 ADC 转换结束时,ADC 输出一个转换结束标志信号,通知单片机读取转换结果。单片机检查判断 A/D 转换结束的方法一般有中断和查询两种。对于中断方式,可将转换结束标志信号接到单片机的中断请求输入线上或允许中断的 I/O 接口的相应引脚,作为中断请求信号;对于查询方式,可把转换结束标志信号经三态门送到单片机的某一位 I/O 口线上,作为查询状态信号。

(4) 时钟的连接方法

A/D 转换器的另一个重要连接信号是时钟,其频率是决定芯片转换速度的基准。整个 A/D 转换过程都是在时钟的作用下完成的。A/D 转换时钟的提供方法有两种:一种是由芯片内部提供(如 AD574 等),一般不需外加电路;另一种是由外部提供,有的用单独的振荡电路产生,更多的则把单片机输出时钟经分频后,送到 A/D 转换器的相应时钟端。

9.1.2 ADC0809 与 AT89S51 的接口及应用

1. ADC0809 的结构及引脚功能

ADC0809 是一种 8 路模拟输入的 8 位逐次逼近式 A/D 转换器件。其采用 CMOS 工艺，具有较低的功耗，转换时间为 100 μs(当外部时钟输入频率 f_c=640 kHz)，其内部结构和引脚如图 9-1 所示。ADC0809 内部由 8 路模拟开关、地址锁存与译码器、8 位 A/D 转换电路和三态输出锁存器等组成。

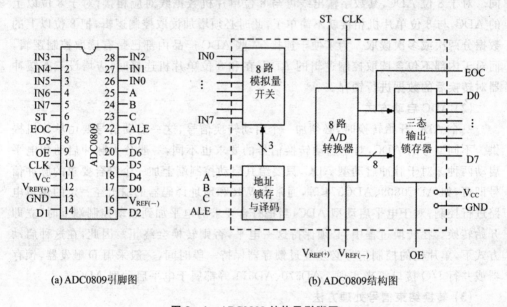

(a) ADC0809引脚图 　　　　　　　　(b) ADC0809结构图

图 9-1　ADC0809 结构及引脚图

8 路模拟开关根据地址译码信号来选择 8 路模拟输入，允许 8 路模拟量分时输入，共用一个 A/D 转换器进行转换。地址锁存与译码电路完成对 ADDA、ADDB、ADDC(A、B、C)三个地址位进行锁存和译码，其译码输出用于通道选择。

8 位 A/D 转换器是逐次逼近式，由控制与时序电路、比较器、逐次逼近寄存器 SAR、树状开关以及 256T 电阻阶梯网络等组成，实现逐次比较 A/D 转换，在 SAR 中得到 A/D 转换完成后的数字量。其转换结果通过三态输出锁存器输出，输出锁存器用于存放和输出转换得到的数字量，当 OE 引脚变为高电平，就可以从三态输出锁存器取走 A/D 转换结果。三态输出锁存器可以直接与系统数据总线相连。

ADC0809 是 28 引脚 DIP 封装的芯片，各引脚功能如下：

IN0～IN7：8 路模拟量输入端，用于输入被转换的模拟电压。一次只能选通其中的某一路进行转换，选通的通道由 ALE 上升沿时送入的 ADDC、ADDB、ADDA 引脚信号决定。

第9章 单片机与ADC、DAC的接口技术

D7～D0：8位数字量输出端。

ADDA、ADDB、ADDC(A、B、C)：模拟输入通道地址选择线，其8位编码分别对应 IN0～IN7，用于选择 IN7～IN0 上哪一路模拟电压送给比较器进行 A/D 转换，CBA=000～111 依次选择 IN0～IN7。

ALE：地址锁存允许端，高电平有效。高电平时把 3 个地址信号 ADDA、ADDB、ADDC 送入地址锁存器，并经过译码器得到地址输出，以选择相应的模拟输入通道。

START(SC)：转换的启动信号输入端，正脉冲有效，此信号要求保持在 200 ns 以上。加上正脉冲后，A/D 转换才开始进行。（在正脉冲的上升沿，所有内部寄存器清 0；在正脉冲的下降沿，开始进行 A/D 转换，在此期间 START 应保持低电平）。

EOC：转换结束信号输出端。在 START 下降沿后 10 μs 左右，EOC=0，表示正在进行转换；EOC=1，表示 A/D 转换结束。EOC 常用于 A/D 转换状态的查询或中断请求信号。转换结果读取方式有延时读数、查询 EOC，EOC=1 时申请中断。

OE：允许输出控制信号，输入高电平有效。当转换结束后，如果从该引脚输入高电平，则打开输出三态门，允许转换后结果从 D0～D7 送出；若 OE 输入 0，则数字输出口为高阻态。

CLK：时钟信号输入端，为 ADC0809 提供逐次比较所需时钟脉冲。ADC 内部没有时钟电路，故需外加时钟信号。时钟输入要求频率范围一般在 10 kHz～1.2 MHz，在实用中，需将主机的脉冲信号降频后接入。

$V_{REF(+)}$、$V_{REF(-)}$：参考电压输入线，用于给电阻阶梯网络供给正负基准电压。

V_{CC}：+5 V 电源输入线。

GND：地线。

ADC0809 的工作流程如下：

ADDA、ADDB、ADDC 输入的通道地址在 ALE 有效时被锁存，经地址译码器译码后从 8 路模拟通道中选通一路。

启动信号 START 的上升沿使逐次逼近寄存器复位，下降沿启动 A/D 转换，并使 EOC 信号在 START 的下降沿到来 10 μs 后变为无效的低电平，这要求查询程序等 EOC 无效后再开始查询。

当转换结束时，转换结果送入到输出三态锁存器中，并使 EOC 信号为高电平。通知单片机转换已经结束。当单片机执行一条读数据指令后，使 OE 为高电平，从输出端 D0～D7 读出数据。

2. ADC0809 与 AT89S51 的硬件连接

图 9-2 是一个 ADC0809 与 AT89S51 的典型接口电路图，其中，74LS02 为四二输入或非门，8 路模拟量的变化范围在 0～5 V。

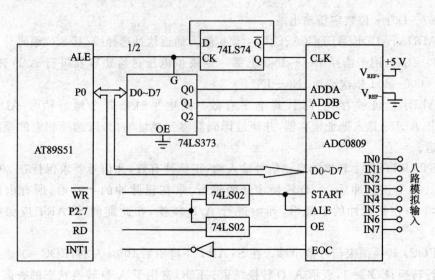

图 9-2 ADC0809 与 AT89S51 的接口电路

ADC0809 的时钟由 AT89S51 输出的 ALE 信号二分频后提供（D 触发器 74LS74 完成）。因为 ADC0809 的最高时钟频率为 640 kHz，ALE 信号的频率是晶振频率的 1/6，如果晶振频率为 6 MHz，则 ALE 的频率为 1 MHz，所以，ALE 信号要分频后再送给 ADC0809。若单片机时钟频率符合要求，也可不加 2 分频电路。

模拟输入通道地址由 AT89S51 的 P0 口的低 3 位 P0.0～P0.2 直接提供。由于 ADC0809 的地址锁存器具有锁存功能，所以 P0.0、P0.1 和 P0.2 可以不需要锁存器而直接与 ADC0809 的 ADDA、ADDB、ADDC 连接。根据图 9-2 的连接方法，8 个模拟输入通道的地址分别为 0000H～0007H。

AT89S51 通过地址线 P2.7 和读/写信号线来控制 ADC0809 的锁存信号 ALE、启动信号 START、输出允许信号 OE。锁存信号 ALE 和启动信号 START 连接在一起，锁存通道地址的同时启动并进行转换。当 P2.7 和写信号同时为低电平时，锁存信号 ALE 和启动信号 START 有效，通道地址送地址锁存器锁存，同时启动 ADC0809 开始转换。

当转换结束，要读取转换结果时，只要 P2.7 和读信号同为低电平，输出允许信号 OE 有效，转换的数字量就通过 D0～D7 输出。ADC0809 的 EOC 转换结束信号接 AT89S51 的外部中断 1 上（中断方式），亦可与 P3.2 口连接（查询方式）。

电路连接主要涉及两个问题，一个是 8 路模拟信号的通道选择，另一个是 A/D 转换完成后转换数据的传送。**注意**：图 9-2 中使用的是线选法，OE 由 P2.7 确定，该 ADC0809 的通道地址不唯一。若无关位都取 0，则 8 路通道 IN0～IN7 的地址分别为 0000H～0007H，若无关位都取 1，则 8 路通道 IN0～IN7 的地址分别为 7FF0H～7FF7H。当然，口地址也可以由单片机其他不用的口线，或者由几根口线经过译码后来提供，这样 8 路通道的地址也就有所不同。

第9章 单片机与 ADC、DAC 的接口技术

3. A/D 转换应用举例

【例 9-1】 设图 9-2 接口电路用于一个 8 路模拟量输入的巡回检测系统,分别使用查询和中断方式采样数据,把采样转换所得的数字量按序存于片内 RAM 的 30H~37H 单元中,采样完一遍后停止采集。

(1) 查询方式程序

工作在查询方式时,ADC0809 的 EOC 不必与 AT89S51 的 INT1 相连,而与 P3.2 口连接,用于查询转化是否完毕。数据暂存区的首地址为 30H。需要进行 A/D 转换的模拟信号的通道个数 N 为 8。

```
ADST:   MOV     R1,#30H             ;设置数据存储区的首地址
        MOV     DPTR,#7FF0H         ;设置第一个模拟信号通道 IN0 的地址指针
        MOV     R2,#08H             ;设置待转换的通道个数
LOOP:   MOVX    @DPTR,A             ;启动 A/D 转换,A 的值无意义
        ……                          ;延时至 A/D 转换完毕(约 10 μs)
        SETB    P3.2                ;设 P3.2 为输入模式
POLL:   JB      P3.2,POLL           ;查询转换是否结束
        MOVX    A,@DPTR             ;读取转换结果
        MOV     @R1,A               ;结果送入 0A0H 单元中
        INC     DPTR                ;指向下一个模拟信号通道
        INC     R1                  ;修改数据存储区的地址
        DJNZ    R2,LOOP             ;若未转换完 8 路通道的信号则继续
```

以上程序仅对 8 路通道的模拟量进行了一次 A/D 转换,实际应用中则要反复多次或者定时地检测并转换。

(2) 中断方式程序

在图 9-2 中,转换结束信号 EOC 与 AT89S51 的 $\overline{INT1}$ 引脚相连,由于逻辑关系相反,电路中通过非门连接,当转换结束时 EOC 为高电平,经反向后,向 AT89S51 发出中断请求,中断后,在中断服务程序中通过读操作来取得转换的结果。

中断方式程序由主程序和中断服务程序组成,中断源设为 $\overline{INT1}$。

```
        ORG     0000H
        AJMP    ADST
        ORG     0003H
        AJMP    ZDFW
;****************** 主程序(初始化程序) ******************
        ORG     0100H
ADST:   MOV     R1,#30H             ;设置数据存储区的首地址
        MOV     R2,#08H             ;设置待转换的通道个数
        SETB    IT1                 ;将中断源 INT1 设为下降沿触发
        SETB    EA                  ;设为允许中断
        SETB    EX1                 ;设中断源 INT1 为允许中断
        MOV     DPTR,#7FF8H         ;设置第一个模拟信号通道 IN0 的地址指针
        MOVX    @DPTR,A             ;启动 A/D 转换器,A 的值无意义
LOOP:   SJMP    LOOP                ;等待中断
```

;************************ 中断服务程序 ********************
```
            ORG     1000H
ZDFW:   SETB    P3.2            ;设 P3.2 为输入模式
POLL:   JB      P3.2,POLL       ;查询转换是否结束
        MOVX    A,@DPTR         ;读取转换结果
        MOVX    @R1,A           ;结果送入数据存储区的单元中
        INC     DPTR            ;指向下一个模拟信号通道
        INC     R1              ;修改数据存储区的地址
        DJNZ    R2,INT0         ;8 路未转完,则转 INT0 继续
        CLR     EA              ;已转完,关中断
        CLR     EX0
INT0:   MOVX    @DPTR,A         ;启动 A/D 转换器的下一个通道
        RETI                    ;中断返回
```

ADC0809 还可以工作在延时等待方式,在此工作方式下,ADC0809 的 EOC 端不必与 AT89S51 相连,而是根据时钟频率计算出 A/D 转换时间,略微延长后直接读 A/D 转换值。相关程序请读者自己编写。

9.1.3 AD574 与 AT89S51 单片机的接口

1. AD574 的结构及引脚

AD574 是一种使用较广的高性能、快速的 12 位逐次逼近式 A/D 转换器芯片,由两大部分构成:一部分是带参考电压、精确为 12 位的数/模转换器;另一部分包括比较器、逐次逼近寄存器、时钟电路、输出缓冲器和控制电路。

AD574 为双极型 28 引脚双列直插式封装芯片,片内具有三态缓冲输出电路,可直接与微机总线相连接,无需外接元器件就可独立完成 A/D 转换功能。一次转换时间为 25 μs(12 位,8 位转换时间为 16 μs)。芯片引脚如图 9-3 所示。AD574 的引脚定义如下:

REFOUT:内部参考电源输出(+10 V)。
REFIN:参考电压输入。
BIP:偏置电压输入。
10 V_{IN}:±5 V 或 0~10 V 模拟输入。
20 V_{IN}:±10 V 或 0~20 V 模拟输入。

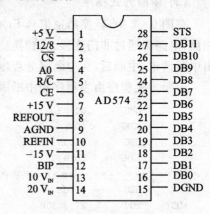

图 9-3 AD574 引脚

DB0~DB11:12 位数据线输出,高半字节为 DB11~DB8,低半字节为 DB7~DB0。

STS:工作状态指示端。STS=1 时表示转换器正处于转换状态,STS=0 时,表示转换完毕。该信号可作为单片机中断或查询信号使用。

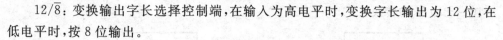

$12/\overline{8}$：变换输出字长选择控制端，在输入为高电平时，变换字长输出为 12 位，在低电平时，按 8 位输出。

$\overline{CS}$、CE：片选、片允许信号。当 $\overline{CS}=0$、$CE=1$ 同时满足时，AD574 才能处于工作状态。

$R/\overline{C}$：数据读出和数据转换启动控制。

A0：字节地址控制。它有两个作用，在启动 AD574（$R/\overline{C}=0$）时，用来控制转换长度。A=0 时，按完整的 12 位 A/D 转换方式工作，A=1 时，则按 8 位 A/D 转换方式工作，在 AD574 处于数据读出工作状态（$R/\overline{C}=1$）时，A0 和 $12/\overline{8}$ 成为输出数据格式控制。

AD574 的工作状态由 CE、$\overline{CS}$、$R/\overline{C}$、$12/\overline{8}$、A0 五个控制信号决定，当 CE=1，$\overline{CS}=0$ 同时满足，才处于转换状态。AD574 的 5 位控制信号的组合功能如表 9-1 所列。

表 9-1 AD574 控制信号功能表

CE 片允许	$\overline{CS}$ 片选	$R/\overline{C}$ 读/启动	$12/\overline{8}$ 输出数据位数	A0 转换长度	功能
0	X	X	X	X	不起作用
X	1	X	X	X	不起作用
1	0	0	X	0	启动 12 位转换
1	0	0	X	1	启动 8 位转换
1	0	1	接+5 V	X	12 位数据并行输出
1	0	1	接地	0	高 8 位数据输出
1	0	1	接地	1	低 4 位数据输出，尾随 4 个 0

注：X 表示任意。

AD574 处于工作状态时，$R/\overline{C}=0$，启动 A/D 转换；$R/\overline{C}=1$ 为数据读出。$12/\overline{8}$ 和 A0 端用来控制转换字长和数据格式。A0=0 按 12 位转换方式启动转换；A0=1 按 8 位转换方式启动转换。

当 AD574 处于数据读出状态时，A0 和 $12/\overline{8}$ 成为数据输出格式控制端。$12/\overline{8}=1$ 对应 12 位并行输出；$12/\overline{8}=0$ 对应 8 位的双字节输出。当两次读出 12 位数据时，12 位数据遵循左对齐原则，数据组合方式为：结果的高 8 位+结果的低 4 位+4 位 0。

AD574 有两个模拟电压输入引脚：10 V_{IN} 和 20 V_{IN}，具有 10 V 和 20 V 的动态范围。这两个引脚的输入电压可以是单极性的，也可以是双极性的，由用户改变输入电路的连接形式来进行选择。如图 9-4 所示，图 9-4(a)是单极性输入情况，可实现 0～10 V 或 0～20 V 的转换。图 9-4(b)是双极性输入情况，可实现-5～+5 V 或

$-10\sim+10$ V 的转换。

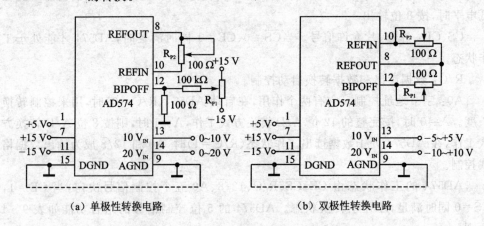

(a) 单极性转换电路　　　　　　　　(b) 双极性转换电路

图 9-4　AD574 的单极性和双极性输入特性

2. AD574 与 AT89S51 单片机接口电路

图 9-5 是 AD574 与 AT89S51 单片机的接口电路,因为 51 系列单片机是 8 位机,如果 AD574 启动为 12 位转换方式,转换结果只能按双字节分时读入,所以引脚 $12/\overline{8}$ 接地;AD574 的高 8 位数据线接单片机的数据线,低 4 位数据线接单片机的低 4 位数据线;AD574 的 CE 信号要求无论是单片机对其启动控制还是对转换结果的读入都应为高电平有效,所以 $\overline{WR}$ 和 $\overline{RD}$ 通过"与非"逻辑接 CE 信号;AD574 的 STS 信号接单片机的一根 I/O 线,单片机对转换结果的读入采用查询方式或中断方式。思考一下,中断方式应如何连接?

3. AD574 转换程序设计举例

【例 9-2】 要求 AD574 进行 12 位转换,单片机对转换结果读入,高 8 位和低 4 位分别存于片内 RAM 的 51H 和 50H 单元,编写其相应的转换子程序。

```
ADTRANS:
        MOV   R0,#7CH      ;7CH 地址使 AD574 的 CS = 0、A0 = 0、R/C = 0
        MOV   R1,#51H      ;R1 指向转换结果的送存单元地址
        MOVX  @R0,A        ;产生有效写信号,启动 AD574 为 12 位工作方式
        MOV   A,P1         ;读 P1 口,检测 STS 的状态
WAIT:   ANL   A,#01H
        JNZ   WAIT         ;转换未结束,等待,转换结束则进行如下操作
        INC   R0           ;使 CS = 0、A0 = 0、R/C = 1
        MOVX  A,@R0        ;读取高 8 位转换结果
        MOV   @R1,A        ;送存高 8 位转换结果
        DEC   R1           ;R1 指向低 4 位转换结果存放单元地址
        INC   R0
        INC   R0           ;(R0) = 7FH,使 CS = 0、A0 = 1、R/C = 1
```

第9章 单片机与 ADC、DAC 的接口技术

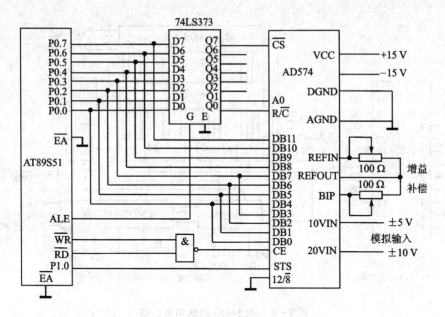

图 9-5 AD574 与 AT89S51 的接口电路

```
MOVX    A,@R0       ;读取低 4 位转换结果
ANL     A,#0FH      ;只取低 4 位结果
MOV     @R1,A       ;送存低 4 位结果
RET
```

9.1.4 MC14433 接口及应用

MC14433 是基于双积分方式转换原理的 3 位半 A/D 转换器。它具有抗干扰能力强,转换精度高(具有±1/1 999 的分辨率,相当于 11 位二进制数),自动校零,自动极性输出,自动量程控制信号输出(具有过量程和欠量程输出标志),动态字位扫描 BCD 码输出,单基准电压,结构简单,外接元件少,价格低廉等特点。但由于双积分方式积分时间较长,转换速度较慢(约每秒 1~10 次),在速度要求较高的场合受到限制。目前,在各种测量仪表中广泛应用。

1. MC14433 的结构、特点及引脚功能

MC14433 的内部结构及引脚如图 9-6 所示,MC14433 内部由模拟电路和数字电路两大部分组成。模拟电路部分包括基准电压和模拟电压的输入电路,模拟输入电压量程为 199.9 mV 或 1.999 V 两种,对应的基准电压为+200 mV 或+2 V;数字电路部分由逻辑控制、BCD 码及输出锁存器、多路开关、时钟以及极性判别、溢出检测等电路组成。MC14433 采用字位动态扫描 BCD 码输出方式,即千、百、十、个,各位 BCD 码轮流地在 Q0~Q3 端输出,同时在 DS1~DS4 端出现同步字位选通信号。

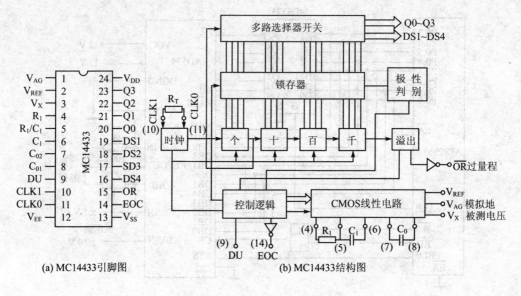

(a) MC14433引脚图　　(b) MC14433结构图

图 9-6　MC14433 的结构及引脚

MC14433 的主要外接器件有时钟振荡器、外接电阻 R_T。失调补偿电容 C_0 和外接积分阻容元件 R_1、C_1。

MC14433 的特点如下:

① 3(1/2)位双积分型 A/D 转换器。

② 外部基准电压输入＋200 mV 或＋2 V。

③ 自动调零。

④ 量程有 199.9 mV 或 1.999 V 两种(由外部基准电压 V_{REF} 决定)。

⑤ 转换速度为 1~10 次/秒,速度较慢。

MC14433 为 24 引脚双列直插式封装的芯片,各引脚的功能及含义如下:

V_{DD}：正电源端,典型值为＋5 V。

V_{EE}：模拟负电源端,典型值为－5 V。

V_{SS}：数字地。

V_{AG}(AGND)：V_{REF} 和 V_X 的地(模拟地)。

V_X：被测电压输入端,其最大输入电压为 199.9 mV 和 1.999 mV。

V_{REF}：外接电压基准输入端(2 V 或 200 mV)。

R_1：外接积分电阻输入,当 V_X 量程为 2 V 时,R_1 取 470 Ω,当 V_X 量程为 200 mV 时,R_1 取 27 kΩ。

C_1：外接积分电容输入线,C_1 一般取 0.1 μF。

R_1/C_1：外接电阻 R_1 和外接电容 C_1 的公共连接端,电容 C_1 常采用聚丙烯电容,典型值 0.1 μF,电阻 R_1 有两种选择 470 kΩ 或 27 kΩ。

C_{01}、C_{02}：外接失调补偿电容端，外接电容典型值为 0.1 μF。

CLK0、CLK1：时钟振荡器外接电阻 R_T 接入端，外接电阻 R_T 典型值 470 kΩ，时钟频率随 R_T 阻值的增加而下降。

DU：更新转换控制信号输入线，高电平有效。

EOC：转换结束输出线，当 DU 有效后，EOC 变低，然后产生一个 0.5 倍时钟周期宽度的正脉冲，表示转换结束。可将 EOC 与 DU 相连，即每次 A/D 转换结束后，均自动启动新的转换。

$\overline{OR}$：过量程状态输出线，低电平有效，平时为高电平。当 $|V_X| > V_{REF}$ 时，$\overline{OR}$ 输出低电平（有效）。

DS1～DS4：分别表示千、百、十、个位的选通脉冲输出线，此 4 种选通脉冲均为 18 个时钟周期宽度的正脉冲，它们之间的间隔时间为 2 个时钟周期。MC14433 脉冲输出时序如图 9-7 所示。

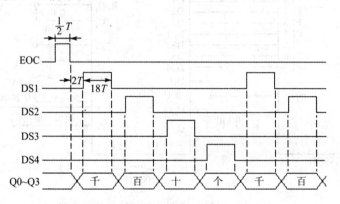

图 9-7 MC14433 选通脉冲时序

Q0～Q3：某位 BCD 码数字量输出线，Q0 为最低位，Q3 为最高位，动态地输出千、百、十、个位值。具体是哪位，由选通脉冲 DS1～DS4 指定。

EOC 输出 1/2 个 CLK 周期正脉冲表示转换结束，DS1,DS2,DS3,DS4 依次有效。选通信号 DS4～DS1 与 Q3～Q0 输出结果的关系为：

DS4=1 时，Q3～Q0 的输出为个位 BCD 码值 0～9；
DS3=1 时，Q3～Q0 的输出为十位 BCD 码值 0～9；
DS2=1 时，Q3～Q0 的输出为百位 BCD 码值 0～9；
DS1=1 时，Q3～Q0 的输出为千位 BCD 码值（0 或 1）。

注意：当 DS1 有效时(DS1=1)，Q3～Q0 上输出的千位数据还表示转换值的正负极性以及欠量程还是过量程，Q2 表示转换极性（0 为负，1 为正）；Q1 无意义；Q0=1 且 Q3=0 表示过量程（太大），而 Q0=1，且 Q3=1 表示欠量程（太小）。

各位输出结果的具体状态表示为：

Q3Q2Q1Q0=1XX0，表示千位数为 0；

Q3Q2Q1Q0=0XX1,表示千位数为1;

Q3Q2Q1Q0=01X0,结果为正;

Q3Q2Q1Q0=X0X0,结果为负;

Q3Q2Q1Q0=0XX1,输入过量程;

Q3Q2Q1Q0=1XX1,输入欠量程。

2. MC14433 与 AT89S51 单片机接口电路

由于 MC14433 的 A/D 转换结果是动态分时输出的 BCD 码,所以,Q3~Q0 和 DS4~DS1 可以通过 AT89S51 单片机的并行口 P1 或通过扩展 I/O 电路与其相连。图 9-8 为 MC14433 与 AT89S51 单片机 P1 口相连接的电路。

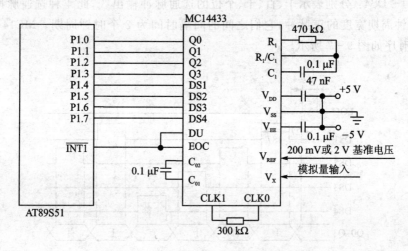

图 9-8 MC14433 与 AT89S51 的连接电路

注意:芯片工作电源为±5 V,正电源接 V_{DD},模拟部分负电源接 V_{EE},公共地(数字地)接 V_{SS}。为了提高电源抗干扰能力,正负电源端应分别通过去耦电容 47 nF、0.1 μF 与 V_{SS} 端相连。

该电路采用中断方式管理 MC14433 的操作。用 P1 口作为 MC14433 的 BCD 码扫描输入口,转换结束信号经非门送外部中断 1。当 MC14433 上电后,即对外输入模拟电压进行 A/D 转换,因为 EOC 与 DU 相连,故每次转换完毕都有相应的 BCD 码及相应的选通信号出现在 Q0~Q3 和 DS1~DS4 上,MC14433 能自动连续转换。当每次 A/D 转换结束,则 AT89S51 CPU 开中断,都将发出中断请求,可在中断服务程序中处理 A/D 转换结果。

3. AD574 转换程序设计举例

【例 9-3】 MC14433 与 AT89S51 的连接如图 9-8 所示,采用中断方式(下降沿触发),结果存储格式如下表所列,欠量程、过量程和极性分别保存在 00H~02H 位地址单元中。

第9章 单片机与ADC、DAC的接口技术

存储单元	31H 高 4 位	31H 低 4 位	30H 高 4 位	30H 低 4 位
所存数据	千位	百位	十位	个位

程序如下：

```
        UNDER   EQU     00H             ;位地址单元存放欠量程(1 真 0 假)
        OVER    EQU     01H             ;位地址单元存放过量程(1 真 0 假)
        POLA    EQU     02H             ;位地址单元存放极性(1 负 0 正)
        HIGH    EQU     31H             ;高位
        LOW     EQU     30H             ;低位
        ORG     0000H
        LJMP    MAIN
        ORG     0013H                   ;中断服务程序入口地址
        LJMP    INT1F
MAIN:   MOV     LOW,#0
        MOV     HIGH,#0                 ;将存放结果的单元清 0
        CLR     UNDER
        CLR     OVER                    ;将存放欠量程、超量程的位地址单元内容清 0
        CLR     POLA                    ;假定结果为正
        SETB    IT1                     ;置外部中断为下降沿触发
        SETB    EX1                     ;开中断允许
        SETB    EA                      ;开中断总允许
        LJMP    $                       ;等待中断
INT1F:  MOV     A,P1                    ;进入中断,说明转换结束,读 P1 口
        JNB     ACC.4,INT1F             ;DS1 无效,等待
        JB      ACC.2,NEXT              ;Q2＝1 表示正,已经预处理过,继续
        SETB    POLA                    ;为负,需将 02H 置位
NEXT:   JB      ACC.3,NEXT1             ;千位为 0,已经预处理过,继续
        ORL     HIGH,#10H               ;将千位信息保存在高位单元中
NEXT1:  JB      ACC.0,ERROR             ;转欠、超量程处理,有千位已能区分
INI1:   MOV     A,P1
        JNB     ACC.5,INI1              ;等待百位选通信号
        ANL     A,#0FH                  ;屏蔽高 4 位
        ORL     HIGH,A
INI2:   MOV     A,P1
        JNB     ACC.6,INI2              ;等待十位选通信号
        ANL     A,#0FH                  ;屏蔽高 4 位
        SWAP    A                       ;交换到高 4 位
        ORL     LOW,A
INI3:   MOV     A,P1
        JNB     ACC.7,INI1              ;等待个位选通信号
        ANL     A,#0FH                  ;屏蔽高 4 位
        ORL     LOW,A
```

```
        RETI
ERROR:  MOV     A,HIGH              ;欠、超量程处理
        CJNE    A,#0,OV             ;有千位表示过量程
        SETB    UNDER               ;置欠量程标志
        RETI
OV:     SETB    OVER                ;置过量程标志
        RETI
        END
```

9.1.5 串行 A/D 转换器 MAX187 与 AT89S51 单片机的接口

前面几种 ADC 的数字量都是并行输出的,信号线较多。在很多情况下,需要减少信号线的数目,希望输出的数字量以串行方式给出。串行输出 ADC 可以在并行输出 ADC 的基础上增加并-串转换电路而得到。

串行 A/D 转换器的特点是引脚数少(常见的 8 引脚或更少),集成度高(基本上无需外接其他器件),价格低,易于数字隔离,易于芯片升级,廉价,但速度略低。为了提高速度人们采用了很多方法,生产出了各种类型的产品。下面以串行 A/D 转换器 MAX187 为例介绍其特点、功能以及与 AT89S51 单片机的接口。

1. MAX187/189 芯片引脚及功能

MAX187/189 是 MAXIM 公司生产的具有 SPI(Serial Peripheral Interface)总线接口的 12 位逐次逼近式 A/D 转换芯片。特点如下:

① 12 位逐次逼近式串行 A/D 转换芯片。

② 转换速度为 75 kHz,转换时间为 8.5 μs。

③ 输入模拟电压:0~5 V。

④ 单一+5 V 供电。

⑤ DIP8 封装,外接元件简单,使用方便。

MAX187 与 MAX189 的区别在于:MAX187 具有内部基准电压,无需外部提供基准电压,MAX189 则需外接电压基准。

MAX187 芯片引脚如图 9-9 所示。引脚的功能如下:

V_{CC}:工作电源,$5 \times (1 \pm 5\%)$ V。

GND:模拟和数字地。

V_{REF}:参考电压输入。

$\overline{CS}$:片选输入。

AIN:模拟电压输入,范围为 $0 \sim V_{REF}$ 或 $0 \sim 4.096$ V(MAX187)。

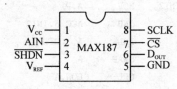

图 9-9 MAX187 引脚

$\overline{SHDN}$(shut down):关闭控制信号输入,提供三级关闭方式,待命低功耗状态

第 9 章 单片机与 ADC、DAC 的接口技术

（电流仅 10 μA）；允许使用内部基准电压；禁止使用内部基准电压。

D_{OUT}：串行数据输出，在串行脉冲 SCLK 的下降沿数据变化。

SCLK：串行时钟输入，最大允许频率为 5 MHz。

MAX187/189 进行 A/D 转换时的步骤如下。

① 启动 A/D 转换，等待转换结束。

当 $\overline{CS}$ 输入低电平时，启动 A/D 转换，此时 D_{OUT} 引脚输出低电平，充当传递"转换结束"信号的作用。当 D_{OUT} 输出变高电平时，说明转换结束（在转换期间，SCLK 不允许送入脉冲）。

② 串行读出转换结果。

从 SCLK 引脚输入读出脉冲，SCLK 每输入一个脉冲，D_{OUT} 引脚上输出一位数据，数据输出的顺序为先高位后低位，在 SCLK 信号的下降沿，数据改变，在 SCLK 的上升沿，数据稳定。在 SCLK 信号为高电平期间从 D_{OUT} 引脚上读数据。

2. 接口与编程

MAX187 与 AT89S51 的连接电路如图 9-10 所示。其中，P1.7 为控制片选，P1.6 为输入串行移位脉冲，P1.5 为接收串行数据端。MAX187 外接 4.7 μF 去耦电容激活内部电压基准，接 +5 V 允许使用内部基准。

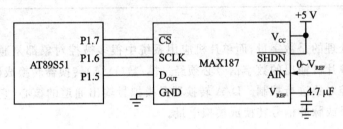

图 9-10 MAX187 与 AT89S51 连接电路

注意：MAX187/189 的片选在转换和读出数据期间必须始终保持低电平。

工作流程：清 P1.7，启动 MAX187 开始 A/D 转换；读 P1.5，等待转换结束；当 P1.5 变高，转换结束；从 P1.6 引脚发串行脉冲，从 P1.5 引脚逐位读取数据。

注意：由于 AT89S51 单片机外接晶振最大不超过 12 MHz，即便是执行一条单周期指令也需 1 μs，所以，发送 SCLK 时无需延时。

【例 9-4】 如图 9-10 所示的 MAX187 与 AT89S51 连接的电路图，将 MAX187 转换结果存入 31H、30H 单元，右对齐，31H 存高位（高 4 位补 0）。

```
        HIGH    EQU    31H
        LOW     EQU    30H
        ORG    1000H
START:  MOV    HIGH,#00
        MOV    LOW,#00         ;将转换结果单元清除
        CLR    P1.6
```

```
        CLR    P1.7            ;启动 A/D 转换
        JNB    P1.5,$          ;等待转换结束
        SETB   P1.6            ;SCLK 上升沿
        MOV    R7,#12          ;置循环初值 12
LP:     CPL    P1.6            ;发 SCLK 脉冲
        JNB    P1.6,LP         ;等待 SCLK 变高
        MOV    C,P1.5          ;将数据取到 C
        MOV    A,LOW
        RLC    A
        MOV    LOW,A
        MOV    A,HIGH
        RLC    A
        MOV    HIGH,A          ;将取到的数据位逐位移入结果保存单元
        DJNZ   R7,LP
        SETB   P1.7            ;结束
        RET
        END
```

9.2 D/A 转换器的接口技术

单片机处理的是数字量,而单片机应用系统中很多被控对象都是通过模拟量来控制,因此,单片机输出的数字信号必须经过模/数(D/A)转换器转换成模拟信号后,才能送给被控对象进行控制。D/A 转换器是模拟量输出通道的核心,它将单片机处理的数字信号或脉冲信号转换成模拟电量。

9.2.1 D/A 转换器接口技术概述

D/A 转换器(DAC)是把数字量转换成模拟量的器件。D/A 转换器可以从单片机接收数字量并转换成与输入数字量成正比的模拟量,以推动执行机构动作,实现对被控对象的控制。

1. D/A 转换器的类型及特点

D/A 转换器的分类方法有很多。按位数分,可以分为 8 位、10 位、12 位、16 位等;按输出方式分,有电流输出型和电压输出型两类;按数字量数码被转换的方式分,可分为串行和并行两种,并行 D/A 转换器可以将数字量的各位代码同时进行转换,因此转换速度快,一般在微秒数量级;按接口形式可分为两类 D/A 转换器,一类是不带锁存器的,另一类是带锁存器的;按工艺分,可分为 TTL 型和 MOS 型等。

D/A 转换器一般由电阻译码网络、模拟电子开关、基准电源和求和运算放大器 4

部分组成,一些 D/A 转换器芯片内还设置有数据锁存器以暂存二进制输入数据。

按电路结构和工作原理可分为,权电阻网络、T 型电阻网络、倒 T 型电阻网络和权电流型 D/A 转换器。目前使用最广泛的是倒 T 型电阻网络 D/A 转换器。

倒 T 型电阻网络 D/A 转换器的优点是电阻种类少,只有 R、2R 两种,其精度易于提高,也便于制造集成电路。缺点是在工作过程中,T 型网络相当于一根传输线,从电阻开始到运放输入端建立起稳定的电流电压为止需要一定的传输时间,当输入数字信号位数较多时,将会影响 D/A 转换器的工作速度。动态时,会出现尖峰干扰脉冲。

2. D/A 转换器的指标及选用

DAC 的性能指标是选用 DAC 芯片型号的依据,也是衡量芯片质量的重要参数。描述 D/A 转换器的性能指标很多,主要有分辨率、线性度、转换时间、输出电压范围、温度系数、输入数字代码种类(二进制或 BCD 码)等。

分辨率是 D/A 转换器对输入量变化敏感程度的描述,与输入数字量的位数有关。数字量位数越多,转换器对输入量变化的敏感程度也就越高,使用时,应根据分辨率的需要来选定转换器的位数。

转换时间表示 DAC 的转换速度,转换器的输出形式为电流时,建立时间较短;输出形式为电压时,由于建立时间还要加上运算放大器的延迟时间,因此建立时间要长一点。但总的来说,D/A 转换速度远高于 A/D 转换速度,快速的 D/A 转换器的建立时间可达 1 μs。选用 DAC 时,要注意以下两点。

(1) 参考基准电压

D/A 转换中,参考基准电压是唯一影响输出结果的模拟参量,是 D/A 转换接口中的重要电路,对接口电路的工作性能、电路的结构有很大影响。使用内部带有低漂移精密参考电压源的 D/A 转换器既能保证有较好的转换精度又可以简化接口电路。但目前在 D/A 转换接口中常用到的 D/A 转换器大多不带有参考电源。为了方便地改变输出模拟电压范围、极性,需要配置相应的参考电压源。D/A 接口设计中经常配置的参考电压源主要有精密参考电压源和三点式集成稳压电源两种形式。

(2) D/A 转换能否与 CPU 直接相配接

D/A 转换能否与 CPU 直接相配接,主要取决于 D/A 转换器内部有没有输入数据寄存器。当芯片内部集成有输入数据寄存器、片选信号、写信号等电路时,D/A 器件可与 CPU 直接相连,而不需另加寄存器;当芯片内没有输入寄存器时,它们与 CPU 相连,必须另加数据寄存器,一般用 D 锁存器,以便使输入数据能保持一段时间进行 D/A 转换,否则只能通过具有输出锁存器功能的 I/O 给 D/A 送入数字量。目前 D/A 转换器芯片的种类较多,对应用设计人员来说,只需要掌握 DAC 集成电路性能及其与计算机之间接口的基本要求,就可以根据应用系统的要求选用 DAC 芯片和配置适当的接口电路。

本节介绍常用的 DAC0832 芯片与 51 的接口及转换应用程序的设计方法。

9.2.2 DAC0832 的接口及应用

DAC0832 是一种常用的 DAC 芯片,是美国国民半导体公司(NS)研制的 DAC0830 系列 DAC 芯片的一种。DAC0832 是一个 DIP20 封装的 8 位 D/A 转换器,可以很方便地与 51 单片机接口。

1. DAC0832 的内部结构及引脚功能

DAC0832 内部结构及引脚如图 9-11 所示。主要由两个 8 位寄存器和一个 8 位 D/A 转换器以及控制逻辑电路组成。D/A 转换器采用 R-2R T 型解码网络,实现 8 位数据的转换。两个 8 位寄存器(输入寄存器和 DAC 寄存器)用于存放待转换的数字量,构成双缓冲结构,通过相应的控制信号可以使 DAC0832 工作于三种不同的方式。寄存器输出控制逻辑电路由三个与门电路组成,该逻辑电路的功能是进行数据锁存控制,当 $\overline{LE}=0$ 时,输入数据被锁存;当 $\overline{LE}=1$ 时,锁存器的输出跟随输入的数据。数据进入 8 位 DAC 寄存器,经 8 位 D/A 转换电路,就可以输出和数字量成正比的模拟电流。

DAC0832 的主要特性如下:采用单电源供电,从 +5~+15 V 均可正常工作,基准电压的范围为 ±10 V;实现 8 位并行 D/A 转换;DAC0832 中无运算放大器,是一种电流型输出 D/A 转换器,电流建立时间为 1 μs,使用时需要外接运算放大器才能得到模拟输出电压;CMOS 工艺,低功耗 20 mW;片内设置两级缓冲,有单缓冲、双缓冲和直通三种工作方式;与单片机系统连接方便。

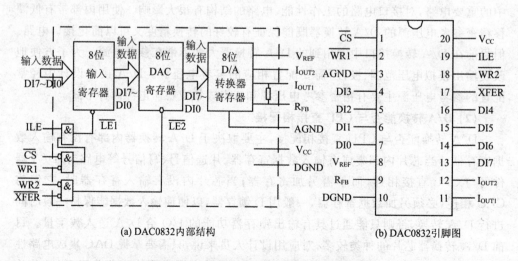

(a) DAC0832内部结构　　　　　　　　(b) DAC0832引脚图

图 9-11　DAC0832 外部引脚和内部结构图

第 9 章　单片机与 ADC、DAC 的接口技术

DAC0832 有 20 个引脚，各引脚的功能如下：

DI0～DI7：8 位数据输入线，TTL 电平，DI7 为最高位，DI0 为最低位。

$\overline{CS}$：片选信号输入线，低电平有效。$\overline{CS}$ 和 ILE 信号结合，可对 $\overline{WR1}$ 是否起作用进行控制。

ILE：数据允许控制信号输入线，高电平有效。

$\overline{XFER}$：数据传送控制信号输入线，低电平有效，可作为地址线用。

$\overline{WR1}$：输入寄存器的写选通输入线，低电平有效（宽度应大于 500 ns），即便 V_{CC} 提高到 15 V，其脉冲宽度也不应小于 100 ns。当 $\overline{CS}=0$，ILE$=1$，$\overline{WR1}=0$ 时，为输入寄存器直通方式；当 $\overline{CS}=0$，ILE$=1$，$\overline{WR1}=1$ 时，DI0～DI7 的数据被锁存至输入寄存器，为输入寄存器锁存方式。

$\overline{WR2}$：DAC 寄存器写选通输入线，低电平有效（宽度同 $\overline{WR1}$）。当 $\overline{XFER}=0$，$\overline{WR2}=0$ 时，输入寄存器的内容传送至 DAC 寄存器中；当 $\overline{WR2}=0$，$\overline{XFER}=1$ 时，为 DAC 寄存器直通方式；当 $\overline{WR2}=1$ 和 $\overline{XFER}=0$ 时，为 DAC 寄存器锁存方式。

在图 9-11 所示的内部结构图中，$\overline{LE1}$、$\overline{LE2}$ 为内部两个寄存器的输入锁存端。其中 $\overline{LE1}$ 由 ILE、$\overline{CS}$、$\overline{WR1}$ 确定，$\overline{LE2}$ 由 $\overline{WR2}$、$\overline{XFER}$ 确定。

$$\overline{LE1} = ILE \cdot \overline{CS} \cdot \overline{WR1}$$

当 $\overline{LE1}=0$ 时，8 位输入寄存器的输出跟随输入变化；当 $\overline{LE1}=1$ 时，数据锁存在输入寄存器中，不再变化。

$$\overline{LE2} = \overline{WR2} \cdot \overline{XFER}$$

当 $\overline{LE2}=0$ 时，8 位 DAC 寄存器的输出跟随输入变化；$\overline{LE2}=1$ 时，数据锁存在 DAC 寄存器中，不再变化。

I_{OUT1}：模拟电流输出线 1，当输入数据为全"1"时，I_{OUT1} 最大；为全"0"时，输出电流最小。此输出信号一般作为运算放大器的一个差分输入信号（一般接反相端）。

I_{OUT2}：模拟电流输出线 2，它是数字量输入为"0"的模拟电流输出端，当输入数据为全"1"时，I_{OUT2} 最小。它作为运算放大器的另一个差分输入信号，采用单极性输出时，I_{OUT2} 常接地。I_{OUT1} 与 I_{OUT2} 的输出电流之和总为一常数。

R_{FB}：片内反馈电阻引出线，反馈电阻制作在芯片内部，用作外接的运算放大器的反馈电阻。片内集成的电阻为 15 kΩ，只要将 9 引脚接到运算放大器的输出端，I_{OUT1} 接运算放大器的"-"端，I_{OUT2} 接运算放大器的"+"端即可。若运算放大器增益不够，还须外加反馈电阻。

V_{REF}：基准电压输入线。其电压可正可负，范围是 -10～$+10$ V。

V_{CC}：数字部分的工作电源输入端，可接 $+5$～$+15$ V 电源（一般取 $+5$ V）。

AGND：模拟电路地。为模拟信号和基准电源的参考地。

DGND：数字电路地。为工作电源地和数字逻辑地，两种地线在基准电源处一点共地比较恰当。

2. DAC0832 的工作方式及输出方式

(1) DAC0832 的工作方式

DAC0832 利用 $\overline{WR1}$、$\overline{WR2}$、ILE、$\overline{XFER}$ 控制信号可以构成三种不同的工作方式：直通方式、单缓冲方式和双缓冲方式。

1) 直通方式

当 $\overline{CS}$、$\overline{XFER}$ 直接接地，ILE 接电源，$\overline{WR1}=\overline{WR2}=0$ 时，8 位输入寄存器和 8 位 DAC 寄存器都直接处于导通状态，8 位数据可以从输入端经两个寄存器直接进入 D/A 转转器进行转换，从输出端得到转换的模拟量，故 DAC0832 工作于直通方式。直通方式不能与系统的数据总线直接相连（需另加锁存器），直通方式下工作的 DAC0832 常用于不带单片机的控制系统。

2) 单缓冲方式

DAC0832 内部的两个数据缓冲寄存器之一始终处于直通，即 $\overline{WR1}=0$ 或 $\overline{WR2}=0$，另一个处于受控制的状态（或者两个输入寄存器同时受控），此方式就是单缓冲方式。

在实际应用中，如果只有一路模拟量输出，或虽有几路模拟量但并不要求同步输出时，就可采用单缓冲方式。DAC0832 是电流型 D/A 转换电路，需要电压输出时，可以使用一个运算放大器将电流信号转换成电压信号输出。

3) 双缓冲方式

对于多路 D/A 转换，若要求同步进行 D/A 转换输出时，则必须采用双缓冲方式。当 8 位输入锁存器和 8 位 DAC 寄存器分开控制时，DAC0832 工作于双缓冲方式。

双缓冲方式用于多路 D/A 转换系统，适合于多模拟信号同步输出的应用场合，此情况下每一路模拟量输出需要一片 DAC0832 才能构成同步输出系统。

双缓冲方式时，单片机对 DAC0832 的操作分两步：第一步，使 8 位输入锁存器导通，将 8 位数字量写入 8 位输入锁存器中；第二步，使 8 位 DAC 寄存器导通，8 位数字量从 8 位输入锁存器送入 8 位 DAC 寄存器。第二步只使 DAC 寄存器导通，此时在数据输入端写入的数据无意义。

在与单片机连接时一般有单缓冲和双缓冲两种方式。实际应用时，要根据控制系统的要求来选择工作方式。

(2) 输出方式

DAC0832 的输出是电流，使用运算放大器可以将其电流输出线性地转换成电压输出。根据运算放大器和 DAC0832 的连接方法，运算放大器的输出可以分为单极性和双极性两种。如图 9-12 所示。

图 9-12(a) 是 DAC0832 实现单极性电压输出的连接示意图。因为内部反馈电阻 R_{FB} 等于 T 型电阻网络的 R 值，则电压输出为

第9章 单片机与 ADC、DAC 的接口技术

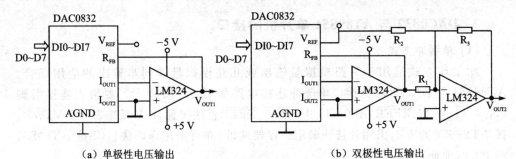

(a) 单极性电压输出 (b) 双极性电压输出

图 9-12 DAC0832 电压输出电路

$$V_{OUT1} = -I_{OUT1}R_{FB} = -\left(\frac{V_{REF}}{R_{FB}}\right)\left(\frac{D}{2^8}\right)R_{FB} = -\frac{D}{2^8}V_{REF}$$

图 9-12(b) 是 DAC0832 实现双极性电压输出的连接示意图。选择 $R_2 = R_3 = 2R_1$，则电压输出为

$$V_{OUT2} = -(2V_{OUT1} + V_{REF}) = -\left[2\left(-\frac{D}{256}\right)V_{REF} + V_{REF}\right] = \left(\frac{D-128}{128}\right)V_{REF}$$

上述两个计算公式中，D 值都是其对应的十进制值。由上述公式可列出表 9-2，表中，输入数字量最高位 b_7 为符号位，其余为数值位，参考电压 V_{REF} 可正可负。在选用 $+V_{REF}$ 时，若输入数字量最高位 b_7 为"1"，则输出模拟电压 V_{OUT2} 为正；若输入数字量最高位 b_7 为"0"，则输出模拟电压 V_{OUT2} 为负。选用 $-V_{REF}$ 时 V_{OUT2} 的取值正好和选用 $+V_{REF}$ 时相反。其中，LSB 表示输入数字量 b_0 由"0"变"1"时 V_{OUT2} 的增量，即 LSB $= V_{REF}/128$。

表 9-2 双极性输出电压对输入数字量的关系

输入数字量 B								V_{OUT}（理想值）	
b_7	b_6	b_5	b_4	b_3	b_2	b_1	b_0	$+V_{REF}$ 时	$-V_{REF}$ 时
1	1	1	1	1	1	1	1	$\|V_{REF}\|-$LSB	$-\|V_{REF}\|+$LSB
...								...	...
1	1	0	0	0	0	0	0	$\|V_{REF}\|/2$	$-\|V_{REF}\|/2$
...								...	...
1	0	0	0	0	0	0	0	0	0
...								...	...
0	1	1	1	1	1	1	1	$-$LSB	LSB
...								...	...
0	0	1	1	1	1	1	1	$-\|V_{REF}\|/2-$LSB	$\|V_{REF}\|/2+$LSB
...								...	...
0	0	0	0	0	0	0	0	$-\|V_{REF}\|$	$\|V_{REF}\|$

3. DAC0832 与 AT89S51 单片机的接口

(1) 单缓冲方式

此工作方式适用于一路模拟量输出或几路模拟量非同步输出的应用场合。AT89S51 与 DAC0832 的接口单缓冲连接电路如图 9-13 所示。要恰当连接引脚 $\overline{CS}$、$\overline{WR1}$、$\overline{WR2}$、$\overline{XFER}$，图 9-13 中，$\overline{WR2}$、$\overline{XFER}$ 直接接地，ILE 接电源 +5 V，$\overline{WR1}$ 接 AT89S51 的 $\overline{WR}$，采用片选法确定寄存器地址(亦可采用译码法)，$\overline{CS}$ 接 AT89S51 的 P2.7，地址为 7FFFH。

数字量可以直接从单片机的 P0 口送入 DAC0832。当地址选择线选择 DAC0832 后，只要输出控制信号，DAC0832 就能一次完成数字量的输入锁存和 D/A 转换输出。

DAC0832 的输出端接运算放大器，由运算放大器产生输出电压，图 9-13 中，采用了内置反馈电阻，若输出幅度不足，可以外接反馈电阻，也可增加运放。

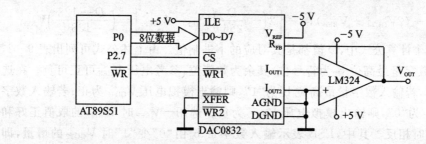

图 9-13　DAC0832 单缓冲方式电路图

根据图 9-13 的连接，DAC0832 的口地址为 7FFFH(P2.7=0)。执行下列三条指令就可将一个数字量转换为模拟量：

```
MOV    DPTR,#7FFFH    ;端口地址送 DPTR
MOV    A,#DATA        ;8 位数字量送累加器
MOVX   @DPTR,A        ;向锁存器写入数字量,同时启动转换
```

D/A 转换芯片除了用于输出模拟量控制电压外，也常用于产生各种波形。

【例 9-5】 根据图 9-13 的接口电路，分别编写从 DAC0832 输出端产生锯齿波、三角波和方波的程序段。图中，放大器 LM324 的输出端 V_{OUT} 直接反馈到 R_{FB}，所以该电路只能产生单极性的模拟电压。

产生图 9-14 锯齿波的源程序如下：

```
       MOV    DPTR,#7FFFH
       CLR    A
LOOP:  MOVX   @DPTR,A
       INC    A
       SJMP   LOOP
```

执行上述程序，在运算放大器的输出端就能得到锯齿波。

第 9 章 单片机与 ADC、DAC 的接口技术

图 9-14 的几点说明如下：

① 程序每循环一次，A 加 1，因此实际上锯齿波的上升边是由 256 个小阶梯构成的，但由于阶梯很小，所以宏观上看就如图中所画的线行增长锯齿波。

② 可通过循环程序段的机器周期数，计算出锯齿波的周期。并可根

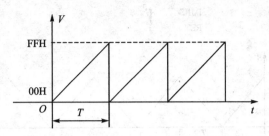

图 9-14 锯齿波

据需要，通过延时的方法来改变波形周期。若要改变锯齿波的频率，可在"SJMP"指令前加入延迟程序即可。延时较短时可用"NOP"指令实现（本程序就是如此），需要延时较长时，可以使用一个延长子程序。延迟时间不同，波形周期不同，锯齿波的斜率就不同。

③ 通过 A 加 1，可得到正向的锯齿波，反之 A 减 1 可得到负向的锯齿波。

④ 程序中 A 的变化范围是 0～255，因此得到的锯齿波是满幅度的。如要求得到非满幅锯齿波，可通过计算求得数字量的初置和终值，然后在程序中通过置初值和终值的方法实现。

产生图 9-15 三角波的源程序如下：

数字量从 0 开始逐次加 1，模拟量与之成正比，当(A)=0FFH 时，则逐次减 1，减至(A)=0 后，再从 0 开始加 1，如此循环重复上述过程，输出就是一个三角波，如图 9-15 所示。

```
START:  MOV   DPTR,#7FFFH    ;地址指向 DAC0832
        MOV   A,#00H         ;三角波起始电压为 0
UP:     MOVX  @DPTR,A        ;数字量送 DAC0832 转换
        INC   A              ;三角波上升边
        JNZ   UP             ;未到最高点 0FFH，返回 UP 继续
DOWN:   DEC   A              ;到三角波最高值，开始下降边
        MOVX  @DPTR,A        ;数字量送 DAC0832 转换
        JNZ   DOWN           ;未到最低点 0，返回 DOWN 继续
        SJMP  UP             ;返回上升边
        END
```

产生图 9-16 方波的源程序如下：

```
        MOV   DPTR,#7FFFH
LOOP:   MOV   A,#00H
        MOVX  @DPTR,A
        ACALL DELAYL
        MOV   A,#FFH
        MOVX  @DPTR,A
        ACALL DELAYH
        SJMP  LOOP
DELAY:  MOV   R7,#0FFH
```

```
        DJNZ    R7,$
        RET
```

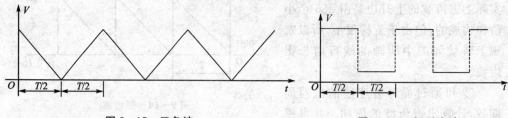

图 9-15 三角波   图 9-16 矩形方波

图 9-16 的几点说明如下：

① 以上程序产生的是矩形波，其低电平的宽度由延时子程序 DELAYL 所延时的时间来决定，高电平的宽度则由 DELAYH 所延时的时间决定。

② 改变延时子程序 DELAYL 和 DELAYH 的延时时间，就可改变矩形波上下沿的宽度。若 DELAYL=DELAYH（两者延时一样），则输出的是方波。

③ 改变上限值或下限值便可改变矩形波的幅值；单极性输出时为 $-5\sim 0$ V 或 $0\sim +5$ V；双极性输出时为 $-5\sim +5$ V。

仿照上例的编程方法，只要稍加变化就可编写出其他所需的各种波形（如梯形波、不同占空比的矩形波或组合波形等）。

(2) 双缓冲方式

在单片机应用系统中，如需同时输出多路模拟信号，这时的 D/A 转换器就必须采用双缓冲工作方式。这时数字量的输入锁存和 D/A 转换输出是分两步完成的，即单片机的数据总线分时地向各路 D/A 转换器输入要转换的数字量并锁存在各自的数据锁存器中，然后 CPU 对所有 D/A 转换器发出控制信号，使所有 D/A 转换器数据锁存器中的数据打入 DAC 寄存器，实现同步转换输出。

图 9-17 就是一种双缓冲方式的连接，为双路模拟量输出的接口电路。图 9-17 中，两片 DAC0832 的输入寄存器分别由两个不同的片选信号区分开，即首先将两路数据由不同的片选分别打入对应的 DAC0832 的输入寄存器；而两片 DAC0832 的 DAC 寄存器传送的控制信号 XFER 同时由一个片选信号控制，每个 DAC0832 内部的输入寄存器各占一个端口地址，而两片 DAC0832 的 DAC 寄存器共用一个端口地址，这是为了使两片 DAC0832 能同时进行转换。因此，两片 DAC0832 共占用 3 个外部 RAM 地址，0#的 DAC0832 和 1#的 DAC0832 输入寄存器地址分别为 XX0X XXXX XXXX XXXX 和 0XXX XXXX XXXX XXXX。

所以当选通 DAC 寄存器时，各自输入寄存器中的数据可以同时进入各自的 DAC 寄存器中以达到同时进行转换，同步输出的目的。

【例 9-6】 假设某一分时控制系统，由一台单片机控制两台并行的设备，连接电路如图 9-17 所示，两台设备的模拟控制信号分别由两片 DAC0832 输出，要求两

第9章 单片机与ADC、DAC的接口技术

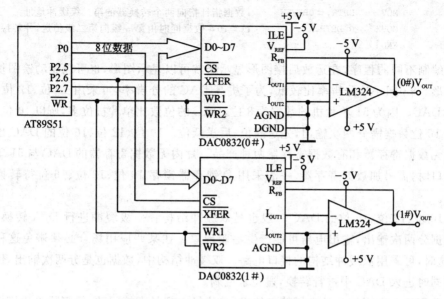

图 9-17 DAC0832 双缓冲方式电路图

片 DAC0832 同步输出。

如图 9-17 所示,利用 DAC0832 双缓冲的原理,对不同端口地址的访问具有不同的操作功能,具体功能如表 9-3 所列。

表 9-3 DAC0832 双缓冲方式时的功能

P2.7	P2.6	P2.5	功　能	端口地址
0	1	1	1#数据由 DB→第一级锁存	7FFFH
1	1	0	0#数据由 DB→第一级锁存	DFFFH
1	0	1	0#及1#同时由第一级→第二级	BFFFH

实现同步输出的操作步骤如下:

① 将 1# 待转换数据由数据总线→1# DAC0832 的第一级锁存(写 7FFFH 口)。
② 将 0# 待转换数据由数据总线→0# DAC0832 的第一级锁存(写 0DFFFH 口)。
③ 将 1#、0# DAC0832 的第一级锁存器中的数据→各自的第二级锁存,同时开始 D/A 转换(写 0BFFFH),周而复始。

程序如下:

```
        ORG    0100H
START:  MOV    DPTR,#7FFFH    ;数据指针指向1#的第一级锁存器
        MOV    A,#DATA1       ;取第一个待转换数据DATA1
        MOVX   @DPTR,A        ;送入第一级缓冲器
        MOV    DPTR,#0DFFFH   ;数据指针指向0#的第一级锁存器
        MOV    A,#DATA0       ;取第二个待转换数据DATA0
        MOVX   @DPTR,A        ;送入第一级缓冲器
```

```
        MOV   DPTR,#0BFFFH   ;数据指针指向两个转换器的第二级缓冲地址
        MOVX  @DPTR,A        ;1#、0#数据同时由第一级向第二级传送,并转换
        END
```

编制不同的程序,在运放后接图形显示器就可以显示图形,也可以驱动绘图仪绘制图形。8位DAC分辨率比较低,为了提高DAC的分辨率,可采用10位、12位、16位的DAC。因为51单片机的数据为8位,DAC的位数比单片机位多,所以10位、12位或16位数据需分两次输出,先送高位,后送低位。10位、12位、16位的DAC也有片内无数据寄存器和有数据寄存器两种产品。片内无数据寄存器的DAC与51单片机接口时,需另加数据寄存器,一般采用D锁存器锁存10位、12位、16位待转换的数据。

10位、12位、16位的DAC一般也是双缓冲结构。一级缓冲进行D/A转换,由于数据分两次输出,输出电压可能产生毛刺现象。在某些应用场合必须避免这种毛刺,这时,可采用双缓冲结构的接口电路。双缓冲结构中,数据也是分两次输出,但数据能同时进入DAC中进行转换,避免了毛刺。

前面各节介绍的几种常用接口技术,单片机大都是直接驱动,但实际单片机控制系统中,尤其是由单片机组成的工业控制系统中经常需要驱动一些功率很大的交直流负载,这时单片机不能直接驱动,要通过相应的功率接口电路才能输出一定的功率来驱动功率设备。大功率设备工作电压高,工作电流大,还常常会引入各种现场干扰,为保证单片机系统安全可靠运行,在设计功率接口时要仔细考虑驱动和隔离的方案。

一般低压直流负载可以采用功率晶体管或晶体管组驱动,高压直流负载和交流负载常采用继电器驱动;交流负载也可以采用双向晶闸管或固体继电器驱动。常用的隔离可采用光电耦合器或继电器,隔离时一定要注意,单片机用一组电源,外围器件用另一组电源,两者间从电路上要完全隔离。有关功率接口的内容在此不作介绍,在系统设计部分作简单介绍。

本章小结

A/D和D/A转换器是计算机与外界联系的重要途径,由于计算机只能处理数字信号,因此当计算机系统中需要控制和处理温度、速度、电压、电流、压力等模拟量时,就需要采用A/D和D/A转换器。

A/D转换器类型很多,双积分式A/D转换器和逐次逼近式A/D转换器,较为常用。双积分式A/D转换器的转换精度高、抗干扰性能好、价格便宜,但转换速度慢,适用于速度要求不高的场合;逐次逼近式A/D转换器的转换速度快、精度高,使用较多。本章重点介绍了常用的A/D转换芯片ADC0809与AT89S51单片机的接

第9章 单片机与 ADC、DAC 的接口技术

口电路,叙述了 A/D 转换后二者间的数据传送方式,即定时传送方式、查询方式和中断方式;还通过 8 路模拟量输入巡回检测系统实例,详细介绍了二者间数据传送的编程方法。

D/A 转换器的主要技术指标有 D/A 转换速度(建立时间)和 D/A 转换精度(分辨率)。转换速度一般在几十微秒到几百微秒之间,转换精度一般为 8、10、12 位。本章重点介绍了 D/A 转换芯片 DAC0832 的工作原理,并详细介绍了 DAC0832 单缓冲方式和双缓冲方式的接口及应用。

思考与练习

1. ADC0809 与 AT89S51 单片机接口时有哪些控制信号?作用分别是什么?使用 ADC0809 进行转换的主要步骤是怎样的?请简要进行总结。

2. 在一个由 AT89S51 单片机与一片 ADC0809 组成数据的采集系统中,ADC0809 的地址为 7FF8H~7FFFH。试画出有关逻辑框图,并编写出每隔一分钟轮流采集一次 8 个通道数据的程序。共采样 100 次,其采样值存入片外 RAM 3000H 开始的存储单元中。

3. 如何启动一个 ADC 进行 A/D 转换,启动方式有几种,单片机如何了解到 ADC 是否转换结束?判断转换结束的方式有几种?

4. 使用 DAC0832 时,单缓冲方式如何工作?双缓冲方式如何工作?它们各占用 AT98S51 外部 RAM 的哪几个单元?软件编程有什么区别?

5. DAC0832 与 AT98S51 单片机连接时有哪些控制信号?其作用是什么?在什么情况下要使用 D/A 转换器的双缓冲方式?试以 DAC0832 为例绘出双缓冲方式的接口电路。

6. 为什么内部没有输入锁存器的 D/A 转换器与单片机接口时,必须在单片机和 D/A 转换器之间增设锁存器或 I/O 接口芯片。

7. 在一个 AT89S51 单片机与一片 DAC0832 组成的应用系统中,DAC0832 的地址为 7FFFH,输出电压为 0~5 V。试画出有关逻辑框图,并编写产生矩形波,其波形占空比为 1:4,高电平时电压为 2.5 V,低电平时为 1.25 V 的转换程序。

8. 根据图 9-7 MC14433 的选通脉冲时序图回答什么是字位动态扫描 BCD 码输出方式及如何读取转换结果?

第 10 章
单片机的 C 语言程序设计

在开发单片机应用系统时,汇编语言是一种常用的软件工具,它具有能直接与硬件对话、执行速度快的特点。但由于汇编语言指令系统的固有格式,使其在编程时受限于系统的硬件结构,编写和调试困难,程序可移植性差。随着单片机硬件性能的提高,其工作速度越来越快,在编写程序时,更加注重程序本身的编写效率。C51 以其开发周期短,开发成本低,程序可靠性高,可移植性好的特点,已成为目前最流行的单片机开发软件。

10.1　C51 的基础知识

C51 是在 C 语言的基础上产生的,针对单片机的 C 语言主要有美国 Franklin 软件公司推出的 Franklin C51 和德国 Keil 公司推出的 Keil C,它们都是高性能的 C 编译器,编译的目标代码简洁且运行速度高。

10.1.1　C51 的特点

由于 C 语言本身兼具汇编语言和高级语言的特性,故 C51 也同时具有汇编语言和高级语言的优势。
① 和汇编语言一样,可以直接对硬件操作。
② 较之汇编语言,程序的可靠性高、可移植性好。
③ 和 C 语言一样,运算符丰富、语言简洁紧凑、使用方便灵活。
④ 生成的目标代码简洁且运行速度高。
⑤ 较之汇编语言,开发周期短,开发成本低。
C51 与 C 语言有着相同的语法规则,但由于针对不同的 CPU,两者有着不同的编译环境和数据存储结构,在语言表达上有各自的特点。标识符和关键字是 C51 程序的基本组成,所以先来了解一下标识符和关键字。

10.1.2　C51的标识符

标识符是用来表示源程序中某个对象名称的,这些对象可以是常量、变量、语句以及函数等。简单地讲,标识符就是名字,C51标识符的定义十分灵活,但要把握以下几个原则。

① 标识符由字母(A～Z,a～z)、数字或下划线"_"组成。
② 标识符必须以字母或下划线开头。
③ 区分大小写,即大小写字母表示不同的标识符。
④ 标识符最长不能超过32个字符。
⑤ 标识符不能和C51的关键字相同。

值得注意的是,C51有些库函数的标识符是以下划线开头的,所以,在标识符的实际命名中最好避免以下划线开头。总之,标识符的命名应以"形式简单、含义清晰"为原则,这将有助于对程序的阅读和理解。

10.1.3　C51的关键字

C51的关键字是被C51编译器定义的专用标识符,它们具有固定名称和特定含义,用户不得再用这些关键字去标识变量、数组、函数等,否则,程序将无法编译运行。

C51编译器除了支持ANSIC的32个标准关键字(见表10-1)外,还根据51单片机的特点扩展了表10-2所列的关键字。

表10-1　ANSIC的标准关键字

关键字	用途	说明
auto	存储种类说明	用以声明局部变量,缺省值为此
break	程序语句	退出最内层循环体
case	程序语句	switch语句中的选择项
char	数据类型说明	单字节整型数或字符型数据
const	存储类型说明	在程序执行过程中不能修改的常量值
continue	程序语句	转向下一次循环
default	程序语句	switch语句中的失败选择项
do	程序语句	构成do-while循环结构
double	数据类型说明	双精度浮点数
else	程序语句	构成if-else选择结构
enum	数据类型说明	枚举
extern	存储类型说明	在其他程序模块中说明了的全局变量
float	数据类型说明	单精度浮点数

续表 10-1

关键字	用途	说明
for	程序语句	构成 for 循环结构
goto	程序语句	构成 goto 转移结构
if	程序语句	构成 if-else 选择结构
int	数据类型说明	基本整型数
long	数据类型说明	长整型数
register	存储类型说明	使用 CPU 内部寄存器的变量
return	程序语句	函数返回
short	数据类型说明	短整型数
signed	数据类型说明	有符号数，二进制数的最高位为符号位
sizeof	运算符	计算表达式或数据类型的字节数
static	存储类型说明	静态变量
struct	数据类型说明	结构类型数据
swtich	程序语句	构成 swtich 选择结构
typedef	数据类型说明	重新进行数据类型定义
union	数据类型说明	联合类型数据
unsigned	数据类型说明	无符号数据
void	数据类型说明	无类型数据
volatile	数据类型说明	该变量在程序执行中可被隐含地改变
While	程序语句	构成 while 和 do-while 循环结构

表 10-2　ANSIC 的扩展关键字

关键字	用途	说明
bit	位标量声明	声明一个位标量或位类型的函数
sbit	位变量声明	声明一个可位寻址的变量
sfr	特殊功能寄存器声明	声明一个 8 位的特殊功能寄存器
Sfr16	特殊功能寄存器声明	声明一个 16 位的特殊功能寄存器
data	存储器类型说明	直接寻址的内部数据存储器
bdata	存储器类型说明	可位寻址的内部数据存储器
idata	存储器类型说明	间接寻址的内部数据存储器
pdata	存储器类型说明	分页寻址的外部数据存储器
xdata	存储器类型说明	外部数据存储器
code	存储器类型说明	程序存储器
interrupt	中断函数说明	定义一个中断函数
reentrant	再入函数说明	定义一个再入函数
using	寄存器组定义	定义芯片的工作寄存器组

10.2 C51 的数据

处理数据是一个程序最基本的功能,在 C51 中,每个变量在使用前必须定义其数据类型。因此,学习 C51 语言应该首先掌握 C51 能够处理的数据类型及其存储类型和存储模式。

10.2.1 C51 的数据类型

C51 提供了丰富的数据类型,主要分为两大类:一类是基本数据类型,一类是构造型数据类型。基本数据类型有四种,包括整型(int)、浮点型(float)、字符型(char)和无值型(void);构造型数据类型有五种,包括数组、结构(struct)、联合(union)、指针型(*)和枚举(enum)。本节只介绍基本数据类型。

数据类型不同,其所对应的数据位数和数值范围也不同。表 10-3 列出了常用数据类型所对应的位数和数值范围。

表 10-3 常用数据类型的表示范围

数据类型	表示方法	位数	数值范围
位标量	bit	1	0～1
有符号字符型	signed char	8	-128～+127
无符号字符型	unsigned char	8	0～255
有符号整型	signed int	16	-32 768～+32 767
无符号整型	unsigned int	16	0～65 535
有符号长整型	signed long	32	-2 147 483 648～+2 147 483 647
无符号长整型	unsigned long	32	0～4 294 967 295
有符号短整型	signed short	16	-32 768～+32 767
无符号短整型	unsigned short	16	0～65 535
浮点型	float	32	±1.175494E-38～±3.402823E+38
可寻址位型	sbit	1	0～1
特殊功能寄存器型	sfr/sfr16	8/16	0～255/0～65 535

下面详细介绍它们各自的定义和用途。

1. 字符型 char

字符型通常用于定义处理字符数据的常量或变量,长度为一个字节。字符型数据分为有符号字符型(signed char)和无符号字符型(unsigned char)两种,默认值为有符号字符型。

无符号字符型数据用字节的所有 8 位来表示数据的数值,所以数值表示范围是 0～255;有符号字符型数据的 8 位中最高位是符号位,"0"表示正数,"1"表示负数,且负数用补码表示,所以数值表示范围是－128～＋127。

无符号字符型数据常用于处理 ASCII 字符或小于等于 255 的整型数。

2. 整型 int

整型数据可以分为三种:基本型(int)、短整型(short)和长整型(long),而在 C51 编译器中,基本型和短整型相同。因此,这里只介绍基本型和长整型。

基本型(int)用于存放一个双字节数据,分为有符号整型数(signed int)和无符号整型数(unsigned int),默认值为有符号整型(signed int)。

长整型(long)用于存放一个 4 字节数据,分为有符号长整型(signed long)和无符号长整型(unsigned long),默认值为有符号长整型(signed long)。

3. 浮点型 float

浮点型分为单精度浮点型(float)和双精度浮点型(double)。在 C51 中,float 和 double 的字节长度和数值表示范围相同。浮点型占 4 字节,在十进制数中有 7 位有效数字。

4. 位标量 bit

位标量(bit)是 C51 编译器的一种扩充数据类型,可以用它来定义一个为位标量,但是不能用它定义位指针和位数组。编译器在编译过程中分配地址时,除非指定,否则这个地址是随机的。这个地址是整个可寻址空间,即"RAM＋Flash＋扩展空间"。

5. 可寻址位 sbit

和位标量(bit)一样,可寻址位(sbit)也是 C51 编译器的一种扩充数据类型。不同的是,利用它只能访问芯片内部的位寻址区或可以位寻址的特殊功能寄存器的某一位,并且定义后它的地址是确定的。

6. 特殊功能寄存器型 sfr/sfr16

sfr/sfr16 也是 C51 扩充的数据类型,利用它们来访问 51 单片机内部所有的特殊功能寄存器。sfr 用来访问占用一个字节的特殊功能寄存器,sfr16 用来访问占用两个字节的特殊功能寄存器。

7. 无值型 void

无值型字节长度为零,主要有两个用途。一是明确地表示一个函数没有返回值;二是定义一个无值型指针,可根据需要动态分配其内存。

10.2.2 常量和变量

1. 变 量

在程序的执行过程中可以改变数值的数据称为变量。一个变量有三个要素：变量名、数据类型和存储类型。

(1) 变量的说明

所有变量都必须在使用前加以说明。变量的命名方法和标识符的命名方法相同。变量的数据类型可以是 C51 数据类型中的任何一种。

变量说明的格式如下：

［存储类型］ 数据类型［存储器类型］变量名1,变量名2,…；

在书写变量说明时，应该遵循以下原则：

① 允许在一个类型说明符后说明多个相同类型的变量，各变量之间用逗号分隔，类型说明符与变量名之间至少用一个空格隔开。

② 最后一个变量名后必须以分号结束。

③ 变量说明必须放在变量使用之前，一般放在函数体的开头部分。

④ 在说明格式中，存储类型和存储器类型是可选项。

例如：

```
int  x,y,z;
char name;
```

上例也可以写成：

```
int  x;      //整型变量
int  y;      //整型变量
int  z;      //整型变量
char name;   //字符类型
```

显然，第二种形式会使源程序变长，但便于对每个变量进行注释，便于修改。

(2) 变量的种类

在程序中，变量的使用通常在三个地方，函数内部、函数的参数定义或所有的函数外部。根据变量的作用域不同，可以分为局部变量、形式参数和全局变量。

1) 局部变量

局部变量指在函数内部说明且只能在函数内部使用的变量（有时也叫自动变量），用关键字 auto 进行说明，通常 auto 省略不写。

局部变量在函数调用时自动产生，但不会自动初始化，随着函数调用的结束，局部变量自动释放。因此，局部变量既不能被其他函数调用也不能保存其值。不同函数中声明的具有相同名字的各个局部变量之间没有任何关系。

2) 形式参数

形式参数是指在函数名里定义的变量,用于接受来自调用函数的参数。形式参数在函数内部可以像局部变量一样使用。

例:
```
delay(int  time)
{
char   p;                  //定义局部变量 p
<程序体>
}
```

其中,time 为函数的形式参数,无需再进行说明就可以在该函数内直接使用。

3) 全局变量

全局变量是指在所有函数之外说明的且在整个源程序中都"可见的"变量,可以被源程序中的任何一个函数使用,并且在整个程序的运行过程中都保留其值。全局变量必须在使用之前进行说明,但可以是所有函数体之外的任何位置,习惯上通常在程序的主函数前说明。

例:
```
int   pt;                     //定义全局变量
void   sum(int x,int y);      //子函数声明
main()
{
pt = 20;                      //给全局变量赋值
sum (10,20);                  //调用子函数
}
Void  sum (int x,int y)
{
int   sum;                    //定义局部变量
sum = x + y;
}
```

由于全局变量可以被整个程序内的任何一个函数调用,所以可以用它实现函数之间参数的传递。但是,全局变量太多时会占用较多的内存,在编程过程中应该尽量使用局部变量。

(3) 变量的存储类型

变量的存储类型有四种:自动(auto)、外部(extern)、静态(static)和寄存器(register)。缺省的存储类型为自动。目前由于寄存器类型用得较少,所以不再介绍。

1) 自动类型

自动类型用来定义局部变量。

2) 静态类型

静态类型变量又可以分为静态局部变量和静态全局变量。

静态局部变量和局部变量的区别在于,在函数退出时,静态局部变量始终存在,

但不能被其他函数使用。静态全局变量和全局变量的区别是,全局变量可以再说明为外部变量而被其他源文件使用;而静态全局变量只能被其所在的源文件使用,不能被重新说明为外部变量。

3) 外部类型

用 extern 来说明一个变量,是为了使该变量能在定义它的源文件之外的文件中被使用。

(4) 变量的绝对定位

在 C51 中,可以通过_at_关键字来定位变量,以确定变量在存储器中的绝对位置。格式如下:

[存储种类] [存储空间] 数据类型　变量名　_at_　定位地址

例:

　data　char test　_at_　0x40;

但需要指出的是,位变量不能用_at_来进行绝对定位。

2. 常　量

在程序的执行过程中不会改变也不能改变数值的数据称为常量。常量可以分为整型常量、浮点常量、字符常量和字符串常量。常量不需要事先定义,只要在程序中用到的地方直接写上即可。

(1) 整型常量

按采用的数制不同,整型常量可以分为十进制常量、八进制常量和十六进制常量。其中,十进制常量书写时以非"0"的数开始,八进制常量书写时以"0"开始,十六进制常量书写时以"0x"或"0X"开始。

另外,为了表示长整型常量,可以在整型常量后添加一个字母"L"或"l"。值得注意的是,常量 12 和 12L 是不同的。

(2) 浮点常量

浮点常量只能用十进制数来表示,有两种表示方法。

一种是实数的一般形式,由整数、小数点和小数三部分组成,"+"号可以省略。一种是实数的指数形式,由尾数、小写字母 e 或大写字母 E 和指数三部分组成,尾数部分可以是十进制整型常量或一般形式的实数,指数部分是十进制的短整型常量(可以带正负号±)。

(3) 字符常量

能用符号表示的字符定义为字符常量时可以直接用单引号括起来,如"z";也可以用该符号的 ASCII 码值表示,如十六进制数 0x55 表示大写字母 U。一些不能显示的控制字符可以在该字符前面加一个反斜杠"\"组成转义字符。因为反斜杠后面的字符,都不是它本来的 ASCII 字符意思了,所以叫"转义"。值得注意的是,在转义字符中只能使用小写字母,且每个转义字符只能看作一个字符。

常用的转义字符表如表 10-4 所列。

表 10-4 常用转义字符表

转义字符	含义	ASCII 码(16/10 进制)
\o	空字符(NULL)	00H/0
\n	换行符(LF)	0AH/10
\r	回车符(CR)	0DH/13
\t	水平制表符(HT)	09H/9
\b	退格符(BS)	08H/8
\f	换页符(FF)	0CH/12
\'	单引号	27H/39
\"	双引号	22H/34
\\	反斜杠	5CH/92

(4) 字符串常量

对于字符串常量,一般用双引号括起来表示。如"How are you"。当引号内没有字符时,为空字符串。

10.2.3 C51 的存储器类型及存储模式

1. C51 的存储器类型

所谓存储器类型就是指计算机分配给数据的存放区的类型。通过第 2 章的学习,知道单片机存储器分为程序存储器和数据存储器,而数据存储器又可以分为很多区域。将数据存放在哪个区域可以由用户来决定,因此,就有了 C51 的存储器类型。表 10-5 列出了 C51 编译器允许的存储器类型及其对应的存储区域。C51 存储器类型的说明就是指定数据在 C51 硬件系统中所使用的存储区域,并在编译时准确定位。

表 10-5 C51 的存储类型

存储器类型	存储区域
data	直接访问内部 RAM 低 128B,访问速度最快
bdata	访问位寻址区,允许位与字节混合访问
idata	间接访问内部 RAM 256B
pdata	分页访问外部 RAM 256B,用"MOVX @Ri"指令
xdata	访问 64 KB 的 RAM,用"MOVX @DPTR"指令
code	访问 64 KB 的 ROM,用"MOVC @A+DPTR"指令

第10章 单片机的C语言程序设计

(1) data 类型

data 类型对应于片内 RAM 的低 128 B,访问速度最快。由于该区域空间小,所以,只有频繁使用或对运算速度要求很高的变量才放到该区域内。例如,for 循环中循环计数的变量。

(2) bdata 类型

bdata 类型对应于片内 RAM 的位寻址区,即字节地址为 20H～2FH 的 RAM 空间。程序中的逻辑标志变量采用这种存储类型能大大降低其占用的内存空间。

例:

```
unsigned char bdata sta_byte;    //在 bdata 段中声明无符号字符型变量 sta_byte
sbit d_r = sta_byte^1;           //定义变量 sta_byte 的第 1 位用 d_r 表示
d_r = 1;                         //给 d_r 赋值
```

值得注意的是,编译器不允许在 bdata 段中定义 float 和 double 类型的变量。

(3) idata 类型

idata 类型对应于片内的所有 RAM 区,也可以用来存放使用比较频繁的变量,使用寄存器作为指针进行寄存器间接寻址。和外部存储器寻址相比,它的指令执行周期和代码长度都比较短。

例:

```
float   idata   out_pv;//在 idata 区域存放一个浮点型变量 out_pv
```

(4) pdata 和 xdata 类型

pdata 和 xdata 类型的变量声明和其他访问 RAM 的存储器类型相同。对 pdata 段寻址时只需要装入 8 位地址,而对 xdata 段寻址时需要装入 16 位地址,所以对 pdata 段寻址的速度较快。

(5) code 段

code 段的数据是存放在程序存储器中的,因此是不可改变的,一般用来存放数据表跳转向量和状态表。code 段的访问时间和 xdata 段的访问时间一样。需要指出的是,code 段中的对象在声明的时候要初始化,否则就得不到想要的值。

例:

```
unsigned   int   code   year = 365;
unsigned   char   code   squ[6] = {0x00,0x01,0x04,0x09,0x10,0x19};
```

2. C51 的存储模式

C51 有三种存储模式:SMALL、COMPACT 和 LARGE。如果在变量声明中省略了存储器类型,系统会自动按这三种编译模式所默认的存储器类型指定变量的存储区域。表 10-6 给出了这三种模式的含义。

表 10-6　存储模式

存储模式	说　明
SMALL	参数及局部变量默认为 data 类型
COMPACT	参数及局部变量默认为 pdata 类型
LARGE	参数及局部变量默认为 xdata 类型

10.2.4　特殊功能寄存器、并行接口及位变量的定义

1. 特殊功能寄存器的定义

在 MCS-51 单片机中,除了程序计数器(PC)和四组工作寄存器外,其他所有的特殊功能寄存器(SFR)分散在 RAM 区的高 128B 中,其中有 11 个具有位寻址能力,它们的字节地址都能被 8 整除。

对 SFR 的操作只能采用直接寻址方式,为了直接访问这些 SFR,Keil C51 提供了两个关键字"sfr"和"sfr16"直接对 51 单片机的特殊功能寄存器进行定义。这种定义方法与标准 C 语言不兼容,只适用于对 MCS-51 系列单片机的 C 语言编程。

C51 定义特殊功能寄存器的一般语法格式:

sfr/sfr16　特殊功能寄存器名=特殊功能寄存器地址常数;

其中,"sfr/sfr16"是关键字,表示该特殊功能寄存器的位数;特殊功能寄存器名的命名规则和标识符的命名规则相同,名字最好有一定的含义,以方便程序的阅读;"="后面必须是一个整型常数来表示这个特殊功能寄存器的字节地址,不允许是带有运算符的表达式,即这个常数值的范围一定是 0x80~0xFF。

例:

　sfr　　TCON = 0x88;　　　　//定时器工作方式控制寄存器地址为 88H

sfr 是用来定义 8 位的特殊功能寄存器的。而在新的 MCS-51 系列产品中,出现了新的 16 位 SFR,当 SFR 的高字节地址直接位于其低字节地址之后时,对 16 位 SFR 的值就可以直接访问,sfr16 就是用来定义这些新的 16 位特殊功能寄存器的。

例:定义 AT89S52 中的定时器 T2。

　sfr16　　T2 = 0xCC;　　　　//T2 的第 8 位地址为 CCH,T2 的高 8 位地址为 CDH

注意:用 sfr16 定义 16 位特殊功能寄存器时,"="后面的是该特殊功能寄存器的低字节地址,高字节地址默认在低字节地址之后。

另外,虽然 MCS-51 系列单片机的 T0 和 T1 也是 16 位的 SFR,但是他们不能用 sfr16 来定义。因为它们不是"新的"16 位 SFR。

2. 并行接口的定义

MCS-51系列单片机的并行I/O口包括：内部的4个I/O口(P0~P3)和扩展的片外I/O口，它们在使用前都必须先定义。

(1) 51单片机的P0~P3

对于51内部的4个并行I/O口的定义和一般的特殊功能寄存器一样，采用关键字"sfr"进行定义。

例：

```
sfr  P1 = 0x90;//P1口的地址为90H
```

(2) 扩展I/O口的定义

在51单片机中，扩展的I/O口与数据存储器统一编址，即把一个I/O口当作片外RAM中的一个单元，使用#define语句进行定义。但是在定义之前一定要用到Keil C中的头文件absacc.h。

定义方法如下：

```
#include <absacc.h>        //absacc.h是C51中绝对地址访问函数的头文件
#define   口地址名 绝对地址类型[绝对地址]
```

其中，口地址名是用户自己定义的，命名规则与标识符相同。绝对地址类型描述了该I/O地址所在的存储器和它的位数，分为：code中的字节型(CBYTE)、xdata中的字节型(XBYTE)、pdata区中的字节型(PBYTE)、data中的字节型(DBYTE)、code中的字型(CWORD)、xdata中的字型(XWORD)、pdata中的字型(PWORD)、data中的字型(DWORD)。

例：

```
#include <absacc.h>        //使用头文件
#define  PA  XBYTE[0xffec]  //将PA定义为外部I/O口,地址为ffec
Main()
{
  PA = 0x3A;               //将数据3AH写入地址为0xffec的存储单元或I/O口
}
```

3. 位变量的定义

(1) bit位变量的定义

bit是单片机C语言中的一种扩充数据类型，通过定义bit位变量可以方便地对MCS-51中的某一位进行操作。但是bit位变量不能定义成一个指针，也不能定义成位数组。

bit位变量的C51定义的格式为：

```
bit  位变量名;
```

例：

```
bit x;//x 的地址是随机分配的
```

(2) sbit 可寻址位变量的定义

sbit 同样是单片机 C 语言中的一种扩充数据类型,利用它能访问芯片内部的可寻址位或特殊功能寄存器中的可寻址位。sbit 可寻址位变量的定义格式为:

sbit　位变量名＝位变量地址;

需要指出的是,位变量地址的表示方式可以是绝对位地址、特殊功能寄存器名^位序号或字节地址^位序号。

例:

```
sfr P1 = 0x90;
sbit P1_1 = P1^1; //P1_1 为 P1 中的 P1.1 引脚
```

同样,可以用 P1.1 的绝对地址去定义,如

```
sbit P1_1 = 0x91; //P1.1 引脚的绝对位地址为 91H
```

这样在以后的程序中,可以用 P1_1 直接对 P1.1 引脚进行读/写操作。

10.3　运算符、函数及程序流程控制

运算符就是完成某种特定运算的符号。运算符按其对运算对象的个数要求可以分为单目运算符、双目运算符和三目运算符。C51 的基本运算类似于 ANSIC,主要包括算术运算、关系运算、逻辑运算、位运算和赋值运算及其表达式等。表达式则是由运算及运算对象所组成的具有特定含义的式子。C 是一种表达式语言,表达式后面加";"就构成了一个表达式语句。

10.3.1　C51 的运算符

1. 算术运算符

C51 的算术运算符如表 10-7 所列。

表 10-7　C51 的算术运算符

运算符	意　义	示　例	说　明
＋	加	a+b	a 变量值和 b 变量值相加
−	减	a−b	a 变量值减去 b 变量值
	取负	−a	将 a 变量的值取负
＊	乘	a＊b	a 变量值乘以 b 变量值

续表 10-7

运算符	意义	示例	说明
/	除	a/b	a 变量值除以 b 变量值
%	取余	a%b	取 a 变量值除以 b 变量值的余数
--	自减一	a--	a 变量的值减一再送给 a 变量,即 a=a-1
++	自加一	a++	a 变量的值加一再送给 a 变量,即 a=a+1

在使用算术运算符时,需要注意以下几点。

(1) 取余运算

取余运算只能用于整型数据的运算,取余运算的结果只保留了实际除法运算结果的余数部分。例:17%4 的结果是 1。

(2) 增量运算

加一(++)和减一(--)运算符只能用于变量,不能用于常数或表达式。如果要实现某个变量的自加一(自减一)运算,运算符++(--)写在这个变量的前后都一样。

例:

a=a+1;   //等同于写成 ++a 或 a++

但是,如果涉及到其他变量的运算,运算符++(--)的位置不同意义就大不相同了。

a=b++;   //将变量 b 的值赋给变量 a 后,b 加 1
a=++b;   //将变量 b 的值先加 1,再将新值赋给变量 a

(3) 赋值语句中的数据类型转换

类型转换是指不同类型的变量在混用时的类型改变。在赋值语句中,类型转换的规则是,等号右边的数据类型转换为等号左边变量所属的类型。

例:

```
#include   <stdio.h>
main()
{
float f;
int   i=15;
f=i/2;        //将 i/2 以整型数据运算后的值转换为浮点数后赋给变量 f
}
```

程序运行后,变量 f 的值等于 7 而不是 7.5。如果想得到精确的结果,正确的方法如下:

```
main()
{
float f;
int   i=15;
f=i/2.0;
}
```

请读者自行分析原因。

2. 关系运算符

关系运算符又叫比较运算符,是用来表述两个操作对象大小关系的运算符。C51 中的关系运算符如表 10-8 所列。

表 10-8　C51 的关系运算符

运算符	意义	示例	说明
>	大于	a>b	测试 a 是否大于 b
<	小于	a<b	测试 a 是否小于 b
>=	大于或等于	a>=b	测试 a 是否大于或者等于 b
<=	小于或等于	a<=b	测试 a 是否小于或者等于 b
==	等于	a==b	测试 a 是否等于 b
!=	不等于	a!=b	测试 a 是否不等于 b

将运算对象用关系运算符连接起来的式子称为关系表达式,关系表达式通常用来判别某个条件是否满足,它的结果只有 0 或 1 两种值。当所指定的关系条件成立时结果为 1,否则结果为 0。

3. 逻辑运算符

逻辑运算符用来对运算对象进行基本的逻辑运算。C51 提供了 3 种逻辑运算符分别实现与、或、非三种基本的逻辑运算,如表 10-9 所列。

表 10-9　C51 的逻辑运算符

运算符	意义	示例	说明
&&	逻辑与	a&&b	a、b 两个变量都是真,结果才是真
||	逻辑或	a||b	a、b 两个变量只要有任何一个是真,结果就是真
!	逻辑非	!a	将 a 变量的逻辑值取反

用逻辑运算符将运算对象连接起来的式子称为逻辑表达式。在逻辑表达式中的运算对象可以是表达式或逻辑量,而表达式可以是算术表达式、关系表达式或逻辑表达式。逻辑表达式的值和关系表达式一样只有真(用"1"表示)或假(用"0"表示)两种。对于运算对象中的算术表达式,它的值为"0"时才认为是逻辑假,否则认为是逻辑真。

4. 位运算符

位运算符的作用是对运算对象进行按位运算,并不改变参与运算的变量的值。如果想按位改变运算变量的值,必须通过赋值运算来实现。位运算的运算对象只能

第10章 单片机的C语言程序设计

是整型和字符型数据,不能是实型数据。C51提供了6种位运算,如表10-10所列。

表10-10　C51的位运算符

运算符	意义	示例	说明
~	按位取反	~a	将a的每一位取反
<<	左移	a<<b	将a按位左移b位,右侧补0
>>	右移	a>>b	将a按位右移b位,左侧补0或者符号位
&	按位与	a&b	变量a和b按位相与
^	按位异或	a^b	变量a和b按位异或
|	按位或	a|b	变量a和b按位相或

位运算中的移位运算比较复杂。移位运算符左边的变量是要被移位操作的变量,而移动的位数由移位运算符右边的变量决定。左移运算中,右侧补0,左端移出的位值被丢弃。右移运算中,如果被移位的变量是无符号类型数据,则左侧补0;否则,左侧补入原来数据的符号位。

5. C51的赋值运算符

赋值运算符就是用来给变量赋值的。C51提供了12种赋值运算符,如表10-11所列。其中,有11种是由二目运算符和基本赋值运算符"="组合成的复合赋值运算符。复合赋值运算首先对变量进行某种运算,然后将运算结果再赋给运算符左边的变量。

表10-11　C51的赋值运算符

运算符	意义	示例	说明
=	赋值	a=b	将变量b的值赋给变量a
+=	加法赋值	a+=b	等同于a=(a+b)
-=	减法赋值	a-=b	等同于a=(a-b)
*=	乘法赋值	a*=b	等同于a=(a*b)
/=	除法赋值	a/=b	等同于a=(a/b)
%=	取余赋值	a%=b	等同于a=(a%b)
&=	逻辑与赋值	a&=b	等同于a=(a&b)
|=	逻辑或赋值	a|=b	等同于a=(a|b)
~=	逻辑非赋值	a~=b	等同于a=(~b)
^=	逻辑异或赋值	a^=b	等同于a=(a^b)
<<=	左移位赋值	a<<=2	等同于a=(a<<2)
>>=	右移位赋值	a>>=1	等同于a=(a>>1)

采用复合赋值运算符不仅可以简化程序,还可以提高程序的编译效率。

在赋值运算中,当两侧的数据类型不一致时,系统自动将右边表达式的值转换成左侧变量的类型再赋给该变量。转换规则如下:

① 实型数据赋给整型变量时,舍弃小数部分;整型数据赋给实型变量时,数值不变,但以 IEEE 浮点数形式存储。

② 长字节整型数据赋给短字节整型变量时,实行截断处理,只将 long 型数据的低两字节赋给 int 型变量,而将 long 型数据的高两字节丢弃;短字节整型数据赋给长字节整型变量时,实行符号扩展,即将 int 型数据赋给 long 型数据的低两字节,long 型数据的高两字节以原来 int 型数据的符号位。

6. C51 的特殊运算符

(1) 条件运算符

条件运算符"?"是 C 语言中唯一的一个三目运算符,通常用它来构成条件表达式,其一般形式为:

<逻辑表达式 1>? <表达式 2>:<表达式 3>;

"?"运算符的作用是,先求逻辑表达式 1 的值,如果为真,则把表达式 2 的值作为整个条件表达式的值;否则,把表达式 3 的值作为整个条件表达式的值。因此"?"运算符可以代替某些 if-then-else 语句。

例:

```
#include   <stdio.h>
main()
{
    int   a,b=20;
    a=b<=60? -1:1;          //因为表达式1(b<=60为真),所以把表达式3的值"-1"
                            //赋给变量a
}
```

(2) 逗号运算符

逗号运算符","是用来连接多个表达式的。程序运行时,从左至右依次计算出各个表达式的值,最右边表达式的值才是整个逗号表达式的值。

逗号表达式的一般形式:

<表达式 1>,<表达式 2>[,…,表达式 n]

在很多情况下,使用逗号表达式只是为了得到各个表达式的值,而不一定是要得到和使用整个逗号表达式的值。另外还要注意,并不是在程序的任何地方出现的逗号都可以认为是逗号表达式。例如,同类型的变量定义时可以写在同一个语句中用逗号分割,这是不能视为逗号表达式的。

例:

```
#include   <stdio.h>
```

```
main()
{
int  a,b,c;
a=(b=3,c=-5,60);           //a=60
}
```

(3) 指针和地址运算符

指针是C语言中一个十分重要的概念,为了表示指针变量和它所指向的变量地址之间的关系,C语言提供了两个专门的运算符:"&"取地址和"*"取内容。它们都是单目运算符,取地址运算符"&"返回的是操作数的地址;取内容运算符"*"返回的是位于这个地址内的变量的值,即地址里的内容,它是对取地址运算的补充。

取内容和取地址运算的一般形式:

变量 = * 指针变量

指针变量 = & 目标变量

例:

```
#include  <stdio.h>
main()
{
int   m, k, *j;
m=0x30;
j=&m;              //j的值为存放变量m的内存地址
k=*j;              //k的值为以变量j的内容为地址的内存单元的内容,也就是30H
}
```

在这里,有几点需要注意:第一,指针变量中只能存放地址(即指针型数据),不能把一个非指针型数据赋给指针变量。第二,虽然取地址运算符"&"和位运算符中的按位与运算符"&"的符号相同,但前者是单目运算符,后者是二目运算符;同样的,取内容运算符和乘法运算符符号相同,但对运算对象的个数要求不同。

(4) sizeof 运算符

sizeof运算符也是一个单目运算符,它用来求取数据类型、变量以及表达式的字节数。该运算符的使用形式:

sizeof (表达式、变量或数据类型)

例:

```
#include  <stdio.h>
main()
{
float  g;
unsigned   char j;
int   k,m;
k=sizeof(g);        //k的值为4
m=sizeof(j);        //m的值为1
}
```

值得注意的是,sizeof 是一个特殊的运算符而并非函数。

7. 运算符的优先级和结合性

C51 提供了丰富的运算符来处理数据,除了前面介绍的各种运算符外,还有三个运算符:数组下标运算符"[]"、存取结构或联合中变量的运算符"->"和".",它们将在本章的第 4 节中介绍。

当一个表达式中出现多个运算符时,运算要按照运算符的优先级和结合性进行。表 10 - 12 列出了 C51 中运算符的优先级和结合性,优先级从 1 到 15 逐次递减。只有掌握好 C51 中各种运算符的优先级和结合性,才能在编程时更好地利用它们实现既定的功能。

表 10 - 12 C51 中运算符的优先级和结合性

优先级	运算符	名 称	结合性
1	( )	圆括号	自左向右
	[ ]	数组下标运算符	
	->	指向结构体成员运算符	
	.	结构体成员运算符	
2	!	逻辑非运算符	自右向左
	~	按位取反运算符	
	++	自加 1 运算符	
	--	自减 1 运算符	
	-	负号运算符	
	&	取地址运算符	
	sizeof	长度运算符	
	*	取内容运算符	
3	*	乘法运算符	自左向右
	/	除法运算符	
	%	取余运算符	
4	+	加法运算符	
	-	减法运算符	
5	<<	左移运算符	
	>>	右移运算符	
6	<	小于	
	>	大于	
	<=	小于或等于	
	>=	大于或等于	
7	==	等于	
	!=	不等于	
8	&	按位"与"运算符	

续表 10-12

优先级	运算符	名称	结合性
9	^	按位"异或"运算符	自左向右
10	|	按位"或"运算符	
11	&&	逻辑与运算符	
12	||	逻辑或运算符	
13	?:	条件运算符	自右向左
14	=	赋值运算符	
	Op=	复合赋值运算符	
15	,	逗号运算符	自左向右

10.3.2 C51 的函数

函数是 C51 程序的基本模块,一个 C51 程序其实就是若干个函数模块的集合。在一个 C51 程序中,必须有一个且只能有一个以 main 命名的主函数,它是整个程序运行的起点。

一个函数在程序中出现可以有三种形态:函数定义、函数调用和函数声明。函数定义和函数调用不分先后。

从用户的角度看,C51 中有两类函数:标准库函数和用户自定义函数。标准库函数是由 C51 编译器提供的公用函数,用户可以直接调用而无需定义。用户自定义函数是用户为了实现特定的功能自行编写的函数。

1. 函数的定义

C51 中,函数定义的一般形式:

函数类型　函数名(形参列表)
{
函数体语句;
}

其中,"函数类型"说明了函数返回值的类型。"函数名"是用标识符表示的函数名称,在定义函数名时,尽量采用和函数功能有关的标识符,以方便程序的阅读。"形参列表"是用来描述调用函数和被调用函数之间传递的各个数据的类型的。

函数的返回值类型可以是基本数据类型(int、char、float、double 等)及指针类型。当函数没有返回值时,则使用标识符 void 进行说明。一个函数只能有一个返回值,该返回值是通过函数体中的 return 语句获得的。

从函数定义的形式上可以将函数分为 4 种:有参数函数、无参数函数、无返回值函数和空函数。

(1) 有参数函数

大多数函数都是有形参和返回值的普通形式函数。

这里需要指出：形式参数的说明与函数体内局部变量的定义是完全不同的。前者应该写在花括号外函数名后的圆括号内，而后者是函数体的一个部分，必须写在花括号里面。

(2) 无参数函数

无参数函数被调用时，既无参数输入，也不返回结果给调用函数，它是为完成某种特定操作而编写的函数。

例：编写一个延时程序。

```
int delay()
{
unsigned int   x,y,z;
for(y=0;y<10;y++)
for(z=0;z<284;z++);
return();
}
```

(3) 无返回值函数

有些函数只有形参而不需要有返回值，这时，函数体中一定不能出现 return 语句。为了保证函数的正确调用，应该将其定义为 void 类型。例如：

```
void delay(short int n)
{
unsigned int   x,y,z;
for(x=0;x<n;x++)
for(z=0;z<142;z++);
}
```

(4) 空函数

空函数指没有形参、没有返回值也没有函数体语句的函数，定义空函数的目的是为了以后程序功能的扩展。

例：定义一个空函数。

```
void   fun2()
{
}
```

如果定义的是无参数函数，圆括号也不能省略。

2. 函数的声明

与变量的使用一样，函数（包括标准库函数和自定义函数）在调用之前必须对该函数的类型进行声明，即"先声明，后调用"。

如果调用的是标准库函数，应该在程序开头用预处理命令 #include 将有关函数说明的头文件包含进来，否则，无法被正确调用。如果是调用用户自定义函数，一般应该在主调函数中对调用函数的类型进行说明。

函数说明的一般格式：

类型标识符　被调函数名(形参列表)；　　　　//注意这个分号不能没有

需要注意的是，函数的说明与函数的定义是完全不同的。前者仅仅说明了函数返回值的类型，后者则是对函数功能的定义，有着完整的函数体。两者在书写形式上也不相同，函数声明中函数名后的圆括号后一定要以";"结束；而在定义函数时，函数名的圆括号后面一定不能有";"。

3. 函数的调用

所谓函数调用，就是在函数体中引用另外一个已经声明和定义了的函数，前者称为主调用函数，后者称为被调用函数。函数确定以后，只有在被其他函数调用时才能被执行。函数调用的一般形式：

函数名　(实际参数列表)

其中，"函数名"指被调用函数的名称；"实际参数列表"中必须包含函数定义时列出的所有参数，并且参数个数、类型和顺序上和函数定义时的形参列表完全一致，否则，在函数调用时会产生意外的结果。如果调用的是无参数函数，函数名后的圆括号也不能省略。

在 C51 中函数的调用有 3 种方式。

(1) 函数语句

被调函数在主调函数中以一条语句的形式出现。例：

　void　delay(int n);

(2) 函数表达式

被调函数在主调函数中作为表达式的一个运算对象出现。例：

　sum = product(x) + product(y);

需要注意的是，这种函数调用方式要求被调函数必须有返回值。

(3) 函数参数

被调函数作为主调函数的实际参数出现。例：

　void　delay(product (x));

需要说明的是，这种在调用一个函数的过程中又调用了另外一个函数的方式，称为函数的嵌套。函数嵌套的层数不宜太多，这样会增加代码的复杂性。

4. 中断服务函数

Keil C51 编译器支持在 C 语言源程序中直接编写 51 单片机的中断服务函数，并因此对函数的定义进行了扩展，增加了一个关键字 interrupt 来区别普通的自定义函数。关键字 interrupt 是函数定义时的一个选择项，只要加上它就可以把一个函数定义成中断服务函数。

中断服务函数定义的一般形式：

void 函数名()interrupt n ［using n］
{
函数体；
}

其中，关键字 interrupt 后面的 n 是中断号，取值范围为 0~31。编译器从 8n+3 处产生中断向量，具体的中断号和中断向量取决于 51 系列单片机的芯片型号。using 也是 Keil C51 编译器专门为中断服务函数扩展的一个关键字，用来选择 51 单片机内部不同的工作寄存器组专门供中断服务程序使用，所有调用中断的过程都必须使用指定的同一个寄存器组，否则参数传递会发生错误。因此，using 后面 n 的取值范围为 0~3，对应 51 单片机内部的 4 组工作寄存器。在中断服务函数中，using 是一个可选项，如果不用该选项，编译器会自动选择一个寄存器组供中断服务程序使用。采用 using 选择工作寄存器组的好处是，默认的工作寄存器组不用被压栈，这会节省中断处理的时间。但同时，也要求所有调用中断的过程都必须使用指定的同一个寄存器组，否则参数传递会发生错误。因此，using 项在使用中要灵活取舍。

编写中断服务函数时，应该遵循以下原则：

① 中断服务函数应该做最少量的工作，这样不仅可以让系统有足够的等待中断的时间，也可以使中断服务函数结构简单，不易出错。

② 中断服务函数没有返回值，因此定义中断函数为 void 类型；如果企图定义一个有返回值的中断服务函数，将得到错误结果。

③ 中断服务函数不能进行参数传递，如果中断服务函数中包含任何形参都将导致编译出错。

④ 在任何情况下都不能直接调用中断服务函数，否则会产生编译错误。因为，中断服务函数的调用是由实际中断请求情况决定的。

⑤ 如果在中断服务函数中调用其他函数，必须保证中断服务函数和被调用函数使用相同的工作寄存器组。

例：设 AT89S51 的晶振频率为 12 MHz，利用定时器 1 中断在其 P1.0 引脚输出周期为 2 s 的方波。

```
#include<reg51.h>              //包含 51 单片机寄存器定义的头文件
int   t1int_no = 0;             //设置中断次数计数变量
sbit  P10 = P1^0;               //定义 SFR 的可寻址位变量
main()
{
TMOD = 0x10;                    //设置 T1 按方式 1 工作
TH1 = 0x3c;
TL1 = 0xb0;                     //对 T1 赋初值,使它每隔 50 ms 产生一次中断
```

```
IE = 0x88;                    //开放中断
TR1 = 1;                      //启动 T1
P10 = 0;                      //P1.0 引脚的初值设为 0
While(1)                      //死循环,等价于汇编语言的 SJMP $
    ;
}
void  time1_int ( )  interrupt  3
{
TH1 = 0x3c;
TL1 = 0xb0;                   //重新对 T1 赋初值
t1int_no ++ ;                 //中断次数累加
if(t1int_no >= 20)
{
    t1int_no = 0;             //中断 20 次后使中断次数计数变量重新为零
    P10 = ~P10;               //对 P1.0 引脚的状态取反
}
}
```

5. C51 的库函数

为了提高编程效率,C51 编译器提供了丰富的库函数,用户可以根据需要随时调用。每个库函数都在相应的头文件中给出了函数原型,使用时只需在程序的开头用编译预处理命令♯include 将相关的头文件包含进来即可。多使用库函数使程序代码简单,结构清晰,易于调试和维护。

(1) 本征库函数和非本征库函数

C51 提供的库函数分为本征库函数和非本征库函数。本征库函数是指编译时直接将固定的代码插入当前行,而不是用 ACALL 和 LCALL 语句来实现的,这样就大大提高了函数的访问效率,而非本征库函数在编译时则必须由 ACALL 及 LCALL 指令去调用该库函数。

C51 提供的本征库函数只有 9 个,都非常有用。

_crol_和_cror_：将 char 型变量循环向左(右)移动指定位数后返回。

_irol_和_iror_：将 int 型变量循环向左(右)移动指定位数后返回。

_lrol_和_lror_：将 long 型变量循环向左(右)移动指定位数后返回。

nop：相当于 NOP 指令。

testbit：相当于插入"JBC bit,rel"指令。

chkfloat：测试并返回源点数状态。

需要注意的是,要使用以上 9 个本证库函数,必须包含"♯include <intrins.h>"一行。

(2) 几类重要的库函数

1) 专用寄存器 include 文件 reg51.h

8031、8051 均为 reg51.h,其中包括了所有 8051 的 SFR 及其位定义,一般系统都必须包括本文件。

2）绝对地址 include 文件 absacc.h

absacc.h 中包含了允许直接访问 8051 不同区域存储器的宏。包括：CBYTE、CWORD、DBYTE、DWORD、PBYTE、PWORD、XBYTE 和 XWORD。

3）动态内存分配函数 include 文件 stdlib.h

stdlib.h 中包含数据类型转换和存储器定位函数。

4）缓冲区处理函数 include 文件 string.h

string.h 中包含字符串和缓存操作函数，可以很方便地对缓冲区进行处理。

5）输入/输出流函数 include 文件 stdio.h

stdio.h 中包含流输入/输出的原型函数。

10.3.3　C51 的流程控制语句

C51 是一种结构化的程序设计语言，采用模块化程序结构，各模块间的顺序关系用一定的流程控制结构来控制。C51 的程序结构也可以分为顺序结构、分支结构和循环结构三种。

顺序结构程序就是一步一步地执行任务，不需要考虑太多的因素。程序按编写的顺序依次执行，直到最后一条语句，它是程序设计中最常用的结构。但由于它的逻辑简单，不需要特殊的控制语句，因此不再赘述。

为了实现分支程序结构和循环程序结构，C51 中提供了 9 条控制语句。只有掌握了这些语句的用法，才能合理使用这些语句完成复杂的程序设计。

1. 分支控制语句

C51 提供了 if 语句和 switch/case 语句来实现各种形式的分支程序。

(1) if 语句

在 C51 中 if 语句有 3 种形式，以实现双分支和多分支程序结构。

1）单 if 语句

单 if 语句的形式：

if(条件表达式)
　{
语句体；
　}

它的执行过程是：先计算条件表达式的结果，如果为真（非 0 值），就执行花括号"{}"中的语句体；否则，就不执行花括号"{}"中的语句。

2）if-else 语句

if-else 语句的形式：

```
if(条件表达式)
{
语句体1；
}
else
{
语句体2；
}
```

它的执行过程是：先计算条件表达式的结果，如果为真(非0值)，就执行语句体1；否则，执行语句体2。

3) if – elseif –…– else 语句

if – elseif –…– else 语句的形式：

```
if(条件表达式1)
{
语句体1；
}
elseif(条件表达式2)
{
语句体2；
}
…
elseif(条件表达式 m)
{
语句体 m；
}
else
{
语句体 n；
}
```

它的执行过程是：先计算条件表达式1的结果，如果为真(非0值)，则执行语句体1；否则，计算条件表达式2的结果，如果为真(非0值)，则执行语句体2；否则，再计算条件表达式3的结果，…，以此类推，直到程序进入正确的分支。这种条件语句通常用来实现多分支程序。

(2) switch/case 语句

在实际问题中，经常会碰到根据不同情况分转的多方向条件分支结构，虽然可以采用 if 语句的嵌套来实现,但是当分支较多时会由于其嵌套层数的增多降低程序的可读性。这时,通常使用 switch/case 语句来实现这种多方向条件分支程序。

switch/case 语句又叫开关语句。它的一般形式如下:

switch(条件表达式)
{
case 常量 1:语句 1 或空
　　　　break;
case 常量 2:语句 2 或空
　　　　break;
……
case 常量 n:语句 n 或空
　　　　break;
[default:语句 n+1 或空]
[break;]
}

switch/case 语句的执行过程是:先计算条件表达式的值,然后将其逐次与每个 case 后的常量值进行比较,若与其中某个常量的值相等,则执行该 case 后的语句,并通过 break 语句跳出当前的 switch 语句;若没有与之相同的 case 常量值,则执行 default 后面的语句。

在使用 switch/case 语句时,需要注意以下几点:

① switch 语句中的条件表达式的值只能是整数或字符型。

② 每个 case 或 default 后的语句都可以是语句体,但无需用花括号"{}"括起来。

③ 每个 case 后的常量值必须互不相等,否则会出现混乱。如果有多种 case 执行同一种操作时,可以将这些 case 语句上下并列写在一起。

④ 各个 case 语句和 default 语句出现的次序与 case 语句后的常量值的大小无关,不会影响程序的执行结果。

⑤ default 语句为可选项,可以省略。

⑥ 如果在 case 后的语句中遗忘了 break 语句,则程序执行完 case 后的语句后,不会退出该 switch 语句,而将执行后续的 case 语句。

例:通过 AT89S51 单片机的 P1.0~P1.3 引脚接的 4 个按键(设按键按下为低电平),对应控制 P1.4~P1.7 接的 4 个 LED 发光管(设高电平点亮)。为了简化程序,只允许同一时刻有一个按键按下,否则,所有的 LED 都不亮。

```
#include <reg51.h>
void  main()
{
char  a;
```

```
do
{
    a = P1;
    a = a&0x0f;            //屏蔽 P1 口高 4 位
    P1 = 0xf0;             //设定 P1 口的高 4 位为输出方式
    switch(a)
    {
        case 0x0e:P1 = 0x10;break;
        case 0x0d:P1 = 0x20;break;
        case 0x0b:P1 = 0x40;break;
        case 0x07: P1 = 0x80;break;
        default: P1 = 0;break;
    }
}
While(1);
}
```

2. 循环控制语句

在实际应用中,经常会碰到需要反复进行同一种操作的情况,这时,就要用到循环程序结构,这是一种非常实用的程序结构。

根据程序流程不同,循环程序可以分为两大类:"当型"循环和"直到型"循环。它们的程序流程如图 10-1 和图 10-2 所示。

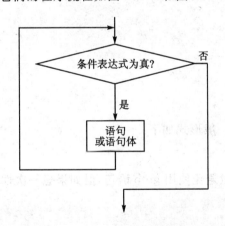

图 10-1 "当型"循环结构流程图

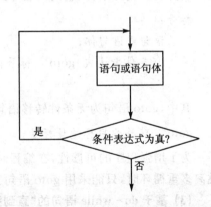

图 10-2 "直到型"循环结构流程图

从流程图不难看出,两种循环程序结构的区别在于先判断还是先执行。由于"当型"循环是"先判断后执行",所以,如果一开始就不满足循环,循环体的动作就不会被执行;而"直到型"循环则不然,由于是"先执行后判断",所以无论条件表达式是否为真,循环体内的动作都会被至少执行一次。

C51 提供了 4 种实现循环程序结构的方法。

(1) 基于 while 语句的"当型"循环

while 语句只能用来实现"当型"循环结构,它的一般形式如下:

while(条件表达式)
{
　　语句或语句体;
}

它的执行过程是:首先计算条件表达式的值,当结果为真(非 0 值)时,则执行一次花括号"{}"内的内嵌语句或语句体;再计算条件表达式的值,当结果为真(非 0 值)时,再执行一次花括号"{}"内的内嵌语句或语句体;…;一直执行到条件表达式的值为假(0 值)时,退出循环。

(2) 基于 if 和 goto 语句的"当型"循环

采用 if 和 goto 语句也可以构成"当型"循环结构,它的一般形式如下:

标号:if(条件表达式)
{
　　语句或语句体;
　　goto　标号;
}

它的执行过程是:调整 if 和语句或语句体的位置。采用 if 和 goto 语句还可以构成"直到型"循环结构,它的一般形式如下:

标号:{
　　语句或语句体;
　　if(条件表达式)goto　标号;
}

其中,goto 语句为无条件转移语句,它的一般形式如下:

goto　转移的目标地址标号;

为了增强程序的可读性,在编程时,应尽量避免使用 goto 语句,但如果想一次性跳离多重循环时,只能采用 goto 语句实现。

(3) 基于 do - while 语句的"直到型"循环

do - while 语句只能用来构成"直到型"循环结构,它的一般形式如下:

do
{
　　语句或语句体;
} while(条件表达式);

需要注意的是,和 while 语句不同,使用 do - while 语句构成"直到型"循环程序结构时,while(条件表达式)的后面必须有一个分号。而在 while 语句构成的"当型"循环程序结构中,while(条件表达式)后面则不能出现分号。这一点在写程序时一定要注意。

(4) 基于 for 语句的循环

for 语句的一般形式如下:

for(表达式 1;表达式 2;表达式 3)
{
　　语句或语句体;
}

for 语句中的 3 个表达式作用不同:表达式 1 通常用来设定起始值,表达式 2 通常是循环与否的判断式,表达式 3 则是步长控制表达式,执行完要循环的语句后,必须再回到这里做运算,然后进行下一次表达式 2 的判断。

for 语句的执行过程是:

第一步:先求解表达式 1。

第二步:求解表达式 2,若表达式 2 的值非 0,则执行花括号"{ }"内的语句或语句体;若表达式 2 的值为 0,则退出循环。

第三步:求解表达式 3 的值,并退回第二步。

for 语句的执行过程如图 10-3 所示。

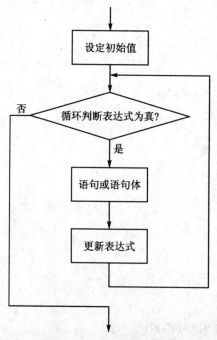

图 10-3　for 语句的执行过程

3. 语句实现

下面用一个例子说明上述几种循环结构语句在程序设计中的区别。

例：计算自然数 1~20 的累加求和。

(1) while 语句实现

```
#include    <stdio.h>
main()
{
int    i=1,s=0;
while(i<=20)
{s=s+i;
i++;
}
printf("1+2+…+20=%d\n",s);
while(1);
}
```

(2) do-while 语句实现

```
#include    <stdio.h>
main()
{
int    i=1,s=0;
do
{
    s=s+i;
    i++;
}
while(i<=20);
printf("1+2+…+20=%d\n",s);
while(1);
}
```

(3) if-goto 语句实现

```
#include    <stdio.h>
main()
{
int    i=1,s=0;
loop:if(i<=20)
{
    s=s+i;
    i++;
    goto  loop;
}
printf("1+2+…+20=%d\n",s);
while(1);
}
```

(4) for 语句实现

```c
#include <stdio.h>
main()
{
int   i,s=0;
for(i=0;i<=20;i++)
{
    s=s+i;
}
printf("1+2+…+20=%d\n",s);
while(1);
}
```

需要指出的是,在跳出由 while、for、do-while 构成的循环时,还可以用 break 语句来实现,但是 break 一次只能跳出一层循环,通常和 if 连用。

10.4 C51 的构造数据类型

前面已经介绍了 C51 的基本数据类型,但它们的数据表达能力有限。为此,在基本数据类型的基础上,C51 提供了利用基本数据类型构造出的一些复杂的数据类型,称为构造数据类型。其实,构造数据类型的每一个分量都是一个变量,它既可以是基本数据类型,也可以是构造数据类型。这些分量可以像基本数据类型变量一样被赋值并在表达式中使用。合理地使用它们,不仅能准确、清晰地描述复杂数据结构,还可以使程序显得清晰、简洁。

10.4.1 数　组

数组是由相同类型的数据元素组成的有序集合。数组中包含若干个元素,它们有一个共同的名称——数组名。根据数据元素在数组的排列顺序,每个元素都有一个区别于其他元素的特定序号——下标。这样,用"数组名[下标]"的方式就可以唯一地确定一个数据元素,改变方括号"[]"中的下标就可以访问数组中任何一个元素。需要指出的是,数据元素的下标从 0 开始。

引入数组的目的,是使用一块连续的内存空间存储多个类型相同的有序数据,以解决一批相关数据的存储问题。

数组与普通变量一样,必须先定义后使用。

1. 一维数组

只具有一个下标的数组元素组成的数组称为一维数组。它的定义形式如下:

类型说明符　　数组名[数组长度];

其中,类型说明符用来指出数组中数据元素的数据类型;数组名是一个标识符,它用来表示数组的首地址;数组长度是一个常量表达式,它说明了数组中数据元素的个数,它一定不能含有变量。

在定义数组时,可以同时对数组进行初始化,即数组中所有的数据元素或者只给某些数据元素赋初值。例:

```
int  a[5] = {0,1,4,9,16};    //定义数组时给所有的数据元素赋初值,
                             //a[0] = 0,a[1] = 1,a[2] = 4,a[3] = 9,a[4] = 16
int  a[5] = {1,4};           //定义数组时只对某些元素赋初值,这时赋值总是从第0
                             //个元素开始,依次进行,即a[0] = 1,a[1] = 4
```

2. 二维和多维数组

数组元素有两个或两个以上下标的数组称为二维数组或多维数组,它们可以看作多个长度相同的一维数组的集合。定义二维数组的形式如下:

类型说明符　数组名[行数][列数];

其中,行数和列数都是常量表达式。

例:定义一个 3×3 的矩阵。

```
int A[3][3] = {{0,1,2},{3,5,9},{0,1,-1}};
```

或

```
int A[3][3];
a[0][0] = 0;    a[0][1] = 1;    a[0][2] = 1;
a[1][0] = 3;    a[1][1] = 5;    a[1][2] = 9;
a[2][0] = 0;    a[2][1] = 1;    a[2][2] = -1;
```

10.4.2 指 针

指针类型数据是专门用来确定其他类型数据的地址的。正确使用指针类型数据可以有效地表示复杂的数据结构,直接处理内存地址,还可以更加有效地使用数组。

1. 指针变量的定义

首先需要指出的是:变量的指针和指针变量是两个不同的概念。变量的指针就是指该变量的地址,而一个指针变量里面存放的是另一个变量的地址。

指针变量定义的一般形式为:

数据类型　[存储器类型1]　*[存储器类型2]　标识符;

其中,"数据类型"说明了该指针变量所指向的变量的类型;"*"表示该变量是指针变量;"标识符"是所定义的指针变量的名字。

"存储器类型1"是可选项,如果定义时有"存储器类型1"这一项,指针被定义为基于存储器的指针,否则,被定义为一般指针。

存储器类型2"用于指定指针本身的存储器空间,也是可选项。

例:

 int a,*p=&a;

注意:这里用&a对p进行初始化,而不是对*p初始化。

一般指针和基于存储器的指针的区别在于所占字节数不同。一般指针在内存中占用3个字节,第一个字节用来存放由编译模式的默认值确定的该指针存储器类型的编码,第二个和第三个字节分别存放该指针的高位和低位地址偏移量。它可以用于存取任何变量而不必考虑变量在51单片机存储器的位置,因此,编译器在编译期间无法优化存储方式,必须生成一般代码以保证其能对任意空间的对象进行操作,因而,一般指针所产生的代码运行速度较慢。如果想加快运行速度则应采用基于存储器的指针。基于存储器的指针长度比一般指针短,可以节省存储空间,运行速度快,但因为其所指对象具有确定的存储器空间,缺乏灵活性。基于存储器的指针长度可以是1个字节(存储器类型为PDATA、DATA、IDATA)或2个字节(存储器类型为CODE、XDATA)。

2. 指针变量的引用

指针变量中只能存放地址,与指针变量相关的运算符有两个:"&"和"*"。指针变量在定义后可以像其他基本类型变量一样引用。指向相同类型数据的指针之间可以相互赋值。

例:输入两个整数x和y,经比较后输出较大值。

```
#include   <stdio.h>
main()  {
int    x,y;
int    *p1,*p2,*p3;
printf("input x and y:\n");
scanf("%d   %d",&x,&y);
p1=&x;p2=&y;
if(x<y)
{p3=p2;}
p3=p1;
printf("max=%d,\n",*p3);
while(1);
}
```

3. 数组与指针

(1) 指向数组的指针

前面已经介绍过,数组在内存中是连续存放的,同一数组中数组元素的地址是连续的,而指针是可以直接对地址进行操作的。因此,通过指针可以方便地实现对数组的访问。任何能由数组下标完成的操作,都能用指针实现。使用指向数组的指针,有助于产生占用存储空间小、运行速度快的高质量目标代码。

指向数组的指针实际上是指能够指向数组中任一个元素的指针,它的定义方法和普通指针相同,只是它的数据类型应该和数组元素保持一致。

例:
```
int  a[6], * pa;      //定义数组 a[6]和指针 pa,但此时 pa 指向谁并不确定
pa = &a[0];           //给 pa 赋值,指向数组 a[6]的第一个元素
```

在使用指向数组的指针时,有以下几点需要注意:

① 要想让指针指向数组的第一个元素,还可以直接将数组名赋给指针变量。

例:
```
int  a[6], * pa;
pa = a;
```

② 如果需要表示指针所指向的存储单元的内容,可使用"*"运算符。

例:
```
* pa = * a[3];
```

③ 数组名和指针的区别在于,虽然数组元素是变量,但数组名是常量,而指针是变量。因此,pa＝a 是合法的,而 a＝pa 则是非法的。

(2) 指针数组

因为指针是变量,因此可以用同一数据类型的指针构成一个数组,这就是指针数组。

指针数组定义的一般形式:

类型标识　*数组名[整型常量表达式];

例:
```
int  a[6];
```

定义一个指针数组,数组中的每一个元素都是指向整型量的指针,该指针数组包含 6 个元素,它们都是指针变量。其中 a 是常量,是指针数组的数组名;同时 a 还是指针数组元素 a[0]的地址,a+i 是指针数组元素 a[i]的地址,*a 就是 a[0],*(a+i)就是 a[i]。

定义指针数组主要是用来处理字符串的。指针数组和一般数组一样,允许在定义时进行初始化。

例:打印星期一到星期五的英文。
```
#include  <stdio.h>
char  day_name(int  n)
{
static  char  * name[] = {
"illegal day","Monday","Tuesday",
"Wednesday","Thursday","Friday",
```

```
"Saturday","Sunday"};
return((n<1||n>7)? name[0]:name[n]);
}
main()
{
int  i;
for  (i=0;i<8;i++)
    printf("%s\n",day_name(i));
}
```

10.5 C51 实例分析及混合编程

10.5.1 C51 实例分析

1. 跑马灯控制

(1) 实例概述

在 AT89S51 单片机的 P1 口接 8 个共阴极的发光二极管,实现对其亮灭规律变换的控制。假设实现从低位到高位顺序单个点亮 0.1 s 后全亮 0.5 s 再全灭,如此循环。电路如图 10-4 所示。

(2) 程序代码

在编写程序时,最好先画出程序流图,这样可以使程序编写更加清晰、简洁。由于本例比较简单,故省略程序流图。

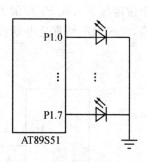

图 10-4 跑马灯控制电路图

假设单片机的晶振为 12 MHz,程序如下:

```
#include <reg51.h>
sfr  P1 = 0x90;
void  delay(short int i);//延时 10ms 子程序
void  main()
{
  While(1)
  {
    int  a = 0x01;
    {
      for(i=0;i<8;i++)
      {
        a = a<<i;
        P1 = a;
```

```
        delay(10);
    }
    P1 = 0xff;
    delay(50);
        }
    }
}
void delay(short int n)
{
    unsigned int  x,y,z;
    for(x = 0;x<n;x ++ )
    for(y = 0;y<10;y ++ )
    for(z = 0;z<142;z ++ );
}
```

2. 直流电机正、反转控制

(1) 实例概述

将 P1 口的 P1.0 和 P1.1 通过两个按键接地,根据其状态(假设同一时刻只能有一个按键按下),在 P1 口的 P1.4 和 P1.5 输出控制脉冲,经 74HC244 和 74HC32 放大后,实现对小型直流电动机的正转、反转的控制。电路图如图 10-5 所示。

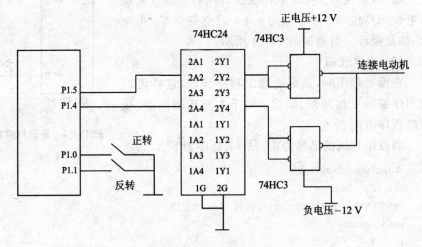

图 10-5 直流电机正反转控制电路图

小直流电动机的工作原理是:转动方向由电压控制,电压正则正转,反之反转;转速大小由输出脉冲的占空比决定,正转时占空比越大转速越快,反转时占空比越小转速越快。

(2) 程序代码

在编写程序时,最好先画出程序流图,这样可以使程序编写更加清晰、简洁。本例的程序流程图如图 10-6 所示。

第 10 章 单片机的 C 语言程序设计

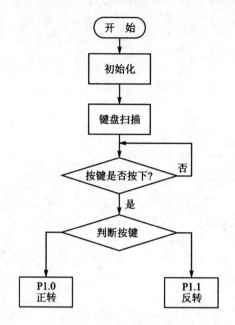

图 10-6 直流电机正、反转控制程序流程图

程序代码如下：

```c
#include<reg51.h>
#include<stdio.h>
sfr  P1 = 0x90;
sbit P10 = P1^0;
sbit P11 = P1^1;
sbit P14 = P1^4;
sbit P15 = P1^5;

void main()
{
int j,m;
P10 = 1;P11 = 1;          //设置 P1.0 和 P1.1 为输入方式

while(1);
if(P10 == 0)
   {
    while(1);
    P15 = 1;
    for(j = 0;j<50;j++)
       {
        m = 0;
       }
    P15 = 0;
    for(j = 0;j<20;j++)
```

```
            {
                m = 0;
            }
        }
    elseif(P11 == 0)
        {
            while(1);
            P14 = 1;
            for(j = 0;j<50;j++)
            {
                m = 0;
            }
            P14 = 0;
            for(j = 0;j<20;j++)
            {
                m = 0;
            }
        }
    else
        {
        }
}
```

当然,在本例的设计中存在很多不完善之处。如电机一旦进入运行,除了断电无法停机;本例中只给出了一种固定占空比的方波控制信号,无法进行在线调速等。如何进行软硬件设计的改进,使之更接近实际,留给读者思考。

10.5.2 混合编程

C51 编译器能对 C 语言源程序进行编译,生成高效简洁的代码。在绝大多数场合采用 C 语言编程即可完成预期的目的。但有时为了编程直观或某些特殊地址的处理,还须采用一定的汇编语言编程,即 C51 程序中引用汇编;而在另一些场合,出于某种目的,汇编语言也要能调用 C 语言,即汇编中调用 C51 函数。无论哪种情况,都要使用 Keil C51 语言与汇编语言相结合的混合编程。

通常,在混合编程中常用 C51 程序中引用汇编的方法。在 C51 程序中引用汇编语言有两种情况:一种是汇编程序嵌入在 C51 程序之中;另一种是 C51 程序调用汇编程序模块。在混合编程中,关键是参数的传递和函数的返回值。它们必须有完整的约定,否则数据的交换就可能出错。

1. 在 C51 语言中嵌入汇编语言

若想在 C 语言函数内部使用汇编语言,应使用以下 C51 编译器控制命令:

#pragma asm   //汇编语言源程序块开始

：   //汇编语言源程序
♯pragma endasm   //汇编语言源程序块结束

其中，asm 和 endasm 命令用于将其标记的汇编程序合并到.SRC 文件中，这个带有 asm 和 endasm 块标记的源程序可看作是在线嵌入式汇编程序。

它的具体实现步骤如下。

(1) 编译器设置及 SRC 文件的产生

此时，必须对编译器进行设置。编译器的设置方法有两种：第一，在 μVision2 编辑环境的 Project 窗口中包含汇编代码的 C 文件上右击，选择 Options for 项，然后选中 Generate Assembler SRC file 和 Assembler SRC file 项。第二，在程序中添加编译器控制命令"♯pragma asm/♯pragma endasm"和编译控制指令"♯pragma src"。

格式如下：

♯pragma src   //放在文件的开始
    :
[类型标识符] 函数名(参数)
{
:// C 语言源程序
♯pragma asm
://汇编语言源程序
♯pragma endasm
:// C 语言源程序
}

这两种方法都是告诉编译器将包含汇编语言的 C51 文件编译成汇编语言文件。

(2) 添加库文件

根据选择的编译模式，把相应的库文件添加到工程中，该文件必须作为工程的最后文件。如在 small 模式下，需将 keil\c51\lib\c51s.lib 文件加入工程中。在 Keil 安装目录下的"\C51\LIB\"目录的 LIB 文件如下：

C51S. LIB   没有浮点运算的   Small model
C51C. LIB   没有浮点运算的   Compact model
C51L. LIB   没有浮点运算的   Large model
C51FPS. LIB   带浮点运算的   Small model
C51FPC. LIB   带浮点运算的   Compact model
C51FPL. LIB   带浮点运算的   Large model

若未添加此库文件，则会提示 UNRESOLVED EXTERNAL SYMBOL。

(3) 编   译

设置完成后，编译生成汇编源文件(.SRC)并由汇编器将此文件转化成目标文件

(.OBJ)。

例:

```
#include <reg51.h>
void main()
{
P1=0x00;
#pragma asm
    MOV    R1,#10
DEL:MOV    R6,#20
    DJNZ   R6,$
    DJNZ   R7,DEL
#pragma endasm
P1=0xff;
}
```

2. C语言调用汇编程序

若想在C51程序中调用一个完整的汇编语言函数,应遵循如下过程。

(1) 先用C语言程序写出程序框架

例如,新建一个C源文件如test.c,将其加入工程中,并写出要实现函数的哑函数(即写出函数名及形参,不用给出具体实现,但最好写出简单调用形参的代码)。

(2) 编译器设置

在Keil C51的Project窗口中右击该C语言文件,在弹出的快捷菜单中选中Options for项,然后选中Generate Assembler SRC file和Assembler SRC file项。

(3) 添加库文件

根据选择的编译模式,把相应的库文件添加到工程中,该文件必须作为工程的最后文件。

(4) 编 译

编译后会产生一个SRC的文件,将这个文件的扩展名改为ASM。这样就形成了可供C51程序调用的汇编程序。

(5) 书写汇编代码

将test.a51加入工程,并在其内部书写所需的汇编代码。

(6) 重新编译整个文件

将该汇编程序与调用它的主程序一起加到工程文件中,这时,工程文件中不再需要原来的C语言文件和库文件,主程序只需要在程序开始处用"EXTERN"对所调用的汇编程序中的函数作出声明即可。

3. 汇编中调用C51程序

在汇编程序中可以访问C51程序中的变量和函数。为了能够使汇编语言访问到C语言定义的变量和函数,在C程序中它们必须声明为外部变量,即加前缀

"extern"。

(1) 访问变量

对变量的访问，主要通过"_"实现。对普通变量和数组中的元素的访问略有不同，格式如下：

_变量名　　　　　　　//访问普通变量
_数组名＋偏移量　　　//访问数组元素

例如，用"_a"可以访问 C 语言中定义的变量 a，用"_a+3"可以访问数组 a 中的元素 a[3]。

(2) 访问函数

对函数的访问，有参数函数和无参数函数的访问格式不同，格式如下：

函数名　　　　　　　//访问无参数函数
_函数名　　　　　　 //访问有参数函数，并且访问前要准备好参数

例如，在 C 语言中定义了无参数函数 fun1()，则在汇编程序中用子程序调用 fun1 即可；如果定义了有参数函数 fun2，则在汇编程序中调用时，子程序名前一定要加"_"，即_fun2。

10.6　Keil C51 简介

所有的计算机都只能识别和执行二进制代码，因此，单片机源程序（汇编语言或 C 语言）必须被翻译成单片机可识别的目标代码（二进制代码），然后才能转载到单片机的程序存储器中运行调试，这种翻译工具称为编译器。本教材推荐使用 Keil C51 中的编译软件 μVision2 作为编译器工具。

Keil C51 是美国 Keil Software 公司出品的 51 系列兼容单片机 C 语言软件开发系统，它提供了丰富的库函数和功能强大的集成开发调试工具。Keil C51 软件集编辑、编译、仿真于一体，支持汇编、PLM 语言和 C 语言的程序设计，界面友好，易学易用，是优秀的单片机应用开发软件之一。

μVision2 是 Keil 公司于 1999 年推出的一种全新的集成开发环境，是一个标准的 Windows 应用程序，具有强大的项目管理功能。一个项目由源程序文件、开发工具选项和编辑说明三部分组成，通过目标创建对建立的工程进行编译和链接，直接产生目标程序。

Keil C51 开发过程为：

① 建立一个工程项目，选择芯片，确定选项。
② 编写汇编源文件或 C 语言源文件。
③ 用项目管理器生成各种应用文件。

④ 检查并修改源文件中的错误。

⑤ 编译连接通过后进行软件模拟仿真或硬件在线仿真。

⑥ 编程操作(烧录程序)。

⑦ 应用。

打开 Keil C51 文件,然后双击 setup.exe 进行安装,在提示选择 Eval 或 Full 方式时,选择 Eval 方式安装,有 2 KB 大小的代码限制。选 Full 方式安装,代码量无限制。程序安装完成后桌面上会出现 Keil μVision2 图标,双击该图标便可启动程序。关于 μVision2 集成开发环境,很多书中都有介绍,这里不再赘述。

要使用 Keil 软件进行单片机项目开发,首先要熟悉调试器的使用方法,然后学习如何输入源程序、建立工程、对工程进行设置,以及如何将源程序变成目标代码。

10.6.1 项目文件的建立和设置

如何把 ASM 格式文件导入 KEIL 中以及如何编译,操作过程如下。

1. 新建一个项目

单击"工程"菜单,在弹出的下拉菜单中选 New Project(新工程)选项,屏幕显示如图 10-7(a)所示。选择合适的保存路径(通常为每个项目建一个单独的文件夹),在文件名中输入一个项目名(项目名称可以是中文),单击"保存"即可,如图 10-7(b)所示。

2. 项目的属性设置

新建项目后,要根据需要配置 Cx51 编译器、Ax51 宏编译器、BL51/Lx51 连接定位器以及 Debug 调试器的各项功能,统称为项目的属性设置。这时要选择 Project→Options for Target 命令,这是一个非常重要的窗口,包括多个选项标签页,其中很多选项要根据需要进行调整,也可以根据需要直接选用默认值。在该窗口的所有标签页中都有一个 Defaults 按钮,用来设定各种默认命令选项。

(1) 芯片类型选择

对于新建的项目,在图 10-7(b)中单击"保存"按钮后,会弹出 Select Device Target 'Target 1'(为目标 target 选择设备)对话框;对于建好的项目,在 Project 菜单的下拉菜单中选择 Select Device Target 'Target 1'(为目标 target 选择设备)命令,则出现相应的对话框,如图 10-8(a)所示。窗口左边是生产单片机芯片的公司列表,选中使用的单片机芯片的生产公司名称,如 Atmel,就可以看到这个公司常用的各种型号的单片机芯片类型,选中使用的芯片类型后单击"确定"即可,如图 10-8(b)选择的是 AT89C51,右边的窗口是对所选芯片的描述。

(2) 时钟频率设置

选择主菜单栏中的 Project→Options for Target 'Target1' 命令,出现如图 10-9

第10章　单片机的C语言程序设计

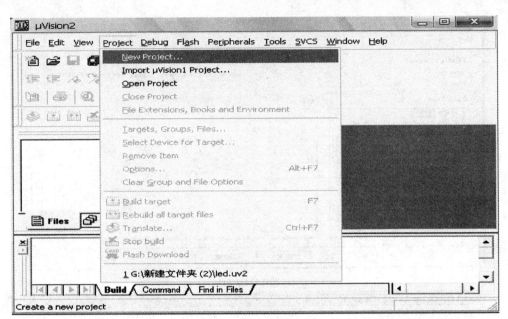

(a) 新建工程

(b) 建立工程文件

图 10-7　新建一个工程项目

所示的对话框。选择 Target 标签页,该标签页用于设定目标硬件系统的时钟频率。在晶体 Xtal(晶振频率)(MHz)栏中选择仿真器的晶振频率,软件默认为 24 MHz,可以根据需要进行设置,图 10-9 中假设晶振频率为 12 MHz。

(3) 执行代码输出文件选项的设置

选择主菜单栏中的 Project→Options for Target 'Target1' 命令,弹出对话框选择 Output 标签页,勾选 Creat Hex File(建立 hex 格式文件)复选框,如图 10-10 所示,这表示当前项目编译连接完成后生成一个用于 EPROM 编程的 HEX 文件,其他

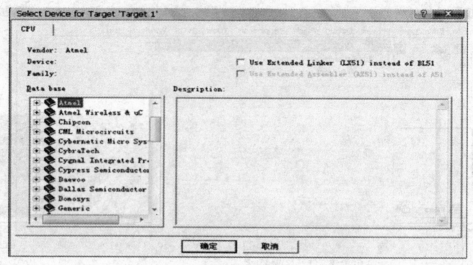

(a) 选择目标CPU

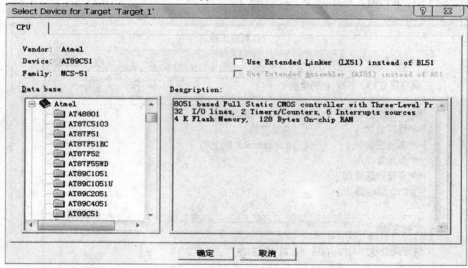

(b) 选择CPU型号

图 10-8　芯片类型选择

采用默认设置,然后单击"确定"按钮。其中,Creat Executable 表示项目编译连接后生成可执行代码输出文件;Debug Information 表示将在输出文件中包含进行源程序调试的符号信息;Browse Information 表示将在输出文件中包含源程序浏览信息;After Make 栏中的复选框 Beep When Complete 和 Start Debugging 表示编译连接完成后计算机将发出一声提示音,并立即进入调试状态。

(4) 仿真调试选项的设置

选择主菜单栏中的 Project→Options for Target 'Target1' 命令,弹出对话框选

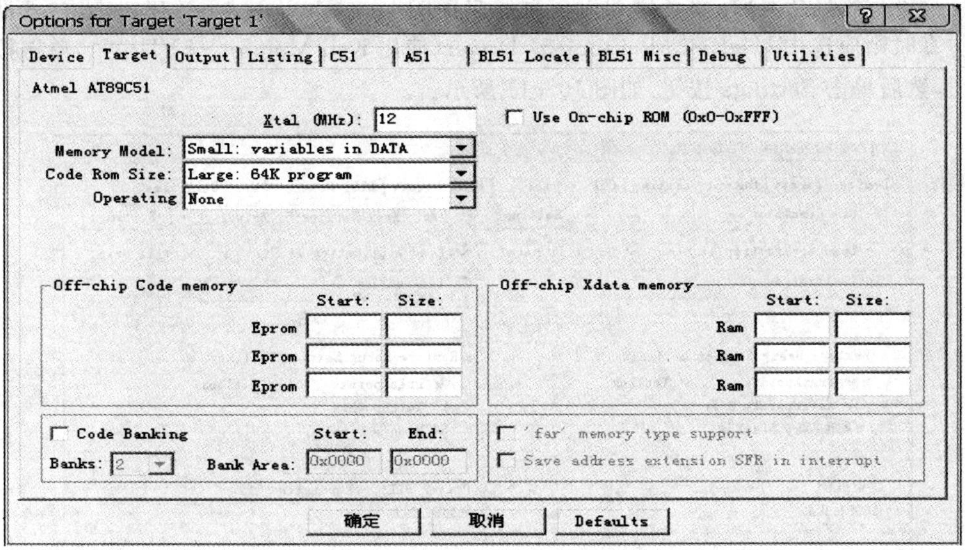

第 10 章 单片机的 C 语言程序设计

图 10-9 时钟频率设置

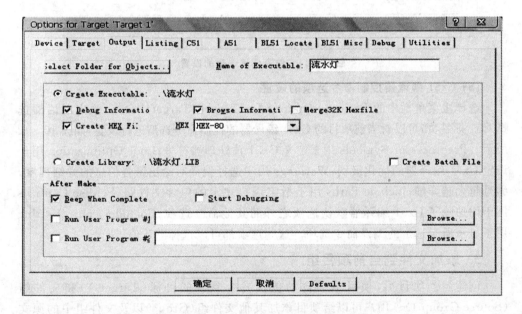

图 10-10 执行代码输出文件选项的设置

择 Debug 标签页,该标签页用于设定 μVision2 调试器的一些选项。在 μVision2 中可以对编译连接后生成的执行代码进行两种仿真调试:软件模拟仿真调试和硬件仿真调试。前者不需要单片机硬件,只能通过 μVision2 的串行窗口、观察窗口、存储器窗口等输出仿真结果,虽然成本低但不直观。后者可以与目标硬件实现在线仿真,有利于分析和排除故障。

进行软件仿真时,要选择 Debug 标签页中的 Use Simulator 单选按钮;进行硬件仿真时则应选中 UseKeil Monitor-51 Driver(使用 Keil Monitor-51 Driver)单选按钮,然后单击 Settings 按钮,如图 10-11 所示。

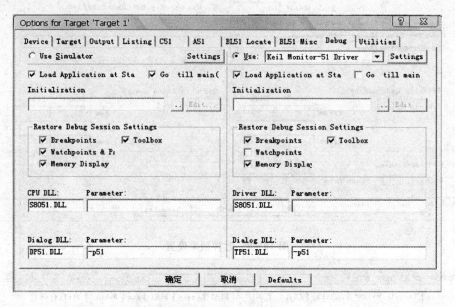

图 10-11 仿真调试选项的设置

(5) Cx51 编译器控制命令选项的设置

选择主菜单栏中的 Project→Options for Target 'Target1' 命令,弹出对话框选择 C51 标签页,可以对当前项目的 Cx51 编译器的控制命令选型进行设置,如图 10-12 所示。Preprocessor Symbols 用于定义 Cx51 预处理器符号;Code Optimization 用于设定 Cx51 编译器的优化级别;Warnings 用于选择编译时给出警告信息的详细程度,编号越大越详细;Include Paths 用于指定用户规定的包含文件路径;Misc Controls 用于增加除了 Cx51 编译器默认选项之外的其他命令选项;Compiler control string 用于显示所有选定的编译命令选项。这些选项都可以选择默认值。

3. 添加文件到当前项目组

创建一个项目后,项目中会自动包含一个默认的目标(Target 1)和文件组(Source Group 1)。用户可以给项目添加其他文件组(Group)以及文件组中的源文件,这对于模块化编程特别有用。

项目中的目标名、组名以及文件名都显示在的项目窗口 Files 标签页中。接下来要给项目添加源程序文件,源文件可以是已有的或者是新建的。

(1) 新建源文件

单击 File(文件)菜单,在下拉菜单中选择 New(新建)命令,然后在编辑窗口中输入源程序(C 语言 *.c 或汇编语言 *.asm),如图 10-13 所示。程序输入完成后,选

第 10 章 单片机的 C 语言程序设计

图 10-12 Cx51 编译器控制命令选项的设置

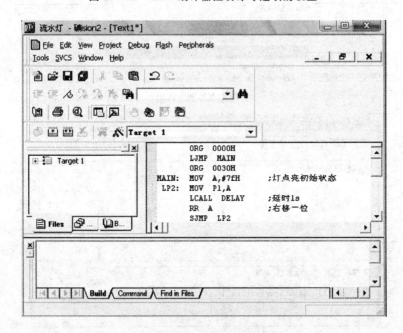

图 10-13 源程序编辑界面

择 File→Save As 命令,将其另存为扩展名为.C 或.ASM 的源文件,其存放路径一般与项目文件相同。

(2) 添加文件到当前项目组

单击项目窗口 Target1 前的"＋"号，出现 Source Group1 后右击，在出现的下拉窗口中选择 Add Files to Source Group1（增加文件到 Source Group1），如图 10－14(a)所示。在增加的文件窗口中选择需要的文件（如流水灯.ASM），使用鼠标单击 Add 按钮，这时源文件便加入到 Source Group1 这个组里了，然后关闭此对话框窗口。如图 10－14(b)所示。

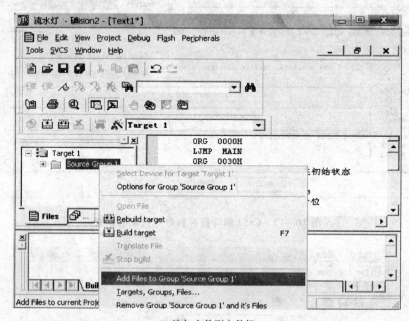

(a) 追加文件到文件组

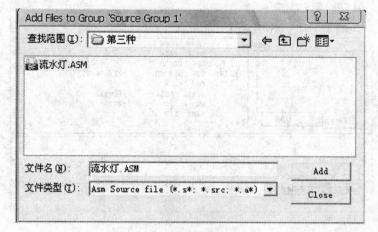

(b) 选择文件类型

图 10－14　添加文件到当前项目组

第 10 章 单片机的 C 语言程序设计

10.6.2 程序的调试和目标文件的获得

1. 程序的调试

(1) 调试中常用的窗口

单击 按钮或者选择主菜单 Debug→Start/Stop Debug Session 命令,就进入了调试模式,如图 10-15 所示。Keil 软件提供了多个窗口用于调试程序,主要包括输出窗口(Output Windows)、观察窗口(Watch&Call Statck Windows)、存储器窗口(Memory Window)、反汇编窗口(Dissambly Window)和串行窗口(Serial Window)等。进入调试模式后,才可以通过 View 菜单下的相应命令打开或关闭这些窗口。在非调试模式下,View 下拉菜单中,很多选项都是灰色禁用的。

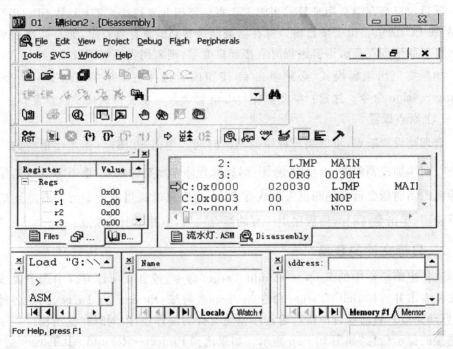

图 10-15 程序调试界面

图 10-15 中,▶ 是运行按钮,当程序处于停止状态时才有效。⊗ 是停止按钮,当程序处于运行状态时才有效。 是复位按钮,程序回到最开头处执行。 是切换按钮,用汇编语言时,在汇编代码和机器代码之间直接切换;用 C 语言时,在 C 代码和汇编代码之间切换。 按钮的功能是使程序进入到子程序中,如果不是子程序而是指令,则执行当前指令。 按钮的功能是单步执行,执行当前指令或子程序的

功能。🔣是子程序退出按钮,只有在进入子程序后才有效,单击该按钮退出子程序的运行,到子程序的下一条指令处。🔣按钮使程序运行到光标所指的位置。

在编辑模式下,单击 🔣 图标,可以控制输出窗口的显示;单击 🔣 图标,可以控制观察窗口的显示;单击 🔣 图标,可以控制存储器窗口的显示;单击 🔣 图标,可以控制串行窗口的显示;单击 🔣 图标,可以控制性能分析窗口的显示;单击 🔣 图标,可以控制项目窗口寄存器页的显示。

存储器窗口用来显示系统中各种内存中的值,通过在 Address 后的编缉框内输入"字母:数字"即可显示相应内存值。其中,"字母"代表内存的类型,可以是 C(代码存储 ROM 空间)、D(直接寻址片内 RAM 空间)、I(间接寻址片内 RAM 空间)和 X(外扩的 RAM 空间);"数字"代表想要查看的地址。

项目窗口寄存器页用来显示当前工作寄存器组和系统寄存器(A、B、SP、DPTR、PSW 和 PC)的值。由于项目窗口寄存器页能观察到的寄存器有限,如果需要观察其他寄存器的值或在高级语言编程时直接观察变量,则需用到观察窗口。

如果要退出编辑模式,必须单击 🔣 按钮或者选择主菜单 Debug→Start/Stop Debug Session 命令。**注意**:每次重新 Debug 前要按一下复位键使单片机复位。

(2) 断点设置

合理地设置断点,可以缩短程序的调试时间。单击 🔣 图标,在光标指向的当前指令行前添加或删除断点;单击 🔣 图标,删除程序中所有的断点;单击 🔣 图标,使光标指向的当前指令行前的断点失效或有效,该功能只能在当前指令行前有断点的情况下使用;单击 🔣 图标,使程序中所有的断点失效,但并不删除断点。

2. 目标文件的获得

选择主菜单栏中的 Project→Build Target 命令,或者在项目窗口中选中要编译的文件右击并选择 Build Target 命令,μVision2 将按 Options for Target 内的各种设置,自动完成对当前项目中所有源程序模块文件的编译连接,同时在输出窗口显示编译连接的提示信息,如图 10-16 所示。如果选择 Project→Rebuild All Target 命令,将会对当前工程中的所有文件重新编译后再连接,以确保最终产生的目标代码是最新的。如果编译出错,将提示错误的类型和行号;如果没有出错则生成一个以 HEX 为后缀名的目标代码文件。

值得注意的是,在调试过程中如果发现错误可以对程序进行修改,但只有退出调试环境才能重新编译。

第10章 单片机的C语言程序设计

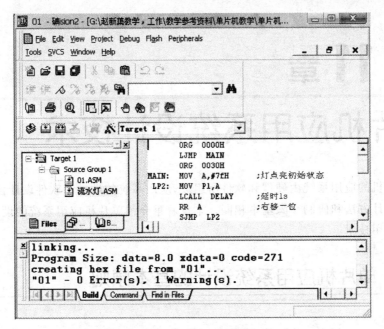

图 10-16 编译文件界面

本章小结

本章主要介绍了 C51 语言编程的基础知识,包括 C51 的基本数据类型、运算符、函数和流程控制语句。介绍了用 C 语言和汇编语言混合编程,并列举了一些的实例。详细介绍了 μVision2 集成开发环境软件的基本使用方法。

思考与练习

1. C51 的基本数据类型有哪些？分别占用几个字节？数值表示范围是多少？
2. C51 有几种存储类型和存储模式,各是什么含义？
3. 在 C51 中如何定义特殊功能寄存器、并行接口和位变量？
4. C51 中的函数分为几类？如何定义？各有什么特点？
5. C51 中常用的流程控制语句是什么？各有什么作用？
6. C51 的构造数据类型有哪些？分别用于什么场合？
7. 设单片机晶振为 12 MHz,用 C 语言编写一个高精度 100 ms 延时程序。
8. 参考图 10-4,编程实现 P1 口 8 个灯从低位到高位逐次两个两个点亮(P1.0 和 P1.1 亮→P1.2 和 P1.3 亮→…)1 s 后全亮,1 s 再全灭 1 s,往复循环。

第 11 章
单片机应用系统设计技术

单片机的应用系统由硬件和软件所组成,应用系统的硬件和软件设计各不相同,但总体设计方法和研制步骤基本相同。本章着重介绍单片机应用系统的设计方法以及一些实用技术。

11.1 单片机应用系统设计的基本原则

所谓单片机应用系统,就是为达到某种应用目的而设计的以单片机为核心的专用系统(在调试过程中通常称为目标系统)。单片机的应用系统和一般的计算机应用系统一样,也是由硬件和软件所组成。硬件指由单片机、扩展的存储器、输入/输出设备、控制设备、执行部件等组成的系统;软件是各种控制程序的总称。

硬件和软件只有紧密相结合,协调一致,才能组成高性能的单片机应用系统。在系统的研制过程中,软、硬件的功能总是在不断地调整,以便相互适应,相互配合,以达到最佳的性能价格比。单片机应用系统的基本设计原则是:可靠性高、性能价格比高、操作简便、设计周期短。

1. 可靠性高

可靠性是指系统在规定的条件下、规定的时间内完成规定功能的能力。规定的条件包括环境条件(如温度、湿度、振动等)、供电条件等;规定的时间一般指平均无故障时间、连续正常运行时间等;规定的功能随单片机的应用系统不同而不同。

单片机应用系统的可靠性是一项最重要、最基本的技术指标,在系统设计的每一个环节,都应该将可靠性高作为首要的设计准则。

单片机应用系统在实际工作中,可能会受到各种外部和内部的干扰,使系统工作产生错误或故障,为了减少这种错误和故障,就要采取各种提高可靠性的措施,其中抗干扰措施在硬件电路设计中尤为重要。

通常,可靠性设计可从以下 7 个方面进行考虑:

① 提高元器件的可靠性。注意选用质量好的电子元器件、接插件;要进行严格的测试、筛选和老化。同时,设计的技术参数应留有余量。

② 优化系统结构。优化的电路设计和合理的编程软件可以进一步提高系统运行的可靠性。

③ 严格安装硬件设备及电路,提高印刷电路板和组装的质量。设计电路板时,布线及接地方法要符合要求。设计电路板一般采用电子设计自动化软件 Protel 99,Protel 99具有强大的功能,成为电路设计不可或缺的工具,有关内容由专门课程讲解。

④ 采取必要的抗干扰措施,以防止环境干扰(如空间电磁辐射、强电设备启停、酸碱环境腐蚀等)、信号串扰、电源或地线干扰等影响系统的可靠性。

⑤ 做必要的冗余设计或增加自动检测与诊断功能。冗余设计是通过增加完成同一功能的备用单元、备份信息或重复操作来提高系统可靠性的一种设计方法。自动检测与诊断功能,可以通过在线的测试与诊断,及时地测试出故障区域,判断动作与功能的正常性。

⑥ 电路设计时要注意电平匹配和阻抗匹配。在应用系统的电路设计时,会有很多外围电路,由于 TTL 电路和 CMOS 电路的逻辑电平有差异,CMOS 电路的逻辑电平与电源有关,TTL 电路的逻辑电平在电源值给定时,符合标准规范。当一个电路既有 TTL 集成电路器件,又有 CMOS 集成电路器件时,若不经过电平转换,将会造成逻辑的混乱,使电路无法正常工作。因此在硬件设计时,必须选择合适的 TTL 和 CMOS 接口,以保证外围电路的逻辑电平匹配。另外设计时要充分考虑阻抗匹配,各部分间驱动能力要留有余地。

⑦ 电路设计时要注意发热元器件的散热问题,特别在印制板的设计时要充分考虑,电路散热设计是关乎可靠性的原则问题。

2. 性能价格比高

单片机具有体积小、功耗低、性能价格比高等特点。在保证性能要求和可靠性的条件下,尽量选用廉价的元器件和经济型单片机,以降低成本。

3. 操作简便

如果所设计的产品人机交换过多,必然会给用户操作带来一定困难,也不利于最大限度地降低劳动强度。设计时要做到操作尽量简便。

4. 设计周期短

只有缩短设计周期,才能有效地降低设计费用,充分发挥新系统的技术优势,及早占领市场并具有一定的竞争力。

11.2 单片机应用系统设计的一般过程

单片机的应用领域极为广泛,不同领域技术要求各不相同,用单片机组成应用系统时,涉及的实际问题不同,要求也各不相同,组成的方案也会千差万别,很难有一个固定的模式适应一切问题,但考虑问题的基本方法和设计过程大体相似。单片机应用系统的研制开发过程就是从提出任务到正式投入运行的过程,包括确定任务、总体设计、硬件设计、软件设件、在线仿真调试、程序固化等几个阶段。下面介绍几个阶段所完成的工作。

11.2.1 确定任务

在设计单片机应用系统前必须明确应用系统的功能和技术指标。首先要对应用对象的工作过程进行深入调查分析和细致研究,明确单片机系统所要完成的任务、控制对象的状况及所要达到的技术指标,例如功能要求、信号的种类和数量、应用的环境等,然后再综合考虑系统的先进性、可靠性、可维护性以及成本、经济效益等,拟订出合理可行的技术性能指标,以达到最高的性能价格比。

11.2.2 总体设计

在对应用系统进行总体设计时,应根据应用系统提出的各项技术性能指标,对单片机系统各部分的构成进行一个总体的构想,论证拟订出性价比最高的一套方案。总体方案设计中主要考虑系统构成、控制算法的确定、机型和外围器件的选择,划分软、硬件的任务等几个方面。

1. 系统构成

确定整个单片机系统的组成部分,例如显示、键盘、输入通道、输出通道、打印、通信等。

2. 单片机机型的选择

首先,应根据任务的繁杂程度和技术指标要求(例如可靠性、精度和速度)选择机型。机型选择的出发点及依据,可根据市场情况,挑选成熟、稳定、货源充足的机型产品。同时还应根据应用系统的要求考虑所选的单片机应具有较高的性能价格比。所选机型性能应符合系统总体要求,且留有余地,以备后期更新。

另一方面为提高效率,缩短研制周期,最好选用最熟悉的机型和器件。采用性能优良的单片机开发工具也能加快系统的研制过程。

在目前情况下,AT89S 系列单片机带有 1~8 KB 的 Flash ROM,规格齐全,开发装置完善,速度和价格也比较理想,是一个理想的首选机型。选择大容量 AT89S 系列单片机基本上可以不用扩展程序存储器和数据存储器。

3. 外围器件选择

应用系统除单片机以外,系统通常还有执行器件、传感器、模拟电路、输入/输出接口电路、存储器等器件和设备。选定机型后,还要选择系统中用到的外围元器件,这些部件的选择应满足系统的精度、速度和可靠性等方面的要求。整个系统中的相关器件要尽可能做到性能匹配,例如,选用晶振频率较高时,存储器的存取时间就短,应选择存取速度较快的芯片;选择 CMOS 型单片机构成低功耗系统时,系统中的所有芯片都应该选择低功耗产品。如果系统中相关器件性能差异很大,则系统的综合性能将降低,甚至不能正常工作。

4. 软硬件功能划分

在总体方案设计过程中,对软件和硬件进行分工是一个首要的环节。软、硬件所承担的任务明确之后,则可以分别确定出软、硬件各自的功能及实现的方案。系统硬件和软件的设计是紧密联系在一起的,在某些场合硬件和软件具有一定的互换性。原则上,能够由软件来完成的任务就尽可能用软件来实现,以降低硬件成本,简化硬件结构,提高可靠性,但是它可能会降低系统的工作速度。若为了提高工作速度、精度、减少软件研制的工作量,提高可靠性,一些软件任务也可采用硬件来完成。总之,硬、软件两者是相辅相成的,可根据实际应用情况来合理选择。

同时,总体设计还要求大致规定各接口电路的地址、软件的结构和功能、上下位机的通信协议、程序的驻留区域及工作缓冲区、系统的加密方案等。总体方案一旦确定,系统的大致规模及软件的基本框架就确定了。

11.2.3 硬件设计

硬件设计就是在总体方案的指导下,对构成单片机应用系统的所有功能部分进行详细具体的电路设计,设计出各部分硬件电路原理图,搭建具体电路进行实验检测(例如面包板电路)。硬件设计时,应考虑留有充分余量,电路设计力求正确无误,因为在系统调试中不易修改硬件结构。硬件设计的主要任务是根据总体设计要求,以及在所选机型的基础上,确定系统扩展所要用的存储器、I/O 电路、A/D、D/A 转换电路以及有关外围电路等,然后设计出系统的电路原理图。

1. 程序存储器的设计

通常尽可能选择满足系统程序容量要求的机型,而不再进行程序存储器的扩展。若单片机内无片内程序存储器或存储容量不够时,需外部扩展程序存储器。外部扩展的存储器通常选用 EPROM 和 E^2PROM 两种芯片,EPROM 集成度高、价格便宜,E^2PROM 则编程容易。从它们的价格和性能特点上考虑,对于大批量生产的已成熟的应用系统宜选用 EPROM;当程序量较小时,使用 E^2PROM 较方便。EPROM 芯片的容量不同其价格相差并不大,一般宜选用速度高、容量较大的芯片,这样可使译码电路简单,且为软件扩展留有一定的余地(编程空间宽裕)。

实际设计中,要尽量避免用小容量的芯片组合扩充成大容量的存储器,常选用的

EPROM 芯片,有 2764(8 KB)、27128(16 KB)、27256(32 KB)等。

2. 数据存储器和输入/输出接口的设计

各个系统对于数据存储器的容量要求差别比较大。若要求的容量不大可以选用多功能的扩展芯片,如含有 RAM 的 I/O 口扩展芯片 8155(带有 256 KB 静态 RAM)或 8255 等;若要求较大容量的 RAM,原则上应选用芯片容量较大的芯片以减少 RAM 芯片数量,从而简化硬件线路,使译码电路简单。常选用的 RAM 芯片有 6116(2 KB)、6264(8 KB)或 62256(32 KB)。

I/O 接口可大致归为并行接口、串行接口、模拟采集通道(接口)、模拟输出通道(接口)等。应尽可能选择集成了所需接口的单片机,以简化 I/O 口设计,提高系统可靠性。

在选择 I/O 接口电路时应从体积、价格、功能、负载等几个方面来考虑。标准的可编程接口电路 8255A、8155 接口简单、使用方便、口线多、对总线负载小,是经常被选用的 I/O 接口芯片。但对于某些口线要求很少,且仅需要简单的输入或输出功能的应用系统,则可用不可编程的 TTL 电路或 CMOS 电路,这样可提高口线的利用率,且驱动能力较大。总之应根据应用系统总的输入、输出要求来合理选择接口电路。

对于 A/D、D/A 电路芯片的选择原则应根据系统对它的速度、精度和价格要求而确定。除此之外还应考虑和系统的连接是否方便,例如,与系统中的传感器、放大器相匹配问题。

3. 地址译码电路的设计

地址译码电路的设计,应考虑充分利用存储空间和简化硬件逻辑等方面的问题,通常采用全地址译码法和线选法相结合的办法。MCS-51 系统有充分的存储空间,包括 64 KB 程序存储器和 64 KB 数据存储器,在一般的控制应用系统中,主要是考虑简化硬件逻辑。当存储器和 I/O 芯片较多时,为了简化硬件线路,同时还要使所用到的存储器空间地址连续,可选用专用译码器 74S138 或 74LS139 等。

4. 总线驱动器的设计

51 系列单片机扩展功能比较强,但扩展总线负载能力有限。例如,P0 口能驱动 8 个 TTL 电路,P1~P3 口只能驱动 3 个 TTL 电路。如果满载,会降低系统的抗干扰能力,在实际应用中,这些端口的负载不应超过总负载能力的 70%,以保证留有一定的余量。在外接负载较多的情况下,如果负载是 MOS 芯片,因负载消耗电流很小,所以影响不大。如果驱动较多的 TTL 电路则会满载或超载。若所扩展的电路负载超过总线负载能力时,系统便不能可靠地工作。此情况下必须在总线上加驱动器。总线驱动器不仅能提高端口总线的驱动能力,而且可提高系统抗干扰性。常用的总线驱动器有双向 8 路三态缓冲器 74LS245、单向 8 路三态缓冲器 74LS244 等,数据总线宜采用 74LS245 作为总线驱动器,地址和控制总线可采用 74LS244 作为单向总线驱动器。

5. 模拟量输入和模拟量输出电路的设计

单片机被大量地应用于工业测控系统中,而在这些系统中,经常要对一些现场物理量进行测量,或者将其采集下来进行信号处理之后,再反过来去控制被测对象或相关设备。在这种情况下,应用系统的硬件设计就应包括与此有关的外围电路,例如键盘接口电路、显示器、打印机驱动电路等外围电路。对这些外围电路要进行全盘合理设计,以满足实际设计要求。模拟量输入系统和模拟量输出系统的设计包括合理选择组成系统的元器件以及如何与单片机进行连接两方面内容。A/D 芯片是模拟量输入系统不可缺少的重要组成部分,D/A 芯片是模拟量输出系统不可缺少的重要组成部分。A/D、D/A 芯片与单片机连接部分内容已经在第 10 章做过介绍,这里仅对系统的组成和选择作简单介绍。

(1) 模拟量输入系统设计

单片机应用系统通常设置有模拟量输入通道和输出通道。模拟输入系统是单片机测控应用系统的核心部分,又称数据采集系统,不可或缺。模拟量输入系统负责把传感器输出的模拟信号精确地转换为数字信号,提供给单片机进行处理。模拟输入系统一般由电压形成、模拟滤波(ALF)、采样保持(S/H)电路、模拟多路转换开关以及 A/D 转换器等组成。

A/D 芯片是模拟量输入系统不可缺少的重要组成部分。为了抑制干扰和消除传输阻抗的影响,检测信号通常采用电流传输方式。电压形成回路负责将检测信号变换为 A/D 转换器所需的标准电压信号。通常采用 I/V 电阻变换器。若检测信号微弱还需要加接放大电路。

在 A/D 转换之前往往还需要加接采样保持(S/H)电路。原则上直流和变化非常缓慢的信号可不用采样保持电路,A/D 转换器中已集成有采样保持功能可不用采样保持电路,其他情况都要加采样保持电路。采样频率要足够高,因为采样频率过低将不能真实地反映被采样信号的情况。

采样频率的选择是微机系统硬件设计中的一个关键问题,采样频率越高,要求 CPU 的速度越高,采样频率过低将不能真实地反映被采样信号的情况。为此要综合考虑很多因素,并从中做出权衡。实际上目前大多数的单片机应用系统都是反映低频信号的,在这种情况下可以在采样保持电路前用一个低通模拟滤波器(ALF)将高频分量滤掉,这样就可以降低采样频率,从而降低对硬件提出的要求。

在单片机测控应用系统中,经常需要多路或多参数采集。除特殊情况采用多路独立的 A/D 转换器外,通常都采用公共的 A/D 转换器,这就需要采用模拟多路选择开关分时轮流地将多个回路与 A/D 转换器接通。由于多路选择开关是与模拟信号源串联相接的,因此它的工作状况对模拟信号的传输有很大影响。常用的多路转换开关有干簧继电器、电子模拟多路转换开关。干簧管的缺点是工作频率不足够高,接通和断开簧片时有抖动现象,电子模拟多路转换开关因为优良的性能得到了广泛应用。

(2) 模拟量输出系统设计

模拟量输出通道负责把单片机系统处理后的信号转换为模拟信号作为最后的输出以驱动控制对象,实现自动控制,D/A 芯片是其重要组成部分。模拟量输出通道以它的 D/A 转换方式区分有两种类型:一种是并行转换方式,这种方式的 D/A 转换器直接把数字转换为电压或电流信号,用连续的电压、电流信号去控制执行机构;另一种是串行转换方式,这种方式主要用于控制步进电机,它将计算机送出的脉冲串信号变成步进电机的旋转角度。并行转换方式应用多。被控对象大多需要电流驱动,因此,D/A 输出的电压信号一般还要通过一个 V/I 转换电路,将其电压信号转换成标准的电流信号。

D/A 转换器对输入数字量是否具有锁存功能将直接影响与 CPU 的接口设计。如果 D/A 转换器没有输入锁存器,通过 CPU 数据总线传送数字量时,必须外加锁存器;否则只能通过具有输出锁存器功能的 I/O 给 D/A 送入数字量。

有些 D/A 转换器并不是对锁存的输入数字量立即进行 D/A 转换,而是只有在外部施加了转换控制信号后才开始转换和输出。具有这种输入锁存及转换控制的 D/A 转换器(如 0832),在 CPU 分时控制多路 D/A 输出时,可以做到多路 D/A 转换器的同步输出。

6. 系统速度匹配

51 系列单片机时钟频率可在 2~12 MHz 之间任选。在不影响系统技术性能的前提下,选择低时钟频率,可降低系统中对元器件工作速度的要求,有利于提高系统的可靠性。

7. 抗干扰措施

单片机应用系统的工作环境中,会出现多种干扰,抗干扰措施在硬件电路设计中显得尤为重要。根据干扰源引入的途径,抗干扰措施可以从电源供电系统和硬件电路两个方面考虑。

首先,对电源供电系统采取抗干扰措施。为了克服电网以及来自系统内部其他部件的干扰,可采用隔离变压器、交流稳压、线滤波器、稳压电路、各级滤波及屏蔽等防干扰措施。例如,用带屏蔽层的电源变压器,采用电源滤波器等。电源变压器的容量应留有余地。其次,为了进一步提高系统的可靠性,在硬件电路设计时,应采取一系列抗干扰措施。

① 大规模 IC 芯片电源供电端 V_{cc} 都应加高频滤波电容,根据负载电流的情况,在各级供电节点还应加足够容量的退耦电容。

② 输入/输出通道抗干扰措施。可采用光电隔离电路、双绞线等提高抗干扰能

力。特别是与继电器、可控硅等连接的通道,一定要采用隔离措施。

③ 可采用 CMOS 器件提高工作电压(+15 V),这样干扰门限也相应提高。

④ 传感器后级的变送器尽量采用电流型传输方式,因电流型比电压型抗干扰能力强。

⑤ 电路应有合理的布线及接地方式。

⑥ 与环境干扰的隔离可采用屏蔽措施。

抗干扰设计技术内容将在 11.6 节再做详细介绍。

11.2.4 软件设计

整个单片机应用系统是一个整体,当系统的硬件电路设计定型后,软件的任务也就明确了。单片机应用系统的软件设计是研制过程中任务最繁重、最重要的工作之一,多使用汇编语言和高级语言来编程(例如 C51 语言)。通常软件编写可独立进行,编好的程序有些可以脱离硬件运行和测试,有些可以在局部硬件支持下完成调试。

单片机应用系统的软件主要包括两大部分:用于管理单片机系统工作的监控程序和用于执行实际具体任务的功能程序。对于前者,应尽可能利用现成微机系统的监控程序。为了适应各种应用的需要,现在单片机开发系统的监控软件功能相当强,并附有丰富的实用子程序,可供用户直接调用,例如键盘管理程序、显示程序等。因此,在设计系统硬件逻辑和确定应用系统的操作方式时,就应充分考虑这一点。这样可大大减少软件设计的工作量,提高编程效率。对于后者要根据应用系统的功能要求来编写程序。例如,外部数据采集、控制算法的实现、外设驱动、故障处理及报警程序等。

软件设计的关键是确定软件应完成的任务及选择相应的软件结构,开发一个软件的明智方法是尽可能采用模块化结构。软件设计的一般方法和步骤如下。

1. 软件系统定义

系统定义是指在软件设计前,首先要进一步明确软件所要完成的任务,然后结合硬件结构,确定软件承担的任务细节。其软件定义内容有:

① 定义各输入/输出的功能、信号的类别、电压范围、与系统接口方式、占用的口地址、数据读取和输出的方式等。

② 定义分配存储器空间,包括系统主程序、常数表格、功能子程序块的划分、人口地址表等。

③ 若有断电保护措施,应定义数据暂存区标志单元等。

④ 面板开关、按键等控制输入量的定义与软件编制密切相关,系统运行过程的显示、运算结果的显示、正常运行和出错显示等也是由软件完成的,所以事先要给予以定义。

2. 软件结构设计

单片机应用系统的软件设计千差万别,不存在统一模式。合理的软件结构是设计出一个性能优良的单片机应用系统软件的基础,必须充分重视。依据系统的定义,可把整个工作分解为若干相对独立的操作,再考虑各操作之间的相互联系及时间关系而设计出一个合理的软件结构。不论采用何种程序设计方法,程序总体结构确定后,一般以程序流程框图的形式对其进行描述。程序流程图绘制成后,整个程序的轮廓和思路已十分清楚,便可开始编写实用程序。一个实用程序编好后,往往会有许多书写、语法、指令等错误,这些错误的出现有时是不可避免的,还需要对程序进行检查与修改。

对于简单的单片机应用系统,可采用顺序结构设计方法,其系统软件由主程序和若干个中断服务程序构成。明确主程序和中断服务程序完成的操作及指定各中断的优先级。

对于复杂的实时控制系统,可采用实时多任务操作系统。此操作系统应具备任务调度、实时控制、实时时钟、输入/输出和中断控制、系统调用、多个任务并行运行等功能。以提高系统的实时性和并行性。

在程序设计方法上,模块化程序设计是单片机应用中最常用的程序设计方法(见11.3节)。模块程序设计具有结构清晰、功能明确、设计简便、程序模块可共享、便于功能扩展及便于程序调试维护等特点,但各模块之间的连接有一定的难度。

为了编制模块程序,先要根据系统软件的总体构思,按照先粗后细的方法,把整个系统软件划分成多个功能独立、大小适当的子功能模块(太大会影响程序的可读性,太小程序结构会过于分散)。然后应明确规定各模块的功能,确定出各模块的输入、输出及相互间的联系。尽量使每个模块功能单一,各模块间的接口信息简单、完备,接口关系统一,尽可能使各模块间的联系减少到最低限度。这样,各个模块可以分别独立设计、编制和调试。最后再将各个程序模块连接成一个完整的程序进行总调试。

3. 控制算法的确定

对被控对象的变化规律或控制过程客观真实地描述,建立被控对象的数学模型,从而决定单片机系统需要检测哪些变量,采用怎样的控制算法。应用软件大多数含有各种各样的计算程序,有些还包含复杂的函数运算和数据处理程序,软件必须确保计算的精度,保证数据进入计算机经处理后,仍能满足设计的要求。为了达到这个目的,还要考虑软件算法的精度。各种数据滤波的方法、函数的近似计算、线性化校正、闭环控制算法等都不同程度地存在误差,影响了软件的计算精度。另外,由于单片机字长的限制,通过程序进行运算时也会产生误差。算法的误差是由计算方法所决定的,而程序的计算精度可以在设计过程中加以控制。对一个具体的单片机应用系统,数字的计算精度都有具体的指标要求。一般而言,软件的计算精度比硬件的转换精

第 11 章 单片机应用系统设计技术

度高一个数量级就可以满足要求。

11.2.5 单片机应用系统的调试

单片机应用系统样机组装和软件设计后,便进入系统的调试阶段。系统调试检验所设计系统的正确与可靠,从中发现组装问题或设计错误。对于系统调试中发现的问题或错误以及出现的不可靠因素要提出有效的解决方法,然后对原方案做局部修改,再调试修改,直至完善。应用系统的调试除需要万用表、示波器等基本仪器仪表,还必须配有特殊的开发工具和相应软件,即单片机开发系统。有关单片机开发系统见 11.4 节。

应用系统的调试分硬件调试和软件调试。硬件调试的任务是排除系统的硬件电路故障,包括设计性错误和工艺性故障。软件调试是利用开发工具进行在线仿真调试,除发现和解决程序错误外,也可以发现硬件故障。硬件调试和软件调试是分不开的,许多硬件故障是在软件调试时才发现的。但通常是首先排除系统硬件存在的明显错误,然后才进行具体硬件调试和软件调试。

1. 常见的硬件故障

① 逻辑错误:由设计错误或加工过程中的工艺性错误所造成的。这类错误包括错线、开路、短路、错相位等。其中短路是最常见的故障,在印刷电路板布线密度高的情况下,极易因工艺原因造成短路。

② 元器件失效:其产生的原因有两个方面,一是元器件本身已损坏或性能不符合要求;二是由于组装错误造成元器件失效,如电解电容、二极管的极性错误,集成芯片的安装方向错误。

③ 可靠性差:引起系统不可靠的因素很多,如金属孔、接插件接触不良等,会造成系统时好时坏,经不起振动;内部和外部的干扰、电源的纹波系数较大、器件负荷过重等会造成逻辑电平不稳定;走线和布局不合理等也会引起系统可靠性差。

④ 电源故障:包括电压值不符合设计要求,电源引线和插座不对、电源功率不足、负载能力差等。如果样机存在电源故障,当加电后将会造成元器件损坏,严重时可能损坏整个样机。

2. 硬件调试方法

① 脱机调试:脱机调试亦称静态调试。在样机加电之前,先用万用表等工具,根据硬件电气原理图和装配图仔细检查样机线路的正确性,并核对元器件的型号、规格和安装是否符合要求。应特别注意电源的走线,防止电源线之间的短路和极性错误,并重点检查扩展系统中是否存在相互间的短路或与其他信号线的短路。

对于样机所用的电源事先必须单独调试。检查其电压值、负载能力、极性等均符合要求,才能加到系统的各个部件上。在不插芯片的情况下,加电检查各插件上引脚的电位,仔细测量各点电位是否正常,尤其应注意单片机插座上各点电位是否正常,若有高压,联机时将会损坏开发机。

② 联机调试:联机调试亦称动态调试。通过脱机调试可排除一些明显的硬件故障。有些故障还是要通过联机调试才能发现和排除。设计好的硬件电路和软件程序,只有经过联合调试,才能验证其正确性;软硬件的配合情况以及是否达到设计任务的要求,也只有经过调试,才能发现问题并加以解决、完善,最终开发成实用产品。

联机前先断电,将单片机开发系统的仿真头插到样机的单片机插座上,检查一下开发机与样机之间的电源、接地是否良好。如一切正常,即可打开电源。

通电后执行开发机的读/写指令,对用户样机的存储器、I/O 端口进行读/写操作、逻辑检查,若有故障,可用样机的存储器、I/O 端口进行读/写操作、逻辑检查,若仍有故障,可用示波器观察有关波形(如选中的译码器输出波形、读/写控制信号、地址数据波形以及有关控制电平)。通过对波形的观察分析,寻找故障原因,并进一步排除故障。可能的故障有:线路连接上有逻辑错误、有断路或短路现象、集成电路失效等。

在用户系统的样机(主机部分)调试好后,可以插上用户系统的其他外围部件如键盘、显示器、输出驱动板、A/D、D/A 板等。再对这些板进行初步调试。

在调试过程中若发现用户系统工作不稳定,可能有下列情况:电源系统供电电流不足;联机时公共地线接触不良;用户系统主板负载过大;用户的各级电源滤波不完善等。对这些问题一定要认真查出原因,加以排除。

3. 软件调试方法

软件调试与所选用的软件结构和程序设计技术有关。如果采用模块程序设计技术,则逐个模块分别调试,一个子程序一个子程序地调试,最后联起来统调。调试各子程序时一定要符合现场环境,即入口条件和出口条件。调试的手段可采用开发工具的单步或设断点运行方式,检查用户系统 CPU 的现场、RAM 和 SFR 的内容、I/O 口的状态以及程序执行结果是否符合设计要求。通过检测可以发现程序中的逻辑错误、死循环错误、机器码错误及转移地址的错误等。同时也可以发现用户系统中的软件算法及硬件设计与工艺错误。在调试过程中不断调整、修改用户系统的软件和硬件,逐步通过一个一个程序模块,直到其正确为止。

各模块通过以后,可以把有关的功能块联合起来一起进行综合调试。在这个阶段若发生故障,可以考虑各子程序在运行时是否破坏现场,缓冲单元是否发生冲突,标志位的建立和清除在设计上有没有失误,堆栈区域有无溢出,输入设备的状态是否正常等。若用户系统是在开发机系统的监控程序下运行时,还要考虑用户缓冲单元是否和监控程序的工作单元发生冲突。

单步和断点调试后,还应进行连续调试,这是因为单步运行只能验证程序正确与否,而不能确定定时精度、CPU 的实时响应等问题。全部调试完成后,应反复运行多次,除了观察稳定性之外,还要观察用户系统的操作是否符合原始设计要求、安排的用户操作是否合理等,必要时再做适当的修正。

采用实时多任务操作系统时,调试方法与上述基本相似,只是实时多任务操作系统的应用程序是由若干个任务程序组成,一般是逐个任务进行调试,在调试某一个任务时,同时也调试相关的子程序、中断服务程序和一些操作系统的程序。各个任务调试好以后,再使各个任务程序同时运行,如果操作系统无错误,一般情况下系统就能正常运转。在调试过程中,要不断调整、修改系统的硬件和软件,直到其正确为止。

程序联调运行正常后,还需在模拟的各种现场条件和恶劣环境下调试、运行,以检查系统是否满足原设计要求。

11.2.6 程序固化

软件和硬件联机调试反复运行正常后,则可将用户系统程序固化到程序存储器,程序固化需要借助开发系统的编程器来完成。再将已固化的程序存储器芯片插入用户样机,用户系统即可脱离开发系统独立工作。应用系统还要到生产现场投入实际工作,检验其可靠性和抗干扰能力,直到完全满足要求,至此,系统才算研制成功。

11.3 模块化软件设计

为了使程序的组装、调试及控制系统方案的修改方便,也为了便于推广到其他过程控制对象,程序设计中一般采用模块化结构形式。

11.3.1 模块化结构的基本组成

各功能模块以子程序的形式出现。模块结构一般分三层。

1. 最低一层

最低一层是一个通用子程序库,这个子程序库包括三个方面的功能子程序。

① 一般性子程序。包括各种数的四则运算、开方运算、数的转换(二进制与十进制之间、浮点数与定点数之间、原码数与补码数之间的相互转换)、浮点数的向上及向下规格化等。

② 过程控制通用子程序。包括过程控制中常用的各种控制算法,如 PID 运算、动态前馈补偿运算、史密斯补偿运算、参数采样和转换、数字滤波、工程量换算、上下限越限报警、信号限幅、高低限自动选择、非线性转换、参数在线修改、手动与自动切换等。

③ 打印机及显示器的驱动子程序、数据传送和变换子程序。

2. 执行功能模块层

它能完成各种实质性的功能。即在以上通用子程序库的基础上，根据对过程控制系统结构的归纳、分类和规范化，组成各执行功能模块，如单回路 PID 控制、串级控制、前馈加单回路反馈控制、前馈加串级反馈控制、前馈加反馈加史密斯补偿控制、自动选择性控制等模块。还有 CRT 画面显示、打印模块等。执行软件的设计侧重于算法，与硬件关系密切，千变万化。

3. 系统监控与管理模块层

它是专门用来协调各执行模块和操作者的关系，在系统软件中充当组织调度的角色。它包括主程序和中断管理程序，其中主程序由系统自检、初始化、键盘命令处理、接口命令处理、条件触发处理等模块组成。并根据需要完成对执行功能模块的调用。

在进行软件设计前应首先对软件任务进行分析、安排和规划。规划执行模块时，应将各执行模块一一列出，并对每一个执行模块进行功能定义和接口定义（输入、输出定义）。在定义各执行模块时，应将牵涉到的数据结构和数据类型一并规划好。

各执行模块规划好后，就可以规划监控程序。首先根据系统功能和键盘设置选择一种最适合的监控程序结构。相对来讲，执行模块任务明确单纯，比较容易编程，而监控程序较易出问题。

4. 监控软件和各执行模块的安排

整个系统软件可分为后台程序（背景程序）和前台程序。后台程序指主程序及其调用的子程序，这类程序对实时性要求不是很高，延误几十毫秒甚至几百毫秒也没关系，故通常将监控程序（键盘解释程序）、显示程序、打印程序等与操作者打交道的程序放在后台程序中来执行。而前台程序安排一些实时性要求较高的内容，如定时系统和外部中断（如掉电中断）。在一些特殊场合，也可以将全部程序均安排在前台，后台程序为踏步等待循环或睡眠状态。

11.3.2 各模块数据缓冲区的建立

模块之间的联系是通过数据缓冲区以及控制字进行联系的。

1. 数据类型和数据结构规划

安排、规划好执行模块和监控程序后，还不能开始编程。因系统中各个执行模块之间有着各种因果关系，互相之间要进行各种信息传递，如数据处理模块和检测模块之间的关系，检测模块的输出信息就是数据处理模块的输入信息，同样数据处理模块和显示模块、打印模块之间也有这种产销关系。各模块之间的关系体现在它们的接口条件上,即输入条件和输出结果。为了避免产销脱节现象,就必须严格规定好各个接口条件,即各接口参数的数据结构和数据类型。这一步工作可以按下述方法来做:

① 将每一个执行模块要用到的参数和要输出的结果一并列出来。每一个参数规划一个数据类型和数据结构。对于与不同模块都有关的参数,只取一个名称,以保证同一个参数只有一种格式。

② 规划数据类型。从数据类型上来分类,数据可分为逻辑型与数值型。通常将逻辑型数据归到软件标志中去考虑。数值类型分为定点数和浮点数。定点数具有直观、编程简单、运算速度快的优点,其缺点是表示的数值动态范围小,容易溢出。浮点数则相反,数值动态范围大、相对精度稳定、不易溢出,但编程复杂,运算速度低。

2. 各模块数据缓冲区的确定

完成数据类型和数据结构的规划后,便可进行系统资源的分配。系统资源包括ROM、RAM、定时/计数器、中断源等。在任务分析时,实际上已将定时/计数器、中断源等资源分配好了,而ROM资源一般用来存放程序和表格。所以资源分配的主要工作是RAM资源的分配。常用的方法如下:

① 片内RAM指00H~7FH单元。片内RAM常用于作为栈区、位寻址区和公共子程序的工作缓冲区,如存放参数、指针、中间结果等。片内RAM的128 B的功能并不完全相同,分配时应注意充分发挥各自的特长,做到物尽其用。

00H~1FH这32个字节可以作为工作寄存器。其中00H~0FH可用来作为0区、1区工作寄存器,在一般的应用系统中,后台程序用0区工作寄存器,前台程序用1区工作寄存器。如果有高级中断,则高级中断可用2区工作寄存器(10H~17H)。如果前台程序中不使用工作寄存器,则系统只需0区工作寄存器。未用的工作寄存器的其他单元便可以作为其他用途。系统上电复位时,自动定义0区为工作寄存器,1区为堆栈,并向2区、3区延伸。如果系统前台程序要用1区、2区做工作寄存器,就应将堆栈空间重新规划。

在工作寄存器的8个单元中,R0和R1具有指针功能,是编程的重要角色,应充分发挥其作用,尽量避免用来做其他事情。

20H~2FH这16 B具有位寻址功能,用来存放各种软件标志、逻辑变量、位输入信息、位输出信息副本、状态变量和逻辑运算的中间结果等。当这些项目全部安排好后,保留一两个字节备用,剩下的单元才可改做其他用途。

30H~7FH为一般通用寄存器,只能存入整字节信息。通常用来存放各种参数、指针、中间结果,或用作数据缓冲区。也可将堆栈安放在片内RAM的高端,如68H~7FH。

② 片外RAM的容量比片内RAM大,通常用来存放批量大的数据,可作为执行模块运算存储器用于存放需要保留时间较长的数据。使用时要根据各功能模块的任务、算法在片外RAM中开辟各自的数据区(参数表)。开辟时要考虑数据类型。

RAM 资源规划好后，应列出一张 RAM 资源的详细分配清单，作为编程依据。

11.3.3　模块化程序设计方法

　　模块化程序编程有两种方法：一种是自上而下，逐步细化；一种是自下而上，先设计出具体模块（子程序），然后再慢慢扩大，像搭积木一样，最后形成系统（主程序）。两种方法各有优缺点。自上而下的方法在前期看不到什么具体效果，对于初学者来说，心中不踏实；而自下而上的方法一开始就有效果，每设计一个模块，即可进行调试，就能看到一个实际效果，给人一种一步一个足印的感觉，对于初学者比较有利，能树立信心。

11.3.4　系统监控程序设计

1. 监控程序的任务

　　系统监控程序是控制单片机系统按预定操作方式运转的程序。它完成人机会话和远程控制等功能，使系统按操作者的意图或遥控命令来完成指定的作业。它是单片机系统程序的框架。

　　当用户操作键盘（或按钮）时，监控程序必须对键盘操作进行解释，并调用相应的功能模块，完成预定的任务，并通过显示等方式给出执行的结果。因此，监控程序必须完成解释键盘、调度执行模块的任务。

　　对于具有遥控通信接口的单片机系统，监控程序还应包括通信解释程序。由于各种通信接口的标准不同，通信程序各异，但命令取得后，其解释执行的情况和键盘命令相似，程序设计方法雷同。

　　系统投入运行的最初时刻，应对系统进行自检和初始化。开机自检在系统初始化前执行，如果自检无误，则对系统进行正常初始化。它通常包括硬件初始化和软件初始化两个方面。硬件初始化工作是指对系统中的各个硬件资源设定明确的初始状态，如对各种可编程芯片进行编程、对各 I/O 端口设定初始状态、为单片机的硬件资源分配任务等。软件初始化包括对中断的安排、堆栈的安排、状态变量的初始化、各种软件标志的初始化、系统时钟的初始化、各种变量存储单元的初始化等。初始化过程安排在系统上电复位后的主程序最前面，该过程也是监控程序的任务之一，但由于通常只执行一遍，且编写方法简单，故介绍监控程序设计时，通常也不再提及自检和初始化。

　　单片机系统在运行时也能被某些预定的条件触发，而完成规定的作业。这类条件中有定时信号、外部触发信号等，监控程序也应考虑这些触发条件。

　　综上所述，监控程序的任务有：完成系统自检、初始化、处理键盘命令、处理接口命令、处理条件触发并完成显示功能。但习惯上监控程序是指键盘解析程序,而其他任务都分散在某些特定功能模块中。

2. 监控程序的结构

监控程序的结构主要取决于系统功能的复杂性和键盘的操作方式。系统的功能和操作方法不同,监控程序就会不同,即使同一系统,不同的设计者往往会编写出风格不同的程序来。这里介绍两种常见的结构。

(1) 作业顺序调度型

如图 11-1 所示。这种结构的监控程序常见于各类无人值守的单片机系统。这类系统运行后按一个预定顺序依次执行一系列作业,循环不已。

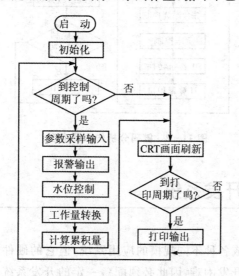

图 11-1 作业顺序调度型

其操作按钮很少(甚至没有),且多为一些启停控制之类开关按钮。这类单片机系统的功能多为信息采集、预处理、存储、发送、报警之类。作业的触发方式有三种:第一种是接力方式,上道作业完成后触发下一道作业运行;第二种是定时方式,预先安排好每道作业的运行时刻表,由系统时钟来顺序触发对应的作业;第三种是外部信息触发方式,当外部信息满足某预定条件时即触发一系列作业。不管哪种方式,它们的共同特点是各作业的运行次序和运行机会比例是固定的,在程序流程图中,如果不考虑判断环节,各个执行模块是串成一圈的。

(2) 键码分析作业调度型

如果各作业之间既没有固定的顺序,也没有固定的优先关系。这时作业调度完全服从操作者的意图,操作者通过键盘(或遥控通信)来发出作业调度命令,监控程序接收到控制命令后,通过分析,启动对应作业。大多数单片机系统的监控系统均属此类型。键码分析作业调度型监控程序如图 11-2 所示。

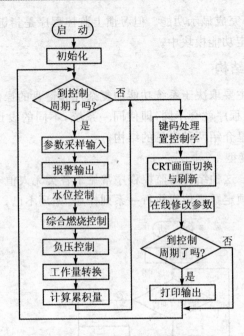

图 11-2 键码分析作业调度型

11.4 单片机开发系统

单片机可用来组成各种不同规模的应用系统,但它的硬件和软件的支持能力有限,自身无调试能力,开发困难,因此必须配备一定的开发系统。由于开发系统种类较多,系统开发者所用开发系统各不相同,所以本节不对具体型号的开发系统进行介绍,主要从宏观上介绍单片机开发系统的基本构成和实现功能。

11.4.1 单片机开发系统的类型和组成

单片机应用系统建立以后,其应用程序的编程、修改、调试,运行结果是否符合设计要求,软件、硬件故障的判断以及程序固化等等问题,靠系统自身根本无法解决,必须借助外界的帮助。

在方案论证时,就必须对关键性的环节进行试验、模拟;在对软件、硬件分调时,有的应用程序较长,必须靠外界对程序进行机器码的翻译;在系统联调时,必须对软件、硬件各部分进行全面测试,仔细检查样机是否达到了系统设计的性能指标,以便充分暴露可能存在的问题。要完成以上工作必须依靠开发工具,单片机开发系统是单片机编程调试的必须工具。

第11章 单片机应用系统设计技术

单片机开发系统和微机开发系统一样,是用来帮助研制单片机应用系统软件和硬件的一种专用装置。单片机开发系统和一般通用计算机系统相比,它除了具有通用机所有的软、硬件资源(如磁盘、操作系统、程序语言、数据库管理系统等)以外,在硬件上增加了目标系统的在线仿真器、编程器等部件,在软件上还增加了目标系统的汇编和调试程序等。因此单片机的开发系统由主处理机、在线仿真器、编程器及有关的软件组成。

单片机开发系统有通用和专用两种类型。通用的单片机开发系统配备多种在线仿真器和相应的开发软件,使用时,只要更换系统中的仿真器板,就能开发相应的单片机或微处理器。只能开发一种类型的单片机或微处理器的开发系统称为专用开发系统。

开发系统产品种类很多,国外早已研制出功能较全的产品,但价格昂贵,在国内没有得到推广。国内很多单位根据我国国情研制出以 8051 作为开发芯片的 MCS-51 单片机开发系统的系列产品,例如 MICE-AT89S51、DVCC-AT89S51、SICE、SYBER 等。这些产品大部分是开发型单片机,通过软件手段可达到或接近国外同类产品的水平。尽管它们的功能强弱并不完全相同,但都具有较高的性能价格比。功能强、操作方便的单片机开发系统能加快单片机应用系统的研制周期,实际中应根据价格和功能综合考虑进行选择。

11.4.2 单片机开发系统的功能

单片机开发系统的性能优劣和单片机应用系统的研制周期密切相关。一个单片机开发系统功能强弱可以从在线仿真、调试、软件辅助设计、目标程序固化等方面来分析。

1. 仿真器在线仿真功能

仿真器通过串口与计算机相连通,构成单片机开发系统,可以在线仿真软件,同时调试和检查硬件电路,如图 11-3 所示。单片机仿真器本身就是一个单片机系统,它具有与所需开发的单片机应用系统相同的单片机芯片(如 8051 等)。当一个单片机用户系统接线完毕后,由于自身无调试能力,无法验证好坏,这时,可以把应用系统中的单片机芯片拔掉,插上在线仿真器提供的仿真头。所谓"仿真头"实际只是一个40 引脚的插头,它是仿真器的单片机芯片信号的延伸,此时单片机应用系统与仿真器共用一块单片机芯片,当在开发系统上通过在线仿真器调试单片机应用系统时,就像使用应用系统中的真实的单片机一样,这种觉察不出的"替代"称之为"仿真"。仿真是单片机开发过程中非常重要的一个环节,除了一些极简单的任务外,一般产品的开发过程中都需要仿真。

在线仿真器的英文名为 In Circuit Emulator(简称 ICE)。ICE 是由一系列硬件

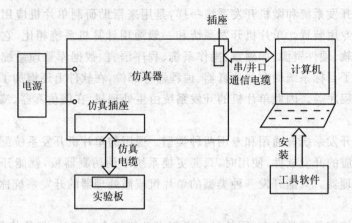

图 11-3　单片机开发系统连接图

构成的设备。开发系统中的在线仿真器应能仿真应用系统中的单片机,并能模拟应用系统中的 ROM、RAM 和 I/O 端口功能,使在线仿真器的应用系统的运行环境和脱机运行的环境完全"逼真",以实现应用系统的一次性开发。仿真功能具体体现在以下几个方面。

① 单片机仿真功能。在线仿真时,单片机开发系统应能将在线仿真器中的单片机完整地(即除 CPU 出借外,还将存储器等均出借)"出借"给应用系统,可以不占用应用系统单片机的任何资源,使应用系统在联机仿真和脱机运行时的环境(工作程序、使用的资源和地址空间)完全一致,以实现完全的一次性仿真。

单片机的资源包括:片上的 CPU、RAM、SFR、定时器、中断源、I/O 口以及外部扩充的程序存储器和数据存储器。这些资源应允许目标系统充分自由地使用,不受任何限制,以实现应用系统软、硬件的设计。

② 模拟功能。在应用系统的开发过程中,单片机开发系统允许用户使用它内部的 RAM 存储器和输入/输出来替代应用系统中的 ROM 程序存储器、RAM 数据存储器和输入/输出,使用户在应用系统样机还未完全配置好以前,便可以借用开发系统提供的单片机资源进行软件的开发。

在研制目标系统的初级阶段,用户系统中的目标程序还未生成前,用户的目标程序必须存放在开发系统 RAM 存储器内,以便于对目标程序进行调试和修改。开发系统中能"出借"的可作为应用系统程序存储器的 RAM 通常称为仿真 RAM。开发系统中仿真 RAM 的容量和地址映射应和应用系统完全一致。MCS-51 系列单片机开发系统,最多能出借 64 KB 的仿真 RAM,并保持原有复位入口和中断入口地址不变。但不同的开发系统所出借仿真 RAM 容量不一定相同,使用时应参阅有关说明。

2. 调试功能

开发系统对目标系统软、硬件的调试功能强弱,将直接关系到开发系统的效率。

因此开发系统一般应具有以下一些调试功能。

(1) 运行控制功能

开发系统应能使用户有效地控制目标程序运行,以便检查程序运行的结果,对存在的硬件故障和软件错误进行定位。单片机开发系统提供了以下几种程序运行方式:

① 单步运行(Step),能使 CPU 从任意的程序地址开始,执行一条指令后停止运行。单步运行可以使程序逐条指令地运行,每运行一步都可以看到运行结果。单步运行是调试程序中用得比较多的运行方式。

② 设置断点运行(Breakpoint),允许用户任意设置断点条件,启动 CPU 从规定地址开始运行后,当断点条件(程序地址和指定断点地址符合,或者 CPU 访问到指定的数据存储器单元等)符合以后停止运行。

断点运行是预先在程序中设置断点,当全速运行程序时,遇到断点即停止运行,用户可以观察此时的运行结果。断点运行给调试程序提供了很大的方便。

③ 全速运行(简称运行 Execute),能使 CPU 从指定地址开始连续地全速运行目标程序,全速运行可以直接看到程序的最终运行结果。

④ 跟踪运行(Trace),跟踪运行与单步运行过程类似,不同之处在于跟踪运行可以跟踪进入到子程序中运行。

读者在今后的单片机系统开发过程中,可逐步深入地理解各种方式的应用。只有灵活运用这些方法,才能够对程序进行全方位的纠错、调试与运行。

(2) 目标系统状态的读出修改功能

当 CPU 停止执行目标系统的程序后,用户应能方便地读出或修改目标系统所有资源的状态,以便检查程序运行的结果,设置的断点条件以及设置的初始参数。可供用户读出和修改的目标系统资源包括:

① 程序存储器(开发系统中的仿真 RAM 存储器或目标机中的程序存储器)。

② 单片机中片内资源(工作寄存器、特殊功能寄存器、I/O 口、RAM 数据存储器、位地址单元)。

③ 系统中扩展的数据存储器、I/O 口。

(3) 跟踪功能

高性能的单片机开发系统具有逻辑分析仪的功能,在目标程序运行的过程中,能跟踪存储器目标系统总线上的地址、数据和控制信息的状态变化,跟踪存储器能同步地记录总线上的信息。用户可根据需要显示出跟踪存储器搜集到的信息,也可以显示某一位总线上的状态变化的波形,从而掌握总线上状态变化的过程,这对各种故障的定位特别有用,可大大提高工作效率。

3. 软件辅助设计功能

软件辅助设计功能的强弱也是衡量单片机开发系统性能高低的重要标志。单片机应用系统软件开发的效率在很大程度上取决于开发系统的辅助设计功能。

(1) 程序设计语言

目前单片机的程序设计语言有机器语言、汇编语言和高级语言。在用机器语言开发时,程序的设计、输入、修改和调试都很麻烦,只能用来开发非常简单的单片机应用系统,机器语言只在简单的开发装置中才使用。汇编语言具有使用灵活、程序容易优化的特点,是单片机中常用的程序设计语言。但是用汇编语言编写程序还是比较复杂的,只有对单片机的指令系统非常熟悉,并具有一定的程序设计经验,才能研制出功能复杂的应用程序。

高级语言通用性好,程序设计人员只要掌握开发系统所提供的高级语言的使用方法,就可以直接用该语言编写程序。MCS-51系列单片机的编译型高级语言有:PL/M51、C-51、MBASIC-51等。解释型高级语言有 BASIC-52、TINY BASIC等。编译型高级语言可生成机器码,解释型高级语言必须在解释程序支持下直接解释执行,因此只有编译型高级语言才能作为单片机开发语言。高级语言对不熟悉单片机指令系统的用户比较适用,这种语言的缺点是不宜编写实时性很强的、高质量的、紧凑的程序。

(2) 程序编辑

单片机大都在一些简单的硬件环境中工作,因此大都直接使用机器代码程序。用户系统的源程序翻译成目标程序可借助开发系统提供的软件来完成。通常所有的单片机开发系统都能与 PC 机及其兼容机连接,允许用户使用 PC 机的编辑程序编写汇编语言或用高级语言来编写程序。例如 PC 机上的 EDLIN 行编辑和 PE、WS 等屏幕编辑程序,可使用户方便地将源程序输入到计算机开发系统中,生成汇编语言或高级语言的源文件,然后利用开发系统提供的交叉汇编或编译系统在 PC 机上将源程序编译成可在目标机上直接运行的目标程序。开发型单片机一般都具有能和 PC 机串行通信的接口,在 PC 机上生成的目标程序,可通过开发机与 PC 机之间的串行接口并利用操作命令直接送到开发机的 RAM 中。这样就大大减轻了人工输入机器码的繁重劳动。

除以上程序编辑功能以外,有些单片机开发系统还提供反汇编功能,以及可供用户调用的子程序库等,从而减少用户软件研制的工作量。

4. 程序固化功能

在单片机应用系统中常需要扩展 EPROM 或 E²PROM,作为存放程序和常数的存储器。应用程序尚未调试好时可借用开发系统的存储器,当单片机应用系统程序调试完成以后,都要把它写入 EPROM 或 E²PROM 中,这个过程称为固化。一般单片机开发系统都具有固化 EPROM 或 E²PROM 芯片的功能。程序固化器就是完成这种任务的专用设备,它也是单片机开发系统的重要组成部分。

11.4.3 开发软件简介

单片机仿真软件是用于编辑程序和软件仿真的专用软件,通过它可以在计算机上编写、修改以及调试程序,并且能在计算机上直接看到程序运行的结果。仿真软件与相匹配仿真器配合使用,利用仿真器上的仿真头能代替单片机,从而实现实时仿真。编辑通过的程序会自动生成机器汇编后的十六进制和二进制的目标文件,通过编程器可以直接将目标文件写入单片机芯片。因此,单片机的仿真软件是软件编程和调试必不可少的工具。

开发系统不同,所用的调试软件也不同,例如:MICE-AT89S51 单片机开发系统的调试软件是 MBUG,Insight-AT89S51 单片机开发系统的调试软件是 Medwin,美国 Keil Software 公司出品的 AT89S51 单片机开发系统的调试软件是 Keil,不同的调试软件,其功能大致相同。

Keil 软件是目前比较流行的,开发具有 AT89S51 内核系列单片机的软件。Keil 软件提供了包括 C 编译器、宏汇编、链接器、库管理和一个功能强大的仿真调试器等在内的完整开发方案,并通过一个集成开发环境(μVision)将这些部分组合在一起。运行 Keil 软件对 CPU、RAM、硬盘及操作系统的要求不是太高,一般 Pentium 以上的 CPU,16 MB 以上的 RAM,20 MB 以上的硬盘空闲,Windows 98、Windows 2000、Windows XP 等操作系统就可满足要求。掌握这一软件的使用方法对于使用 AT89S51 系列单片机的开发人员来说是十分必要的。

Keil IDE μVision2 集成开发环境是 Keil Software Inc/Keil Elektronik GmbH 开发的基于 80C51 内核的微处理器软件开发平台,内嵌多种符合当前工业标准的开发工具,可以完成从工程建立和管理、编译、链接到目标代码的生成、软件仿真和硬件仿真等完整的开发流程。它提供的 C 编译工具在产生代码的准确性和效率方面达到了比较高的水平,而且可以附加灵活的控制选项,在开发大型项目时非常理想。可以输入 C 语言、汇编语言和 PLM 语言的程序并直接在编辑窗口中修改。可以对程序进行多种方式运行、调试和状态查询。**注意**:Keil 是一个纯软件,还不能直接进行硬件仿真,必须挂接相应仿真器(TKS 系列仿真器)的硬件才可以进行仿真。各种软件的使用方法和使用步骤,在此不做具体介绍,请参考有关技术资料,老师可根据学校设备情况,对学生介绍具体的开发软件。

11.5 单片机应用系统设计举例

通过前面介绍,大家已经熟悉了单片机应用系统的设计方法。为了锻炼独立设计、制作和调试应用系统的能力,本节以单片机音乐电子琴和单片机数据采集与显示电路的设计为例,介绍单片机应用系统的设计方法,希望可以收到举一反三和触类旁通的效果。

11.5.1 电子琴的设计

1. 设计要求

选择单片机的一位输入/输出引脚控制喇叭的按钮,由 4×4 组成 16 个按钮矩阵,设计成 16 个音。可随意弹奏想要表达的音乐。

2. 总体设计方案及相关知识说明

本设计中采用 AT89S51,晶振频率为 12 MHz,AT89S51 单片机内部有 4 KB 的 Flash 程序存储器,128 B 的内部数据存储器。本设计要求存储器容量不大,AT89S51 不需要扩展就可满足要求。本设计使用单电源运放对音乐信号进行放大以满足驱动扬声器的要求。本设计铃声由 P1.0 输出,P3 口形成 16 个音随意弹奏。利用定时器,可以发出不同频率的脉冲,不同频率的脉冲经喇叭驱动电路放大滤波后,就会发出不同的音调。定时器按设置的定时参数产生中断,这一次中断发出脉冲低电平,下一次反转发出脉冲高电平。由于定时参数不同,就发出了不同频率的脉冲。本实例中当有键按下,会发出连续脉冲,直到按键松开,才停止发音。发完后继续检测键盘,如果键还按下,继续发音。

各音阶标称频率值如下:

音 阶	1	2	3	4	5	6	7
频率/Hz	261.1	293.7	329.6	349.2	392.0	440.0	493.9

3. 硬件电路

硬件电路如图 11-4 所示。本设计采用 AT89S51,晶振频率为 12 MHz,单片机系统区域中的 P1.0 端口连接音频放大模块;P3.0~P3.7 端口连接 4×4 行列式键盘。

4. 软件设计及相关内容

(1) 4×4 行列式键盘识别

前面已有介绍,不再赘述。

(2) 音乐产生的方法

一首音乐是许多不同的音阶组成的,而每个音阶对应着不同的频率,这样就可以利用不同的频率组合,构成所想要的音乐了,当然对于单片机来产生不同的频率非常方便,可以利用单片机的定时/计数器 T0 来产生这样方波频率信号,因此,只要把一首歌曲的音阶对应频率关系弄正确即可。现在以单片机 12 MHz 晶振为例,列出高、

第 11 章 单片机应用系统设计技术

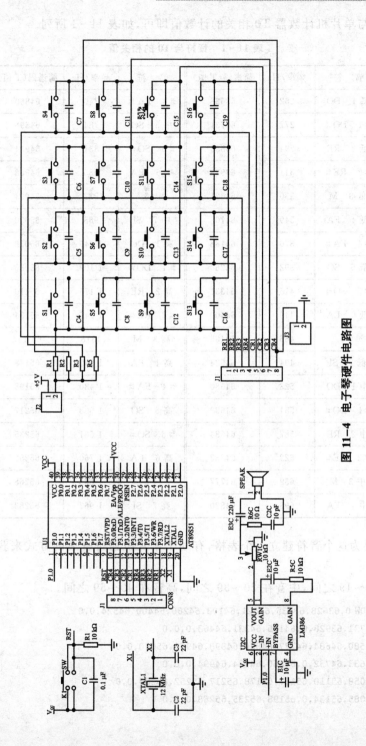

图 11-4 电子琴硬件电路图

中、低音符与单片机计数器 T0 相关的计数值即可,如表 11-1 所列。

表 11-1 音符与 T0 的相关值

音　符	频率/Hz	简谱码(T 值)	音　符	频率/Hz	简谱码(T 值)
低 1　DO	262	63628	♯4　FA♯	740	64860
♯1　DO♯	277	63731	中 5　SO	784	64898
低 2　RE	294	63835	♯5　SO♯	831	64934
♯2　RE♯	311	63928	中 6　LA	880	64968
低 3　M	330	64021	♯6	932	64994
低 4　FA	349	64103	中 7　SI	988	65030
♯4　FA♯	370	64185	高 1　DO	1 046	65058
低 5　SO	392	64260	♯1　DO♯	1 109	65085
♯5　SO♯	415	64331	高 2　RE	1 175	65110
低 6　LA	440	64400	♯2　RE♯	1 245	65134
♯6	466	64463	高 3　M	1318	65 157
低 7　SI	494	64524	高 4　FA	1 397	65178
中 1　DO	523	64580	♯4　FA♯	1 480	65198
♯1　DO♯	554	64633	高 5　SO	1 568	65217
中 2　RE	587	64684	♯5　SO♯	1 661	65235
♯2　RE♯	622	64732	高 6　LA	1 760	65252
中 3　M	659	64777	♯6	1 865	65268
中 4　FA	698	64820	高 7　SI	1 967	65283

下面要为这个音符建立一个表格,有助于单片机通过查表的方式来获得相应的数据。

低音 0~19 之间,中音在 20~39 之间,高音在 40~59 之间。
TABLE：DW 0,63628,63835,64021,64103,64260,64400,64524,0,0
DW 0,63731,63928,0,64185,64331,64463,0,0,0
DW 0,64580,64684,64777,64820,64898,64968,65030,0,0
DW 0,64633,64732,0,64860,64934,64994,0,0,0
DW 0,65058,65110,65157,65178,65217,65252,65283,0,0
DW 0,65085,65134,0,65198,65235,65268,0,0,0
DW 0

第 11 章　单片机应用系统设计技术

(3) 音乐的音拍,一个节拍为单位(C 调)

曲调值	DELAY/ms	曲调值	DELAY/ms
调 4/4	125	调 4/4	62
调 3/4	187	调 3/4	94
调 2/4	250	调 2/4	125

对于不同的曲调也可以用单片机的另外一个定时/计数器来完成。

(4) 程序框图

下面就用 AT89S51 单片机生成一首《生日快乐》歌曲,来说明是如何用单片机产生的。通过以上分析,可以得到如图 11-5 所示的主程序框图,如图 11-6 所示的定时中断程序框图。在这个程序设计中用了 2 个定时/计数器来完成,其中 T0 用来产生音符频率,T1 用来产生节拍。

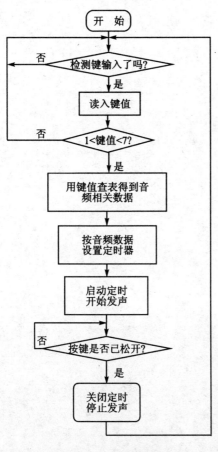

图 11-5　主程序框图

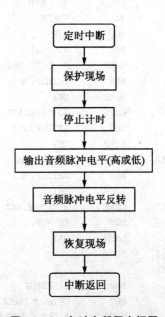

图 11-6　定时中断程序框图

5. 汇编源程序和 C 语言程序

(1) 汇编源程序

依据流程图可编写汇编源程序如下：

```
        KEYBUF  EQU 30H
        STH0    EQU 31H
        STL0    EQU 32H
        TEMP    EQU 33H
        ORG     00H
        LJMP    START
        ORG     0BH
        LJMP    INT_T0
START:  MOV     TMOD,#01H
        SETB    ET0
        SETB    EA
WAIT:
        MOV     P3,#0FFH
        CLR     P3.4
        MOV     A,P3
        ANL     A,#0FH
        XRL     A,#0FH
        JZ      NOKEY1
        LCALL   DELY10MS
        MOV     A,P3
        ANL     A,#0FH
        XRL     A,#0FH
        JZ      NOKEY1
        MOV     A,P3
        ANL     A,#0FH
        CJNE    A,#0EH,NK1
        MOV     KEYBUF,#0
        LJMP    DK1
NK1:    CJNE    A,#0DH,NK2
        MOV     KEYBUF,#1
        LJMP    DK1
NK2:    CJNE    A,#0BH,NK3
        MOV     KEYBUF,#2
        LJMP    DK1
NK3:    CJNE    A,#07H,NK4
        MOV     KEYBUF,#3
        LJMP    DK1
NK4:    NOP
DK1:
        MOV     A,KEYBUF
        MOV     DPTR,#TABLE
        MOVC    A,@A+DPTR
        MOV     P0,A
```

```
        MOV     A,KEYBUF
        MOV     B,#2
        MUL     AB
        MOV     TEMP,A
        MOV     DPTR,#TABLE1
        MOVC    A,@A+DPTR
        MOV     STH0,A
        MOV     TH0,A
        INC     TEMP
        MOV     A,TEMP
        MOVC    A,@A+DPTR
        MOV     STL0,A
        MOV     TL0,A
        SETB    TR0
DK1A:   MOV     A,P3
        ANL     A,#0FH
        XRL     A,#0FH
        JNZ     DK1A
        CLR     TR0
NOKEY1:
        MOV     P3,#0FFH
        CLR     P3.5
        MOV     A,P3
        ANL     A,#0FH
        XRL     A,#0FH
        JZ      NOKEY2
        LCALL   DELY10MS
        MOV     A,P3
        ANL     A,#0FH
        XRL     A,#0FH
        JZ      NOKEY2
        MOV     A,P3
        ANL     A,#0FH
        CJNE    A,#0EH,NK5
        MOV     KEYBUF,#4
        LJMP    DK2
NK5:    CJNE    A,#0DH,NK6
        MOV     KEYBUF,#5
        LJMP    DK2
NK6:    CJNE    A,#0BH,NK7
        MOV     KEYBUF,#6
        LJMP    DK2
NK7:    CJNE    A,#07H,NK8
        MOV     KEYBUF,#7
        LJMP    DK2
NK8:    NOP
DK2:
```

```
            MOV     A,KEYBUF
            MOV     DPTR,#TABLE
            MOVC    A,@A+DPTR
            MOV     P0,A
            MOV     A,KEYBUF
            MOV     B,#2
            MUL     AB
            MOV     TEMP,A
            MOV     DPTR,#TABLE1
            MOVC    A,@A+DPTR
            MOV     STH0,A
            MOV     TH0,A
            INC     TEMP
            MOV     A,TEMP
            MOVC    A,@A+DPTR
            MOV     STL0,A
            MOV     TL0,A
            SETB    TR0
DK2A:       MOV     A,P3
            ANL     A,#0FH
            XRL     A,#0FH
            JNZ     DK2A
            CLR     TR0
NOKEY2:
            MOV     P3,#0FFH
            CLR     P3.6
            MOV     A,P3
            ANL     A,#0FH
            XRL     A,#0FH
            JZ      NOKEY3
            LCALL   DELY10MS
            MOV     A,P3
            ANL     A,#0FH
            XRL     A,#0FH
            JZ      NOKEY3
            MOV     A,P3
            ANL     A,#0FH
            CJNE    A,#0EH,NK9
            MOV     KEYBUF,#8
            LJMP    DK3
NK9:        CJNE    A,#0DH,NK10
            MOV     KEYBUF,#9
            LJMP    DK3
NK10:       CJNE    A,#0BH,NK11
            MOV     KEYBUF,#10
            LJMP    DK3
NK11:       CJNE    A,#07H,NK12
```

第 11 章　单片机应用系统设计技术

```
            MOV     KEYBUF,#11
            LJMP    DK3
NK12:       NOP
DK3:
            MOV     A,KEYBUF
            MOV     DPTR,#TABLE
            MOVC    A,@A+DPTR
            MOV     P0,A
            MOV     A,KEYBUF
            MOV     B,#2
            MUL     AB
            MOV     TEMP,A
            MOV     DPTR,#TABLE1
            MOVC    A,@A+DPTR
            MOV     STH0,A
            MOV     TH0,A
            INC     TEMP
            MOV     A,TEMP
            MOVC    A,@A+DPTR
            MOV     STL0,A
            MOV     TL0,A
            SETB    TR0
DK3A:       MOV     A,P3
            ANL     A,#0FH
            XRL     A,#0FH
            JNZ     DK3A
            CLR     TR0
NOKEY3:
            MOV     P3,#0FFH
            CLR     P3.7
            MOV     A,P3
            ANL     A,#0FH
            XRL     A,#0FH
            JZ      NOKEY4
            LCALL   DELY10MS
            MOV     A,P3
            ANL     A,#0FH
            XRL     A,#0FH
            JZ      NOKEY4
            MOV     A,P3
            ANL     A,#0FH
            CJNE    A,#0EH,NK13
            MOV     KEYBUF,#12
            LJMP    DK4
NK13:       CJNE    A,#0DH,NK14
            MOV     KEYBUF,#13
            LJMP    DK4
```

·423·

```
NK14:   CJNE    A,#0BH,NK15
        MOV     KEYBUF,#14
        LJMP    DK4
NK15:   CJNE    A,#07H,NK16
        MOV     KEYBUF,#15
        LJMP    DK4
NK16:   NOP
DK4:
        MOV     A,KEYBUF
        MOV     DPTR,#TABLE
        MOVC    A,@A+DPTR
        MOV     P0,A
        MOV     A,KEYBUF
        MOV     B,#2
        MUL     AB
        MOV     TEMP,A
        MOV     DPTR,#TABLE1
        MOVC    A,@A+DPTR
        MOV     STH0,A
        MOV     TH0,A
        INC     TEMP
        MOV     A,TEMP
        MOVC    A,@A+DPTR
        MOV     STL0,A
        MOV     TL0,A
        SETB    TR0
DK4A:   MOV     A,P3
        ANL     A,#0FH
        XRL     A,#0FH
        JNZ     DK4A
        CLR     TR0
NOKEY4:
        LJMP    WAIT
DELY10MS:
        MOV     R6,#10
D1:     MOV     R7,#248
        DJNZ    R7,$
        DJNZ    R6,D1
        RET
INT_T0:
        MOV     TH0,STH0
        MOV     TL0,STL0
        CPL     P1.0
        RETI
TABLE:  DB  3FH,06H,5BH,4FH,66H,6DH,7DH,07H
        DB  7FH,6FH,77H,7CH,39H,5EH,79H,71H
```

```
TABLE1:  DW 64021,64103,64260,64400
         DW 64524,64580,64684,64777
         DW 64820,64898,64968,65030
         DW 65058,65110,65157,65178
         END
```

(2) C 语言源程序

依据流程图可编写 C 语言源程序如下：

```c
#include <AT89X51.H>
unsigned char code table[] = {0x3f,0x06,0x5b,0x4f,
                              0x66,0x6d,0x7d,0x07,
                              0x7f,0x6f,0x77,0x7c,
                              0x39,0x5e,0x79,0x71};
unsigned char temp;
unsigned char key;
unsigned char i,j;
unsigned char STH0;
unsigned char STL0;
unsigned int code tab[] = {64021,64103,64260,64400,
                           64524,64580,64684,64777,
                           64820,64898,64968,65030,
                           65058,65110,65157,65178};

void main(void)
{
TMOD = 0x01;
ET0 = 1;
EA = 1;

while(1)
{
P3 = 0xff;
P3_4 = 0;
temp = P3;
temp = temp & 0x0f;
if (temp! = 0x0f)
{
for(i = 50;i>0;i--)
for(j = 200;j>0;j--);
temp = P3;
temp = temp & 0x0f;
if (temp! = 0x0f)
{
temp = P3;
temp = temp & 0x0f;
switch(temp)
{
```

```
case 0x0e:
key = 0;
break;
case 0x0d:
key = 1;
break;
case 0x0b:
key = 2;
break;
case 0x07:
key = 3;
break;
}
temp = P3;
P1_0 = ~P1_0;
P0 = table[key];
STH0 = tab[key]/256;
STL0 = tab[key] % 256;
TR0 = 1;
temp = temp & 0x0f;
while(temp! = 0x0f)
{
temp = P3;
temp = temp & 0x0f;
}
TR0 = 0;
}
}

P3 = 0xff;
P3_5 = 0;
temp = P3;
temp = temp & 0x0f;
if (temp! = 0x0f)
{
for(i = 50;i>0;i--)
for(j = 200;j>0;j--);
temp = P3;
temp = temp & 0x0f;
if (temp! = 0x0f)
{
temp = P3;
temp = temp & 0x0f;
switch(temp)
{
case 0x0e:
key = 4;
```

第 11 章 单片机应用系统设计技术

```
break;
case 0x0d:
key = 5;
break;
case 0x0b:
key = 6;
break;
case 0x07:
key = 7;
break;
}
temp = P3;
P1_0 = ~P1_0;
P0 = table[key];
STH0 = tab[key]/256;
STL0 = tab[key]%256;
TR0 = 1;
temp = temp & 0x0f;
while(temp! = 0x0f)
{
temp = P3;
temp = temp & 0x0f;
}
TR0 = 0;
}
}

P3 = 0xff;
P3_6 = 0;
temp = P3;
temp = temp & 0x0f;
if (temp! = 0x0f)
{
for(i = 50;i>0;i-- )
for(j = 200;j>0;j-- );
temp = P3;
temp = temp & 0x0f;
if (temp! = 0x0f)
{
temp = P3;
temp = temp & 0x0f;
switch(temp)
{
case 0x0e:
key = 8;
break;
case 0x0d:
```

```
key = 9;
break;
case 0x0b:
key = 10;
break;
case 0x07:
key = 11;
break;
}
temp = P3;
P1_0 = ~P1_0;
P0 = table[key];
STH0 = tab[key]/256;
STL0 = tab[key]%256;
TR0 = 1;
temp = temp & 0x0f;
while(temp! = 0x0f)
{
temp = P3;
temp = temp & 0x0f;
}
TR0 = 0;
}
}

P3 = 0xff;
P3_7 = 0;
temp = P3;
temp = temp & 0x0f;
if (temp! = 0x0f)
{
for(i = 50;i>0;i--)
for(j = 200;j>0;j--);
temp = P3;
temp = temp & 0x0f;
if (temp! = 0x0f)
{
temp = P3;
temp = temp & 0x0f;
switch(temp)
{
case 0x0e:
key = 12;
break;
case 0x0d:
key = 13;
break;
```

```c
case 0x0b:
key = 14;
break;
case 0x07:
key = 15;
break;
}
temp = P3;
P1_0 = ~P1_0;
P0 = table[key];
STH0 = tab[key]/256;
STL0 = tab[key] % 256;
TR0 = 1;
temp = temp & 0x0f;
while(temp! = 0x0f)
{
temp = P3;
temp = temp & 0x0f;
}
TR0 = 0;
}
}
}
}

void t0(void) interrupt 1 using 0
{
TH0 = STH0;
TL0 = STL0;
P1_0 = ~P1_0;
}
```

6. 设计总结

在做此设计之前,首先需要了解一点关于音乐的知识,例如:音符、节拍等。其次应该认真了解音符、节拍等在单片机中的实现方法,电路设计相对简单,程序的设计是设计的难点。一首音乐是由许多不同的音阶组成的,而每个音阶对应着不同的频率,这样就可以利用不同的频率的组合,构成想要的音乐了,当然对于单片机来产生不同的频率非常方便,可以利用单片机的定时/计数器 T0 来产生这样方波频率信号,因此,只要把一首歌曲的音阶对应频率关系弄正确即可。

11.5.2 数据采集与显示电路的设计

在生产及科学实验中,如果要对某个对象进行监测和管理,就需要不断地对对象的状态进行检测。把被监测对象的有关物理量,例如电压、电流、温度等,转换成计算机或其他数字设备能处理的数字量,这个过程叫做数据采集。如果被监测和管理的有多个对象,就是多路数据采集。

采集数据时,被采集的模拟量有电模拟量,也有非电模拟量。非电模拟量要经传感器变成电模拟量。如果被采集对象本身就是数字量,就不用 A/D 转换。本设计要求对 8 路模拟量进行数据采集并显示输出数据。包括硬件电路设计和控制程序设计两部分。

1. 系统硬件电路的设计

图 11-7 为数据采集与显示 AT89S51 单片机系统的电路原理图。下面对各部分电路予以说明。

(1) 单片机的选型

AT89S51 单片机内部有 4 KB 的 Flash 程序存储器,128 B 的内部数据存储器。本设计要求存储器容量不大,AT89S51 不需要扩展就可满足要求。考虑到采集速度要求不高,选择 6 MHz 晶振,上电复位电路,外晶振电路如图 11-7 所示。

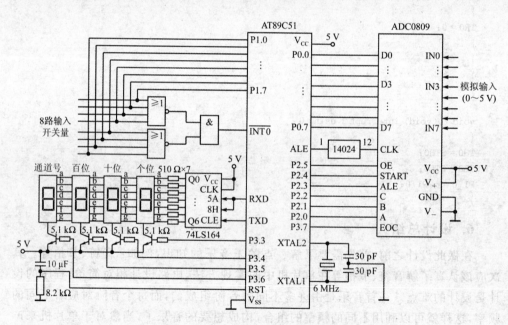

图 11-7 数据采集显示电路原理图

(2) 模拟量采集电路

8 路模拟量采集由 A/D 转换器 ADC0809 完成,它具有 8 路模拟输入端,传感器检测的信号经模拟电路转换成 0~5 V 的直流信号后送给 ADC0809,地址线(A、B、C 端)决定对哪一路模拟输入作 A/D 转换。将传感器检测的信号转换成 0~5 V 的标准电压信号这部分电路,此处不做设计。

(3) 8路开关故障信号检测

8路开关量信号采用中断查询相结合的方法检测。

(4) 显示电路

正常的模拟量显示和故障信息显示采用4位共阳极LED数码显示电路，显示内容由串行口输出给串入并出移位寄存器74LS164，驱动数码管显示，采用动态扫描方法逐位显示相关内容，显示的位数由P3.3～P3.6口控制。

2. 系统软件设计

(1) 主程序

主程序完成的功能是初始化，然后循环调用显示子程序和模拟量测量子程序，对每一通道的模拟量进行采集并循环显示通道号和采集数据，每个通道显示时间为1 s。其程序流程图如图11-8所示。

(2) 中断服务子程序

中断服务子程序主要用于判断故障源，并显示相应的故障信息。故障信息只用数码管的后两位表示，故障信息码是固定的，存在于固定的内存单元中。其程序流程图如图11-9所示。

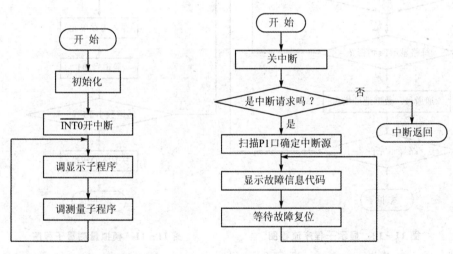

图11-8 主程序流程图　　　　图11-9 中断服务程序流程图

(3) 显示子程序

显示子程序功能是显示某一模拟量输入通道的通道号和对应的采集数据，而并不显示开关量故障信息码。采用动态扫描法实现4位数码管的数据显示。采样所得的A/D转换数据存放在60H～67H内存单元中，采集数据在显示时需转换成十进制BCD码，其个位、十位、百位分别存放在68H～6AH内存单元中，对应通道号存放在7BH单元中。寄存器R0用作显示数据地址指针。动态扫描周期为20 ms。其程序流程图如图11-10所示。

(4) 模拟量测量子程序

模拟量测量子程序的功能是控制 A/D 转换器 ADC0809 对 8 路模拟量输入电压信号进行 A/D 转换,并将转换数据存入 60H～67H 单元中。其程序流程图如图 11-11 所示。

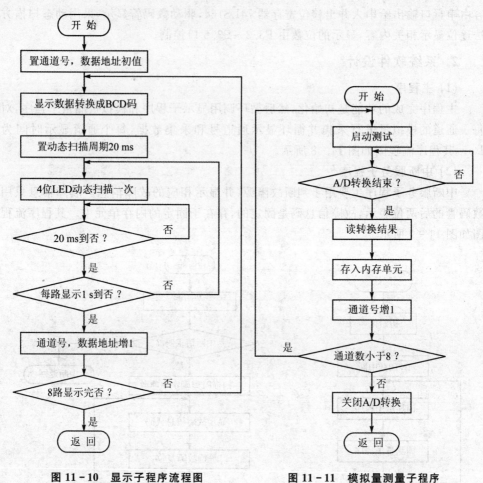

图 11-10 显示子程序流程图　　图 11-11 模拟量测量子程序

3. 汇编源程序

```
        ORG     0000H
        AJMP    INITZ           ;跳至主程序
        ORG     0003H           ;外中断 0 中断入口地址
        AJMP    FLTRT           ;转外中断 0 子程序
        NOP
                ;****** 主程序 ******
        ORG     0052H
INITZ:  CLR     A
```

```
        MOV     P2,A                    ;A/D 转换准备
        MOV     R0,#7FH                 ;内存循环清零(00H～7FH)
RAMX:   MOV     @R0,A
        DJNZ    R0,RAMX
        MOV     TCON,A                  ;定时器 0 停止计数
        MOV     TMOD,#01H               ;定时器 0 工作方式 1
        MOV     SCON,#00H               ;串行口工作在方式 0
        MOV     SP,#15H                 ;置堆栈指针
        SETB    EA                      ;开中断
        SETB    EX0                     ;允许外中断 0 中断
        CLR     IT0                     ;外中断 0 为电平触发
WAITX:  LCALL   CLST                    ;循环测量一次
        LCALL   XSZC                    ;循环显示数据一次
        AJMP    WAITX                   ;返回 WAITX 循环
        ;****** 测量子程序 ******
CLST:   CLR     A
        MOV     R0,#60H                 ;测量值存放首址
        MOV     R7,#00H                 ;置初始通道号
CLST1:  MOV     A,R7
        MOV     P2,A                    ;输出通道地址
        SETB    P2.3                    ;锁存通道地址
        SETB    P2.4                    ;A/D 启动准备
        NOP                             ;延时 2 μs
        CLR     P2.4                    ;A/D 启动
        JNB     P3.7,$                  ;等待转换结束
        SETB    P2.5                    ;允许 0809 数据输出
        MOV     A,P0                    ;读入 A/D 转换值
        MOV     @R0,A                   ;存入内存
        CLR     P2.5                    ;关闭 0809 输出
        INC     R0                      ;内存地址,通道号增 1
        INC     R7
        CJNE    R7,#08H,CLST1           ;采集结束了吗? 没有结束则采集下一个通道
        MOV     P2,#00H                 ;一次测量结束
        RET                             ;子程序返回
;****** 显示子程序 *******
XSZC:   MOV     R0,#60H                 ;显示数据地址初值
        MOV     6BH,#00H                ;置通道号初值
XSZC1:  MOV     R3,#32H                 ;扫描频率
        MOV     A,@R0                   ;显示数据转换为三位 BCD 码
        MOV     B,#100
        DIV     AB
        MOV     6AH,A                   ;百位 BCD 码存于 6AH 中
        MOV     A,#10
        XCH     A,B
        DIV     AB
```

```
            MOV     69H,A              ;存十位 BCD 码
            MOV     68H,B              ;存个位 BCD 码
XSZC2:      MOV     TH0,#27H           ;扫描周期由 T0 定时 20 ms
            MOV     TL0,#10H
            SETB    TR0                ;启动 T0
            SETB    P3.6               ;关闭通道号显示位
            MOV     A,68H              ;取出各位显示数据
            MOV     DPTR,#MAB          ;显示段码首址
            MOVC    A,@A+DPTR
            MOV     SBUF,A             ;显示数据由串行口输出
            JNB     TI,$               ;等待传送结束
            CLR     P3.3               ;显示个位
            CLR     TI                 ;清除 TI
            LCALL   YS1                ;调延时 1 ms 子程序
            SETB    P3.3               ;消去个位显示
            MOV     A,69H              ;取十位显示数据显示
            MOV     A,@A+DPTR
            MOV     SBUF,A
            JNB     TI,$
            CLR     P3.4
            CLR     TI
            LCALL   YS1
            SETB    P3.4
            MOV     A,6AH              ;取百位显示数据显示
            MOVC    A,@A+DPTR
            MOV     SBUF,A
            JNB     TI,$
            CLR     P3.5
            CLR     TI
            LCALL   YS1
            SETB    P3.5
            MOV     A,6BH              ;取通道号显示
            MOVC    A,@A+DPTR
            MOV     SBUF,A
            JNB     TI,$
            CLR     P3.6
            CLR     TI
            LCALL   YS1
            SETB    P3.6
            JNB     TF0,$              ;是否到 20 ms? 若不到则等待
            CLR     TR0                ;关闭定时器 T0
            DJNZ    R3,XSZC2           ;1 s 不到继续显示该通道数据
            INC     R0                 ;显示下一个通道数据
            INC     6BH
            MOV     A,6BH
```

第11章 单片机应用系统设计技术

```
            CJNE    A,#08H,XSZC1        ;八个通道显示一次吗？没有则继续
            RET                         ;循环显示一次结束,返回
YS1:        MOV     R2,#0AH             ;1 ms 延时子程序
YS11:       MOV     R6,#0CH
YS12:       DJNZ    R6,YS12
            DJNZ    R2,YS11
            RET
;****** 中断服务程序 ******
FLTRT:      CLR     EX0                 ;关中断
            CLR     EA
            JNB     P3.2,FLTRT1         ;真的有中断请求吗？有,转移
            RETI                        ;没有中断,退出
FLTRT1:     MOV     R0,#00H             ;置故障码偏移地址
            CLR     TR0                 ;关定时器 T0
            CLR     TI                  ;清除 TI 标志
            JB      P1.0,DLC1           ;判断故障源
            INC     R0                  ;改变故障码偏移地址
            INC     R0
            JB      P1.1,DLC1
            INC     R0
            INC     R0
            JB      P1.6,DLC1
            INC     R0
            INC     R0
DLC1:       MOV     A,R0                ;取出故障码偏移地址
            SETB    P3.5                ;关闭高两位数码管
            SETB    P3.6
            MOV     TH0,#27H            ;定时器 T0 定时 20 ms
            MOV     TL0,#10H
            SETB    TR0                 ;启动 T0
            MOV     DPTR,#MCD           ;置故障信息段码首址
            MOVC    A,@A+DPTR           ;取出故障信息段码低位
            MOV     SBUF,A              ;输出故障信息段码
            JNB     TI,$                ;等待输出结束
            CLR     P3.3                ;显示故障信息低位
            CLR     TI
            LCALL   YS1                 ;延时 1 ms
            SETB    P3.3
            INC     R0
            MOV     A,R0
            MOVC    A,@A+DPTR           ;取出故障信息段码高位
            MOV     SBUF,A              ;输出故障信息段码高位
            JNB     TI,$
            CLR     P3.4                ;显示故障信息段码高位
            CLR     TI
```

```
            LCALL   YS1                 ;延时 1 ms
            SETB    P3.4
            JNB     TF0,$               ;等待 20 ms 结束
            CLR     TR0                 ;关闭 T0
            AJMP    DLC1                ;循环显示故障信息
MAB：共阳数码管段码表,分别对应 0～9(略)
MCD：LED 数码显示管用故障信息段码表,根据需要编制(略)
END
```

4. C 语言程序

```c
#include<reg52.h>
#define uc unsigned    char
#define ui unsigned    int
sbit L_OE = P3^3;                //对各控制引脚进行定义
sbit L_EOC = P3^4;
sbit L_ALE = P3^5;
sbit L_START = P3^6;
sbit L2 = P2^0;

void delay(ui x)                 //延时子程序,延时时间由实参传值确定
{
    uc i;
    while(x--)
    {
        for(i=0;i<10;i++){;}
    }
}


//主程序
void main()
{
    void display5in0(uc zhi);    //各个子程序的声明,延时程序在前则不必
    void warning(uc zhi);
    void display10in0(uc zhi);
    void display5in1(uc zhi);
    void display10in1(uc zhi);
    void AD_IN0();
    void AD_IN1();
    uc aa,bb;
    while(1)                     //设置大循环,模数转换不停进行
    {
        AD_IN0();                //调用通道 0 转换子程序
        aa = P0;                 //将转换后的数字量给变量 aa
        if(aa == 0xff)           //判断是否超出量程
        {warning(aa);}           //超出则调用警告子程序
        else if(L2 == 0)display5in0(aa);/*判断量程,若是 5 V,则调用通道 0 的 5 V 显示
```

子程序*/
```
        else if(L2 == 1)display10in0(aa);    //否则调用通道 0 的 10 V 显示子程序
        AD_IN1();               //通道 1 转换子程序
        bb = P0;                //同上,将转换后的数字量传给变量 bb
        if(bb == 0xff)          //判断是否超出量程
        {warning(bb);}          //超出则警告
        else if(L2 == 0)display5in1(bb);/*判断量程,为 5 V 则调用通道 1 的 5 V 显示
                                 程序*/
        else if(L2 == 1)display10in1(bb);       //否则调用通道 1 的 10 V 显示子程序
    }
}

//5 V 量程通道 0 显示程序
void display5in0(uc zhi)
{
    uc shu1,shu2;
    zhi = zhi + 3;              //用准确电压表校准,对数字量稍加修正
    shu2 = zhi/51;              //对数字量除以 256,再乘以量程 5,则为显示值的个位
    shu2 = shu2 + 0x20;         /*个位和片选信号相加,0x20 是二进制 0010 0000,对低 4 位
BCD 数据值不影响,即 P1.5 选中一片数码管点亮,方便的进行动态扫描*/
    shu1 = zhi % 51;            //求上次运算的余数
    shu1 = shu1/5;              //余数乘以 10,乘以 5,再除以 256,表示小数点位
    shu1 = shu1 + 0x10;         //4 位 BCD 值加上片选信号,0x10 选择 P1.4 对应数码管
    P1 = shu2;                  //点亮一片数码管,显示个位数值,其他均关闭
    delay(1);                   //稍加延时,1 ms 以内
    P1 = shu1;                  //点亮另一片数码管,显示小数位数值,其他的关闭
    delay(1);                   //稍加延时
}

//10 V 量程通道 0 显示程序,各语句含义通上
void display10in0(uc zhi)
{
    uc shu3,shu4;
    zhi = zhi + 5;
    shu4 = zhi/26;
    shu4 = shu4 + 0x20;
    shu3 = zhi % 26;
    shu3 = shu3/2.6;
    shu3 = shu3 + 0x10;
    P1 = shu4;
    delay(1);
    P1 = shu3;
    delay(1);
}

//5 V 量程通道 1 显示程序,同上
```

```c
void display5in1(uc zhi)
{
    uc shu5,shu6;
    zhi = zhi + 3;
    shu6 = zhi/51;
    shu6 = shu6 + 0x80;
    shu5 = zhi % 51;
    shu5 = shu5/5;
    shu5 = shu5 + 0x40;
    P1 = shu6;
    delay(1);
    P1 = shu5;
    delay(1);
}
//10 V 量程通道 1 显示程序,同上
void display10in1(uc zhi)
{
    uc shu7,shu8;
    zhi = zhi + 5;
    shu8 = zhi/26;
    shu8 = shu8 + 0x80;
    shu7 = zhi % 26;
    shu7 = shu7/2.6;
    shu7 = shu7 + 0x40;
    P1 = shu8;
    delay(1);
    P1 = shu7;
    delay(1);
}

//超出量程警告程序,若判断超出量程,数码管显示零并闪烁
void warning(uc zhi)
{
    P1 = 0xf0;
    delay(3000);
    P1 = 0xff;
    delay(3000);
}

                        //通道 0 转换程序
void AD_IN0()
{
                        //通道 0
    P3 = 0;             //通道 0 地址
    L_ALE = 1;          //地址所存
    L_START = 1;        //启动转换
    L_START = 0;
```

```
    while(L_EOC! = 1)      //判断转换是否完成
        ;                   //未完成则等待
    L_OE = 1;              //完成则输出数字量
}
//通道1转换程序,同通道0
void AD_IN1()
{
    P3 = 1;
    L_ALE = 1;
    L_START = 1;
    L_START = 0;
    while(L_EOC! = 1)
        ;
    L_OE = 1;
}
```

11.6 单片机应用系统的抗干扰技术

一台在实验室设计、制作和调试好的样机系统,投入实际工作环境,有可能无法正常工作。这是因为工作环境中存在强大的干扰,在设计单片机应用系统时,没有采取抗干扰措施或措施不力。必须反复修改硬件和软件设计,增加相应的抗干扰措施,系统才能适应现场环境,按设计要求可靠工作。抗干扰设计工作甚至比前期研制工作还要重,抗干扰设计是非常重要的。

11.6.1 干扰及其危害

所谓干扰,一般是指有用信号以外的噪声,干扰对电路的影响,轻则降低信号的质量,影响系统的稳定性,重则破坏电路的正常功能,造成逻辑关系混乱,控制失灵。干扰的来源有外部干扰和内部干扰两种。内部干扰是应用系统本身引起的各种干扰,硬件和软件设计的不合理都会出现此类干扰;外部干扰是由系统外部窜入到系统内部的各种干扰,包括某些自然现象(如闪电、雷击、辐射等)引起的自然干扰和人为干扰(如电台、车辆、家用电器、电器设备等发出的电磁干扰,以及电源的工频干扰)。一般来说,自然干扰对系统影响不大,而人为干扰则是外部干扰的关键。下面对系统内部和供电干扰简单说明。

(1) 接口电路的干扰

在单片机应用系统中,数据传输需要接口电路和一定距离的导线,这会使信号产生延时、畸变、衰减,造成干扰,特别是输出通道中存在大的负载时,更会造成严重干扰。

(2) 电路板的干扰

印制电路板是电子元器件安装、连接的载体,电路板的地线、电源线、信号线、元器件的布局不合理,包括焊接的质量都是各种干扰的因素。

(3) 元器件造成的干扰

在电路中,使用了大量的电阻、电容和集成电路,这些元器件质量的好坏,都会直接影响到系统的可靠性。

(4) 供电系统的干扰

由于大部分单片机应用系统都通过 220 V 供电,而 220 V 电源上有大量的其他用电设备,会引起电压的欠压、过压、尖峰电压、浪涌射频等干扰,这些干扰源都会造成对单片机供电的不稳定,影响系统的正常工作。

由于干扰或程序设计错误等各种原因,程序在运行过程中可能会偏离正常的顺序而进入到不可预知、不受控制的状态,甚至陷入死循环,故称此故障为飞程序、死机。飞程序、死机会造成系统无法正常工作。为提高系统的可靠性,人们常采用硬件抗干扰和软件抗干扰措施。硬件抗干扰就是在硬件设计时想办法,抑制或消除干扰;软件抗干扰就是尽量将软件规范化、标准化和模块化设计,达到抑制或消除干扰的目的。常采用的硬件抗干扰措施主要有滤波技术、去耦电路、接地技术、系统监控技术、隔离和屏蔽技术等;常采用的软件抗干扰措施主要有数字滤波、软件冗余、程序运行监视及故障自动恢复技术等。

11.6.2 硬件抗干扰措施

1. 电源干扰及其对策

系统的很多干扰都来自电源系统。现在的单片机应用系统大都使用市电,在工业现场中,由于生产负荷的变化,例如大电机的启停、强继电器的通断等,往往造成电源电压的波动,有时还会产生幅度在 40~5 000 V 之间的高能尖峰脉冲。它对系统的危害性最为严重,很容易使系统造成"飞程序"或"死机"。因此,必须对交流供电采取一些措施,以抑制电源引起的干扰。另外,单片机应用系统需要的直流电源都是由交流电源变换来的,这一变换过程也可能存在着波动和干扰。抗干扰的对策除了"远离"这些干扰源以外,例如与大的用电设备分开供电,通常采取以下措施:

① 对交流电源进行滤波和屏蔽。在 220 V 进线处设置一个低通滤波器,它对 50 Hz 的市电影响很小,但对频率较高的干扰波具有很强的抑制力。低通滤波器、电源变压器初级绕组、次级绕组以及初级绕组与次级绕组之间都要加接屏蔽层,屏蔽层要接地良好。对于要求较高的系统,可在滤波之前,采取交流稳压和隔离措施。

② 整流组件上并接滤波电容。滤波电容选用 1 000 pF~0.01 μF 的瓷片电容。

③ 采用高质量的开关稳压电源。开关电源具有体积小、质量轻、隔离性能好及

第11章 单片机应用系统设计技术

抗干扰性能强等优点,常被单片机系统采用。

④ 采用专用的抗尖峰干扰抑制器。目前采用频谱均衡法制成的抗干扰抑制器产品已被使用。

⑤ 使用 DC-DC 变换器,采用直流集成稳压块单独供电

在便携式低功耗的单片机系统中,常采用电池作为电源进行供电。为了降低功耗,显示器部分均采用 LCD 液晶显示器。由于在直流供电时,供电电池的电压会逐步下降,再加上各部件所需电压有所不同,为此,必须在系统中设计 DC-DC 升压或降压变换器以及稳压电路,还要设计低压报警提示以便及时充电或更换电池。

现在市场上有大量的 DC-DC 变换器,用户可以根据系统要求进行选择设计。多直流集成稳压块供电,与单一的稳压电路方式相比有很多优点。它实际上是一种多级稳压电路,可以把稳压器造成的故障分散,利于系统的散热,从而使系统更加稳定可靠。

⑥ 对于要求更高的系统,如大型单片机系统,可采用不间断电源(UPS,Uninterrupted Power Supply)供电。UPS 电源价位较高,一般不宜采用。

2. 地线干扰及其对策

在单片机应用系统中,接地是否正确,将直接影响到系统的正常工作。这里包含两方面的内容,一是接地点是否正确,二是接地是否牢固。前者用来防止系统各部分的窜扰,后者尽量使各接地点处于零阻抗,用以防止接地线上的压降。单片机应用系统及智能化仪器仪表中的地线主要有以下几种:

① 数字地,即系统数字逻辑电路的零电位。例如,TTL 或 CMOS 芯片、CPU 芯片的地端,A/D 和 D/A 转换器的数字地。

② 模拟地,是放大器、A/D 和 D/A 转换器及采样/保持器中模拟电路的零电位。

③ 信号地,是传感器的地。

④ 功率地,指大电流网络部件的零电位。

⑤ 交流地,50 Hz 交流市电地,它是噪声地。

⑥ 直流地,即直流电源的地线。

⑦ 屏蔽地,为防止静电感应和电磁感应而设计的,有时也称机壳地。

不同的地线有不同的处理方法,设计安装时,一定要特别注意。下面介绍几种常用的接地方法。

(1) 一点接地和多点接地的应用

在低频电路中,布线和元器件间的寄生电感影响不大,但接地电路若形成环路,对系统影响很大,因此应一点接地。通常,频率小于 1 MHz 时,可采用一点接地,以减少地线造成的地环路;在高频电路中,布线和元器件间的寄生电感及分布电容将造成各接地线间的耦合,地线变成了天线,向外辐射噪声信号,因此,要多点就近接地。通常,频率高于 10 MHz 时,应采用多点接地,以避免各地线之间的耦合。当频率处

于 1~10 MHz 之间时,如采用一点接地,其地线长度不应超过波长的 1/20,否则应采用多点接地。

(2) 数字地和模拟地的连接原则

在单片机应用系统中,数字地和模拟地必须分别接地,即使是一个芯片上有两种地(如 A/D、D/A、S/H)也要分别接地,然后仅在一点处把两种地连接起来,否则数字回路通过模拟电路的地线再返回到数字电源,将会对模拟信号产生影响。

(3) 交流地、功率地与信号地

交流地、功率地与信号地不能公用。流过交流地和功率地的电流较大,会造成数毫伏、甚至几伏电压,这会严重地干扰低电平信号的电路,因此信号地与交流地、功率地分开。

(4) 信号地与屏蔽地的连接

信号地与屏蔽地的连接不能形成死循环回路。否则会感生出电压,形成干扰信号。

为了防止系统内部地线干扰,在设计印刷电路板时应遵循下列地线分布原则:

① TTL、CMOS 器件的地线要呈辐射网状,避免环形。

② 要根据通过电流的大小决定地线的宽度,最好不小于 3 mm。在可能的情况下,地线尽量加宽。

③ 旁路电容的地线不要太长。

④ 功率地通过的电流较大,地线应尽量加宽,且必须与小信号地分开。

3. 屏蔽技术

用金属外壳将整机或部分元器件包围起来,再将金属外壳接地,就能起到屏蔽的作用,对于各种通过电磁感应引起的干扰特别有效。屏蔽外壳的接地点要与系统的信号参考点相接,而且只能单点接地,所有具有同参考点的电路必须装在同一屏蔽盒内。如有引出线,应采用屏蔽线,其屏蔽层应和外壳在同一点接系统参考点。参考点不同的系统应分别屏蔽,不可共处一个屏蔽盒内。

4. 传输线的抗干扰措施

一般单片机过程控制系统中,变送器及执行机构上都有电源,而且它们到主机的距离都比较长,易产生干扰,因此在布线上应注意以下几个问题:

① 一定要把模拟信号线、数字线以及电源线分开。尽量避免并行敷设,若无法分开时,要保持一定的距离(如 20~30 mm)。

② 信号线尽量使用双绞线或屏蔽线,屏蔽线的屏蔽层要良好接地。

③ 信号线的敷设要尽量远离干扰源,以防止电磁干扰。若条件许可,最好单独穿管配线。

④ 对于长传输线,为了减少信号失真,采用电流方式传送信号。

对于模拟量输入/输出通道,随着单片机的工作频率越来越高,单片机和应用对象之间的长线传输容易产生干扰。一般来说,当单片机的振荡频率在 1 MHz 时,传输线长于 0.5 m;或振荡频率为 4 MHz,传输线长于 0.3 m 时,就属于长传输线情况。在单片机应用系统中,很多模拟量输入/输出通道的干扰,主要是由长线传输引起的。为了保证长线传输的可靠性,提高模拟量输入/输出通道的抗干扰能力,可以采用电流方式传送信号。把单片机应用系统中的 0~5 V 电压信号变换成 0~10 mA 或 4~20 mA 的标准电流信号,以电流方式从现场传送到单片机输入通道的输入端,或以电流方式把单片机的信号传送到输出通道的输出端,然后通过并联在输入或输出端的精密电阻,再转换成需要的电压信号输入给单片机的 CPU 或输出给外部设备。除此外,对于传输线的干扰还可以采用隔离技术。

5. 光电隔离技术

单片机应用系统的干扰很大程度上来源于模拟输入/输出通道,如传感器,A/D 转换电路等,为了系统的可靠,在系统硬件设计时,必须充分保证输入/输出通道的抗干扰措施。通常的方法是抑制相应的模拟信号干扰,如在输入回路中接入模拟滤波器、使用双积分式 A/D 转换器、V/I 转换器、采用数字传感器、对输入/输出通道进行隔离等措施。双积分 A/D 转换器抗干扰能力强,数字传感器是数字化的模拟传感器,多数情况下其输出为 TTL 脉冲电平,脉冲量抗干扰能力强。

单片机应用系统是一个数字-模拟混合的系统,为了防止电气干扰信号从输入/输出通道进入单片机系统,最常用的方法是在输入/输出通道上采用隔离技术。用于隔离的主要器件有隔离放大器、光电耦合器等,其中应用最多的是光电耦合器。

光电隔离是通过光电耦合器实现的。常用光电耦合器由一个发光二极管和一个光敏三极管封装在一起构成。发光二极管与光敏三极管之间用透明绝缘体填充,并使发光管与光敏管对准,则输入电信号使发光二极管发光,其光线又使光敏三极管产生电信号输出,从而既完成了信号的传递,又实现了信号电路与接收电路之间的电气隔离,割断了噪声从一个电路进入另一个电路的通路。除隔离和抗干扰功能以外,光电耦合器还可用于实现电平转换。光电耦合的响应时间一般不超过几微秒。采用光电隔离技术,不仅可以把主机与输入通道进行隔离,而且还可以把主机与输出通道进行隔离,构成所谓"全浮空系统"。光电耦合器将传输长线"浮空",没有了长线两端的公共地线,有效地消除了各逻辑电路的电流流过公共地线时,所产生的噪声电压的相互窜扰,同时也有效地解决了长线驱动和阻抗匹配等问题,此外,还可以在控制设备短路时,保护系统不受损害。

6. 系统监控技术

虽然采取了各种抗干扰措施,但由于各种原因,仍然可能出现掉电、飞程序、死机等系统完全失灵的情况。为防止这种情况造成重大损失,并让系统能够自动恢复正常运行,必须对系统运行进行监控,完成系统运行监控功能的电路或软件称为"看门狗"电路或"看门狗"定时器。其工作原理是系统在运行过程中,每隔一段固定的时间给"看门狗"一个信号,表示系统运行正常。如果超过这一时间没有给出信号,则表示系统失灵。"看门狗"将自动产生一个复位信号使系统复位,或产生一个"看门狗"定时器中断请求,系统响应该请求,转去执行中断服务子程序,处理当前的故障,如停机或复位等。

系统监控(也称作 μP 即 microprocessor 监控)是针对上述情况而设置的最后一道防线,用以确保系统的可靠性。系统监控电路一般应具有系统复位、电源电压监测、备份电池切换、程序运行监控,即"看门狗"等多种功能。

系统监控电路可保证程序非正常运行(如掉电、飞程序、死机)时,能及时进入复位状态,恢复程序正常运行。系统监控电路的设置通常采用以下几种实现方法:

方法一,选择内部带有 WDT 功能单元的单片机。

方法二,在单片机外部设置 WDT 电路。

方法三,选择 μP 监视控制器件,这些器件中大多有 WDT 电路,如美国 MAXIM 公司推出的微处理机/单片机系统监控集成电路,MAX705/706/813L 芯片具有系统复位、备份电池切换、"看门狗"定时输出、电源电压监测等多种功能。MAX705/706/813L 芯片均为 8 引脚双列直插式封装,+5 V 供电,与单片机连接简单,使用方便。

11.6.3　软件抗干扰措施

单片机应用系统的干扰不仅影响硬件工作,也会干扰软件的正常运行,软件设计本身对系统的可靠性也起着至关重要的作用。随着微处理器性能的不断提高,用软件的方法来实现一些硬件的抗干扰功能,简便易行,成本低,因而愈来愈受到人们的重视。

软件对系统的危害主要表现在:数据采集不可靠、控制失灵、程序运行失常等几个方面。为了避免上述情况发生,人们研究了许多对策。在这一节中,将介绍几种简单易行又行之有效的软件抗干扰方法。

1. 数字滤波提高数据采集的可靠性

对于实时数据采集系统,为了消除传感器通道中的干扰信号,在硬件措施上常采取有源或无源 RLC 网络,构成模拟滤波器对信号实现频率滤波。随着单片机运算速度的提高,运用 CPU 的运算、控制能力也可以完成模拟滤波器的类似功能,这就是数字滤波。数字滤波的方法在许多数字信号处理的专著中都有详细的论述,可以参考。下面介绍几种常用的、简便有效的方法。值得注意的是,无论选取何种方法都必须根据信号的变化规律进行选择。

(1) 算术平均法

无论对一点数据连续采样多次,计算其平均值,以其平均值作为采样结果。这种方法可以减少系统的随机干扰对采集结果的影响。一般取 3~5 次平均值即可。

(2) 比较取舍法

当控制系统测量结果的个别数据存在明显偏差时(例如尖峰脉冲干扰),可采用比较取舍法,即对每个采样点连续采样几次,根据所采数据的变化规律,确定取舍办法来剔除个别错误数据。例如,"采三取二"即对每个点连续采样三次,取两次相同的数据作为采样结果。

(3) 中值法

根据干扰造成数据偏大或偏小的情况,对一个采样点连续采集多个信号,并对这些采样值进行比较,取中值作为该点的采样结果。

(4) 一阶递推数字滤波法

这种方法是利用软件完成 RC 低通滤波器的算法。

2. 控制状态失常的软件抗干扰措施

在大量的开关量控制系统中,控制状态输出常常依据于某些条件状态的输入及其逻辑处理结果。干扰的入侵,会造成控制条件的偏差、失误,致使控制输出失误,甚至控制失常。为了提高输入/输出控制的可靠性,可以采取以下抗干扰措施。

(1) 软件冗余

在条件控制中,对控制条件的一次采样、处理、控制输出,改为循环地采样、处理、控制输出。这种方法对于惯性较大的控制系统有良好的抗偶然因素干扰的作用。

对于开关量的输入,为了确保信息准确无误,在不影响实时性的前提下,可采取多次读入的方法(至少读两次),认为无误后(例如两次读入结果相同)再行输入。开关量输出时,应将输出量回读(这要有由硬件配合),以便进行比较,确认无误后再输出给执行机构。

有些执行机构由于外界干扰,在执行过程中可能产生误动作,比如已关(开)的闸门、料斗可能中途突然打开(关闭)。对于这些误动作,可以采取在应用程序中每隔一段时间(例如几个毫秒)发出一次输出命令,以不断地开或关的措施来避免。

当读入按钮或开关状态时,由于机械触点的抖动,可能造成读入错误,可以采用硬件去抖或用软件延时去抖。

(2) 软件保护

当单片机输出一个控制指令时,相应的执行机构便会工作,由于执行机构的工作电压、电流都可能较大,在其动作瞬间往往伴随火花、电弧等干扰信号。这些干扰信号有时会通过公共线路返回到接口中,导致片内 RAM、外部扩展 RAM 以及各特殊功能寄存器数据发生窜改,从而使系统产生误动作。再者,当命令发出之后,程序立即转移到检测返回信号的程序段,一般执行机构动作时间较长(从几十毫秒到几秒不等),在这段时间内也会产生干扰。

为防止这种情况发生,可以采用一种所谓软件保护的方法。其基本思想是,设置当前输出状态表(当前输出状态寄存单元),输出指令发出后,立即修改输出状态表。

执行机构动作前即调用此保护程序,该程序不断地将输出状态表的内容传输到各输出接口的端口寄存器中,以维持正确的输出控制。当干扰造成输出状态破坏时,由于不断执行保护程序,可以及时纠正输出状态,从而达到正确控制的目的。

(3) 设置自检程序

在单片机应用系统中,编写一段程序,能自动测试检查系统的硬件故障和软件故障并及时做出响应,这是一种软件技术,称为自诊断技术。设置自检程序可在上电复位后及程序中间的某些点上插入自检,并显示、报警异常点,或自动关闭故障部分。在自诊断技术中,能够对系统自动进行保护或纠错,这种保护在单片机应用系统中是非常重要的。

3. 程序运行失常的软件抗干扰措施

单片机应用系统引入强干扰后,程序计数器 PC 的值可能被改变,因此会破坏程序的正常运行,被干扰后的 PC 值是随机的,这将导致程序飞出,即程序偏离正常的执行顺序。PC 值可能指向操作数,将操作数当作指令码执行,并由此顺序地执行下去;PC 值也可能超出应用程序区,将未使用的 EPROM 区中的随机数当作指令码执行。这两种情况都将使程序执行一系列非预计、无意义、不受控的指令,会使输出严重混乱,最后多由偶然巧合进入死循环,系统失去控制,造成所谓"死机"。

为了防止程序"飞出"及"死机",人们研制出各种办法,其基本思想是发现失常状态后及时引导程序恢复原始状态。

(1) 设立软件陷阱

所谓软件陷阱,是指一些可以使混乱的程序恢复正常运行或使飞出的程序恢复到初始状态的一系列指令。主要有以下两种。

① 空指令"NOP"。在程序的某些位置插入连续几个(三个以上)"NOP"指令(即将连续几个单元置成 00H),不会影响程序的功能,而当程序失控时,只要 PC 指向这些单元(落入陷阱),连续执行几个空操作后,程序会自动恢复正常,不会再将操作数当作指令码执行,将正常执行后面的程序。这种方法虽然浪费一些内存单元,但可以保证不死机。通常在一些决定程序走向的位置,必须设置 NOP 陷阱,包括:

- 0003H~0030H 地址未使用的单元。这是 5 个中断入口地址,一般用于存放一条绝对跳转指令,但一条绝对跳转指令只占用了 3 个字节,而每两个中断入口之间有 8 个单元,余下的 5 个单元应用"NOP"指令填满。
- 跳转指令及子程序调用和返回指令之后。
- 程序段之间的未用区域。
- 也可每隔一些指令(一般为十几条指令)设置一个陷阱。

② 跳转指令"LJMP ♯add16"和"JB bit,rel"。当 PC 失控导致程序乱飞进入非程序区时,只要在非程序区设置拦截措施,强迫程序回到初始状态或某一指定状态,即可使程序重新正常运行或进行故障处理。

第11章 单片机应用系统设计技术

利用"LJMP ♯0000H"（020000H）和"LJMP ♯0202H"（020202H）指令,将非程序区和未用的中断入口地址反复用"020000020000…H"或"02020202…H"填满,则不论程序失控后指向上述区域的哪一字节,最后都能强迫程序回到复位状态,重新执行;或转去0202H地址执行抗干扰处理程序。

(2) 加软件"看门狗"

如果"跑飞"的程序落到一个临时构成的死循环中,冗余指令和软件陷阱都将无能为力,这时可采取WATCHDOG（俗称"看门狗"）措施。

WATCHDOG特性如下:

① 本身能独立工作,基本上不依赖于CPU。CPU只在一个固定的时间间隔内与之打一次交道,表明整个系统"目前尚属正常"。

② 当CPU落入死循环后,"看门狗"能及时发现并使陷入死机的系统产生复位,重新启动程序运行。

"看门狗"功能可以由专门的硬件电路来完成,也可以由软件程序和定时器来实现WATCHDOG。定时器的定时时间稍大于主程序正常运行一个循环的时间,而在主程序运行过程中执行一次定时器时间常数刷新。这样,当程序失常时,将不能刷新定时器时间常数而导致定时器中断,利用定时器中断服务子程序可将系统复位。

单片机应用系统的加密也是应用系统设计中的一个重要环节。为了防止单片机应用系统被他人抄袭仿造,可以通过改变单片机系统的硬件电路和软件程序对单片机系统加密。硬件加密技术,可以通过GAL或FPGA,将系统逻辑电路做到一块芯片内,使其无法被仿造。为了不影响系统的可靠性或不增加成本,硬件加密必须在不增加或极少增加芯片、连线等前提下实现。采用硬件加密技术时,研制者在目标程序的调试过程中,应首先在未加密的情况下完成调试。除硬件加密技术外,还可以对软件进行适当的加密。软件加密简单易行,不增加任何成本。限于篇幅本章对单片机应用系统的加密技术不作详细探讨,请有兴趣的读者参阅有关资料。

本章小结

学会以单片机为核心,结合各种扩展和接口器件设计单片机应用系统,是学习本课程的首要任务。本章设计制作了两个实用性很强的单片机应用系统实例,由此可以使读者将所学的知识加以系统化并用于实践。

单片机应用系统的设计,应采取软件和硬件相结合的方法。通过对系统的目标、任务、指标要求等的分析,确定功能技术指标的软、硬件分工方案是设计的第一步;分别进行软、硬件设计以及制作、编程是系统设计中最重要的内容;将软件与硬件结合起来对系统进行仿真调试、修改、完善是系统设计的关键所在。

系统的调试是验证理论设计,排除系统的硬件故障,发现和解决程序错误的实践过程。在调试单片机应用系统时,要充分理解硬件电路的工作原理和软件设计的逻辑关系,有步骤、有目的地进行。对系统进行调试时,应综合运用软、硬件手段,可以通过测试软件来查找硬件故障,也可以通过检查硬件状态来判断软件错误。

思考与练习

1. 系统可靠性设计包含哪些内容?开发单片机应用系统的一般过程是什么?
2. 系统硬件和软件调试包含哪些内容?
3. 简谈模块化程序的基本组成。各模块数据缓冲区如何确定?
4. 什么是单片机开发系统?为什么研制单片机应用系统必须要有开发装置?
5. 一般来说开发系统应具备哪些基本功能?仿真器的作用是什么?
6. 使用单片机开发系统调试程序时,为什么对源程序进行汇编?单片机能够直接运行的是什么程序?
7. 单片机应用系统的主要干扰源有哪些?如何采取相应的抗干扰措施?
8. 什么是软件陷阱?其作用是什么?如何设置软件陷阱?
9. 设计一个节日彩灯循环闪烁的应用系统。
10. 观察生活,举几个能接触到的单片机应用实例。

附录 A

微型计算机中的常用数制和码制

1. 微型计算机中的常用数制

微型计算机中常用的数制有三种,即十进制数、二进制数和十六进制数。每一种进位计数制都有一组特定的数码,例如十进制数有 10 个数码,二进制数只有两个数码,而十六进制数有 16 个数码。每种进位计数制中允许使用的数码总数称为基数。基数的幂称为权值。数码处于不同的位置,权值不同,代表的数值不同。

在任何一种进位计数制中,任何一个数都由整数和小数两部分组成,并且具有两种书写形式:位置记数法和多项式表示法。

(1) 十进制数(Decimal)

十进制数是人们最熟悉的一种进位计数制,其主要特点是:

① 它由 0、1、2、3、4、5、6、7、8、9 不同的基本数码符号构成,基数为 10。

② 进位规则是"逢十进一",各位的权值为 10^i,i 是各数位的序号。十进制数用下标"D"、10 或十表示,也可省略。

若干个数码并列在一起可以表示一个十进制数。例如在 435.86 这个数中,小数点左边第一位的 5 代表个位,它的数值为 5;小数点左边第二位的 3 代表十位,它的数值为 3×10^1;左边第三位的 4 代表百位,它的数值为 4×10^2;小数点右边第一位的值为 8×10^{-1};小数点右边第二位的值为 6×10^{-2}。可见,数码处于不同的位置,代表的数值是不同的。这里 10^2、10^1、10^0、10^{-1}、10^{-2} 称为十进制数的权或位权,即十进制数中各位的权是基数 10 的幂,各位数码的值等于该数码与权的乘积。即

$$435.86 = 4 \times 10^2 + 3 \times 10^1 + 5 \times 10^0 + 8 \times 10^{-1} + 6 \times 10^{-2}$$

上式左边称为位置记数法或并列表示法,右边称为多项式表示法或按权展开法。

从计数电路的角度来看,采用十进制极不方便。因为构成计数电路要把电路的状态跟数码对应起来,十进制中的 10 个数码就需要有 10 个不同的、而且能够严格区分的电路状态与之对应,技术上实现十分困难,也不经济。

(2) 二进制数(Binary Numeral)

二进制数是计算机内的基本数制,其主要特点是:

① 任何二进制数都只由 0 和 1 两个数码组成,其基数是 2。

② 进位规则是"逢二进一"。

各位的权值为 2^i（2 的幂），i 是各数位的序号。二进制数同样可以用幂级数形式展开。二进制数用下标"B"或 2 表示。即

$(1011.011)_2 = 1 \times 2^3 + 0 \times 2^2 + 1 \times 2^1 + 1 \times 2^0 + 0 \times 2^{-1} + 1 \times 2^{-2} + 1 \times 2^{-3} = (11.375)_{10}$

二进制的优点：① 只有两个数码，两个稳定电路状态即可实现，电路简单可靠易实现。② 运算规则与十进制相同。只有两个数码，运算简单，运算操作简便，这两个突出优点，在数字技术中被广泛采用。

但是二进制也有位数多，难写不方便记忆等缺点，因此，数字系统的运算过程中采用二进制，其对应的原始数据和运算结果多采用人们习惯的十进制数记录。

(3) 十六进制数(Hexadecimal Numeral)

十六进制数是微型计算机软件编程时常采用的一种数制，其主要特点是：

① 十六进制数由 16 个数符构成 0、1、2、…、9、A、B、C、D、E、F，其中 A、B、C、D、E、F 分别代表十进制数的 10、11、12、13、14、15，其基数是 16。

② 进位规则是"逢十六进一"。每位的权是 16 的幂。十六进制数用下标"H"或 16 表示。

例如：$(3AB.11)_{16} = 3 \times 16^2 + 10 \times 16^1 + 11 \times 16^0 + 1 \times 16^{-1} + 1 \times 16^{-2} = (939.0664)_{10}$

总之任意一个数，都可以用不同的记数制表示，尽管表示形式各不相同，但数值的大小是不变的，进制只是人为规定而已。

2. 不同数制间的转换

(1) 任意进制转换为十进制

若将任意进制数转换为十进制数，只需将待转换数写成按权展开的多项式表示式，并按十进制规则进行运算，便可求得相应的十进制数 $(N)_{10}$。

例如：$(10110.11)_2 = 1 \times 2^4 + 1 \times 2^2 + 1 \times 2^1 + 1 \times 2^{-1} + 1 \times 2^{-2} = 16 + 4 + 2 + 0.5 + 0.25 = (22.75)_{10}$

$(2A.8)_H = 2 \times 16^1 + A \times 16^0 + 8 \times 16^{-1} = 32 + 10 + 0.5 = (42.5)_D$

(2) 十进制数转化成二进制数

十进制数的整数部分和小数部分转化成二进制数的方法不同，要将它们分别转换，然后将结果合并到一起即得到对应的二进制数。

① 十进制整数转换成二进制整数的常用方法是"除 2 取余法"，即用 2 连续去除要转换的十进制数和所得的商，直到商小于 2 为止，依次记下各个余数，然后按最先得到的余数为最低位，最后得到的余数为最高位依次排列，就得到转换后的二进制整数。

② 十进制小数转换成二进制小数的常用方法是"乘 2 取整法"，即用 2 连续去乘要转换的十进制小数部分和前次乘积后的小数部分，依次记下每次乘积的整数部分，

附录 A　微型计算机中的常用数制和码制

直到小数部分为 0 或满足所需要的精度为止,然后按最先得到的整数为二进制小数的最高位,最后得到的为最低位依次排列,就得到转换后的二进制小数。

小数部分乘以 2 取整的过程,不一定能使最后乘积为 0,因此转换值存在误差。通常在二进制小数的精度已达到预定的要求时,运算便可结束。

(3) 十进制数转换成十六进制数

与转换为二进制相似,十进制整数和小数要分别转换。

① 十进制整数转换成十六进制整数的方法是"除 16 取余法",即用 16 连续去除要转换的十进制整数和所得的商,直到商小于 16 为止,依次记下各个余数,然后按最先得到的余数为最低位,最后得到的余数为最高位依次排列,就得到所转换的十六进制数。

② 十进制小数转换成十六进制小数的常用方法是"乘 16 取整法",即用 16 连续去乘要转换的十进制小数部分和前次乘积的小数部分,依次记下每次乘积的整数部分,直到小数部分为零或满足所需要的精度为止,然后按最先得到的整数为十六进制小数的最高位,最后得到的为最低位依次排列,就得到所转换的十六进制小数。

(4) 二进制与十六进制之间的转化

十六进制数的基数为 $16=2^4$,所以 4 位二进制数相当一位十六进制数,它们之间的相互转换是很方便的。

1) 二进制转换为十六进制

二进制数转换成十六进制数时,其整数部分和小数部分可以同时进行转换。其方法是:以二进制数的小数点为起点,分别向左、向右,每 4 位分一组,即分组规则是整数从低位到高位,小数从高位到低位。对于小数部分,最低位一组不足 4 位时,必须在有效位右边补 0,使其足位;对于整数部分,最高位一组不足位时,可在有效位的左边补 0,也可不补。然后,把每一组二进制数转换成与之等值的十六进制数,并保持原排序,即得到二进制数对应的十六进制数。

例如,将 $(1101101011.101)_2$ 转换为十六进制数。

```
二进制      00 11  01 10  10 11 . 10 10
十六进制       3      6      C  .  B
```

得:$(1101101011.101)_2 = (36C.B)_{16}$

2) 十六进制转化为二进制

十六进制数转换成二进制数时,与前面步骤相反,即只要按原来顺序将每一位十六进制数用相应的 4 位二进制数代替即可。整数最高位一组不足位左边补 0,小数最低位一组不足位右边补 0。即得到十六进制数对应的二进制数。

由于目前微型机算机多采用 16 位或 32 位二进制进行运算,而 16 位或 32 位二进制数可以用 4 位和 8 位十六进制数来表示,所以用十六进制符号书写程序就十分方便,十六进制应用广泛。不同进制数值的算术运算规则与十进制基本相同,机内二进制运算都在加法器中实现。

3. 二进制数的运算

二进制数的运算包括算术运算和逻辑运算。

(1) 算术运算

1) 加法运算

运算规则为：0＋0＝0,1＋0＝0＋1＝1,1＋1＝10(向高位有进位)。

2) 减法运算

运算规则为：0－0＝0,1－0＝1,1－1＝0,0－1＝1(向高位借1当作10)。

3) 乘法运算

运算规则为：0×0＝0,0×1＝1×0＝0,1×1＝1。

4) 除法运算

除法运算是乘法运算的逆运算。与十进制类似，从被除数最高位开始取出与除数相同的位数，减去除数。

(2) 逻辑运算

微型机内二进制信息的逻辑运算由专门的逻辑电路完成。

1) 逻辑与运算

逻辑与常用符号"∧"表示，运算规则为：0∧0＝0,1∧0＝0,0∧1＝0,1∧1＝1。两个位数相同的二进制数进行逻辑与时，只是对应位进行与运算。

2) 逻辑或运算

逻辑或又称为逻辑加，常用符号"∨"表示，其运算规则为：0∨0＝0,1∨0＝1,0∨1＝1,1∨1＝1。

3) 逻辑非运算

逻辑非运算又称逻辑取反，常用运算符号"‾"表示，运算规则为：$\bar{0}=1,\bar{1}=0$。

4) 逻辑异或运算

逻辑异或又称半加，是不考虑进位的加法，常用运算符号⊕表示。运算规则为：0⊕0＝0,0⊕1＝1,1⊕0＝1,1⊕1＝0。

4. 微型机中常用的编码

(1) BCD 码

BCD 码是将每一位十进制数用二进制数编码，它保留了十进制的权，数字则用二进制数表示，因而也称为二-十进制数。一般用标识符[…]BCD 表示。BCD 码种类较多，如 8421 码、2421 码、格雷码等，其中最常用的编码为 8421 码。

1) 8421 码编码方法

8421 码编码原则是每位十进制数用 4 位二进制数来表示，8、4、2、1 代表 4 位二进制数每一位的权。8421 码名称也由此而得。十进制数共有 0～9 十个数字，而 4 位二进制数共有 16 种组合。8421 码用其中 0000B～1001B 组合表示 0～9 共 10 个十进制数，而 1010B～1111B 这 6 个编码舍去不用。

附录 A 微型计算机中的常用数制和码制

2）BCD 码的运算

BCD 码用 4 位二进制数表示 0～9 这 10 个十进制数，但 4 位二进制数可表示 16 种状态。因而有 6 种状态在 BCD 编码中为非法码。这样在 BCD 码的运算中必须进行修正才能得到正确的结果。

① BCD 码加法运算：两个 BCD 码相加的原则是"逢十进位"，其和也是一个 BCD 数。

② BCD 码减法运算：BCD 码做减法运算时也需要修正。修正的原则是，低 4 位出现非法码（大于 9）或低 4 位向高 4 位有借位，则低 4 位减 6 修正；高 4 位出现非法码（大于 9）或高 4 位最高位有借位，则高 4 位减 6 修正。

(2) ASCII 码

在微型计算机中，除了处理数字信息外，还要处理大量字母和符号信息。这些字母和符号统称为字符，它们也必须用特定规则进行二进制编码，以供微型计算机识别和处理。

ASCII 码采用 7 位二进制数编码，因此可以表示 128 个字符。它包括 10 个十进制数 0～9；26 个大小写字母；32 个通用控制符号；34 个专用符号。读码时，先读列码，再读行码。例如，十进制数 0～9，相应用 0110000～0111001 来表示，应用中常在最前面增加一位奇偶校验位，用来把每个代码中 1 的个数补成偶数或奇数以便于查询。在机器中表示时，常使其为 0，因此 0～9 的 ASCII 码为 30H～39H，大写字母 A～Z 的 ASCII 码为 41H～5AH 等。

ASCII 编码从 20H～7EH 均为可打印字符，而 00H～1FH 为通用控制符，它们不能被打印出来，只起控制或标志的作用，如 0DH 表示回车（CR），0AH 表示换行控制（LF），04H（EOT）为传送结束标志。

附录 B

常用集成芯片型号

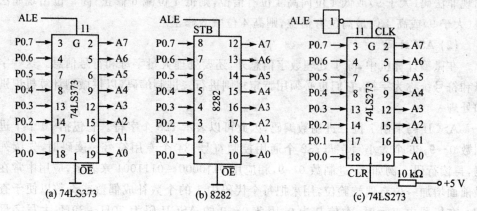

图 B-1 地址锁存器的引脚图

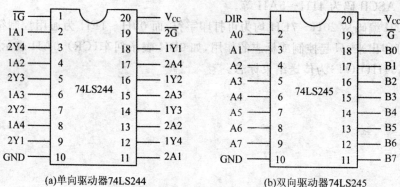

(a) 单向驱动器 74LS244　　　　(b) 双向驱动器 74LS245

图 B-2 总线驱动器芯片引脚图

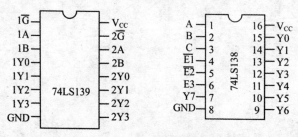

图 B-3 常用译码器的引脚图

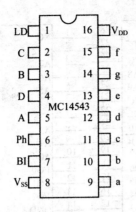

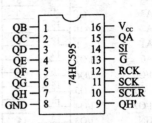

图 B-4 LCD 锁存/译码/驱动芯片 MC14543 引脚图

图 B-5 74HC595 引脚图

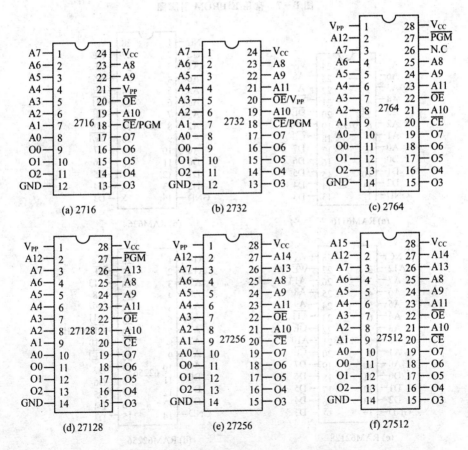

图 B-6 几种典型的 EPROM 外引脚图

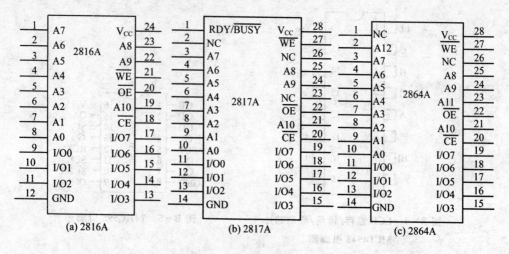

图 B-7　常用 E^2PROM 引脚图

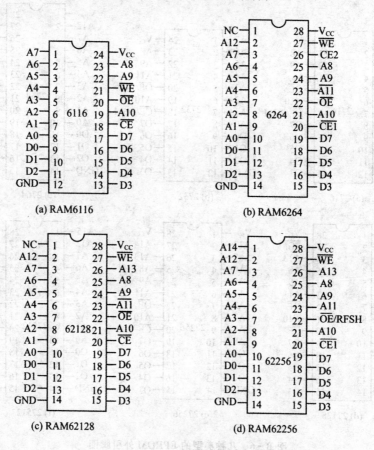

图 B-8　常用的 SRAM 的引脚图

附录 B 常用集成芯片型号

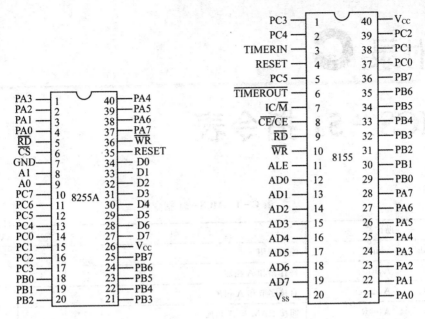

图 B-9 并行扩展芯片 8255A 引脚图

图 B-10 并行扩展芯片 8155 的引脚图

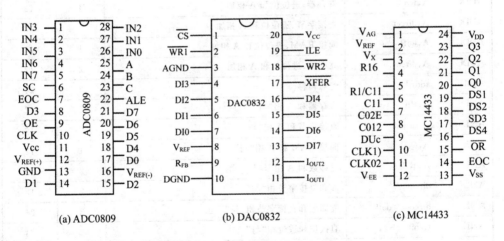

(a) ADC0809　　(b) DAC0832　　(c) MC14433

图 B-11 常用转换芯片引脚图

附录 C

MCS-51 指令表

表 C-1 MCS-51 指令表

助记符		说 明	字 节	机器周期
ACALL	addr11	绝对调用	2	24
ADD	A,Rn	寄存器和 A 相加	1	12
ADD	A,direct	直接字节和 A 相加	2	12
ADD	A,@R	间接 RAM 和 A 相加	1	12
ADD	A,#data	立即数和 A 相加	2	12
ADDC	A,Rn	寄存器、进位位和 A 相加	1	12
ADDC	A,dircet	直接字节、进位位和 A 相加	2	12
ADDC	A,@R	间接 RAM、进位位和 A 相加	1	12
ADDC	A,dircet	立即数、进位位和 A 相加	2	12
AJMP	addr11	绝对转移	2	24
ANL	A,Rn	寄存器和 A 相"与"	1	12
ANL	A,direct	直接字节和 A 相"与"	2	12
ANL	A,@Ri	间接 RAM 和 A 相"与"	1	12
ANL	A,#data	立即数和 A 相"与"	2	12
ANL	direct,A	A 和直接字节相"与"	2	12
ANL	direct,#data	立即数和直接字节相"与"	3	24
ANL	C,bit	直接位和进位相"与"	2	24
ANL	C,/bit	直接位的反和进位相"与"	2	24
CJNE	A,dircet,rel	直接字节与 A 比较,不相等则相对转移	3	24
CJNE	A,#data,rel	立即数与 A 比较,不相等则相对转移	3	24
CJNE	Rn,#data,rel	立即数与寄存器相比较,不相等则相对转移	3	24
CJNE	@R,#data,rel	立即数与间接 RAM 相比较,不相等则相对转移	3	24
CLR	A	A 清 0	1	12
CLR	bit	直接位清 0	2	12
CLR	C	进位清 0	1	12

续表 C-1

助记符		说　明	字　节	机器周期
CPL	A	A 取反	1	12
CPL	bit	直接位取反	2	12
CPL	C	进位取反	1	12
DA	A	A 的十进制加法调整	1	12
DEC	A	A 减 1	1	12
DEC	Rn	寄存器减 1	1	12
DEC	direct	直接字节减 1	2	12
DEC	@Ri	间接 RAM 减 1	1	12
DIV	AB	A 除以 B	1	48
DJNE	Rn,rel	寄存器减 1,不为零则相对转移	3	24
DJNE	direct,rel	直接字节减 1,不为零则相对转移	3	24
INC	A	A 加 1	1	12
INC	Rn	寄存器加 1	1	12
INC	direct	直接字节加 1	2	12
INC	@Ri	间接 RAM 加 1	1	12
INC	DPTR	数据指针加 1	1	24
JB	bit;rel	直接位为 1,则相对转移	3	24
JBC	bit,rel	直接位为 1,则相对转移,然后该位清 0	3	24
JC	rel	进位为 1,则相对转移	2	24
JMP	@A+DPTR	转移到 A+DPTR 所指的地址	1	24
JNB	bit,rel	直接位为 0,则相对转移	3	24
JNC	rel	进位为 0,则相对转移	2	24
JNZ	rel	A 不为零,则相对转移	2	24
JZ	rel	A 为零,则相对转移	2	24
LCALL	addr16	长调用	3	24
LJMP	addr16	长转移	3	24
MOV	A,Rn	寄存器送 A	1	12
MOV	A,direct	直接字节送 A	2	12
MOV	A,@Ri	间接 RAM 送 A	1	12
MOV	A,#data	立即数送 A	2	12

续表 C-1

助记符		说 明	字 节	机器周期
MOV	Rn,A	A 送寄存器	1	12
MOV	Rn,direct	直接字节送寄存器	2	24
MOV	Rn,#data	立即数送寄存器	2	12
MOV	direct,A	A 送直接字节	2	12
MOV	direct,Rn	寄存器送直接字节	2	24
MOV	direct,direct	直接字节送直接字节	3	24
MOV	direct,@Ri	间接 RAM 送直接字节	2	24
MOV	direct,#data	立即数送直接字节	3	24
MOV	@Ri,A	A 送间接 RAM	1	12
MOV	@Ri,direct	直接字节送间接 RAM	2	24
MOV	@Ri,#data	立即数送间接 RAM	2	12
MOV	C,bit	直接位进位	2	12
MOV	bit,C	进位送直接位	2	24
MOV	DPTR,#data16	16 位常数送数据指针	3	24
MOVC	A,@A+DPTR	由 A+DPTR 寻址的程序存储器字节送 A	1	24
MOVC	A,@A+PC	由 A+PC 寻址的程序存储器字节送 A	1	24
MOVX	A,@Ri	外部数据存储器(8 位地址)送 A	1	24
MOVX	A,@DPTR	外部数据存储器(16 位地址)送 A	1	24
MOVX	@Ri,A	A 送外部数据存储器(8 位地址)	1	24
MOVX	@DPTR,A	A 送外部数据存储器(16 位地址)	1	24
MUL	AB	A 乘以 B	1	48
NOP		空操作	1	12
ORL	A,Rn	寄存器和 A 相"或"	1	12
ORL	A,direct	直接字节和 A 相"或"	2	12
ORL	A,@Ri	间接 RAM 和 A 相"或"	1	12
ORL	A,#data	立接数和 A 相"或"	2	12
ORL	direct,A	A 和直接字节相"或"	2	12
ORL	dircect,#data	立即数和直接字节相"或"	3	24
ORL	C,bit	直接位和进位相"或"	2	24
ORL	C,/bit	直接位的反和进位相"或"	2	24

附录C MCS-51指令表

续表 C-1

助记符		说明	字节	机器周期
POP	direct	直接字节退栈,SP 减 1	2	24
PUSH	direct	SP 加 1,直接字节进栈	2	24
RET		子程序调用返回	1	24
RETI		中断返回	1	24
RL	A	A 左环移	1	12
RLC	A	A 带进位左环移	1	12
RR	A	A 右环移	1	12
RRC	A	A 带进位右环移	1	12
SETB	bit	直接位置位	2	12
SETB	C	进位置位	1	12
SJMP	rel	短转移	2	24
SUBB	A,Rn	A 减去寄存器及进位位	1	12
SUBB	A,direct	A 减去直接字节及进位位	2	12
SUBB	A,@Ri	A 减去间接 RAM 及进位位	1	12
SUBB	A,#data	A 减去立即数及进位位	2	12
SWAP	A	A 的高半字节和低半字节交换	1	12
XCH	A,Rn	A 和寄存器交换	1	12
XCH	A,direct	A 和直接字节交换	2	12
XCH	A,@Ri	A 和间接 RAM 交换	1	12
XCHD	A,@Ri	A 和间接 RAM 的低 4 位交换	1	12
XRL	A,Rn	寄存器和 A 相"异或"	1	12
XRL	A,direct	直接字节和 A 相"异或"	2	12
XRL	A,@Ri	间接 RAM 和 A 相"异或"	1	12
XRL	A,#data	立即数和 A 相"异或"	2	12
XRL	direct,A	A 和直接字节相"异或"	2	12
XRL	direct,#data	立即数和直接字节相"异或"	3	24

附录 D

常用实验程序

实验和实训是单片机技术课程中的重要教学步骤。考虑到各个学校所用开发系统各不相同,本附录不对具体实验内容、步骤详述,下面列出实验中常用的基本程序供大家参考。

1. P1 口输出实验

```
        ORG    0000H
        LJMP   MAIN
        ORG    0100H
MAIN:   MOV    SP,#60H
        MOV    A,#01H      ;先让第一个发光二极管亮
LOOP:   MOV    P1,A        ;从 P1 口输出到发光二极管
        LCALL  DELAY       ;延时 1 s
        RL     A           ;左移一位,下一个发光二极管亮
        SJMP   LOOP        ;循环
DELAY:  MOV    R0,#10      ;延时 1 s 子程序,使用参数 R0,R7,R6
DELY0:  MOV    R7,#100     ;延时 0.1 s
DELY1:  MOV    R6,#250     ;延时 1 ms
        DJNZ   R6,$
        DJNZ   R7,DELY1
        DJNZ   R0,DELY0
        RET
        END
```

2. P2 口输入实验

```
        ORG    0000H
        LJMP   MAIN
        ORG    0030H
MAIN:   MOV    SP,#60H
        MOV    P2,#0FFH    ;P2 口初始化
LOOP:   MOV    A,P2        ;从 P2 口读开关 SW0～SW7
        MOV    P1,A        ;送 P1 口显示
        MOV    20H,A       ;保存 P2 口数据
SCAN:   MOV    A,P2        ;再次扫描 P2 口
        CJNE   A,20H,LOOP  ;有新数据则送 P1 口显示
        SJMP   SCAN        ;没有新数据继续扫描
        END
```

3. 数据存储器存储数据实验

```
            ORG     0000H
            LJMP    MAIN
            ORG     0030H
MAIN:       MOV     SP,#60H
            MOV     DPTR,#address1    ;置 RAM62256 首地址
            MOV     R7,#100           ;置写数的数量
            MOV     A,#1              ;置被写的第一个数的值
INPUT:      MOVX    @DPTR,A           ;写数
            INC     A                 ;被写的数加 1
            INC     DPTR              ;地址加 1
            DJNZ    R7,INPUT          ;判断 100 个数是否写完
            MOV     20H,#0            ;将累加和的初值为 0
            MOV     R7,#100           ;置读数的数量
            MOV     DPTR,#address1    ;置 RAM62256 首地址
OUTPUT:     MOVX    A,@DPTR           ;读数
            ADD     A,20H             ;计算累加和
            MOV     20H,A
            INC     DPTR              ;读地址加 1
            DJNZ    R7,OUTPUT         ;判断 100 个数是否读完
            MOV     P1,20H            ;将累加和输出
LOOP:       SJMP    LOOP
            END
```

4. LCD 液晶显示

```
            COM     EQU     20H       ;命令存储单元
            DAT     EQU     21H       ;数据存储单元
            CW_ADR  EQU     add1      ;写命令地址
            CR_ADR  EQU     add2      ;读命令地址
            DW_ADR  EQU     add3      ;写数据地址
            DR_ADR  EQU     add4      ;读数据地址
            ORG     0000H
            LJMP    MAIN
            ORG     0030H
MAIN:       MOV     SP,#30H           ;已用参数 R5,R6,R7
            LCALL   LCDINT
            MOV     COM,#80H          ;LCD 第一行字符的 DDRAM 首地址
            LCALL   WC                ;送 DDRAM 地址,AC 指向显示第一行的第一个字符
            MOV     DPTR,#DATA1       ;取要显示的第一行字符的首地址
            MOV     R6,#0             ;每行字符的当前位置
            MOV     R7,#16            ;R7 做字符计数器
            LCALL   WRN
            MOV     COM,#0C0H         ;LCD 第一行字符的 DDRAM 首地址
            LCALL   WC                ;送 DDRAM 地址,AC 指向显示第一行的第一个字符
            MOV     DPTR,#DATA2       ;取要显示的第一行字符的首地址
            MOV     R6,#0
            MOV     R7,#16
```

```
            LCALL   WRN
            SJMP    $
LCDINT:     MOV     COM,#30H
            MOV     R7,#3
LOOP:       LCALL   WC
            LCALL   DELAY
            DJNZ    R7,LOOP         ;写3次30H命令,软件复位
            MOV     COM,#3CH        ;工作方式8位,2行显示,5×10点阵
            LCALL   WC
            MOV     COM,#01H        ;清屏
            LCALL   WC
            MOV     COM,#06H        ;设置AC加1计数,画面不动
            LCALL   WC
            MOV     COM,#0FH        ;设置开显示,光标显示,闪烁
            LCALL   WC
            RET
WC:         PUSH    DPH
            PUSH    DPL
            PUSH    ACC
            ACALL   BUSY
            MOV     DPTR,#CW_ADR
            MOV     A,COM           ;写命令COM
            MOVX    @DPTR,A         ;RS=0,R/W=0写命令
            POP     ACC
            POP     DPL
            POP     DPH
            RET
WD:         PUSH    DPH
            PUSH    DPL
            PUSH    ACC
            ACALL   BUSY
            MOV     DPTR,#DW_ADR
            MOV     A,DAT           ;写数据DAT
            MOVX    @DPTR,A         ;RS=1,R/W=0写命令
            POP     ACC
            POP     DPL
            POP     DPH
            RET
WRN:        MOV     A,R6
            MOVC    A,@A+DPTR       ;查表,读出ROM中的数据,并放入DAT中
            INC     R6
            MOV     DAT,A
            LCALL   WD
            DJNZ    R7,WRN
            RET
BUSY:       PUSH    DPH
            PUSH    DPL
            PUSH    ACC
            MOV     DPTR,#CR_ADR
BF:         MOVX    A,@DPTR         ;置R/W为高,读BF状态
```

```
        JB       ACC.7,BF
        POP      ACC
        POP      DPL
        POP      DPH
        RET
DELAY:  MOV      R0,#08H           ;延时子程序,已用参数 R0,R1
DLY0:   MOV      R1,#0C8H
DLY1:   DJNZ     R1,DLY1
        DJNZ     R0,DLY0
        RET
DATA1:  DB 20H,20H,20H,20H,20H,'HELLO！',20H,20H,20H        ;20H 表示空格
DATA2:  DB 20H,20H,'WELCOME  YOU',20H,20H
        END
```

5. 步进电机实验

```
        STEP_ADR EQU    add1      ;步进电机寄存器地址,开关 SW2～SW0 输入地址
        SW_VAL   EQU    20H       ;保存开关 SW2～SW0 值的单元
        ORG      0000H
        LJMP     MAIN
        ORG      0003H
        JMP      INT
        ORG      0100H
MAIN:   MOV      SP,#60H
        MOV      IE,#81H           ;开中断,允许外部中断 0 中断
        SETB     IT0               ;置外部中断 0 为边沿触发
        MOV      SW_VAL,#00H       ;置 SW_VAL 初值为 0
        MOV      A,#33H            ;步进电机初始控制信息
        MOV      R1,A
BJ:     MOV      DPTR,#STEP_ADR    ;向步进电机输出控制信息
        MOVX     @DPTR,A
        MOV      A,SW_VAL          ;从 SW_VAL 中取出开关的低 3 位值
        CJNE     A,#07H,BJ1        ;开关 SW2～SW0 等于 7 转 STOP 停止转动
        SJMP     STOP
BJ1:    JB       ACC.2,BJ2         ;开关 SW2 为 1 转 BJ2,反转
        MOV      B,#10H            ;计算延时时间
        ADD      A,#1
        MUL      AB
        MOV      R2,A
        CALL     DELAY             ;延时
        MOV      A,R1              ;控制信息左移一位
        RL       A
        MOV      R1,A
        SJMP     BJ
BJ2:    ANL      A,#03H            ;取低 2 位值
        ADD      A,#2              ;计算延时时间
        MOV      B,#10H
        MUL      AB
        MOV      R2,A
        CALL     DELAY             ;延时
```

```
              MOV    A,R1              ;控制信息右移一位
              RR     A
              MOV    R1,A
              SJMP   BJ
      STOP:   MOV    A,#0FFH           ;向步进电机输出停止转动信息
              MOV    DPTR,#STEP_ADR
              MOVX   @DPTR,A
              SJMP   $                 ;死循环,程序运行到此结束
      DELAY:  MOV    R6,#150           ;延时子程序,延时 R2×600 μs
                                       ;该子程序使用了 R2,R6
              DJNZ   R6,$              ;延时 600 μs
              DJNZ   R2,DELAY
              RET

      INT:    PUSH   DPH
              PUSH   DPL
              PUSH   ACC
              MOV    DPTR,#STEP_ADR    ;读开关的值
              MOVX   A,@DPTR
              JNB    ACC.3,EXT         ;没有单脉冲,表示不是按中断键产生的中断
              ANL    A,#07H            ;取开关值的低 3 位
              MOV    SW_VAL,A          ;将开关值的低 3 位保存在 SW_VAL 中
      EXT:    POP    ACC
              POP    DPL
              POP    DPH
              RETI
              END
```

6. 串口通信

(1) PC 发送程序

```
              ADRLED EQU    add1       ;LED 工作地址
              ORG    0000H
              LJMP   MAIN
              ORG    0100H
      MAIN:   MOV    SP,#60H
              MOV    SCON,#52H         ;串口初始化方式 1,允许串行接收
              MOV    TMOD,#20H         ;定时器 1 方式 2
              MOV    TH1,#0F3H         ;串口波特率 1 200 bit/s
              MOV    TL1,#0F3H
              SETB   TR1               ;启动定时器 1
              CLR    P3.5              ;使数码管阴极为低
              MOV    DPTR,#ADRLED      ;数码管段地址
              MOV    A,#0FFH
              MOVX   @DPTR,A           ;数码管全亮
      WAIT:   JNB    RI,WAIT           ;等待一个字符接收
              CLR    RI                ;清除接收标志
              MOV    A,SBUF            ;取出接收的字符
              CJNE   A,#30H,J1         ;比较字符是否在 30H~39H 范围
              JMP    J3
```

```
J1:     JC      WAIT                    ;字符小于 30H,不予理睬
        CJNE    A,#40H,J2
        JMP     WAIT                    ;字符等于 40H,不予理睬
J2:     JNC     WAIT                    ;字符大于 40H,不予理睬
J3:     CLR     C                       ;将字符转换为对应的数字
        SUBB    A,#30H
        MOV     DPTR,#TAB
        MOVC    A,@A+DPTR
        MOV     DPTR,#ADRLED
        MOVX    @DPTR,A                 ;送数码管显示
        JMP     WAIT
TAB:    DB      3FH,06H,5BH,4FH,66H,6DH,7DH,07H,7FH,6FH    ;0~9 数码管字形值表
        END
```

(2) 单片机发送实验

```
        ADRLED  EQU     add1            ;数码管段地址
        ADRSWT  EQU     add2            ;读开关地址
        DAT     EQU     21H             ;数码管数据缓冲
        ORG     0000H
        LJMP    MAIN
        ORG     0003H
        LJMP    INT
        ORG     0100H
MAIN:   MOV     SP,#60H
        MOV     IE,#81H                 ;开中断,允许外部中断 0
        MOV     PSW,#00H
        SETB    IT0                     ;置中断边沿触发
        CLR     P3.5                    ;置数码管阴极为低
        MOV     DPTR,#ADRLED            ;数码管段地址
        MOV     A,#0FFH                 ;显示 8 和小数点
        MOVX    @DPTR,A
        MOV     SCON,#52H               ;串口初始化方式 1,允许串行接收
        MOV     TMOD,#20H               ;T1 工作方式 2
        MOV     TH1,#0F3H               ;波特率 1 200 bit/s
        MOV     TL1,#0F3H
        SETB    TR1                     ;启动定时器 T1
STAR:   JNB     PSW.5,STAR              ;等待中断
        CLR     PSW.5
        MOV     A,DAT                   ;DAT 保存开关的值
        ANL     A,#07H                  ;只取低 3 位
        MOV     DAT,A
        MOV     DPTR,#TAB
        MOVC    A,@A+DPTR
        MOV     DPTR,#ADRLED            ;送数码管显示
        MOVX    @DPTR,A
        JNB     TI,$                    ;等待上一次发送结束
        CLR     TI                      ;清除发送结束标志
        MOV     A,DAT
        ADD     A,#30H                  ;将开关值变为相应的字符值
        MOV     SBUF,A                  ;发送 1 个字符
```

```
            JMP     STAR
    INT:    PUSH    DPH                     ;接收开关中断送数字程序
            PUSH    DPL
            PUSH    ACC
            MOV     DPTR,#ADRSWT
            MOVX    A,@DPTR                 ;读开关值
            JNB     ACC.3,JUMP              ;不是按键中断,退出
    LOOP1:  MOV     DPTR,#ADRSWT            ;等待单脉冲结束
            MOVX    A,@DPTR
            JB      ACC.3,LOOP1
            MOV     DAT,A                   ;开关值送 DAT 保存
            SETB    PSW.5                   ;置中断标志位
    JUMP:   POP     ACC
            POP     DPL
            POP     DPH
            RETI
    TAB:    DB      3FH,06H,5BH,4FH,66H,6DH,7DH,07H;0～7 字形码
            END
```

7. 电子音响

```
            ORG     0000H
            LJMP    MAIN
            ORG     1BH
            JMP     T1INT                   ;定时器 1 中断入口地址
            ORG     0100H
    MAIN:   MOV     SP,#60H
            ANL     TMOD,#0FH               ;定时器 1 置为方式 1
            ORL     TMOD,#10H
            ORL     IE,#88H                 ;允许定时器 1 中断
    MAIN1:  MOV     DPTR,#TONE              ;置 TONE 表首地址
            MOV     A,#00H                  ;TONE 表偏移量
    LOOP:   MOVC    A,@A+DPTR               ;读 TONE 表中的 TH1 值
            JZ      MAIN1                   ;为 0 则转 MAIN1,进入下一周期
            MOV     TH1,A                   ;TONE 表中的高字节送 TH1 和 R5
            MOV     R5,A
            INC     DPTR                    ;从 TONE 表中读出 TL1 的值
            MOV     A,#00H
            MOVC    A,@A+DPTR
            MOV     TL1,A                   ;TONE 表中的低字节值送 TL1 和 R6
            MOV     R6,A
            SETB    TR1                     ;启动定时器 1
            INC     DPTR
            MOV     A,#00H
            MOVC    A,@A+DPTR               ;从 TONE 表中取出音的延长时间值
            MOV     R2,A
    LOOP1:  MOV     R3,#80H                 ;延时
    LOOP2:  MOV     R4,#0FFH
            DJNZ    R4,$
            DJNZ    R3,LOOP2
```

```
              DJNZ   R2,LOOP1
              INC    DPTR                ;TONE 表地址加 1,指向下一个音调
              MOV    A,#00H
              JMP    LOOP
    T1INT:    CPL    P1.2                ;取反得到一定频率的方波,使喇叭发出一定音高的音调
              CLR    TR1                 ;停止定时器 1 计数
              MOV    TH1,R5              ;重置定时器 1 时间常数
              MOV    TL1,R6
              SETB   TR1                 ;恢复定时器 1 计数
              RETI
    TONE:     DB     0FCH,46H,04H,0FCH,0AEH,04H    ;音调表
              DB     0FDH,0BH,04H,0FDH,34H,04H
              DB     0FDH,83H,04H,0FDH,0C8H,04H
              DB     0FEH,06H,04H,0FEH,22H,04H
              DB     0FEH,22H,04H,0FEH,06H,04H
              DB     0FDH,0C8H,04H,0FDH,83H,04H
              DB     0FDH,34H,04H,0FDH,0BH,04H
              DB     0FCH,0AEH,04H,0FCH,46H,0CH
              DB     00H,00H,00H
              END
```

8. 定时器实验

```
              ADRLED  EQU    add1          ;LED 工作地址
              ORG     0000H
              LJMP    MAIN
              ORG     1BH
              JMP     T1INT                 ;定时器 1 中断入口地址
              ORG     0100H
    MAIN:     MOV     SP,#60H
              MOV     R0,#0AH               ;R0 为 0.1 s 的次数
              ANL     TMOD,#0FH             ;定时器 1 置为方式 1
              ORL     TMOD,#10H
              MOV     TL1,#0B0H             ;置定时器 1 的中断时间为 0.1 s
              MOV     TH1,#3CH
              ORL     IE,#88H               ;允许定时器 1 中断
              MOV     R2,#0                 ;置 R2 初值,R2 对应显示字符的字形码相对地址
              MOV     R5,#16                ;置显示的字符数初值
              SETB    P3.4                  ;使蜂鸣器的负端为高不鸣叫
              CLR     P3.5                  ;使数码管的共阴极为低电平
    NEXT:     MOV     DPTR,#TAB             ;置字形码表首地址
              MOV     A,R2
              MOVC    A,@A+DPTR             ;取出相应的字形码
              MOV     DPTR,#ADRLED          ;数码管段码地址
              MOVX    @DPTR,A               ;送数码管段码(字形码)
              SETB    TR1                   ;启动定时器 1
    LOOP:     CJNE    R0,#00H,LOOP          ;不够 1 s,转 LOOP
              INC     R2
              MOV     R0,#0AH               ;重置 R0 为 10
              DJNZ    R5,NEXT               ;16 个字符没有显示 1 遍,转 NEXT 显示下一字符
```

```
            CLR     P3.4                    ;使蜂鸣器的负端为低其鸣叫
            MOV     A,#0FFH                 ;报警之后数码管显示全亮
            MOV     DPTR,#ADRLED            ;数码管段码地址
            MOVX    @DPTR,A                 ;送数码管段码(字形码)
            CLR     TR1                     ;定时器停止计数
            SJMP    $                       ;死循环
T1INT:      CLR     TR1                     ;定时器1中断,首先停止计数
            DEC     R0                      ;次数减1
            MOV     TL1,#0B0H               ;重置定时器1时间常数
            MOV     TH1,#3CH
            SETB    TR1                     ;恢复定时器1计数
            RETI
TAB:        DB      3FH,06H,5BH,4FH,66H,6DH,7DH,07H    ;字形码表
            DB      7FH,6FH,77H,7CH,58H,5EH,79H,71H
            END
```

9. 继电器实验

```
            ORG     0000H
            LJMP    MAIN
            ORG     0100H
MAIN:       MOV     SP,#60H
LOOP:       SETB    P1.1                    ;接通继电器
            CALL    DELAY                   ;延时2s
            CLR     P1.1                    ;断开继电器
            CALL    DELAY                   ;延时2s
            SJMP    LOOP                    ;返回LOOP继续运行
DELAY:      MOV     R0,#20                  ;延时2s子程序,使用参数R0,R7,R6
DELY0:      MOV     R7,#100                 ;延时0.1s
DELY1:      MOV     R6,#250                 ;延时1ms
            DJNZ    R6,$
            DJNZ    R7,DELY1
            DJNZ    R0,DELY0
            RET
            END
```

10. 数码管实验

```
            ADRLED  EQU     add1            ;LED工作地址
            ORG     0000H
            LJMP    MAIN
            ORG     0030H
MAIN:       MOV     SP,#60H
            MOV     R2,#0                   ;置R2初值,R2对应显示字符的字形码相对地址
            MOV     R5,#16                  ;置显示的字符数初值
            CLR     P3.5                    ;使数码管的共阴极为低电平
NEXT:       MOV     DPTR,#TAB               ;置字形码表首地址
            MOV     A,R2
            MOVC    A,@A+DPTR               ;取出相应的字形码
            MOV     DPTR,#ADRLED            ;数码管段码地址
```

	MOVX	@DPTR,A	;送数码管段码(字形码)
	INC	R2	
	LCALL	DELAY	;调延时子程序
	DJNZ	R5,NEXT	;16个字符没有显示1遍,转 NEXT 显示下一字符
	MOV	R5,#16	;16个字符显示1遍,重置字符数初值
	MOV	R2,#0	;恢复R2初值
	SJMP	NEXT	
DELAY:	MOV	R0,#10	;延时1s子程序,使用参数 R0,R7,R6
DELY0:	MOV	R7,#100	;延时0.1s
DELY1:	MOV	R6,#250	;延时1 ms
	DJNZ	R6,$	
	DJNZ	R7,DELY1	
	DJNZ	R0,DELY0	
	RET		
TAB:	DB	3FH,06H,5BH,4FH,66H,6DH,7DH,07H	;字形码表
	DB	7FH,6FH,77H,7CH,58H,5EH,79H,71H	
	END		

11. 打印机实验

	PRT_ADR	EQU add1	;打印机受控地址
	DB_ADR	EQU add2	;单片机读忙信号和向打印机送打印数据的地址
	ORG	0000H	
	LJMP	MAIN	
	ORG	0100H	
MAIN:	MOV	SP,#60H	
	MOV	DPTR,#CHA_TBL	;得到字符表首址
LOOP:	MOV	A,#00H	
	MOVC	A,@A+DPTR	;从字符表中取出1个字符
	JZ	$	;为0表示字符表结束,停止打印
	CALL	PR	;打印1个字符
	INC	DPTR	;字符表地址加1
	SJMP	LOOP	
PR:	PUSH	DPH	;保存 DPTR
	PUSH	DPL	
	PUSH	ACC	;保存被打印字符
	MOV	DPTR,#DB_ADR	;得到包含忙信号的数据
BUSY:	MOVX	A,@DPTR	
	JB	ACC.4,BUSY	;如果忙为1,转 BUSY
	POP	ACC	;恢复被打印字符
	MOV	DPTR,#DB_ADR	;取向打印机输送数据的地址
	MOVX	@DPTR,A	;向打印机输出一个字符
	MOV	DPTR,#PRT_ADR	;取控制打印机的地址
	MOVX	@DPTR,A	;A中为何不重要,只要有$\overline{WR}$信号就行,然后$\overline{ST}$就起;作用了
	POP	DPL	;控制打印机打印先前已经准备在打印机数据口的;数据
	POP	DPH	
	RET		
CHA_TBL:	DB	"0123456789",0AH,0DH	;字符表

```
        DB   "abcdefghijkl",0AH,0DH
        DB   "mnoprstuvwxyz",0AH,0DH
        DB   "ABCDEFGHIJKL",0AH,0DH
        DB   "MNOPRSTUVWXYZ",0AH,0DH
        DB   "HELLO",0AH,0DH
        DB   "GOOD BYE",0AH,0DH
        DB   0AH,0DH
        DB   00H
        END
```

12. 直流电机实验

```
        P10     EQU     P1.0
        ORG     0000H
        LJMP    MAIN
        ORG     0100H
MAIN:   MOV     SP,#60H
S1:     SETB    P10              ;启动电机全速运行
        LCALL   DELAY            ;延时5 s
S2:     MOV     R0,#125          ;此段程序运行10 s,输出2.5 V
S20:    MOV     R7,#100
S21:    SETB    P10              ;输出+5 V
        CALL    DLY              ;延时400 μs
        CLR     P10              ;输出0 V
        CALL    DLY              ;延时400 μs
        DJNZ    R7,S21
        DJNZ    R0,S20
S3:     MOV     R0,#125          ;此段运行15 s,输出1.6 V
S30:    MOV     R7,#100
S31:    SETB    P10
        CALL    DLY
        CLR     P10
        CALL    DLY
        CALL    DLY
        DJNZ    R7,S31
        DJNZ    R6,S30
S4:     MOV     R0,#125          ;此段运行20 s,输出1.25 V
S40:    MOV     R7,#100
S41:    SETB    P10
        CALL    DLY
        CLR     P10
        CALL    DLY
        CALL    DLY
        DJNZ    R7,S41
        DJNZ    R0,S40
S5:     SETB    P10              ;此段运行一直继续下去,输出1 V
        CALL    DLY
        CLR     P10
        CALL    DLY
```

```
            CALL    DLY
            CALL    DLY
            CALL    DLY
            SJMP    S5
DELAY:      MOV     R0,#50           ;5 s 子程序,使用参数 R0,R7,R6
DELY0:      MOV     R7,#100          ;延时 0.1 s
DELY1:      MOV     R6,#250          ;延时 1 ms
            DJNZ    R6,$
            DJNZ    R7,DELY1
            DJNZ    R0,DELY0
            RET
DLY:        MOV     R6,#100          ;延时 400 μs,使用参数 R6
            DJNZ    R6,$
            RET
            END
```

13. 中断实验

```
            ADRLED  EQU add1         ;数码管段地址
            ADRSWT  EQU  add2        ;读开关地址
            ORG     0000H
            JMP     MAIN
            ORG     0003H
            JMP     INT
            ORG     0030H
MAIN:       MOV     SP,#60H
            MOV     IE,#81H          ;开中断,允许外部中断 0 中断
            CLR     P3.5             ;使数码管阴极为低电平
            MOV     DPTR,#ADRLED     ;取数码管段地址
            MOV     A,#0FFH          ;显示 8
            MOVX    @DPTR,A
            SETB    IT0
            MOV     R0,#0            ;置 R0 为 0,R0 为中断标志
STAR:       CJNE    R0,#1,STAR       ;等待中断
            MOV     R0,#0
            ANL     A,#07H
            MOV     DPTR,#TAB
            MOVC    A,@A+DPTR        ;取出与开关相应的字形码(段码)
            MOV     DPTR,#ADRLED     ;输出相应的字符
            MOVX    @DPTR,A
            JMP     STAR
INT:        MOV     DPTR,#ADRSWT     ;读开关的值
            MOVX    A,@DPTR
            JNB     ACC.3,JUMP       ;没有单脉冲,表示不是按中断键产生的中断
LOOP1:      MOV     DPTR,#ADRSWT     ;等待单脉冲结束
            MOVX    A,@DPTR
            JB      ACC.3,LOOP1
            MOV     R0,#1
JUMP:       RETI
TAB:        DB      3FH,06H,5BH,4FH,66H,6DH,7DH,07H    ;0~7 字形码值表
            END
```

参考文献

[1] 李广弟,朱月秀,王秀山.单片机基础[M].北京:北京航空航天大学出版社,2001.
[2] 张伟.单片机原理及应用[M].北京:机械工业出版社,2002.
[3] 徐惠民,安德宁.单片微型计算机原理、接口及应用[M].北京:北京邮电大学出版社,2000.
[4] 肖洪兵.跟我学用单片机[M].北京:北京航空航天大学出版社,2002.
[5] 何立民.单片机高级教程[M].北京:北京航空航天大学出版社,2001.
[6] 靳孝峰,张艳.单片机原理与应用[M].北京:北京航空航天大学出版社,2009.
[7] 张毅坤.单片微型机原理及应用[M].西安:西安电子科技大学出版社,2002.
[8] 赵晓安.MCS-51单片机原理及应用[M].天津:天津大学出版社,2001.
[9] 夏继强.单片机实验与实践教程[M].北京:北京航空航天大学出版社,2001.
[10] 李全利.单片机原理及应用技术[M].北京:高等教育出版社,2001.
[11] 房小翠.单片机实用系统设计技术[M].北京:国防工业出版社,1999.
[12] 李维諟.液晶显示应用技术[M].北京:电子工业出版社,2000.
[13] 刘守义.单片机应用技术[M].西安:西安电子科技大学出版社,2002.
[14] 王幸之.单片机应用系统抗干扰技术[M].北京:北京航空航天大学出版社,2000.
[15] 李朝青.PC机及单片机数据通信技术[M].北京:北京航空航天大学出版社,2000.
[16] 苏家健,等.单片机原理及应用技术[M].北京:高等教育出版社,2004.
[17] 先锋工作室.单片机程序设计实例[M].北京:清华大学出版社,2003.
[18] 梅丽凤.单片机原理及应用[M].北京:清华大学出版社,北京交通大学出版社,2008.